普通高等教育“十三五”规划教材

液压传动

主　编　吴清珍　孔祥臻

副主编　单绍福　陈　勇　张　琳　蒋守勇　吴一飞

参　编　王树明　姜武杰　朱礼友　陈正洪　肖宝灵

王保平　管志光　顾宗淮　路　晶　贾　佳

主　审　郑　澈　臧发业

科学出版社

北　京

内 容 简 介

全书共九章。第一章和第二章主要介绍液压传动的基本知识及流体力学的基础理论，第三章～第六章主要介绍液压元件的结构、功能、原理及选用原则，第七章和第八章主要介绍液压基本回路、典型液压系统的组成、基本原理、功能特点及应用情况，第九章主要介绍液压系统的设计方法。本书着重阐述基本概念与工作原理的同时，突出其应用，旨在培养学生的工程应用和实践能力。

本书可供高等院校机械工程、机械设计制造及其自动化、机电一体化、材料成型及控制、动力与车辆工程等专业的学生使用，也适用于各类成人高校、自学考试等有关机械专业的学生使用，也可以供从事流体传动及控制工程的工程技术人员参考。

图书在版编目(CIP)数据

液压传动 / 吴清珍，孔祥臻主编. —北京：科学出版社，2018.6
普通高等教育“十三五”规划教材
ISBN 978-7-03-057426-8

Ⅰ. ①液… Ⅱ. ①吴…②孔… Ⅲ. ①液压传动 Ⅳ. ①TH137

中国版本图书馆 CIP 数据核字（2018）第 101451 号

责任编辑：邓 静 任 俊 / 责任校对：郭瑞芝
责任印制：吴兆东 / 封面设计：迷底书装

科学出版社出版
北京东黄城根北街 16 号
邮政编码：100717
http://www.sciencep.com
北京虎彩文化传播有限公司印刷
科学出版社发行 各地新华书店经销
*
2018 年 6 月第 一 版 开本：787×1092 1/16
2020 年 8 月第三次印刷 印张：17 1/4
字数：435 000

定价：49.80 元
（如有印装质量问题，我社负责调换）

前　言

本书是为高等院校机械设计制造及其自动化、机电一体化、材料成型及控制、动力与车辆工程等专业编写的《液压传动》教材。全书共九章。第一章和第二章主要介绍液压传动的基本知识及流体力学的基础理论，第三章～第六章主要介绍液压元件的结构、功能、原理及选用原则，第七章和第八章主要介绍液压基本回路、典型液压系统的组成、基本原理、功能特点及应用情况，第九章主要介绍液压系统的设计方法。

本书在编写过程中，本着少而精、理论联系实践的原则，在较全面地阐述有关液压传动的基本内容的基础上，紧密结合液压传动技术的新成果，力求反映我国液压传动行业发展的新动向，突出了工程机械中如沥青混凝土摊铺机、压路机、挖掘机等设备液压系统的结构组成、工作原理及其使用维护等诸方面的技术问题。在讲述液压元件方面，突出了发展迅速、应用日趋广泛的插装阀、叠加阀及电液控制阀；设置了对液压系统的安装与调试内容，侧重对工程技术应用方面的人才培养，加强学生创新能力的培养。考虑到本书在使用时教和学两方面的连续性，结合国内液压技术的实际情况，渗透国际液压技术的新发展，因此在本书内容的选取和章节体系的安排上，通过反复斟酌，谨慎行之。本书元件、回路以及系统原理图全部按照国家最新图形符号绘制。

本书由山东交通学院吴清珍、孔祥臻担任主编；山东交通学院单绍福、陈勇、张琳，煤炭工业济南设计研究院有限公司蒋守勇，山东大学吴一飞担任副主编；山东交通学院王树明、姜武杰、朱礼友、陈正洪、肖宝灵、王保平、管志光、顾宗淮、路晶、贾佳参编，山东交通学院郑澈、臧发业担任主审。

在本书编写过程中，得到了山东交院机械厂的大力支持与帮助，编者在此表示衷心感谢。

由于编者水平有限，书中难免存在不足之处，敬请广大读者批评指正。

编　者

2017年12月

目　录

第一章　液压传动概论

任何机械设备一般都具有动力机(如内燃机、电动机等)和工作装置，动力机所产生的能量(或动力)必然要通过某种介质传递给工作机构，以达到做功的目的，这种能量(或动力)的传递称为传动。根据传递能量介质的不同，传动可分为下面四大类型。

1. 机械传动

机械传动以各种机器零件如齿轮、轴、链轮链条、传动皮带等作为传递能量的介质。机械传动历史悠久，制造工艺较成熟，传动效率较高，传动比较准确；但传动系统结构复杂、笨重，操作费力，且不便于整体布局。

2. 电力传动

电力传动以电作为传递能量的介质，在有交流电源的地方，应用广泛。在完成大功率传递时，电力传动设备比较笨重，对行走设备来讲，不易获得电源，不适于大功率的工程机械。

3. 气体传动

气体传动以压缩空气为传递能量的介质，通过调节供气量可方便地实现无级调速。气体传动系统结构简单、操纵轻便，高压空气流动过程中压力损失少，而且空气可从大气中直接获得，随后又排到大气中，对环境适应性强。其主要缺点是气体受压后体积变化大，运动的平稳性较差，常用于对运动均匀性要求不高的机械中，如风扳机、凿岩机、气锤等。另外，气体传动中的气体易泄漏，工作压力不能太高(一般不高于 0.8MPa)，不适用于大功率的动力传递，在工程机械和特种车辆行业中常用于制动、离合器操纵等系统。

4. 液体传动

以液体作为工作介质来实现能量传递的传动方式称为液体传动。液体传动按其工作原理的不同分为两类：以液体动能进行工作的称为液力传动；主要靠液体压力能的变化来传递的称为液压传动。

第一节　液压传动的应用与发展

一、液压传动的发展过程

液压传动相对于机械传动来说，是一个新的传动技术领域。它的发展与流体力学的研究发展有着密切的联系。1650 年，人们认识了在密闭容器内静止液体中压力传递的规律，即帕斯卡定律；1686 年，牛顿提出了黏性液体的内摩擦定律，即牛顿内摩擦定律；到了 18 世纪，流体力学中的两个著名原理，即流动液体的连续性原理和伯努利原理相继被人们发现，为液压传动技术的应用与发展提供了可靠的科学依据。1795 年，世界上第一台水压机试制成功，并应用于当时盛兴的毛纺、榨油及造船等行业。

19 世纪初期，机械制造技术还比较落后，加工精度低，在高压情况下水泄漏严重，容积效率很低，水作为工作介质容易腐蚀液压元件，再加之当时电气技术发展迅猛，使得液压传动技术一度不被人们重视，几乎处于停滞状态。直到20世纪初，液压传动采用油液作为工作介质，大大改善了元件的润滑性能，提高了容积效率，加上一些较为先进的液压泵和辅助装置相继研制成功，液压技术又进入一个新的发展时期。到了30年代，机床行业开始普及应用液压传动技术，航空、航海、军事等方面也越来越多地采用液压传动装置。到了50年代，各种先进的控制阀大量问世，液压技术迅速发展，不但生产出了大批液压传动的自动化机床设备，而且也促进了工程机械、矿山、冶金、运输机械等向现代化发展。随着新型液压设备的问世和性能的提高，液压元件的性能也提出了更高要求，这又促进液压元件性能的改进和提高，形成了相辅相成、互相促进的良性循环。60年代以后，随着原子能科学、空间技术、计算机技术的发展，液压技术也得到了很大的发展，液压技术的应用已相当普遍。目前，液压技术正向高压、高速、大功率、高效率、低噪声、低能耗、低污染、经久耐用、高度集成化等方向发展；同时，新型液压元件的应用，液压系统的计算机辅助设计、计算机仿真和优化、计算机控制与状态监测等工作，也日益取得显著成果。

在工程机械行业，液压技术的应用已成为设备先进性的代名词，装载机、推土机、平地机、压路机等普遍采用了液压传动技术。另外，一些先进的设备还采用了计算机控制，如摊铺机的自动找平、行走速度和送料控制，挖掘机的发动机功率优化控制系统等，使机械、电子和液压有机地结合起来。较高的自动化程度提高了作业质量和作业效率，降低了人们的劳动强度。

二、我国液压技术的发展概况

20世纪50年代，我国向苏联引进了中低压液压元件生产技术，并以广州机床研究所为龙头，设计了以管式连接元件为主的2.5MPa低压元件系列(主要用于磨床)。

20世纪60年代初，为适应液压机械向中高压的方向发展，引进了日本油研公司公称压力为21MPa的中高压液压阀系列(榆次液压件厂引进)及全部加工制造和试验设备。60年代中期，中低压阀联合设计组成立，设计、定型并系列化了6.3MPa中低压全系列液压元件。60年代后期，以公称压力为21MPa的液压阀系列为基础，对照国外同类液压件的结构性能及工艺特点等，完成了我国公称压力为31.5MPa的高压阀新系列的试制、试验、鉴定及推广生产的工作。这期间还组织了多路换向阀联合设计组、叠加阀联合设计组等，发展了集成块、比例阀、逻辑阀等元件的设计制造技术。

1975年发布实施了如《液压泵出厂试验》《液压阀出厂试验》《液压阀型式试验》《液压元件基本参数》等一系列液压技术标准，液压元件的生产形成了较完整的生产检验体系。

近些年来，我国加强了国际技术交流与合作，促进了对外贸易的发展，引进或合作生产并开发了大量的液压元件新品种，使我国液压元件的性能和质量得到了很大的提高，有些元件已可替代进口，从而降低了设备的成本。

总体上讲，我国的液压技术起步较晚，尽管发展迅速，但与美、日、德等工业发达国家相比，从质量、性能、可靠性到品种等各方面都有较大差距。随着我国经济的飞速发展，液压技术的发展将迎来新的机遇，同时也将面临新的挑战，但要坚信我国的液压传动技术定能在不远的将来赶上发达国家。

第二节　液压传动的基本工作原理

一、液压传动的工作原理

在液压传动中，其能量的传递是利用密闭容器中液体压力能的变化来实现的，其工作原理可以通过液压千斤顶的工作过程来说明。

液压千斤顶的结构原理图如图 1-1 所示。它主要由杠杆 1、小柱塞 2、大柱塞 7、液压缸体 3 和 6、单向阀 4 和 5、放油开关 9、油箱 10 组成，两柱塞缸间通过油道连接构成一个密闭容器，里面充满液压油，油箱内储有一定量的液压油。大小柱塞缸的柱塞和缸体之间保持一种良好的配合关系，不仅能使柱塞在缸体内滑动，而且配合面之间又能实现可靠的密封；单向阀只允许液体向一个方向流动，放油开关向里旋紧可关闭油道，向外旋出可使油道接通。在放油开关 9 关闭时，向上提起手柄，小柱塞缸体内的柱塞向上运动，小柱塞和缸体之间容腔的密封容积增大，腔内压力下降，形成部分真空，这时单向阀 5 关闭，大柱塞缸底部的液压油不能倒流进小柱塞缸，油箱 10 中的油液便在空气压力的作用下推开单向阀 4，进入小柱塞缸，完成一次吸油；压下手柄时，小柱塞缸的柱塞下移，小缸下腔的密封容积减小，腔内压力升高，单向阀 4 关闭，小腔内的油液被强行挤压，推开单向阀 5 进入大柱塞缸的下腔，大腔内液体容积增加，推动大柱塞向上移动，从而顶起重物。这样，手柄被反复提起和压下，小柱塞缸交替完成吸油和排油过程，压力油被不断送进大柱塞缸下腔，将重物逐渐顶起。当须放下重物时，打开放油开关 9，大柱塞缸的柱塞便在外部重力的作用下下移，将大缸下腔的油液排回油箱。可见，具有一定压力的液体在容积发生变化时可以做功，这种做功的液体称其具有压力能。液压千斤顶小柱塞缸的作用是将手动的机械能转换为油液的压力能，大柱塞缸则是将液体的压力能转换为顶起重物的机械能。

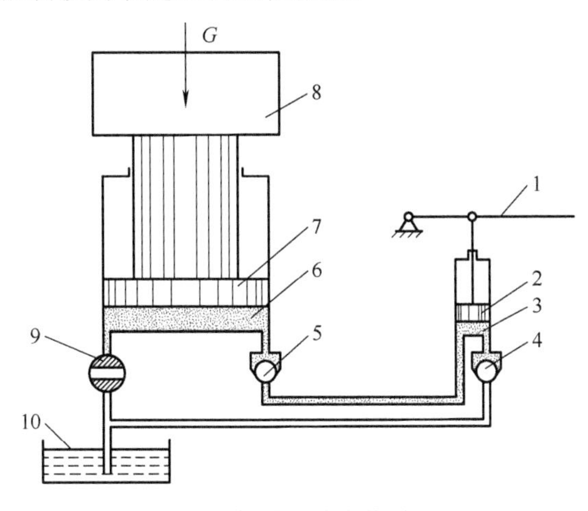

图 1-1　液压千斤顶

1-杠杆；2-小柱塞；3、6-液压缸体；4、5-单向阀；7-大柱塞；8-重物；9-放油开关；10-油箱

通过分析液压千斤顶的工作过程可知：液压传动是依靠液体在密封容积变化中的压力能来实现运动和动力传递的。液压传动装置本质上是一种能量转换装置，它先将机械能转换为便于输送的液压能，然后又将液压能转换为机械能做功。

如果假设大、小柱塞缸下腔的压力分别为 p_2 和 p_1，大、小柱塞的有效工作面积分别为 A_2 和 A_1，大、小柱塞上所受外力分别为 F_2 和 F_1，当小柱塞向下移动 S_1 时，大柱塞向上移动的距离为 S_2，根据帕斯卡原理可得

$$p_1 = p_2 = p$$

即

$$\frac{F_1}{A_1} = \frac{F_2}{A_2}$$

若不考虑液体泄漏和可压缩性等因素，小柱塞缸排出的液体全部进入大柱塞缸，所以有

$$S_1A_1 = S_2A_2$$

由此可以看出液压传动的工作特征：

(1) 力(或力矩)的传递符合帕斯卡压强传递原理。

(2) 运动(速度、位移等)的传递符合容积变化相等的原则。

应当指出，在液压传动中，上述两个特征从理论上是独立存在的。不管负载如何变化，只要供给大柱塞缸的流量一定，则重物上升的速度就一定，即“速度取决于流量”；同样，不管柱塞缸柱塞的移动速度多大，只要负载力一定，则推动负载运动所需的液体压力就确定，即“压力取决于负载”。

二、液压系统的组成

为了进一步了解一般液压传动系统应具备的基本性能和组成情况，再以机床工作台液压传动系统为例进行分析。机床工作台液压传动系统如图 1-2 所示。

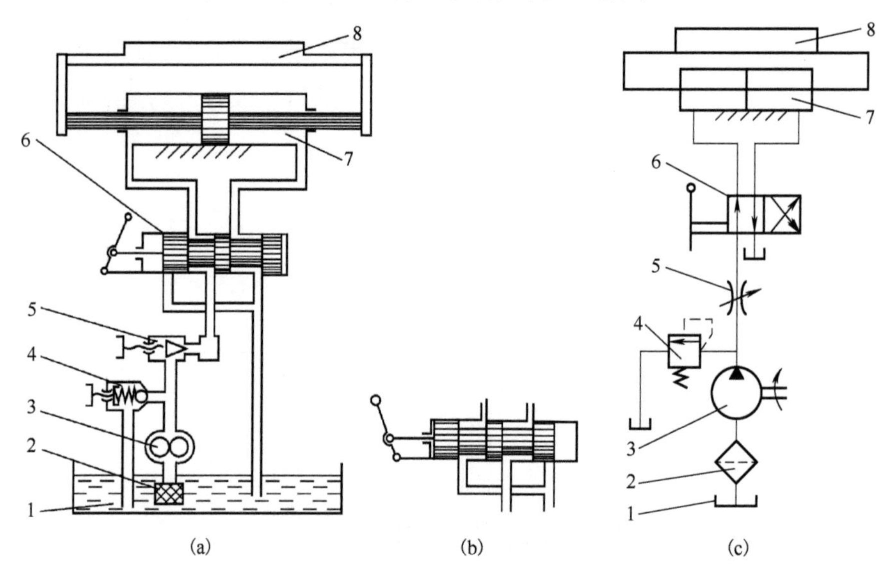

图 1-2　机床工作台液压传动系统

1-油箱；2-过滤器；3-液压泵；4-溢流阀；5-节流阀；6-换向阀；7-液压缸；8-工作台

图 1-2(a)所示为机床工作台液压传动系统的半结构图，该系统的液压泵 3 由电动机(图中未示出)带动旋转，从油箱中吸油。油液经过滤器 2 过滤后流向液压泵，经泵输送至系统。来自液压泵的压力油流经节流阀 5 和换向阀 6 进入液压缸 7 的左腔，推动活塞连同工作台 8 向右移动。这时，液压缸右腔的油通过换向阀经回油管排回油箱。

如果将换向阀手柄扳到左边位置，使换向阀处于图 1-2(b)所示的状态，则压力油经换向阀进入液压缸的右腔，推动活塞连同工作台向左移动。这时，液压缸左腔的油也经换向阀和回油管排回油箱。

工作台的移动速度是通过节流阀来调节的。当节流阀开口较大时，进入液压缸的流量较大，工作台的移动速度也较快；反之，当节流阀开口较小时，工作台移动速度则较慢。

工作台移动时必须克服阻力，例如，克服切削力和相对运动表面的摩擦力等。为满足不同大小阻力的需要，泵输出油液的压力应当能够调整；另外，当工作台低速移动时，节流阀开口较小，泵出口多余的压力油也须排回油箱。这些功能是由溢流阀 4 来实现的，调节溢流阀弹簧的预紧力就能调整泵出口的油液压力，并让多余的油液在相应压力下打开溢流阀，经回油管流回油箱，同时对液压系统起安全保护作用。

从液压千斤顶和机床工作台液压传动系统组成可以看出，一个完整的液压传动系统由以下几部分组成。

1. 动力元件

动力元件即液压泵，其职能是将原动机的机械能转换为液体的压力能(表现为压力、流量)，其作用是为液压系统提供压力油，是系统的动力源。液压千斤顶的小柱塞缸起液压泵的作用，为手动液压泵。

2. 执行元件

执行元件指液压缸或液压马达，其职能是将液压能转换为机械能而对外做功，液压缸可驱动工作机构实现往复直线运动输出力和速度，液压马达可完成回转运动输出转矩和转速。液压千斤顶中的大柱塞缸为执行元件。

3. 控制调节元件

控制调节元件指各种阀，利用这些元件可以控制和调节液压系统中液体的压力、流量和方向等，以保证执行元件能按照人们预期的要求进行工作。例如，千斤顶中的单向阀、机床工作台上的换向阀等就可控制液体的流动方向；机床工作台上的节流阀可控制液流的流量，从而控制液压缸运动的快慢；溢流阀可以调整系统的最高工作压力，这些元件都属控制调节元件。

4. 辅助元件

辅助元件包括油箱、滤油器、管路及接头、冷却器、压力表等。它们的作用是提供必要的条件使系统正常工作和便于监测控制。

5. 工作介质

工作介质即传动液体，通常称为液压油。液压系统就是通过工作介质实现运动和动力传递的，另外，液压油还可对液压元件中相互运动的零件起润滑作用。

液压系统就是按机械的工作要求，用管路将液压元件合理地组合在一起，形成一个能完成一定工作循环的整体。

三、液压元件与系统的图形符号

一个液压传动系统往往由许多元件组成，各元件的结构又可能很复杂，如果采用元件的实际结构或结构示意图来表达一个液压系统，不但绘制起来非常困难，而且也难以将其工作原理表达清楚，所以在实践中为了便于分析问题，常以各种符号表示元件的职能，并以各种符号组成系统图来表达液压传动系统的工作原理。

根据国家标准GB/T 786.1－2009的规定，每一类液压元件可以用一简单的图形符号来表示其职能，也称职能符号。若将组成液压系统的各元件用对应的图形符号来表示，并将各符号按液压系统中元件的实际顺序连接起来，称为液压系统原理图。例如，机床工作台液压传动系统的原理图可表示为图1-2(c)，这样就使得液压系统简单明了，容易阅读和绘制。

液压系统中常用液压元件的图形符号见本书附录。关于国家标准GB/T 786.1－2009液压图形符号有以下几点说明。

(1)符号只表示元(辅)件的功能、操作(控制)方法及外部连接口，不表示元(辅)件的具体结构和参数、连接口的实际位置和元件的实际安装位置。

(2)符号均表示元(辅)件的静止位置或零位置。当元(辅)件组成系统，其动作另有说明时，可另行处理。

(3)除了特别注明的符号或有方向性的元(辅)件(如油箱、仪表等)符号，符号在系统图中可根据具体情况水平或垂直绘制。

(4)标准中未列入的图形符号，可根据标准规定的符号绘制规则和符号示例进行派生。当无法直接引用或派生时，或有必要特别说明系统中某一元(辅)件的结构及动作原理时，可局部采用结构简图来表示。

(5)除了已作规定的符号，其他符号的大小以清晰美观为原则，绘制时可根据图纸幅面的大小酌情处理，但应保持图形本身的适当比例。

第三节　液压技术的分类及液压传动的优缺点

一、液压技术的分类

液压技术的内容很多，应用十分广泛，但按其工作的特征一般可分为以下几类。

1. 液压传动系统

液压传动系统是以液压油作为工作介质，通过液压泵将原动机的机械能转变为液压油的压力能，再通过控制调节元件控制执行元件的动作、速度、克服负载的能力等，由执行元件将液体的压力能转换为机械能，驱动负载实现直线或回转运动。

在液压传动系统中，用的是通断式或逻辑式控制元件。例如，常规的液压系统中普遍采用压力阀、流量阀、方向阀以及由此组成的组合阀、集成阀、逻辑阀等；所控制的参数是依靠不同的调节机构来调定的，都是保持被调定值的稳定或单纯变换方向，只能实现开关式的、定值的或顺序控制。当外界对上述系统有扰动时，执行元件的输出量一般要偏离原有的调定值，产生一定的误差。

2. 液压伺服控制系统

液压伺服控制系统也称液压随动系统，它和液压传动系统不同之处在于液压伺服控制系统具有反馈装置。系统的原理是利用反馈装置把执行元件的输出量(位移、速度、力等机械量)反馈回去，与输入量(变化的或恒定的)进行比较，用比较后的偏差来控制系统，使系统向着减小偏差的方向运动，让输出量能够自动、快速而准确地复现输入量的变化规律，并将输入信号通过液压动力进行功率放大，从而使系统的实际输出与希望值相符。

液压伺服控制系统中，用的是伺服控制元件(如电液伺服阀)，它具有反馈机构，并用电气装置进行控制，有比较高的控制精度和响应速度，所控制的压力和流量不仅仅是通断的开关式，而且能连续变化；但系统对油液的污染控制要求极为严格。

3. 电液比例控制系统

电液比例控制系统是介于上述两者之间的一种控制系统，所用比例控制元件是在通断式控制元件和伺服控制元件的基础上发展起来的一种新型电-液控制元件，兼备了上述两类元件的一些特点。电液比例控制系统用于手调通断控制不能满足精度要求，但也不需要像电液伺服阀那样有较高精度和响应速度要求的一类液压系统。它的另一个优点是，系统对油液清洁度的要求不如伺服控制系统高。相对来讲，电液比例控制的电气控制回路比伺服控制的简单得多，因此是一种简易廉价的电-液控制系统。

二、液压传动的优缺点

1. 主要优点

液压传动之所以能得到如此迅速的发展和广泛应用，是因为液压传动有如下主要优点。

(1) 液压传动能方便地实现无级调速，且调速范围很大，一般可达到 2000∶1。

(2) 在相同功率的情况下，液压传动装置的体积小、重量轻、惯性小、结构紧凑，而且能传递较大的力和力矩。

(3) 液压传动装置工作平稳、反应快、冲击小，能适应高速启动和频繁换向。

(4) 液压传动装置的控制、调节简单，操纵方便、省力，与计算机技术相结合可方便地实现自动控制，提高作业效率和作业质量。

(5) 便于实现过载保护，而且由于采用油液作为工作介质，液压传动装置能自行润滑，故使用寿命较长。

(6) 液压元件已实现系列化、标准化和通用化，故便于设计，可缩短设备的制造时间，同时在维修时也便于零件或总成的更换。

2. 主要缺点

(1) 液压传动系统中的油液泄漏和液体的可压缩性，使传动难以保证严格的传动比。

(2) 液压传动有较多的能量损失(如压力损失、泄漏损失等)，故传动效率不高，不适宜于远距离传输。

(3) 液压传动对油温变化比较敏感，不宜在低温或高温条件下使用。

(4) 对零件的加工精度和质量要求较高，因而液压元件的价格比机械零件要高。

(5) 污染已成为一个相当重要的问题，油液泄漏会造成环境污染，而油液本身的污染是造成零件磨损和系统故障的主要原因，且在故障诊断和维修时对技术人员的素质要求较高。

总的来说，液压传动的优点是十分突出的，而其缺点也随着科学技术的发展将逐渐得到克服。现在液压技术可以和机械、电子有机地结合，形成机、电、液一体化，大大提高了设备的自动化程度。因此，液压技术必能在国民经济的各领域发挥更大作用，尤其在工程机械行业液压技术已充分显示了其旺盛的生机和活力的现在。

第二章　液压流体力学基础

液压传动是以液体作为工作介质进行能量传递的，液体的一些性质属于流体力学的知识范畴。流体力学是一门研究流体平衡、运动规律及流体与固体之间相互作用的科学，流体力学分为理论流体力学和工程流体力学两大类。本章主要介绍工程流体力学的一些基本内容，为学习液压元件和液压系统的工作原理，进行液压系统的故障分析、诊断和维修打下理论基础。

第一节　液 压 介 质

一、液压介质的性质

1. 密度

对于均质液体来说，密度是指单位体积液体的质量，即

$$\rho = \frac{m}{V} \tag{2-1}$$

式中，V 为液体的体积，m^3；m 为液体的质量，kg；ρ 为液体的密度，kg/m^3。

密度是液体的一个重要物理参数，会随液体的温度和压力的变化而发生变化，但变化量一般很小，可以忽略不计。在实际计算时一般取液压油的密度为 900 kg/m^3。

2. 可压缩性

液体受压力作用而发生体积减小的性质称为液体的可压缩性。如图 2-1 所示，体积为 V 的液体，当压力增量为 Δp（增加）时，液体的体积会减小，体积增量为 ΔV，则液体在单位压力变化下的体积相对变化量为

$$k = -\frac{1}{\Delta p}\frac{\Delta V}{V} \tag{2-2}$$

式中，k 为液体的压缩系数。由于液体压力增大时体积增量为负值，因此在式(2-2)的右边加一负号，使 k 为正值。

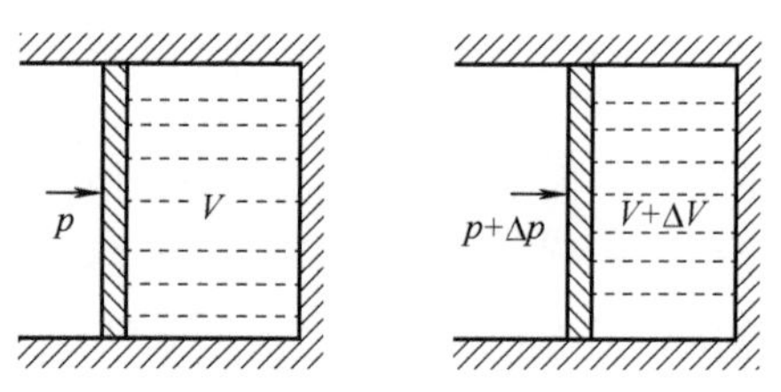

图 2-1　液体的可压缩性

k 的倒数称为液体的体积弹性模量，用 K 表示，即

$$K = \frac{1}{k} = \frac{\Delta p}{\Delta V}V \tag{2-3}$$

K 表示产生单位体积相对变化量所需要的压力增量，即体积弹性模量，表示液体抵抗压缩能力的大小。K 值越大，液体抵抗压缩的能力越强。在常温下，液压油的体积弹性模量

$K=(1.2\sim2)\times10^3\text{MPa}$，数值很大，故对于一般的液压系统，可认为油液是不可压缩的。

应当指出，当液压油中混入空气时，其抵抗压缩的能力将显著降低，这会严重影响液压系统的工作性能(例如，会使工作的平稳性下降，产生振动等)，故在使用时应力求减少混入油液中的气体及其他易挥发物质(如汽油、煤油、乙醇等)的含量。由于油液中的气体难以完全排除，所以实际计算中常取液压油的体积弹性模量 $K=(0.7\sim1.4)\times10^3\text{ MPa}$。

3. **黏性**

1) 黏性的物理本质

液体在外力作用下流动时，分子间的内聚力要阻止分子间的相对运动，因而会产生一种内摩擦力，这一特性称为液体的黏性。黏性是液体的重要物理性质，液体黏性的大小对机械设备的工作性能影响很大，是选择液压用油的主要依据之一。

液体流动时，由于液体的黏性以及液体和固体壁面间的附着力，会使液体内部各层间的速度大小不等。如图 2-2 所示，设两平行平板间充满液体，下平板不动，上平板以速度 u_0 向右移动。由于液体的黏性作用，紧贴下平板的液体层速度为零，紧贴上平板的液体层速度为 u_0，当油层较薄时，中间各层液体的速度与下平板间的距离大小近似呈线性规律分布。由于各液体流层的流速不同，相邻液层之间快的带动慢的、慢的阻滞快的，这种液层之间的相互牵制作用会在液层之间产生摩擦力。

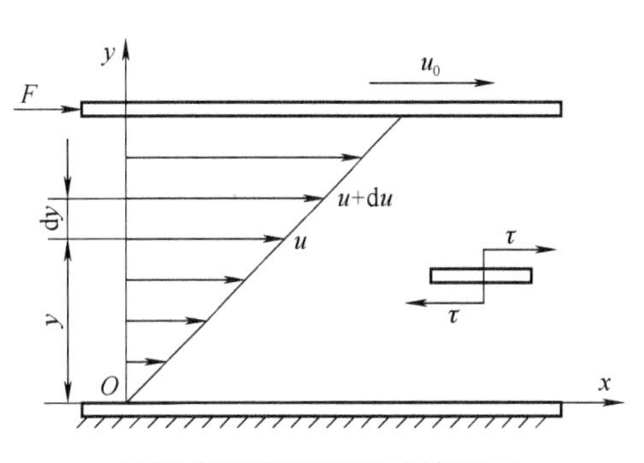

图 2-2　黏性液体的速度梯度

实验测定结果指出，液体流动时相邻液层间的内摩擦力 F 与液层接触面积 A、液层间的速度梯度 $\mathrm{d}u/\mathrm{d}y$ 成正比，即

$$F=\mu A\frac{\mathrm{d}u}{\mathrm{d}y} \tag{2-4}$$

式中，μ 是比例常数，称为动力黏度。若以 τ 表示内摩擦切应力，即液层在单位面积上的内摩擦力为

$$\tau=\frac{F}{A}=\mu\frac{\mathrm{d}u}{\mathrm{d}y} \tag{2-5}$$

这就是牛顿液体内摩擦定律。

由式(2-5)可知，在静止液体中，因速度梯度 $\mathrm{d}u/\mathrm{d}y=0$，内摩擦力为零，所以液体在静止状态下是不呈黏性的。

2) 黏度

液体黏性的大小用黏度来表示。常用的黏度的表示方法有三种，即动力黏度、运动黏度和条件黏度。在实际应用时出现较多的是运动黏度，在实践中也可以先测试条件黏度，然后换算成运动黏度。

(1) 动力黏度。动力黏度又称绝对黏度，由式(2-5)可得

$$\mu=\frac{F}{A\dfrac{\mathrm{d}u}{\mathrm{d}y}}=\frac{\tau}{\dfrac{\mathrm{d}u}{\mathrm{d}y}} \tag{2-6}$$

由式(2-6)可知，动力黏度的物理意义是：液体在单位速度梯度下流动时，相互接触液层间单位面积上的内摩擦力。

动力黏度的法定计量单位为Pa·s（帕·秒，N·s/m²）。

(2)运动黏度。动力黏度和该液体密度的比值称为运动黏度，用ν表示，即

$$\nu = \frac{\mu}{\rho} \tag{2-7}$$

运动黏度ν无物理意义，但它是工程实际中经常用到的物理量。运动黏度的法定计量单位是m^2/s，用该单位表示液体的黏度时，黏度值较小，工程上常用平方米每秒的百万分之一（mm^2/s，以前也称厘斯，cSt）作为运动黏度的单位。

国际标准化组织规定统一采用运动黏度来表示油的黏度等级。我国生产的全损耗系统用油和液压油采用40℃时的运动黏度值（mm^2/s）为其黏度等级标号，即油的牌号。例如，牌号为L-HL32的液压油，就是指这种油在40℃时的运动黏度平均值为32mm^2/s。以前我国曾用50℃时的运动黏度平均值作为油液的黏度等级标号，如15号、20号、30号、40号、60号液压油。

(3)条件黏度。运动黏度和动力黏度都是以绝对单位表示的，称为相对黏度。条件黏度又称相对黏度，是采用特定的黏度计在规定的条件下测量出来的液体黏度。根据测量的条件不同，相对黏度的种类有很多，例如，恩氏、赛氏、雷氏等黏度。

我国采用的是恩氏黏度。恩氏黏度通过恩氏黏度计来测量，即将200mL的液体装入底部开设$\phi = 2.8$mm小孔的恩氏黏度计容器中，在某一特定温度T时，测定液体在自重作用下流过小孔所需要的时间t_1和同体积的蒸馏水在20℃时流过同一小孔所需的时间t_2，两者的比值就是该种液体在温度T时的恩氏黏度，恩氏黏度用符号$°E_t$表示，即

$$°E_t = t_1 / t_2 \tag{2-8}$$

工程上常用20℃、40℃、100℃作为测量恩氏黏度的标准温度，由此而得的恩氏黏度分别用$°E_{20}$、$°E_{40}$、$°E_{100}$表示。

恩氏黏度与运动黏度在某同一温度下的换算关系式为

$$\nu = \left(7.31°E - \frac{6.31}{°E}\right) \times 10^{-6} (m^2/s) \tag{2-9}$$

3)黏度和温度的关系

油液对温度的变化极为敏感。温度升高，油液的黏度降低。油液的黏度随温度变化的性质称为油液的黏温特性。不同种类的液压油有不同的黏温特性。

油液黏度的变化直接影响液压系统的性能和泄漏量，因此希望黏度随温度的变化越小越好。黏温特性较好的液压油，黏度随温度的变化较小，因而油温变化对液压系统性能的影响较小。

国际和国内常采用黏度指数VI值来衡量油液黏温特性的好坏。黏度指数VI值较大，表示油液黏度随温度的变化率较小，即黏温特性较好，对液压系统性能的影响也较小，因此，黏度指数VI常作为衡量液压油品质的一个参数。一般液压油的VI值要求在90以上，优异的在100以上。由于工程机械液压系统在工作时温度变化往往较大，所以在选择油液时应适当考虑油液的黏度指数VI。

4) 黏度和压力的关系

压力对油液的黏度也有一定的影响。液体所受的压力增大时，其分子间的距离减小，内聚力增大，黏度也随之增大。不同的油液有不同的黏度压力变化关系，这种关系称为油液的黏压特性。黏度随压力的变化关系可表示为

$$\nu_p = \nu_0 e^{bp} \tag{2-10}$$

式中，ν_p 为压力为 p 时的运动黏度，mm^2/s；ν_0 为一个大气压下的运动黏度，mm^2/s；b 为黏度压力系数，对一般液压油取 $b = 0.002 \sim 0.003$。

在实际应用中，当液压系统中使用的矿物油压力在 0～50 MPa 变化时，压力与黏度的关系为

$$\nu_p = \nu_0(1 + 0.0306p) \tag{2-11}$$

式中，压力 p 的单位为MPa 。

由式(2-11)可以看出，对于一般的液压系统，当系统压力不高时，压力对黏度的影响不大，可以忽略不计。当压力较高或压力变化较大时，则压力对黏度的影响应予以考虑。

4. 其他性质

液压油还有其他一些物理化学性质，如抗燃性、抗凝性、抗氧化性、抗泡沫性、抗乳化性、防锈性、润滑性、导热性、相容性(主要是指对密封材料不侵蚀、不溶胀的性质)以及纯净性等，都对液压系统工作性能有重要影响。对于不同品种的液压油，这些性质的指标也有不同，具体可见油类产品手册。

二、液压油的选用

为了正确选用液压油，需要了解液压油的使用要求，熟悉液压油的品种及其性能，掌握液压油的选择方法。

1. 液压油的使用要求

液压系统中的工作油液具有双重作用：一是作为传递能量的介质；二是作为润滑剂润滑运动零件的工作表面，因此油液的性能会直接影响液压系统的工作性能，如可靠性、灵敏性、稳定性、效率及寿命等。液压系统用油一般应满足如下要求。

(1) 黏度适当，黏温特性好。在使用温度范围内，油液的黏度随温度的变化越小越好。

(2) 润滑性能好，防锈能力强。油液润滑时产生的油膜强度高，以免产生干摩擦。

(3) 质地纯净，杂质少，不含有腐蚀性物质，以免侵蚀零件及密封件。

(4) 对金属和密封件有良好的相容性。

(5) 氧化稳定性好，长期工作不易变质。油液氧化变质会产生胶状生成物，从而堵塞滤油器和阀类阻尼小孔。

(6) 抗泡沫性和抗乳化性好。

(7) 体积膨胀系数小，比热容大。

(8) 闪点和燃点高，流动点和凝固点低。

(9) 对人体无害，成本低。

对于具体的液压传动系统，则需根据具体情况突出某些方面的使用性能要求。

2. 液压油的品种

液压油的品种很多，主要分为三大类型：矿油型、乳化型和合成型。根据国家相关标准

的规定，润滑剂和有关产品属 L 类，其中 H 组为液压系统用液(暂不包括汽车刹车液和航空液压液)，然后再根据产品的组成和特性进一步分类，例如，一个特定的产品可命名为L-HM32。H 组产品的主要品种及其特性和用途列于表 2-1。

表 2-1　H 组(液压系统用油)产品的主要品种及其特性和用途

类型	名称	产品符号	组成、特性和用途
矿油型	普通液压油	L-HL15、22、32、46、68、100、150	精制矿油加添加剂，提高抗氧化和防锈性能，适用于一般设备的中低压系统，也适用于换油期较长的轻负荷机械的油浴式非循环润滑系统。无本产品时可用 L-HM 油或用其他抗氧化防锈性润滑油
	全损耗系统用油	L-HH15、22、32、46、68、100	浅度精制矿油，无(或含有少量)抗氧剂，因此抗氧化性、抗泡沫性较差，适用于对润滑油无特殊要求的一般循环润滑系统，可作液压系统的代用油，用于要求不高的低压系统。也可用于其他轻负荷传动机械、滑动轴承和滚动轴承等油浴式非循环润滑系统。本产品质量水平比机械油(L-AN 油)高，无本产品时可选用 L-HL 油
	抗磨液压油	L-HM15、22、32、46、68、100、150	在 L-HL 油的基础上加添加剂改善了其抗磨性。适用于低、中、高压液压系统(如工程机械、车辆液压系统)，也可用于其他中等负荷机械润滑部位。对油液有低温性能要求或无本产品时，可选用 L-HV 油
	低温液压油	L-HV15、22、32、46、68、100	在 L-HM 油的基础上增加添加剂改善了其黏温特性。适用于环境温度变化较大和工作条件恶劣(野外工程和远洋船舶等)的低、中、高压液压系统，也可用于中等负荷的机械润滑部位
	高黏度指数液压油	L-HR15、32、46	在 L-HL 油的基础上增加添加剂，改善黏温特性，VI 值达 175 以上，适用于环境温度变化较大和工作条件恶劣(野外工程和远洋船舶等)以及对黏温特性有特殊要求的低压系统，如数控机床液压系统
	液压导轨油	L-HG32、68	在 L-HM 油的基础上增加添加剂改善了其黏滑特性。适用于液压和导轨润滑系统合用的机床，也可用于其他要求有良好黏附性的机械润滑部位
乳化型	水包油乳化液	L-HFAE7、10、15、22、32	是一种乳化型高水基液，通常含水 80%以上，低温性、黏温性和润滑性差，但难燃性好，价格便宜。适用于煤矿液压支架静液压系统和其他不要求回收废液、不要求有良好润滑性，但要求有良好难燃性的其他液压系统。使用温度为 5～50℃
		L-HFAS7、10、15、22、32	本产品为水的化学溶液，是一种含有化学添加剂的高水基液，通常呈透明状。低温性、黏温性和润滑性差，但难燃性好，价格便宜。适用于要求有良好难燃性的低压液压系统和金属加工机械。使用为温度为 5～50℃
	油包水乳化液	L-HFB22、32、46、68、100	常含油 60%以上，其余为水和添加剂，低温性差，难燃性较好。适用于冶金、煤矿等行业的高温、易燃场合的中压和高压液压系统。使用温度为 5～50℃
合成型	水-乙二醇液	L-HFC15、22、32、46、68、100	为含有乙二醇或其他聚合物的水溶液，低温性、黏温性和对橡胶的适应性好，难燃性较好。适用于冶金和煤矿等行业的低压与中压液压系统。使用温度为-20～50℃
	磷酸酯液	L-HFDR15、22、32、46、68、100	通常为无水的各种磷酸酯作基础油加入各种添加剂而制得，难燃性好，但黏温性和低温性较差，对丁腈橡胶和氯丁橡胶的适应性不好。适用于冶金、火力发电、燃气轮机等高温高压下工作的液压系统。使用温度为-20～100℃

另外，代号为 L-TSA 的汽轮机油是一种深度精制矿油添加剂，改善了抗氧化性和抗泡沫性等，为汽轮机专用油，也常作为代用油用于一般的液压系统，在工程机械行业经常用它作为液力传动油的替代品(如用于装载机的变矩器和变速系统)。矿油型液压油润滑性和防锈性好，黏度等级范围较宽，因而在液压系统中应用很广。据统计，目前有 90%以上的液压系统采用矿油型液压油作为工作介质。

全损耗系统用油是一种机械润滑油，价格虽较低廉，但精制过程精度较浅，抗氧化稳定性较差，使用过程中易生成黏稠胶块，阻塞元件小孔，影响液压系统性能。系统压力越高，问题越严重。因此，只有在低压系统且要求不高时才可用全损耗系统用油作为液压系统的代用油。

矿油型液压油有很多优点，但其主要缺点是可燃。在一些高温、易燃、易爆的工作场合，为了安全起见，应该在液压系统中使用难燃性液体，如水包油、油包水等乳化液或水-乙二醇、磷酸酯等合成液。

3. 液压油的选择

液压油的选择，首先是油液品种的选择。选择油液品种时，应先查看设备(尤其一些贵重的工程机械)使用与保养手册，优先选购其推荐的专用液压油，这是保证设备工作可靠性和寿命的关键，如果确无专用液压油，可根据有无起火危险、工作压力及工作温度范围等因素进行考虑，对于工程机械液压系统建议优先选用 L-HM、L-HV 油，其次对于一些无贵重液压元件的压力不高的液压系统(如一般的装载机)无法购得上述液压油时，可用 L-HL 普通液压油，尽量不采用 L-HH 油。在液力机械传动(如一些装载机、平地机、推土机等设备上采用的液力变矩器加变速箱)中，系统用油建议优先选用专用的液力传动油，市场上该类油品短缺时可采用汽轮机油(如 L-TSA22)作为代用油。

确定了液压油的品种之后，就要选择油的黏度等级(液压油的牌号)。黏度等级的选择是十分重要的，因为黏度对液压系统工作的稳定性、可靠性、效率、温升以及磨损都有显著的影响。黏度高的液压油流动时产生的阻力较大，克服阻力所消耗的功率较大，功率又将转化为热量造成油温上升；黏度太低，泄漏量则增大，系统的容积效率降低，也会造成系统温升加快。在选择黏度时应从液压系统的以下几方面进行考虑。

(1) 液压系统的工作压力。工作压力较高的系统宜选用黏度较大的液压油，以减少泄漏；反之，可选用黏度较小的液压油。

(2) 运动速度。当液压系统的工作部件运动速度较高时，宜选用黏度较小的液压油，以减小液流的功率损失。

(3) 环境温度。环境温度较高时宜选用黏度较大的液压油。

(4) 液压泵的类型。在液压系统的所有元件中，以液压泵对液压油的性能最为敏感。因为泵内零件的运动速度最高，工作时承受的压力也最高，且承压时间长，润滑要求苛刻，温升高。因此，常根据液压泵的类型及其要求来选择液压油的黏度。一般情况下，考虑环境温度的高低柱塞式液压泵可选用黏度等级为 46 或 68 的液压油，齿轮泵和叶片泵可选用黏度等级稍低一些的液压油。

三、液压油的污染及其控制

随着液压技术的迅速发展和应用，液压系统的可靠性和元件的寿命直接影响了机械设备的使用，进而影响设备所产生的经济效益。实际经验表明，液压油受到污染是导致系统发生故障的主要原因。即便是优质的液压元件产品也会因为污染而经常发生故障，甚至会毁于一旦。液压元件的实际使用寿命也往往因为污染而低于其设计寿命。液压油对于液压系统犹如食品对于人的健康一样重要。因此，控制液压油的污染是提高液压系统可靠性和元件使用寿命的重要途径。

1. **污染物的种类及其危害**

液压系统的污染物是指混杂在工作介质中对系统可靠性和元件寿命有危害的各种物质。液压油被污染指的是液压油中含有水分、空气、微小固体颗粒及胶状生成物等杂质。

1) 固体颗粒污染物

固体颗粒是液压油中最常见的一类污染物，它包括元件加工和组装过程中残留的金属切屑、焊渣和型砂；在工作过程或维修拆卸元件时从外界侵入系统的尘埃和机械杂质；系统工作中产生的磨屑和锈蚀剥落物，以及油液氧化和分解产生的沉淀物等。

颗粒污染物的危害主要有以下几个方面：固体颗粒和胶状生成物堵塞过滤器，使液压泵吸油困难，液压泵运转时产生振动、噪声，供油量和供油压力还会出现不足，以至于执行元件的动作缓慢无力；堵塞阀类元件小孔或缝隙，使阀动作失灵；使元件内部运动部件发生磨损，磨损产生的磨屑作为新的污染颗粒进一步磨损零件的配合面，造成恶性循环，导致元件的性能下降甚至在短时间内损坏；固体颗粒也会擦伤密封件，使泄漏增加，容积效率降低等。

2) 水

水对液压系统的最大危害是腐蚀金属表面。此外，水还会加速油液的氧化变质，降低油液的润滑性能，并且与油液中某些添加剂作用产生黏性胶质，引起阀芯黏滞和过滤器堵塞等故障。当油液中水的含量超过 0.05%时，水对液压系统就会产生严重的危害作用。

3) 空气

空气混入油液中会降低油液的体积弹性模量，影响系统的刚性；使油液氧化变质，降低润滑性能；产生气蚀现象，加剧元件的损坏，使液压系统出现振动、噪声、爬行等现象。

4) 化学污染物

液压油中常见的化学污染物有溶剂、表面活性化合物和油液氧化分解产物等。其中有的化合物与水反应形成酸类，对金属表面产生腐蚀作用。各类表面活性化合物如洗涤剂的作用一样，将附着在元件表面的污染物洗涤下来悬浮在油液中，增加了油液的污染度。

5) 污染能量

液压系统的热能、静电、磁场和放射线等能量往往对系统产生有害的影响。例如，系统内过高的热能会使温度超过规定的限度，引起油液黏度降低，泄漏量增加，加速油液的氧化变质。静电对于挥发性高和燃点低的油液易引起火灾，还会引起电流腐蚀。

2. **油液污染度等级**

为了描述和评定液压系统油液的污染度，实施对液压系统的污染控制，制定了液压系统油液的污染度等级。我国液压系统工作介质固体颗粒污染等级代号(GB/T 14039—2002)等效于 ISO4406-1987 国际标准。该标准规定了液压系统工作介质中固体颗粒污染物等级的代号，代号的确定按显微镜颗粒计数法或自动颗粒计数法取得颗粒计数数据。固体颗粒污染等级代号由用斜线隔开的两个标号组成：第一个标号表示 1mL 工作介质中尺寸大于 5μm 的颗粒数，第二个标号表示 1mL 油液中尺寸大于 15μm 的颗粒数。颗粒数与其标号的对应关系见表 2-2 所示的规定。例如，等级代号为 18/15 的液压油，表示它在 1mL 给定油液内尺寸大于 5μm 的颗粒数为 1300～2500 个，尺寸大于 15μm 的颗粒数为 160～320 个。

表 2-2　GB/T 14039—2002 油液固体颗粒污染等级代号

1mL 中颗粒数		标号	1mL 中颗粒数		标号
>	≤		>	≤	
80000	160000	24	10	20	11
40000	80000	23	5	10	10
20000	40000	22	2.5	5	9
10000	20000	21	1.3	2.5	8
5000	10000	20	0.64	1.3	7
2500	5000	19	0.32	0.64	6
1300	2500	18	0.16	0.32	5
640	1300	17	0.08	0.16	4
320	640	16	0.04	0.08	3
160	320	15	0.02	0.04	2
80	160	14	0.01	0.02	1
40	80	13	0.005	0.01	0
20	40	12	0.0025	0.005	0.9

这个污染度等级标准反映了具有代表性的两个颗粒尺寸范围的颗粒浓度，对说明实质性工程问题是很科学的。因为 5μm 左右的颗粒对堵塞液压元件缝隙的危害性最大，而大于 15μm 的颗粒对液压元件的磨损作用最为显著，用它们来反映油液的污染度最为恰当，因而这种标准得到了普遍采用。

表 2-3 给出了典型液压系统的污染度等级。在进行液压系统设计时，设计者可根据系统的不同类型提出不同的污染度(或称清洁度)要求，并在油路设计方面采取相应措施(例如，适当地设置过滤器等)以控制液压油的污染。

表 2-3　典型液压系统污染度等级

系统类型 \ 污染度等级	13 / 10	14 / 11	15 / 12	16 / 13	17 / 14	18 / 15	19 / 16	20 / 17	21 / 18	22 / 19	23 / 20
污染极敏感的系统	★	★	★	★	★						
伺服系统		★	★	★	★	★					
高压系统			★	★	★	★	★				
中压系统					★	★	★	★	★		
低压系统						★	★	★	★	★	
低敏感系统							★	★	★	★	★
数控机床液压系统		★	★	★	★	★					
普通机床液压系统					★	★	★	★	★		
一般机器液压系统						★	★	★	★	★	
工程机械液压系统		★	★	★	★	★	★	★			
重型设备液压系统					★	★	★	★	★		
冶金设备液压系统				★	★	★	★	★			

3. 污染的控制

液压污染控制的基本内容和目的是通过污染控制措施使系统油液的污染度与关键元件的污染耐受度达到合理的平衡，以确保元件的寿命和可靠性。提高元件寿命和可靠性有两个途径：一是改进元件的设计参数、结构和材质等以提高元件的耐污染性能；二是采取有效的污染控制措施，降低油液的污染度。经验表明，后者是一条更为经济、实用、有效的途径。

液压油污染的原因很复杂，液压油自身又在不断产生污物，因此要彻底防止污染是很困难的。为了延长液压元件的寿命，保证液压系统正常工作，将液压油污染度控制在某一限度以内是较为切实可行的办法。实际应用中应采取如下措施来控制污染。

(1) 力求减少外来污染，液压装置组装前后必须严格清洗，油箱通大气处要加空气过滤器，向油箱加油时应通过过滤器，维修拆卸元件应在无尘区进行并确保零件清洁。

(2) 滤除系统产生的杂质应在系统的有关部位设置适当精度的过滤器，并且要定期检查、清洗或更换滤芯。

(3) 定期检查更换液压油，应根据液压设备使用说明书的要求和维护保养规程的规定，定期检查更换液压油。换油时要清洗液压油箱，以及系统管道及元件。

第二节 液体静力学

液体静力学是研究静止液体的力学规律以及这些规律的应用。这里所说的静止，是指液体内部质点之间没有相对运动，液体整体完全可以像刚体一样做各种运动。

一、液体的静压力及其特性

1. 液体的静压力

静止液体单位面积上所受的法向力称为静压力。这一定义在物理学中称为压强，但在液压传动中习惯称为压力。如果在液体内某点处微小面积 ΔA 上作用有法向力 ΔF，则 $\Delta F / \Delta A$ 的极限（当 ΔA 趋于零时）就定义为该点处的静压力，常用 p 表示。即

$$p = \lim_{\Delta A \to 0} \frac{\Delta F}{\Delta A} \tag{2-12}$$

若液体的面积A上所受的为均匀分布的作用力F，则静压力可表示为

$$p = \frac{F}{A} \tag{2-13}$$

2. 液体静压力的特性

(1) 液体的静压力沿着内法线方向作用于承压面。

(2) 静止液体内任一点所受的静压力在各个方向上都相等。

由上述性质可知，静止液体总是处于受压状态，并且其内部的任何质点都是受平衡压力作用的。

二、静压力的基本方程及表示方法

1. 静压力基本方程

在重力作用下的静止液体所受的力，除了液体的重力，还有液面上的压力和容器壁面作用在液体上的压力。如图 2-3 (a) 所示，密度为 ρ 的液体在容器内处于静止状态。为求任意深度 h 处的压力 p，可以假想从液面往下切取一个垂直的微小液柱作为研究体，设液柱的底面积为 ΔA，高为 h，如图 2-3 (b) 所示。由于液柱处于平衡状态，于是有

$$p\Delta A = p_0\Delta A + \rho g h \Delta A$$

等式两端同除以 ΔA，则可得

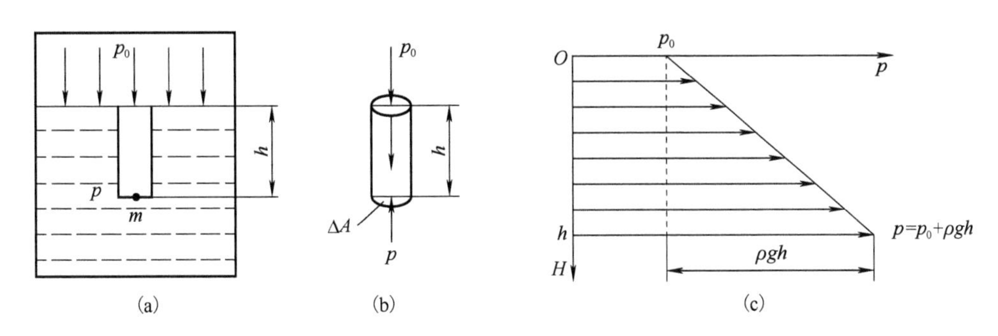

图 2-3　重力作用下的静止液体

$$p = p_0 + \rho gh \tag{2-14}$$

式(2-14)为静压力的基本方程，由式(2-14)可知，重力作用下的静止液体，其压力分布有如下特征。

(1)静止液体内任一点处的压力都由两部分组成：一部分是液面上的压力 p_0，另一部分是该点以上液体自重所形成的压力，即 ρg 与该点离液面深度 h 的乘积。当液面上只受大气压力 p_a 作用时，则液体内任一点处的压力为

$$p = p_a + \rho gh \tag{2-15}$$

(2)静止液体内的压力随液体深度呈线性规律分布。

(3)离液面深度相同的各点组成了等压面，此等压面为一水平面。

2. 压力的表示方法和单位

根据度量基准的不同，液体的压力分为绝对压力和相对压力。以绝对真空为衡量基准所得到的压力称为绝对压力。在地球表面上，一切受大气笼罩的物体，大气压力的作用都是自相平衡的，因此一般压力仪表在大气中的读数 p 为零，用压力计(也称压力表)测得的压力数值显然是相对压力，即以一个大气压作为度量压力的基准。式(2-15)中的 p 表示绝对压力，而 ρgh 则为相对压力。在液压技术中，如果不特别指明，所说压力均为相对压力。

压力的单位除了法定计量单位 Pa(帕，N/m^2)，还有以前沿用的一些单位，如 bar(巴)、工程大气压 at(kgf/cm^2)、标准大气压 atm、水柱高(mmH_2O)或汞柱高(mmHg)等。各种压力单位的换算关系见表 2-4。

表 2-4　各种压力单位的换算关系

MPa	Pa	bar	kgf/cm^2	at	atm	mmH_2O	mmHg
0.1	1×10^5	1	1.01972	1.01972	0.986923	1.01972×10^4	7.50062×10^2

如果液体中某点的绝对压力小于大气压力，这时，比大气压力小的那部分数值称为真空度，此时相对压力为负值，真空度需用专用的真空压力计测量。例如，当液体内某点的绝对压力为 0.3×10^5Pa 时，其相对压力为 $p-p_a=0.3\times10^5\text{Pa}-1\times10^5\text{Pa}=-0.7\times10^5\text{Pa}$，即该点的真空度为 0.7×10^5Pa(这里大气压取的为近似值)。绝对压力、相对压力和真空度的关系如图 2-4 所示。

由图 2-4 可知，以大气压力为基准计算压力时，基准以上的正值是表压力(相对压力)，基准以下的负值就是真空度。

【例 2-1】 如图 2-5 所示，容器内盛有油液。已知油的密度 $\rho=900\text{kg}/\text{m}^3$，活塞上的作

用力 $F=1000\text{N}$，活塞的面积 $A=1\times10^{-3}\text{m}^2$，假设活塞的质量忽略不计。问活塞下方深度为 $h=0.5\text{m}$ 处的静压力等于多少？

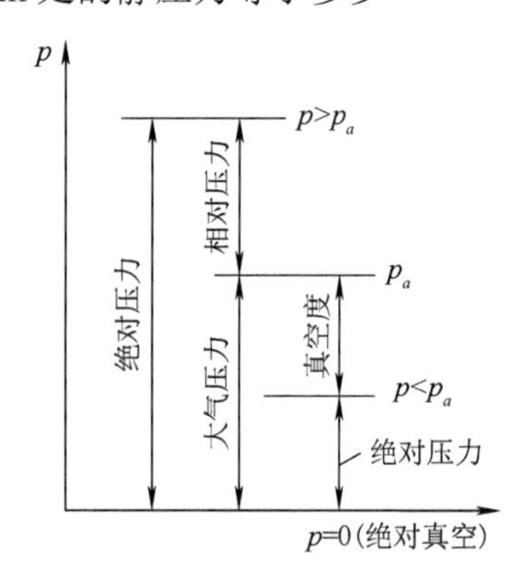

图 2-4　绝对压力、相对压力和真空的关系

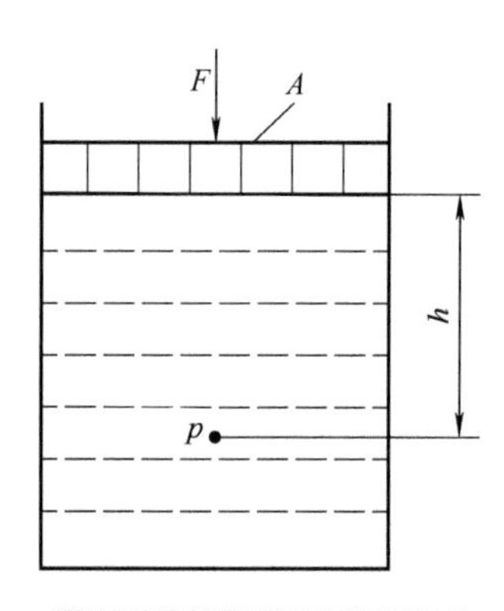

图 2-5　静止液体内的压力

解：活塞与液体接触面上的压力(表面压力)为

$$p_0=\frac{F}{A}=\frac{1000}{1\times10^{-3}}=10^6\ (\text{Pa})$$

根据式(2-14)，深度为 h 处的液体压力为

$$p=p_0+\rho gh=10^6+900\times9.8\times0.5=1.00441\times10^6(\text{Pa})\approx10^6(\text{Pa})$$

从例 2-1 可以看出，液体在受外界压力作用的情况下，由液体自重所形成的那部分压力 ρgh 相对甚小，在液压系统的计算中常可忽略不计，因而可近似认为整个液体内部的压力是相等的。以后在分析液压系统的压力时，一般都采用这一结论。

三、静止液体内压力的传递

密闭容器内的液体，当外加压力 p_0 发生变化时，只要液体仍保持原来的静止状态不变，则液体内任一点的压力将发生同样大小的变化。也就是说，在密闭容器内，施加于静止液体的压力可以等值地传递到液体各点。这就是帕斯卡原理，或称静压传递原理。

图 2-6 为帕斯卡原理的应用实例。图中大小两个液压缸由管路连接构成密闭容器。大活塞上的作用力 F_1 是外加负载，A_1 为大活塞横截面面积；小活塞所受的作用力为 F_2，面积为 A_2。根据帕斯卡原理可知，容器中液体内各点的压力应该相等，即由 F_1 和 F_2 所产生的液压力应该相等，所以有 $F_1/A_1=F_2/A_2$，或者写成 $F_2=F_1A_2/A_1$，F_2 也可认为是为防止大活塞下降或为使大活塞匀速上升需要在小活塞上施加的力。由于 $A_2<A_1$，所以用一个较小的推力 F_2 就可以推动一个较大外负载力 F_1，液压千斤顶就是利用这一原理制成的。从负载和压力的关系可以得出这样的结论：液体内的压力与负载之间总是保持着正比关系，即静止液体内的压力取决于负载，这是液压传动中一个非常重要的概念。

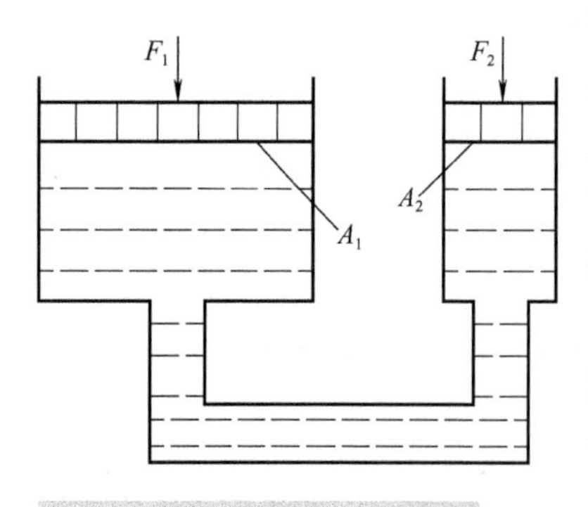

图 2-6　帕斯卡原理的应用实例

四、液体对固体壁面的作用力

液体和固体壁面相接触时，固体壁面将受到总液压力的作用。

当固体壁面为一平面时，液体压力在该平面上的总作用力 F 等于液体压力 p 与受作用的面积 A 的乘积，即

$$F = pA \tag{2-16}$$

当固体壁面为一曲面时，液体压力在该曲面 x 方向上的总作用力 F_x 等于液体压力 p 与曲面在该方向投影面积 A_x 的乘积，即

$$F_x = pA_x \tag{2-17}$$

式(2-17)适用于任何曲面，这一结论可以通过液压缸缸筒的受力情况分析加以证明。

【例 2-2】 液压缸缸筒如图 2-7 所示，缸筒的半径为 r，长度为 l，缸筒内液体压力为 p，试求液压油对缸筒右半壁内表面在 x 方向上的作用力(在设计液压缸壁厚时的强度计算)。

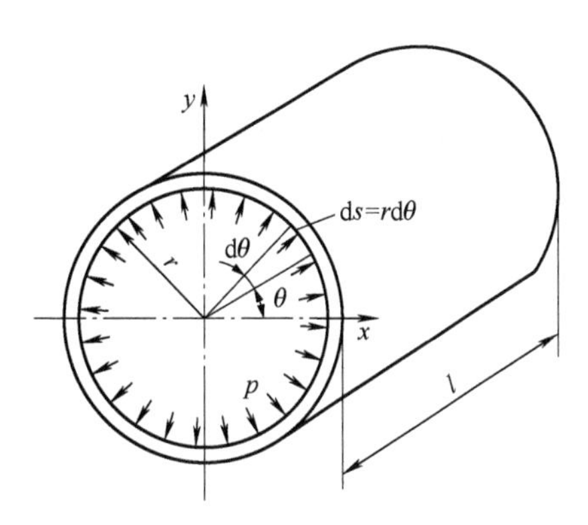

图 2-7　压力油作用在缸筒内壁面上的力

解：为求压力油对右半部缸筒内壁在 x 方向上的作用力，可在内壁上取一微小面积 $\mathrm{d}A = l\mathrm{d}s = lr\mathrm{d}\theta$，则压力油作用在这一微小面积 $\mathrm{d}A$ 上的力 $\mathrm{d}F$ 在 x 方向的分力为

$$\mathrm{d}F_x = \mathrm{d}F\cos\theta = p\mathrm{d}A\cos\theta = plr\cos\theta\mathrm{d}\theta$$

对上式积分，可以得出压力油对缸筒内壁在 x 方向上的作用力为

$$F_x = \int_{-\frac{\pi}{2}}^{\frac{\pi}{2}} \mathrm{d}F_x = \int_{-\frac{\pi}{2}}^{\frac{\pi}{2}} plr\cos\theta\mathrm{d}\theta = 2plr = pA_x$$

式中，A_x 为缸筒右半内壁面在 x 方向的投影面积，$A_x = 2rl$。

第三节　液体动力学基础

液体动力学主要讨论液体的流动状态、运动规律、能量转换以及流动液体与固体壁面的相互作用力等问题。流动液体的连续性方程、伯努利方程、动量方程是描述流动液体力学规律的三个基本方程，这些内容不仅构成了液体动力学基础，而且也是液压技术中分析问题和设计计算的理论依据。

一、基本概念

1. 理想液体和恒定流动

由于液体具有黏性，而且黏性只是在液体运动时才体现出来，因此研究液体流动时必须考虑黏性的影响，但这将使问题复杂化。所以在开始分析时可以先假设液体没有黏性，然后再考虑黏性的作用，并通过实验验证的办法对理想结论进行补充或修正。这种办法同样可以用来处理液体的可压缩性问题。

理想液体：在研究液体流动时，假设既无黏性又不可压缩的液体称为理想液体。而事实上既有黏性又可压缩的液体称为实际液体。

恒定流动：液体流动时，若液体中任一点处的压力、速度和密度都不随时间而变化，则这种流动称为恒定流动(也称稳定流动或定常流动)。反之，只要压力、速度或密度中有一个随时间变化，就称为非恒定流动。图 2-8(a)的水平管内液流为恒定流动，图 2-8(b)为非恒定流动。非恒定流动情况复杂，本节主要介绍液体做恒定流动时的基本方程。

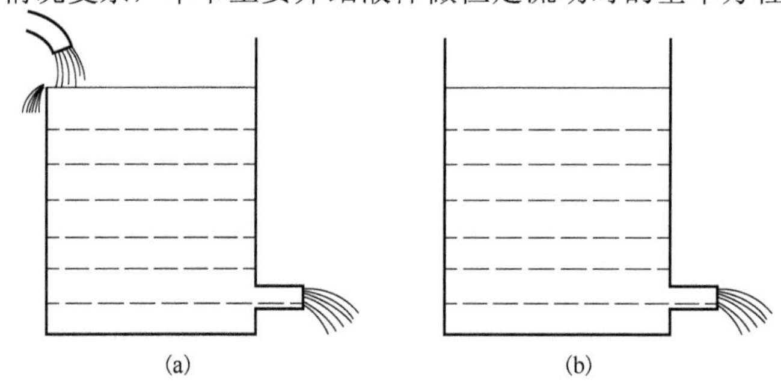

图 2-8　恒定流动和非恒定流动

2. 过流断面、流量和平均流速

过流断面：液体在管道中流动时，其垂直于流动方向的截面称为过流断面(或通流断面)。

流量：单位时间内流过某一过流断面的液体体积称为体积流量(通常简称流量，如果是质量流量，会特别注明)。流量用 Q 表示，常用单位有 m^3/s 和 L / min 。

液体在流动时由于黏性的作用，在其过流断面上各点的速度 u 一般是不相等的，过流断面上速度的大致分布情况如图 2-9(b)所示。在计算整个过流断面 A 上的流量时，可先在过流断面 A 上取一微小的过流断面 dA (图 2-9(a))，液体在该微小断面各点的流速可以认为是相等的，所以流过该微小断面的流量为

$$dQ = u dA$$

因此，流过整个过流断面 A 的流量为

$$Q = \int_A u dA \tag{2-18}$$

平均流速：实际液体在流动时，由于黏性力的作用，整个过流断面上各点的速度分布规律很复杂(图 2-9(b))，故按式(2-18)积分计算流量是很困难的。因此，提出一个平均流速的概念，即假设过流断面上各点的流速平均分布，液体以平均流速 v 流过过流断面的流量等于以实际流速流过的流量，即

$$Q = \int_A u dA = vA$$

由此可得出过流断面上的平均流速为

$$v = \frac{Q}{A} \tag{2-19}$$

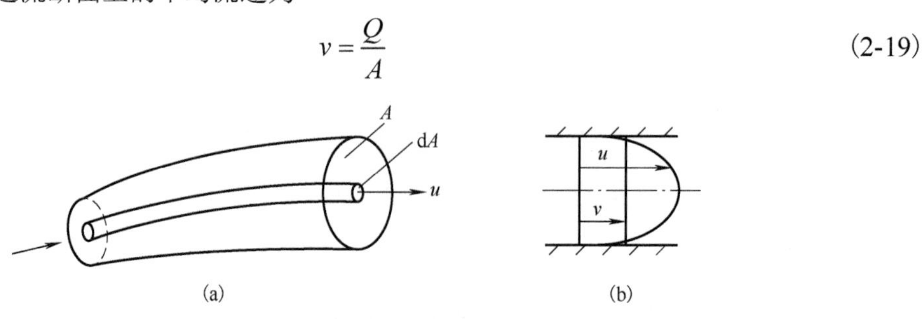

图 2-9　流量和平均流速

在进行实际的工程计算时，平均流速才具有应用价值。例如，液压缸工作时，活塞的运动速度就等于缸内液体的平均流速，当液压缸有效面积一定时，活塞的运动速度由输入液压缸的流量决定。

3. 层流、紊流和雷诺数

液体的流动有两种状态，即层流和紊流。两种流动状态的物理现象可以通过雷诺实验观察出来。

雷诺实验装置如图 2-10(a)所示。水箱 6 与水杯 3 内分别装满水和密度与水相同的红色液体，水箱 6 由进水管 2 不断进水，并由溢流管 1 保持水箱水面高度不变。打开阀门 8 让水从玻璃管 7 中流出，这时再打开开关 4，红色液体也经过细导管 5 流入水平玻璃管 7 中。调节阀门 8 使管中的流速变小，红色液体在玻璃管 7 中呈一条明显的直线，将细导管 5 的出口上下移动，则红色直线也上下移动，这条红色液体直线与清水层次分明，不相混杂，如图 2-10(b)所示。这表明管中的水流是分层的，层与层之间互不干扰，液体的这种流动状态称为层流。调整阀门 8 使玻璃管中的流速逐渐增大至某一值时，可以看到红线开始出现抖动而呈波纹状，如图 2-10(c)所示，这表明层流状态被破坏，液流出现紊乱。若玻璃管 7 中的流速继续增大，红色液体便和清水完全混合，红线完全消失，如图 2-10(d)所示。这表明管中液流完全紊乱，这时的流动状态称为紊流。如果将阀门 8 逐渐关小，当管中流速减小到一定数值时，水流又重新恢复到层流状态。

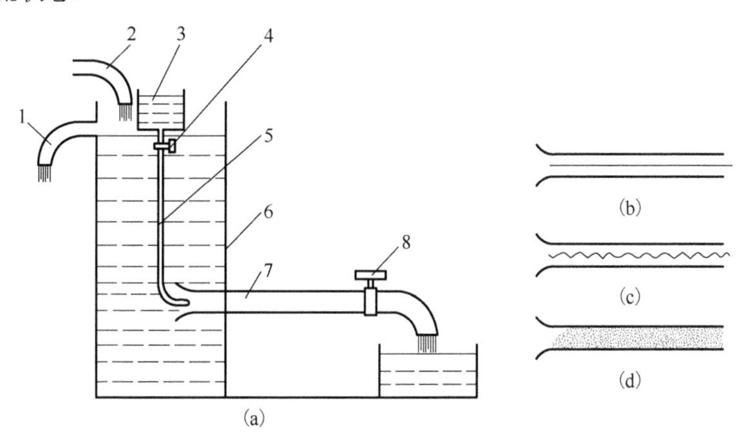

图 2-10　雷诺实验装置

1-溢流管；2-进水管；3-水杯；4-开关；5-细导管；6-水箱；7-玻璃管；8-阀门

层流与紊流是两种不同性质的流动状态。层流时，黏性力起主导作用，液体质点受黏性的约束，不能随意运动；紊流时，惯性力起主导作用，液体高速流动液体质点间的黏性不能再约束质点。液体的流动状态可用雷诺数来判别。

通过实验证明，液体在圆管中的流动状态不仅与管中的平均流速 v 有关，还和管道内径 d、液体的运动黏度 υ 有关。而决定流动状态的，是这三个参数所组成的一个称为雷诺数 Re 的无量纲数，即

$$Re = \frac{vd}{\upsilon} \tag{2-20}$$

也就是说，如果液流的雷诺数 Re 相同，它们的流动状态也就相同。

液流由层流转变为紊流时的雷诺数和由紊流转变为层流时的雷诺数是不相同的，后者的数值小，所以一般都用后者作为判断液流状态的依据，称为临界雷诺数，记作 Re_c。当液流的实际雷诺数 Re 小于临界雷诺数 Re_c 时，为层流；反之，为紊流。常见液流管道的临界雷诺数由实验求得，如表 2-5 所示。

表 2-5　常见液流管道的临界雷诺数

管道	Re_c	管道	Re_c
光滑金属圆管	2320	带环槽的同心环状缝隙	700
橡胶软管	1600～2000	带环槽的偏心环状缝隙	400
光滑的同心环状缝隙	1100	圆柱形滑阀阀口	260
光滑的偏心环状缝隙	1000	锥阀阀口	20～100

雷诺数的物理意义：雷诺数是液流的惯性力对黏性力的无因次比。当雷诺数较大时，说明惯性力起主导作用，这时液体处于紊流状态；当雷诺数较小时，说明黏性力起主导作用，这时液体处于层流状态。

对于非圆截面的管道，Re 可表示为

$$Re = \frac{4vR}{\upsilon} \tag{2-21}$$

式中，R 为过流断面的水力半径，它等于液流的有效过流面积 A 和它的湿周(有效截面的周界长度) x 之比，即

$$R = \frac{A}{x} \tag{2-22}$$

水力半径的大小对管路的通流能力的影响很大，水力半径大，意味着液流和管壁的接触周长短，管壁对液流的阻力小，通流能力大。在面积相等但形状不同的所有过流断面中，圆形管道的水力半径最大，因此圆形管道对液流的阻力相对较小。

二、连续性方程

连续性方程是质量守恒定律在流体力学中的一种表达形式。

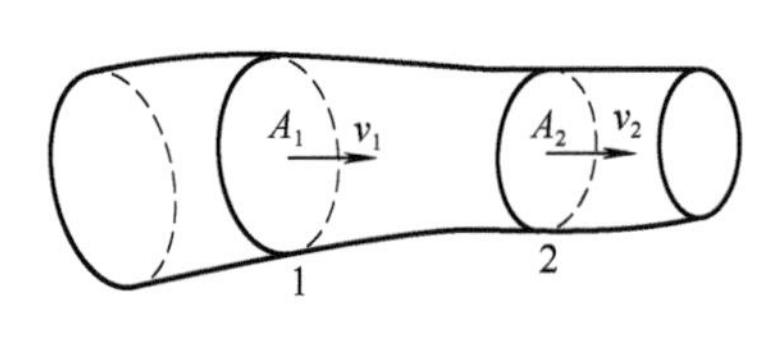

图 2-11　液流的连续性原理

设液体在图 2-11 所示的管道中做恒定流动。若任取的 1、2 两个过流断面的面积分别为 A_1 和 A_2，并且在该两个断面处的液体密度和平均流速分别为 ρ_1、v_1 和 ρ_2、v_2，则根据质量守恒定律，在单位时间内流入过流断面 1 和流出过流断面 2 的液体质量相等，即

$$\rho_1 v_1 A_1 = \rho_2 v_2 A_2$$

当忽略液体的可压缩性时，有 $\rho_1 = \rho_2$，则得

$$v_1 A_1 = v_2 A_2 \tag{2-23}$$

或写成

$$vA = \text{常数} \tag{2-24}$$

这就是液流的流量连续性方程。它说明不可压缩的液体在管道中做恒定流动时，流过各个断面的流量是相等的(即流量是连续的)，因而流速和过流断面面积成反比。

三、伯努利方程

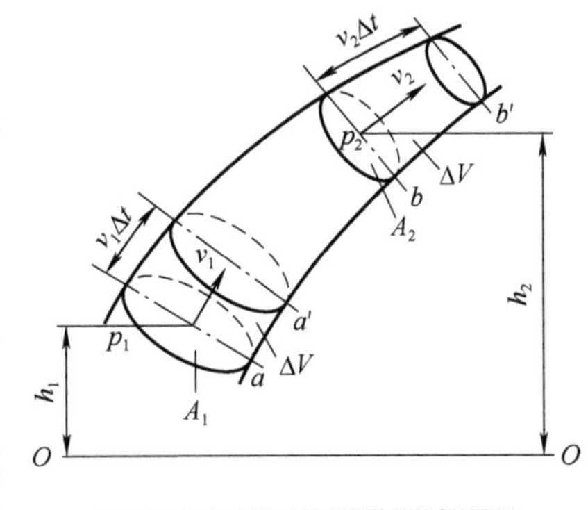

图 2-12　理想液体伯努利方程

伯努利方程是能量守恒定律在流体力学中的一种表达形式。

1. 理想液体的伯努利方程

设理想液体在如图 2-12 所示的管道内做恒定流动。任取一段液流 a、b 作为研究对象，设 a、b 两断面中心到基准面 O-O 的高度分别为 h_1、h_2，过流断面面积分别为 A_1、A_2，压力分别为 p_1、p_2。由于液流是理想液体，过流断面上的流速可以认为是均匀分布的，故设 a、b 断面的流速分别为 v_1、v_2。假设经过很短的时间 Δt 以后，ab 段液体移动到 $a'b'$ 位置，现在分析该段液体功与能的变化情况。

1) 外力所做的功

作用在该段液体上的外力有侧面力和两断面的压力。因理想液体无黏性，侧面不产生摩擦力做功，而侧面压力的方向与运动方向垂直，故外力的功仅是两断面压力所做功的代数和，即

$$W = p_1 A_1 v_1 \Delta t - p_2 A_2 v_2 \Delta t$$

由连续性方程知

$$A_1 v_1 = A_2 v_2 = Q_v \text{ 或 } A_1 v_1 \Delta t = A_2 v_2 \Delta t = Q_v \Delta t = \Delta V$$

式中，ΔV 为 aa' 或 bb' 微小段液体的体积。

故有

$$W = (p_1 - p_2)\Delta V$$

2) 液体机械能的变化

因为是理想液体做恒定流动，经过时间 Δt 后，中间 $a'b$ 段液体的所有力学参数均未发生变化，所以这段液体的能量没有增减。液体机械能的变化仅表现在 bb' 和 aa' 两小段液体的能量差别上。由于前后两段液体有相同的质量 $\Delta m = \rho\Delta V$，所以两段液体的位能差 ΔE_p 和动能差 ΔE_k 分别为

$$\Delta E_p = \rho g \Delta V(h_2 - h_1)$$

$$\Delta E_k = \frac{1}{2}\rho\Delta V(v_2^2 - v_1^2)$$

根据能量守恒定律，合外力对这段液体所做的功等于该段液体能量的变化量，即

$$W = \Delta E_p + \Delta E_k$$

或者写成

$$(p_1 - p_2)\Delta V = \rho g \Delta V(h_2 - h_1) + \frac{1}{2}\rho\Delta V(v_2^2 - v_1^2)$$

将上式各项分别除以微小段液体的体积 ΔV，整理后得理想液体伯努利方程为

$$p_1 + \rho g h_1 + \frac{1}{2}\rho v_1^2 = p_2 + \rho g h_2 + \frac{1}{2}\rho v_2^2 \tag{2-25}$$

也可表示为

$$p + \rho g h + \frac{1}{2}\rho v^2 = \text{常数} \tag{2-26}$$

式(2-26)中各项分别是单位体积液体的压力能、位能和动能。因此，理想液体伯努利方

程的物理意义是：在密闭管道内做恒定流动的理想液体具有三种形式的能量，即压力能、位能和动能。在流动过程中，三种能量可以相互转化，但各个过流断面上三种能量之和恒为定值，即能量守恒。

2. 实际液体伯努利方程

实际液体在管道内流动时，由于液体存在黏性，会产生内摩擦力，消耗能量；同时，管道局部形状和尺寸的骤然变化，使液流产生扰动，也消耗能量。因此，实际液体流动有能量损失存在，设单位体积液体在两断面间流动的能量损失为Δp_w。

另外，由于实际液体在管道过流断面上的流速分布是不均匀的，在用平均流速代替实际流速计算动能时，必然会产生误差。为了修正这个误差，须引入动能修正系数α，它等于单位时间内某过流断面处的实际动能与按平均流速计算的动能之比，其表达式为

$$\alpha=\frac{\int_A \frac{1}{2}u^2\mathrm{d}m}{\frac{1}{2}mv^2}=\frac{\int_A u^2\rho u\Delta t\mathrm{d}A}{\rho v\Delta tAv^2}=\frac{\int_A u^3\mathrm{d}A}{v^3A}$$

在应用时，动能修正系数的取值为：当液流为紊流时取$\alpha=1$，层流时取$\alpha=2$。因此，实际液体的伯努利方程为

$$p_1+\rho gh_1+\frac{1}{2}\rho\alpha_1v_1^2=p_2+\rho gh_2+\frac{1}{2}\rho\alpha_2v_2^2+\Delta p_w \tag{2-27}$$

伯努利方程揭示了液体流动过程中的能量变化规律，因此它是流体力学中的一个特别重要的基本方程。伯努利方程不仅是进行液压系统分析的理论基础，而且还可用来对多种液压问题进行研究和计算。

应用伯努利方程进行计算时必须注意以下几方面。

(1)断面1、2须顺流向选取(否则Δp_w为负值)，且应选在缓变的过流断面上。

(2)断面中心在基准面以上时，h取正值；反之，h取负值。通常选取特殊位置的水平面作为基准面。

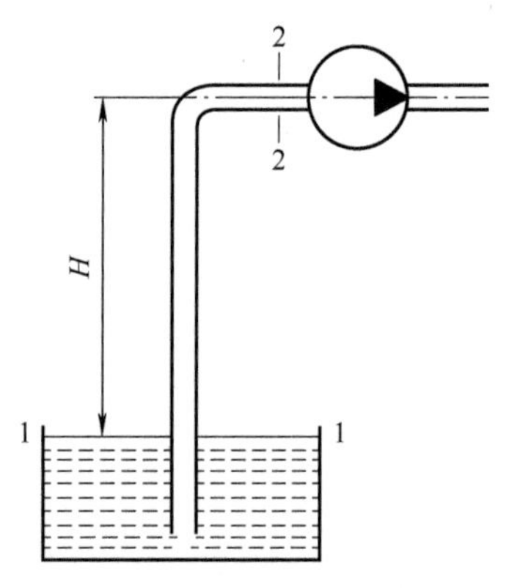

图 2-13　液压泵装置

【例 2-3】 液压泵装置如图2-13所示，油箱和大气相通。试分析吸油高度H对泵工作性能的影响。

解： 取油箱液面为基准面，对截面1-1和截面2-2列伯努利方程：

$$p_1+\rho gh_1+\frac{1}{2}\rho\alpha_1v_1^2=p_2+\rho gh_2+\frac{1}{2}\rho\alpha_2v_2^2+\Delta p_w$$

式中，$p_1=0,\ h_1=0,\ v_1\approx 0,\ h_2=H$，将它们代入上式可得

$$p_2=-\left(\rho gH+\frac{1}{2}\rho\alpha_2v_2^2+\Delta p_w\right)$$

当泵安装于液面之上时，$H>0$，则有$p_2<0$。此时，泵工作时其进口处的相对压力小于零，形成真空，油液靠大气压力压入泵内。

当泵安装于液面以下时，$H<0$，而在$|\rho gH|>\frac{1}{2}\rho\alpha_2v_2^2+\Delta p_w$情况下，$p_2>0$，泵进口处不形成真空，油自行灌入泵内，有利于泵吸油。

由上述情况分析可知，泵内吸油高度H值越小，泵越易吸油。有时，为便于安装维修，

泵安装在油箱液面以上，依靠进口处形成的真空度来吸油，但工作时的真空度不能太大。当泵吸油口处的绝对压力值小于油液的空气分离压时，油液中的气体就要析出而形成气泡，当泵吸油口处压力小于油液的饱和蒸气压时，油还会气化。油液中有气体析出或油液发生气化，油液流动的连续性就受到破坏，会发生气穴现象，并产生噪声和振动，影响泵和系统的正常工作。为使真空度不致过大，吸油管路的内径要足够大、长度应尽量小，尽量减少管路的弯曲和变形，并需要限制泵的安装高度，一般泵距离油箱的高度不大于 0.5m。工程机械中有相当比例的液压系统的油箱安装于液压泵之上，以减小泵吸油口处的真空度，有些系统还采用压力油箱，进一步帮助泵吸油，但在维修时(拆卸元件)，一定要切断油箱与元件之间的油路，对压力油箱还应将油箱内的压力排尽，以免油液喷出。

另外需要说明的是，当泵安装在油箱之上时，由于泵的吸油口处形成真空，若泵与油箱之间的管路连接不良，不会出现油液泄漏的现象，但液压泵工作时可能会有空气混入系统，产生气穴现象，因此在检查液压系统时应特别注意。

四、动量方程

动量方程是动量定理在流体力学中的具体应用。在液压传动中，要计算液流作用在限制其流动的固体壁面上的力时，应用动量方程求解比较方便。

刚体力学动量定理指出，作用在物体上的合外力等于物体在单位时间内的动量变化量，即

$$\sum \boldsymbol{F} = \frac{m\boldsymbol{v}_2}{\Delta t} - \frac{m\boldsymbol{v}_1}{\Delta t}$$

为推导液体在做恒定流动时的动量方程，在如图 2-14 所示的管流中，任意取过流断面 1 和 2 之间的液体为控制体积。截面 1、2(称为控制表面)上的过流面积分别为 A_1、A_2，流速分别为 v_1、v_2，该控制体积经过微小时段 Δt 后移动到 1′-2′ 位置，下面分析一下其动量的变化情况。由于液体做恒定流动，若再不考虑其可压缩性，则 1′-2 段体积的动量没有变化，因此动量的变化就等于 2-2′ 体积段动量减去 1-1′ 段的动量，于是动量方程可写为

$$\sum \boldsymbol{F} = \frac{m_{2\text{-}2'}\boldsymbol{v}_2 - m_{1\text{-}1'}\boldsymbol{v}_1}{\Delta t} = \frac{\rho Q \Delta t \boldsymbol{v}_2 - \rho Q \Delta t \boldsymbol{v}_1}{\Delta t} = \rho Q(\boldsymbol{v}_2 - \boldsymbol{v}_1)$$

考虑到以平均流速代替实际流速会产生误差，因而引入动量修正系数 β，其为

$$\beta = \frac{\text{实际动量}}{\text{平均动量}} = \frac{\int_m m\boldsymbol{u}}{m\boldsymbol{v}} = \frac{\int_A (\rho \boldsymbol{u} \Delta t \mathrm{d}A)\boldsymbol{u}}{(\rho \boldsymbol{v} \Delta t A)\boldsymbol{v}} = \frac{\int_A \boldsymbol{u}^2 \mathrm{d}A}{\boldsymbol{v}^2 A}$$

所以实际液体的动量方程为

$$\sum \boldsymbol{F} = \rho Q(\beta_2 \boldsymbol{v}_2 - \beta_1 \boldsymbol{v}_1) \tag{2-28}$$

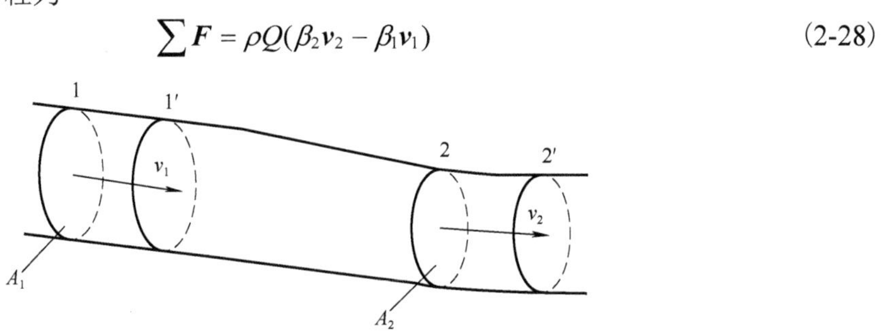

图 2-14　动量方程的推导

式中，$\sum \boldsymbol{F}$ 为作用在液体上所有外力的矢量和；β_1、β_2 为动量修正系数，液流为紊流时取 $\beta=1$，层流时取 $\beta=1.33$。为简化计算，通常取 $\beta=1$。ρ、Q 分别为液体的密度和流量。

动量方程表明：作用在液体控制体积上的外力总和等于单位时间流出控制表面与流入控制表面的液体的动量之差。式(2-28)为矢量方程，使用时应根据具体情况将式中的各个矢量分解为指定方向的投影，即在规定方向上应用动量方程。例如，在指定方向 x 的动量方程可写成如下形式：

$$\sum F_x = \rho Q(\beta_2 v_{2x} - \beta_1 v_{1x}) \tag{2-29}$$

显然，根据作用力与反作用力相等的原理，液体也以同样大小的力反方向作用于使其流速发生变化的物体上。这样，就可用动量方程求得液体对固体壁面的作用力。

【例 2-4】 图 2-15 为一滑阀示意图。当液流通过滑阀时，求液流对滑阀阀芯的轴向作用力(称稳态液动力)。

解：如图 2-15(a)所示，当液体由下侧流入从上侧流出时，取进出油口之间的液体为控制体积，设液流做恒定流动，动量修正系数取 1，在水平方向上应用动量方程可得固体阀芯对液体的作用力为

$$F_{固对液} = \rho Q(-v_2\cos\theta - v_1\cos 90^\circ) = -\rho Q v_2 \cos\theta$$

所以，滑阀阀芯上所受的稳态液动力为上述力的反作用力，即

$$F'_{液对固} = -F_{固对液} = \rho Q v_2 \cos\theta$$

由此可以看出，阀芯所受的稳态液动力的方向为沿阀芯轴向向右。

如果液流反方向通过该滑阀，如图 2-15(b)所示，同理可得相同的结果。说明在上述两种情况下，作用在滑阀阀芯上的稳态液动力总是趋于关闭阀口。

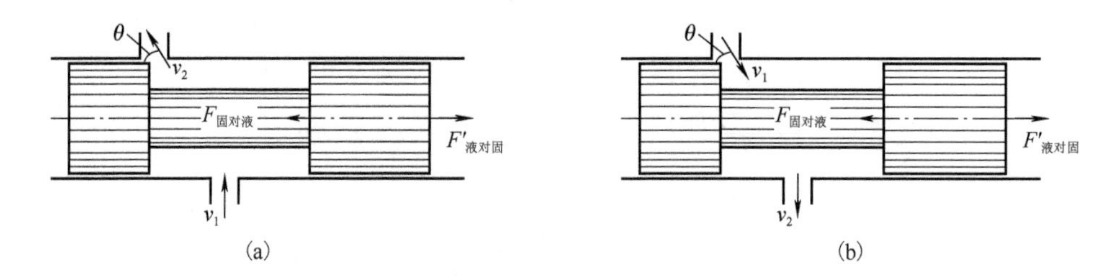

图 2-15 滑阀阀芯上的稳态液动力

第四节 液体流动时的压力损失

实际液体具有黏性，流动时会有阻力产生，为了克服阻力，流动液体需要损耗一部分能量。另外，液体流动时由于突然转弯或过流面积的突变，会产生相互撞击和旋涡等，也会产生能量消耗。上述能量损失就是实际液体伯努利方程中的 Δp_w 项。Δp_w 具有压力的量纲，通常称为压力损失。压力损失分为两类：沿程压力损失和局部压力损失。

一、沿程压力损失

液体在等径直管中流动时因黏性摩擦而产生的压力损失，称为沿程压力损失。液体的沿程压力损失也因液体的流动状态不同而有所不同。

1. 层流时的沿程压力损失

液体在层流状态下流动时，液体质点做有规则的运动，因此可以用数学工具来探讨其流动状况，并推导出沿程压力损失的计算公式。

1）过流断面上的流速分布规律

图 2-16 所示为液体在等径水平直管中做层流运动。在液流中取一段与管轴线重合的微小圆柱体作研究对象，设其半径为 r，长度为 l，作用在两端面的压力分别为 p_1、p_2，作用在圆柱表面的内摩擦力为 F。假设液流做匀速运动，微小液柱处于受力平衡状态，故有平衡方程：

$$(p_1 - p_2)\pi r^2 = F$$

式中，内摩擦力 $F = -2\pi rl\mu \mathrm{d}u/\mathrm{d}r$（负号表示流速 u 随 r 的增大而减小）。若令 $\Delta p = p_1 - p_2$，则将 F 代入上式整理可得

$$\mathrm{d}u = -\frac{\Delta p}{2\mu l} r\mathrm{d}r$$

对上式积分并应用边界条件，当 $r = R$ 时，$u = 0$，可得

$$u = \frac{\Delta p}{4\mu l}(R^2 - r^2) \tag{2-30}$$

可见，管内液体质点的流速在半径方向上按抛物线规律分布。最小流速在管壁 $r = R$ 处，$u_{\min} = 0$；最大流速在管轴心 $r = 0$ 处，$u_{\max} = \dfrac{\Delta p}{4\mu l}R^2 = \dfrac{\Delta p}{16\mu l}d^2$。

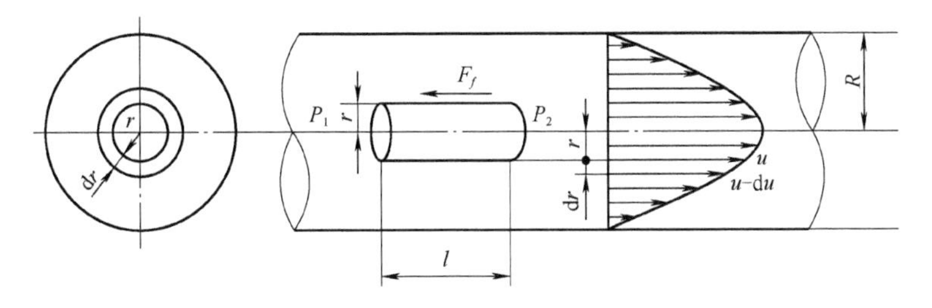

图 2-16　圆管层流运动

2）通过管道的流量

某过流断面在半径 r 处取微小环形过流断面面积 $\mathrm{d}A = 2\pi r\mathrm{d}r$，则通过该微小断面的流量为

$$\mathrm{d}Q = u\mathrm{d}A = 2\pi u r\mathrm{d}r = 2\pi\frac{\Delta p}{4\mu l}(R^2 - r^2)r\mathrm{d}r$$

对上式在面积 A 上积分可得

$$Q = \int_0^R 2\pi\frac{\Delta p}{4\mu l}(R^2 - r^2)r\mathrm{d}r = \frac{\pi R^4}{8\mu l}\Delta p = \frac{\pi d^4}{128\mu l}\Delta p \tag{2-31}$$

3）管道内的平均流速

根据平均流速的定义，可得

$$v = \frac{Q}{A} = \frac{1}{\frac{1}{4}\pi d^2}\frac{\pi d^4 \Delta p}{128\mu l} = \frac{d^2}{32\mu l}\Delta p \tag{2-32}$$

将式(2-32)与最大流速相比较，可以看出平均流速为最大流速的 1/2。

4) 沿程压力损失

由式(2-32)整理后可得沿程压力损失 Δp_λ 为

$$\Delta p_\lambda = \Delta p = \frac{32\mu l v}{d^2} \tag{2-33}$$

从式(2-33)可以看出，当直管中液流为层流时，其沿程压力损失与管路长度、流速、黏度成正比，而与管径的平方成反比。将式(2-33)适当变换可写为

$$\Delta p_\lambda = \frac{64\nu}{\mathrm{d}v}\frac{l}{d}\frac{\rho v^2}{2} = \frac{64}{Re}\frac{l}{d}\frac{\rho v^2}{2} \tag{2-34}$$

最后可写成

$$\Delta p_\lambda = \lambda\frac{l}{d}\frac{\rho v^2}{2} \tag{2-35}$$

式中，λ 为沿程阻力系数。对于圆管层流沿程阻力系数的理论值 $\lambda = 64/Re$。考虑到实际圆管截面可能有变形，以及靠近管壁处的液层可能冷却，因而在实际计算时，对金属管取 $\lambda = 75/Re$，橡胶软管 $\lambda = 80/Re$。

式(2-35)是在水平管的条件下推导出来的，但在液压传动中，液体自重和位置变化的影响可以忽略，故此公式也适用于非水平管。

2. 紊流时的沿程压力损失

紊流时计算沿程压力损失的公式在形式上同于层流，即式(2-35)。但式中的沿程阻力系数除了与雷诺数有关，还与管壁的表面粗糙度有关，即 $\lambda = f(Re, \varDelta/d)$，这里的 $\varDelta$ 为管壁的绝对表面粗糙度，它与管径 d 的比值 $\varDelta/d$ 称为相对表面粗糙度。

当黏性底层厚度(靠近管内壁的极薄流层) δ_0 大于管内壁绝对粗糙度 $\varDelta$ 时，其管道称为光滑管。对于光滑管，沿程阻力系数不受管壁粗糙度的影响，当 $2.32\times10^3 \leqslant Re < 10^5$ 时，$\lambda = 0.3164Re^{-0.25}$。

对于粗糙管(黏性底层厚度小于管内壁绝对粗糙度)，沿程阻力系数则受管壁粗糙度的影响。Re 的值可以根据 Re 和 $\varDelta/d$ 的值，从相关资料中查出。

二、局部压力损失

液体流经管道的弯头、接头、突变截面以及阀口、滤网等局部装置时，液流会产生旋涡并发生强烈的紊动现象，产生流动阻力，由此而造成的压力损失称为局部压力损失。当液体流过上述局部装置时，流动状况极为复杂，影响因素较多，局部压力损失值一般不易从理论上进行分析计算，因此，局部压力损失的阻力系数主要依靠实验来确定。局部压力损失 Δp_ξ 的计算公式为

$$\Delta p_\xi = \xi\frac{\rho v^2}{2} \tag{2-36}$$

式中，ξ 为局部阻力系数。各种装置局部结构的 ξ 值可查有关手册。

液体流过各种阀类的局部压力损失，因阀内的通道结构复杂，按式(2-36)计算比较困难，这时可由产品样本中查出该阀在额定流量下 Q_s 的压力损失 Δp_s，当流经阀的实际流量 Q 不等于额定流量时，其局部压力损失 Δp_ξ 的实际计算公式为

$$\Delta p_{\xi} = \Delta p_s \left(\frac{Q}{Q_s} \right)^2 \tag{2-37}$$

三、管路系统的总压力损失

整个管路系统的总压力损失应为所有沿程压力损失和所有局部压力损失之和，即

$$\sum \Delta p = \sum \Delta p_{\lambda} + \sum \Delta p_{\xi} + \sum \Delta p_V = \sum \lambda \frac{l}{d} \frac{\rho v^2}{2} + \sum \xi \frac{\rho v^2}{2} + \sum \Delta p_n \left(\frac{Q}{Q_s} \right)^2 \tag{2-38}$$

式(2-38)适用于两相邻局部障碍之间的距离大于管道内径10～20倍的场合，否则计算出来的压力损失值比实际数值小。这是因为，如果局部障碍距离太小，通过第一个局部障碍后的液流尚未稳定就进入第二个局部障碍，这使得液流扰动更强烈，阻力系数要高于正常值的2～3倍。

在液压系统中，绝大部分压力损失将转变为热能，造成系统温度升高，液体黏度降低，泄漏增大，使系统的能量损失进一步增加，影响系统的工作性能。因此在液压系统设计和安装中，要尽量减少压力损失。从压力损失的计算公式可以看出，减小流速、缩短管道长度、减少管道截面的突变、提高管道内壁的加工质量等，都可以减少压力损失。其中流速与压力损失的关系更为密切，故液体在管路中的流速不应过高，但流速太低又会使管路和阀类元件的尺寸加大，成本增高，设备质量增加。液压系统不同压力部位如吸油路、回油路、压力管路中流速的推荐值可查阅相关手册，或者根据允许的流速确定元件的尺寸。

需要说明的是，在液压传动系统的压力油路中，由液体位置高度和流速变化引起的压力变化量相对较小，即伯努利方程中位能和动能的变化对系统压力影响较小，可以忽略不计。因此，在进行系统工作压力计算时，一般只考虑克服负载所需的压力和管路的压力损失，这样得到的结果虽不太精确，但在液压系统的设计计算中能普遍应用。

第五节　小孔和缝隙流量

液压传动中常利用液体流经阀的小孔或缝隙来控制流量和压力，以达到调速和调压的目的，另外，液压元件的泄漏也属于缝隙流动。因此，研究小孔和缝隙的流量计算，了解其影响因素，对于合理设计液压系统、正确分析液压元件和系统的工作性能，以及系统的故障诊断都是非常重要的。

一、小孔流量

根据小孔的长度l和直径d的比值不同可将小孔可分为三种：当$l/d \leqslant 0.5$时，称为薄壁孔；当$l/d > 4$时，称为细长孔；当$0.5 < l/d \leqslant 4$时，称为短孔。

1. 薄壁孔

图2-17为进口边做成锐缘的典型薄壁孔口。由于惯性作用，液流通过小孔时发生收缩现象，然后再扩散，在靠近孔口的后方出现收缩最大的过流断面2-2。对于薄壁圆孔，当孔前通道直径与小孔直径之比$d_1/d \geqslant 7$时，流束的收缩作用不受孔前通道内壁的影响，这时的收缩称完全收缩；反之，当$d_1/d < 7$时，孔前通道对液流进入小孔起导向作用，这时的收缩称不完全收缩。

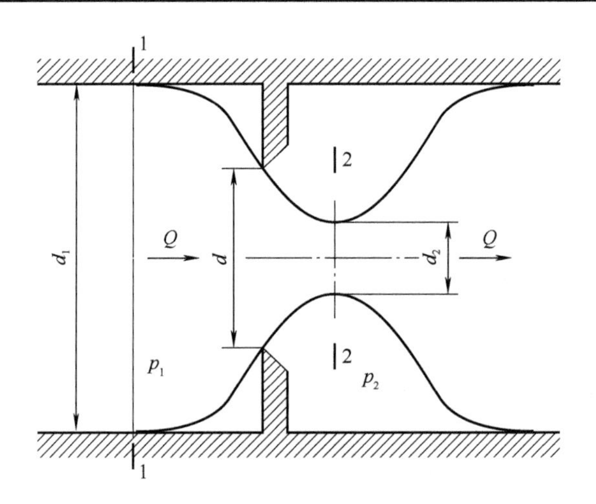

图 2-17　薄壁孔液流

现对孔前通道断面 1-1 和收缩断面 2-2 之间列伯努利方程：

$$p_1+\rho gh_1+\frac{1}{2}\rho\alpha_1v_1^2=p_2+\rho gh_2+\frac{1}{2}\rho\alpha_2v_2^2+\Delta p_w$$

式中，$h_1=h_2$；因 $v_1<<v_2$，v_1 可以忽略不计；可以认为收缩断面的流速分布均匀，$\alpha_2=1$；Δp_w 仅为局部压力损失，故 $\Delta p_w=\xi\frac{\rho v_2^2}{2}$，代入上式可得

$$v_2=\frac{1}{\sqrt{1+\xi}}\sqrt{\frac{2}{\rho}(p_1-p_2)}=C_v\sqrt{\frac{2}{\rho}\Delta p} \tag{2-39}$$

式中，Δp 为小孔前后的压力差，$\Delta p=p_1-p_2$；C_v 为速度系数，$C_v=\frac{1}{\sqrt{1+\xi}}$。

由此可以得出液体通过薄壁孔的流量公式为

$$Q_v=A_2v_2=C_vC_cA_T\sqrt{\frac{2}{\upsilon}\Delta p}=C_dA_T\sqrt{\frac{2}{\rho}\Delta p} \tag{2-40}$$

式中，C_d 为流量系数，$C_d=C_vC_c$；C_c 为收缩系数，$C_c=A_2/A_T=d_2^2/d^2$；A_2 为收缩断面的面积；A_T 为小孔的过流断面面积。

流量系数的大小一般由实验确定，在液流完全收缩的情况下，$Re\leqslant10^5$ 时，C_d 可表示为

$$C_d=0.964Re^{-0.05} \tag{2-41}$$

当 $Re>10^5$ 时，C_d 可以认为是不变的常数，计算时按 C_d=0.60～0.61 选取。当液流不完全收缩时，C_d 可按表 2-6 来选取，表中 A_1 为管道的过流面积。这时由于管壁对液流进入小孔起导向作用，C_d 可增至 0.7～0.8。

表 2-6　不完全收缩时的流量系数 C_d 的值

A_T/A_1	0.1	0.2	0.3	0.4	0.5	0.6	0.7
C_d	0.602	0.615	0.634	0.661	0.696	0.742	0.804

薄壁孔液流因其流程短，沿程阻力损失非常小，通过小孔的流量对油温变化不敏感，所以薄壁孔多被用作调节流量的节流器使用。

控制阀中锥阀和滑阀的阀口因为比较接近于薄壁孔，所以常用作液压阀的可调节流孔口。

液体通过它们的流量计算公式满足式(2-40)，但流量系数 C_d 和孔口的面积 A 随着孔口的不同而有区别(可查阅相关液压资料确定)。

2. 短孔和细长孔

短孔的流量表达式同式(2-40)，但流量系数 C_d 应按图 2-18 中的曲线来查。由图 2-18 可知，当雷诺数较大时，C_d 基本稳定在 0.8 左右。由于短孔加工比薄壁孔容易得多，因此短孔常用作固定节流器。

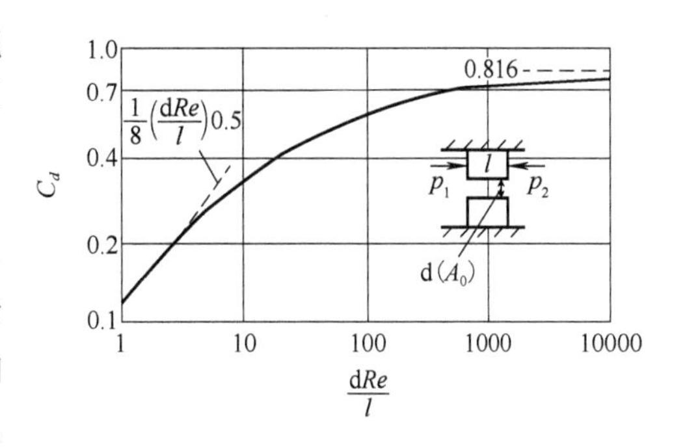

图 2-18　短孔的流量系数

流经细长孔的液流，由于黏性而流动不畅，故流动状态多为层流。其流量计算可以应用前面推出的圆管层流流量公式(式(2-31))，即 $Q=\pi d^4\Delta p/(128\mu l)$。细长孔的流量和油液的黏度有关，当油温变化时，油的黏度变化，因而流量也随之发生变化，这与薄壁孔是不同的。

纵观各小孔流量公式，可以归纳出一个通用公式：

$$Q_v = CA_T\Delta p^{\varphi} \tag{2-42}$$

式中，A_T、Δp 分别为小孔的过流断面面积和两端压力差；C 为孔的形状、尺寸和液体性质决定的系数，对细长孔 $C=d^2/(32\mu l)$，对薄壁孔和短孔 $C=C_d\sqrt{2/\rho}$；φ 为由孔的长径比决定的指数，对薄壁孔取 0.5，对细长孔取 1。

通用公式(2-42)常用于分析小孔的流量压力特性。

二、缝隙流量

液压元件的各零件之间，特别是有相对运动的各零件之间，一般都存在缝隙(或称间隙)，例如，齿轮泵的齿轮端面和侧板之间、柱塞和柱塞孔间、圆柱滑阀阀芯和阀体之间等都有间隙。油液流过缝隙就会产生泄漏，这就是缝隙流量。液压元件的相对运动零件之间必须保持合适的缝隙，缝隙太小，零件相对运动阻力较大甚至会卡紧；缝隙过大，又会使泄漏增大，影响容积效率，因此应熟悉缝隙流动的规律。

由于缝隙通道狭窄，液流受壁面的影响较大，故缝隙液流的流动状态均为层流。缝隙流动有两种状况：一种是由缝隙两端的压力差造成的流动，称为压差流动；另一种是形成缝隙的两壁面做相对运动所造成的流动，称为剪切流动。这两种流动经常会同时存在。常见液压元件的缝隙形式有平行平板缝隙和环形缝隙两种。

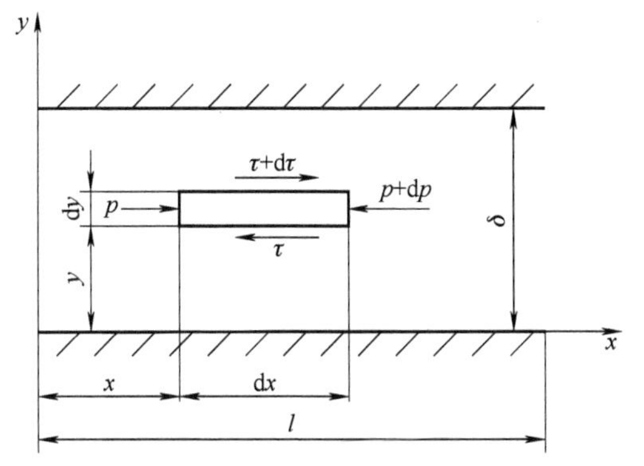

图 2-19　固定平行平板的缝隙流量

1. 平行平板缝隙的流量

平行平板缝隙可以由固定的两平行平板所形成，也可由相对运动的两平行平板所形成。

1)流过固定平行平板缝隙(压差流动)的流量

图 2-19 为固定平行平板缝隙液流。设缝隙厚度为 δ，宽度为 b，长度为 l，两端的压力为 p_1 和 p_2。从缝隙中取出一微小的平行六面体 $b\mathrm{d}x\mathrm{d}y$，其左右两端面所受的压力分别为 p 和 $p+\mathrm{d}p$，上

下两侧面所受的摩擦切应力分别为$\tau+\mathrm{d}\tau$和τ，则受力平衡方程为

$$pb\mathrm{d}y+(\tau+\mathrm{d}\tau)b\mathrm{d}x=(p+\mathrm{d}p)b\mathrm{d}y+\tau b\mathrm{d}x$$

整理后得

$$\frac{\mathrm{d}\tau}{\mathrm{d}y}=\frac{\mathrm{d}p}{\mathrm{d}x}$$

由于$\tau=\mu\frac{\mathrm{d}u}{\mathrm{d}y}$，将其代入上式可得

$$\frac{\mathrm{d}^2u}{\mathrm{d}y^2}=\frac{1}{\mu}\frac{\mathrm{d}p}{\mathrm{d}x}$$

将上式对y进行积分可得

$$u=\frac{1}{2\mu}\frac{\mathrm{d}p}{\mathrm{d}x}y^2+C_1y+C_2 \tag{2-43}$$

式中，C_1、C_2为积分常数。根据边界条件，$y=0,\ u=0;\ y=\delta,\ u=0$，分别代入式(2-43)可得

$$C_1=-\frac{\delta}{2\mu}\frac{\mathrm{d}p}{\mathrm{d}x},\quad C_2=0$$

此外，在缝隙液流中，压力p沿x方向的变化率$\mathrm{d}p/\mathrm{d}x$是一个常数，故有

$$\frac{\mathrm{d}p}{\mathrm{d}x}=\frac{p_2-p_1}{l}=-\frac{p_1-p_2}{l}=-\frac{\Delta p}{l}$$

将C_1、C_2、$\mathrm{d}p/\mathrm{d}x$代入式(2-43)可得

$$u=\frac{\Delta p}{2\mu l}(\delta-y)y$$

由此可得出液体在固定平行平板缝隙中做压差流动的流量为

$$Q_y=\int_0^\delta ub\mathrm{d}y=b\int_0^\delta\frac{\Delta p}{2\mu l}(\delta-y)y\mathrm{d}y=\frac{b\delta^3}{12\mu l}\Delta p \tag{2-44}$$

从式(2-44)可以看出，在压差作用下，流过固定平行平板缝隙的流量与缝隙宽度b、压力差Δp、缝隙厚度δ的三次方成正比，与液体的动力黏度μ、缝隙长度l成反比。这说明液压元件内缝隙的大小是影响其泄漏量的主要因素。在液压系统的使用过程中，随着时间的延长，缝隙的厚度会发生变化，液体的黏度也会随油液的温度而变化，压力差由负载决定，这些因素的变化对系统泄漏的综合影响往往是引起执行元件动作缓慢无力的原因。

2)流过相对运动平行平板缝隙(剪切流动)的流量

由图2-2知，当一平板固定，另一平板以速度u_0做相对运动时，由于液体存在黏性，紧贴于动平板的油液以速度u_0运动，紧贴于固定平板的油液则保持静止，中间各层液体的流速呈线性分布，即液体做剪切流动。因为液体的平均流速$v=u_0/2$，故由于平板相对运动而使液体流过缝隙的流量为

$$Q_j=vA=\frac{u_0}{2}b\delta \tag{2-45}$$

式(2-45)为液体在具有相对运动的平行平板缝隙中作剪切流动时的流量。

在一般情况下，相对运动平行平板缝隙中既有压差流动，又有剪切流动。因此，流过相对运动平板缝隙的流量为压差流量和剪切流量两者的代数和，即

$$Q_v = Q_y \pm Q_j = \frac{b\delta^3}{12\mu l}\Delta p \pm \frac{u_0}{2} b\delta \tag{2-46}$$

式中，u_0 为平行平板间的相对运动速度，“±”号的确定方法如下：当长平板相对于短平板移动的方向和压差方向相同时取“+”号，方向相反时取“−”号。

2. 圆环缝隙的流量

圆环缝隙也是液压元件中的常见缝隙形式。圆环缝隙有同心和偏心的两种情况，它们的流量公式有所不同。

1)流过同心圆环缝隙的流量

图 2-20 所示为同心圆环缝隙的流动，其圆柱体直径为 d，缝隙厚度为 δ，缝隙长度为 l。如果将圆环缝隙沿圆周方向展开，就相当于一个平行平板缝隙。因此，只要用 πd 替代式(2-46)中的 b，就可得内外表面之间有相对运动的同心圆环缝隙流量公式为

$$Q_v = \frac{\pi d\delta^3}{12\mu l}\Delta p \pm \frac{\pi d\delta u_0}{2} \tag{2-47}$$

当相对运动速度 $u_0 = 0$ 时，内外表面之间无相对运动的同心圆环缝隙流量公式为

$$Q_v = \frac{\pi d\delta^3}{12\mu l}\Delta p \tag{2-48}$$

2)流过偏心圆环缝隙的流量

当圆柱体与圆柱孔安装不同心时，则形成偏心环形缝隙，如图 2-21 所示。假设内外圆同心时的缝隙厚度为 δ，偏心距为 e，相对偏心率为 $\varepsilon = e/\delta$，经推导其流量公式为

$$Q_v = \frac{\pi d\delta^3 \Delta p}{12\mu l}(1+1.5\varepsilon^2) \pm \frac{\pi d\delta u_0}{2} \tag{2-49}$$

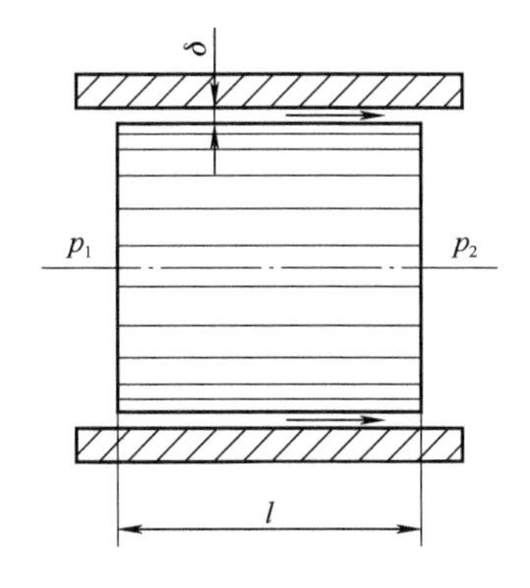

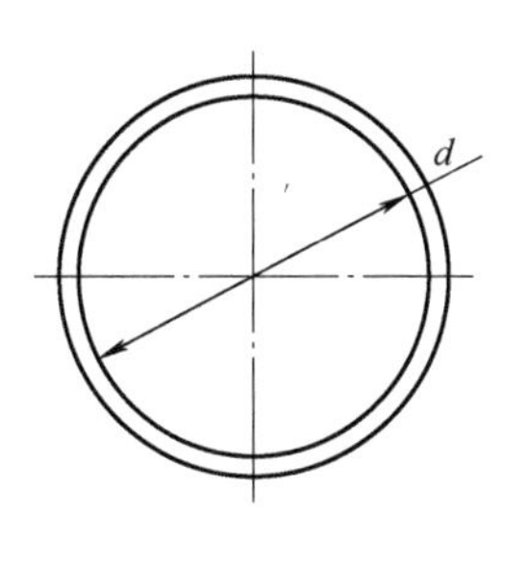

图 2-20　同心圆环缝隙的液流

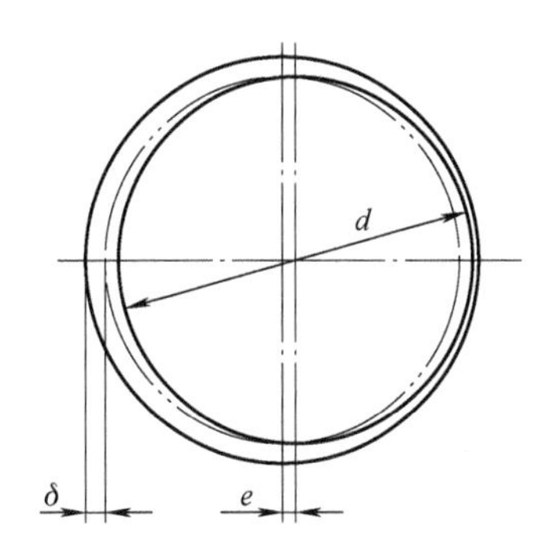

图 2-21　偏心圆环缝隙

由式(2-49)可以看到，当相对偏心率为 0 时，它就是同心圆环缝隙的流量公式；当相对偏心率为 1 时，即在最大偏心情况下，其压差流量为同心圆环缝隙压差流量的 2.5 倍。可见，在液压元件中，为了减少圆环缝隙的泄漏，应使相互配合的零件尽量处于同心状态。

【例 2-5】 某液压缸活塞直径为 $d = 100\text{mm}$，长 $l = 50\text{mm}$，活塞与缸体内壁同心时的缝隙厚度 $\delta = 0.1\text{mm}$，两端压力差 $\Delta p = 4\text{MPa}$，活塞移动的速度 $v = 60\text{mm/min}$，方向与压差方向相同。油的运动黏度 $\nu = 20\text{mm}^2/\text{s}$，密度 $\rho = 900\text{kg/m}^3$。试求活塞与缸体内壁处于最大偏心时的缝隙泄漏量有多大？

解：同心环的压差流量为

$$Q_y = \frac{\pi d\delta^3 \Delta p}{12\nu\rho l} = \frac{\pi \times 100 \times 10^3 \times (0.1\times 10^{-3})^3 \times 40 \times 10^6}{12 \times 20 \times 10^{-6} \times 900 \times 50 \times 10^{-3}} = 1.17 \times 10^3 \ (\mathrm{m^3/s})$$

剪切流量为

$$Q_j = \frac{\pi d\delta v}{2} = \frac{\pi \times 100 \times 10^{-3} \times 0.1 \times 10^{-3} \times 60 \times 10^{-3}}{2 \times 60} = 1.58 \times 10^{-8} \ (\mathrm{m^3/s})$$

根据式(2-49)，因缸体相对于活塞移动的方向与压差方向相反，其剪切流量应带负号，故最大偏心缝隙的泄漏量为

$$\begin{aligned} Q_{v\max} &= 2.5Q_y - Q_j = 2.5 \times 1.16 \times 10^{-4} - 1.57 \times 10^{-8} = 2.9 \times 10^{-4} - 1.57 \times 10^{-8} \\ &\approx 2.9 \times 10^{-4} \ (\mathrm{m^3/s}) \end{aligned}$$

从例 2-5 可见，在缝隙的两表面相对运动速度不大的情况下，由剪切流动产生的泄漏量很小，可以忽略不计。

3. 圆锥环形间隙的流量及液压卡紧现象

当柱塞或柱塞孔、阀芯或阀体孔因加工误差带有一定锥度时，两相对运动零件之间的间隙为圆锥环形间隙，其间隙的大小沿轴线方向变化。如图 2-22 所示，其中图 2-22(a)的阀芯大端为高压，液流由大端流向小端，称为倒锥；图 2-22(b)的阀芯小端为高压，液流由小端流向大端，称为顺锥。阀芯存在锥度不仅影响流经间隙的流量，而且影响缝隙中的压力分布。当阀芯与阀体同心安装，且无相对运动时，其流量公式为

$$Q_v = \frac{\pi d(h_1 h_2)^2}{6\mu l(h_1 + h_2)}\Delta p \tag{2-50}$$

如果阀芯在阀体孔内出现偏心，如图 2-23 所示，经过理论分析发现：作用在阀芯一侧的压力大于另一侧的压力(图 2-23 中上侧为其压力分布曲线)，阀芯受到一个液压侧向力的作用。图 2-23(a)所示的倒锥的液压侧向力使偏心距加大，当液压侧向力足够大时，阀芯将紧贴在孔的壁面上，产生所谓的液压卡紧现象。图 2-23(b)所示的顺锥的液压侧向力则力求使偏心距减小，阀芯自动定心，不会出现液压卡紧现象，即出现顺锥是有利的。

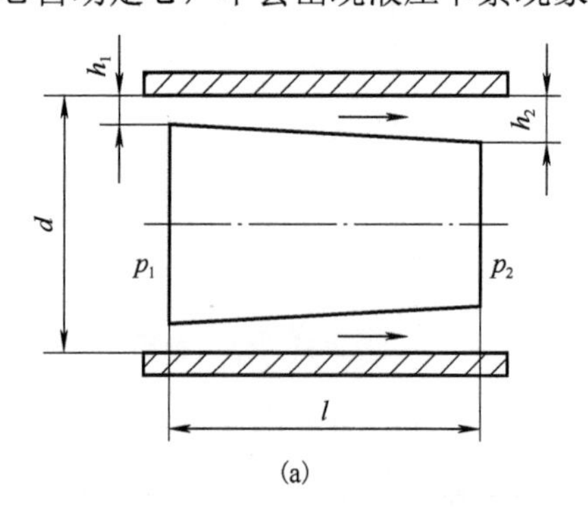

(a)

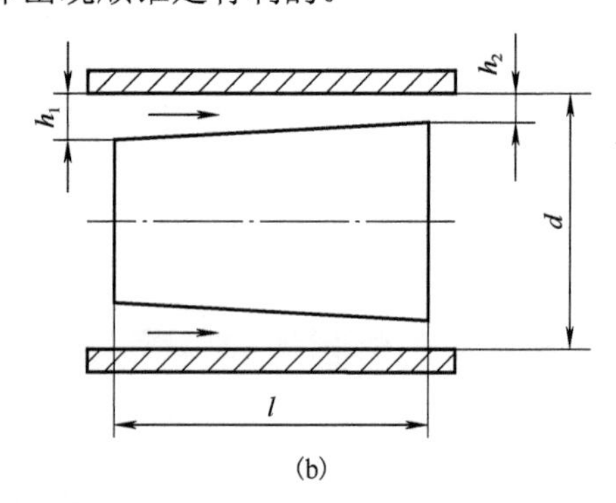

(b)

图 2-22　环形圆锥缝隙的液流

为了减小液压侧向力，一般在阀芯或柱塞的圆柱面上开设均压槽，使槽内液体压力在圆周方向处处相等。均压槽的深度和宽度一般为 0.3～1.0mm。实验表明，当开设三条均压槽时，液压侧向力可减少到原来的 6.3%；当均压槽数量达到 7 个时，液压侧向力可减少到原来的 2.7%。

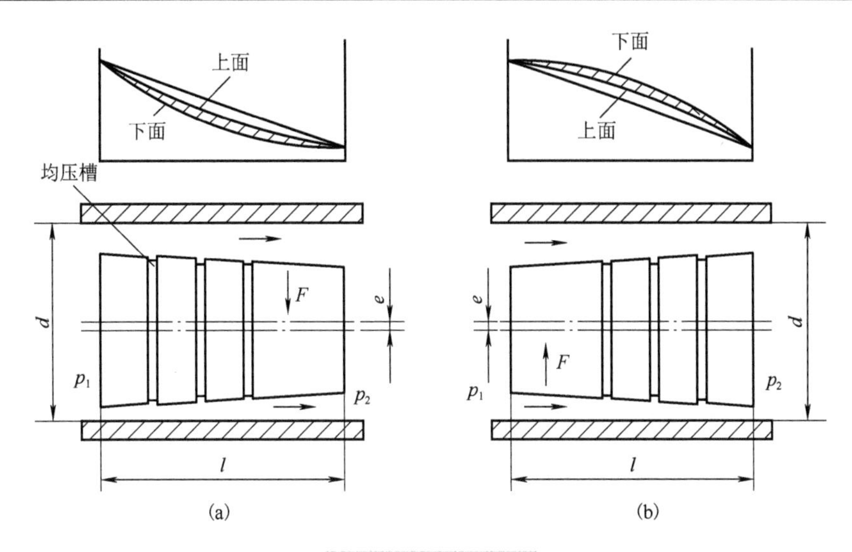

图 2-23　液压卡紧力

第六节　液压冲击和气穴现象

在液压传动中，液压冲击和气穴现象会给系统的正常工作带来不利影响，因此需要了解这些现象产生的原因，在设计时采取措施加以防治，在使用和维修中也必须注意。

一、液压冲击

在液压系统中，常常由于某些原因而使液体压力突然急剧上升，形成很高的压力峰值，这种现象称为液压冲击。

1. 液压冲击产生的原因和危害性

液压系统中的液压冲击按产生原因可分为两类：其一是因液流通道迅速关闭或液流迅速换向使液流的大小或方向发生突然变化时，液流的惯性导致的液压冲击；其二是运动部件突然制动或换向时，因工作部件的惯性引起的压力冲击。在工程机械液压系统中，由于工作部件的质量一般较大，在制动或换向时是产生液压冲击的重要因素之一，因而往往在系统中(或液压元件内)设置缓冲机构。

在阀门突然关闭或液压缸快速制动等情况下，液体在系统中的流动会突然受阻，这时由于液流的惯性作用，液体就从受阻端开始迅速将动能逐层转换为压力能，因而产生了压力冲击波；此后，又从另一端开始，将压力能逐层转化为动能，液体又反向流动；然后，又再次将动能转换为压力能，如此反复地进行能量转换。由于这种压力波的迅速往复传播，便在系统内形成压力振荡。实际上，由于液体受到摩擦力以及液体和管壁的弹性作用使得能量不断消耗，振荡过程才逐渐衰减而趋向稳定。

系统中出现液压冲击时，液体瞬时压力峰值可以比正常工作压力大好几倍。液压冲击会损坏密封装置、管道或液压元件，还会引起设备振动，产生很大噪声。有时液压冲击使某些液压元件如压力继电器、顺序阀等产生误动作，影响系统正常工作。

2. 减小液压冲击的措施

分析 Δp 的影响因素，可以归纳出减小液压冲击的主要措施有以下几方面。

(1) 延长阀门关闭和运动部件制动换向的时间。实践证明，运动部件制动换向时间若能大于 0.2s，冲击就大为减轻。在液压系统设计时可采用换向时间可调的换向阀，对于手动换向阀在使用时应避免粗暴操作。

(2) 限制管道流速及运动部件速度。一般在液压系统中通常将管道流速限制在 4.5m/s 以下，而运动部件的质量越大，越应控制其运动速度，速度不要太大。

(3) 适当加大管道直径，尽量缩短管路长度。加大管道直径不仅可以降低流速，而且可以减小压力冲击波速度 c 值；缩短管道长度的目的是减小压力冲击波的传播时间 t_c；必要时还可在冲击区附近安装蓄能器等缓冲装置来达到此目的。

(4) 采用软管，以增加系统的弹性。

二、气穴现象

1. 气穴现象的机理及危害

气穴现象又称空穴现象。在液压系统中，如果某处的压力低于空气分离压时，原先溶解在液体中的空气就会分离出来，导致液体中出现大量气泡，这种现象称为气穴现象。如果液体中的压力进一步降低到饱和蒸气压时，液体将迅速气化，产生大量蒸气泡，这时气穴现象将会更加严重。

当液压系统中出现气穴现象时，大量的气泡破坏了液流的连续性，造成流量和压力不稳定，当带有气泡的液流进入高压区时，周围的高压会使气泡急剧破灭，以致引起局部的高温和液压冲击，产生振动和噪声。当附着在金属表面上的气泡破灭时，它所产生的局部高温和高压会使金属表面疲劳，时间一长会造成金属表面的侵蚀和剥落，甚至出现海绵状的小洞穴，这种由气穴造成的腐蚀作用称为气蚀。气蚀会使液压元件的工作性能变坏，严重时会造成故障，并使其寿命大大缩短。

气穴现象多发生在阀口和液压泵的进口处。由于阀口的通道狭窄，液流的速度增大，由伯努利方程可知，该处压力会大幅度下降，以致产生气穴现象。当泵受安装高度过大、吸油管直径太小、吸油阻力太大、油液黏度较高、泵的转速过高等因素的影响，造成进口处真空度过大，也会产生气穴。

2. 减少气穴现象的措施

为减少气穴和气蚀的危害，通常采取下列措施。

(1) 减小阀孔或其他元件前后的压力降，一般使前后的压力比值 $p_1 / p_2 < 3.5$。

(2) 采取降低泵的吸油高度，适当加大吸油管内径，尽量少用弯头，防止管道截面变形，限制吸油管的流速，吸油过滤器的容量要足够大并及时清洗过滤器或更换滤芯等措施，以减少吸油管路中的压力损失。对于自吸能力差的泵可采用高位、压力油箱或用辅助泵向主泵吸油口供油。

(3) 各元件的连接处要密封可靠、防止空气进入。

(4) 对容易受气蚀侵害的零件，如泵的配流盘等要采用抗腐蚀能力强的金属材料，增强元件的机械强度。

第三章　液压泵与液压马达

液压泵是液压系统的动力元件，其功用是给液压系统提供压力油。从能量转换角度讲，它是将原动机(如内燃机、电动机)输出的机械能转换为便于输送的液体的压力能，具有压力能的液体可通过液压管道流向液压马达。液压马达则属于执行元件，它能将输入液体的压力能转换为输出轴转动的机械能，用来拖动负载做功。

液压泵与液压马达的图形符号如图 3-1 所示。

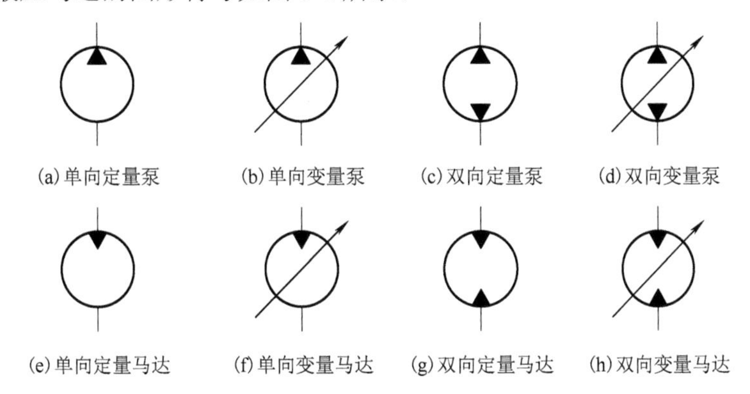

图 3-1　液压泵与液压马达的图形符号

第一节　液压泵与液压马达概述

一、液压泵的基本原理与分类

1. 液压泵的工作原理

图 3-2 所示为单柱塞液压泵的工作原理。当偏心轮 1 由发动机带动旋转时，柱塞 2 在偏心轮和弹簧 3 的作用下在泵体内做往复运动，使密封腔 a 的容积发生变化。密封容腔 a 容积增大时形成真空，油箱中的油在大气压力的作用下通过单向阀 4 进入密封容腔，实现吸油，此时单向阀 5 关闭，系统内的高压油不能倒流；密封腔容积减小时，油受挤压后被迫通过单向阀 5 进入液压系统，完成排油过程，此过程中单向阀 4 关闭，避免油液流回油箱。这样，当偏心轮连续转动时，泵便不断地重复吸油和排油过程。

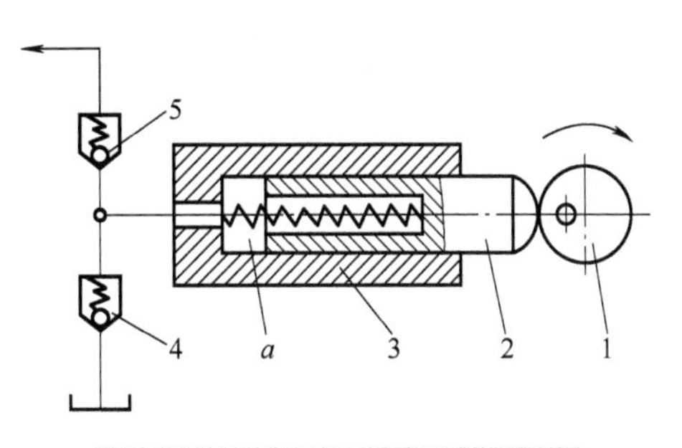

图 3-2　单柱塞液压泵的工作原理

1-偏心轮；2-柱塞；3-泵体；4、5-单向阀；a-密封腔

由此可见，液压泵是靠密封容积的变化实现吸油和排油的，其排油量的大小取决于密封腔的容积变化量，故这种泵又称为容积式泵。从单柱塞泵的工作过程可以看出液压泵工作的基本条件如下。

(1)结构上能形成互不相通的密封容腔，即吸油腔和排(或压)油腔。

(2) 密封容腔的大小随运动件的运动做规律的周期性变化。

(3) 密封腔容积增大时与油箱相通，密封腔容积变小时能与系统压油管连通；密闭容积增大到极限时，先要与吸油腔隔开，然后才转为排油；密闭容积减小到极限时，先要与排油腔隔开，然后才转为吸油。

2. 泵与马达的分类

根据结构形式，液压泵与液压马达的具体分类如下。

液压泵（或马达）
- 齿轮式
  - 内啮合齿轮泵与马达
  - 外啮合齿轮泵与马达
- 叶片式
  - 双作用叶片泵与马达
  - 单作用叶片泵
- 柱塞式
  - 斜盘式轴向柱塞泵与马达
  - 斜轴式轴向柱塞泵与马达
  - 径向柱塞泵与马达
- 螺杆式

对于大型机械设备，由于其往往具有多个工作机构，与之相对应的液压系统也往往需要配置多个液压泵，为了减少原动机的动力输出接口，常将两个或两个以上液压泵驱动轴通过联轴节串联起来，形成双联泵或多联泵。双联泵或多联泵的单泵结构形式可以相同，如双联柱塞泵(图 3-3)可以将柱塞泵和齿轮泵组合。

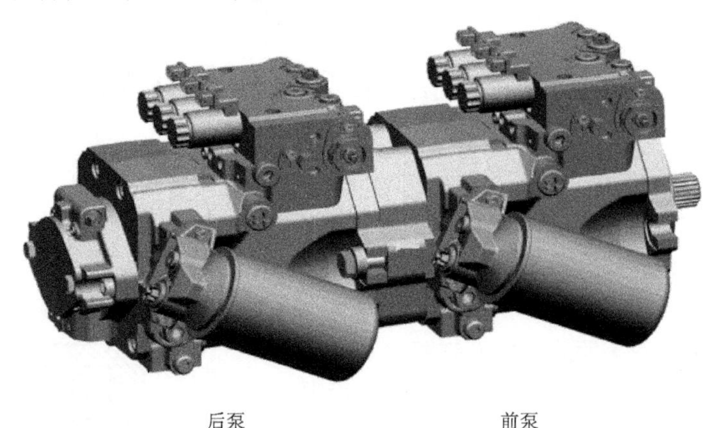

图 3-3　双联柱塞泵

二、液压泵的主要性能参数

1. 压力

压力的国际单位为 Pa(帕)，常用单位有 MPa(兆帕)，1MPa=10^6Pa。

(1) 工作压力 p：泵在实际工作时输出油液的压力，由外负载决定。

(2) 额定压力 p_H：在正常工作条件下，按试验标准规定能连续运转的最高压力。其大小受泵寿命的限制，若泵超过额定压力工作，泵的使用寿命将会比设计寿命短。额定压力表示了液压泵的工作能力，当工作压力大于额定压力时称泵超载。

(3) 最高压力 p_{max}：按试验标准规定，泵在超载状态下允许短暂运行的最高压力。其大小受零件强度及密封能力的限制，若超过此压力工作，泵可能会立即损坏。p_{max} 表示泵的极限工作能力。

2. **转速**(r/min)

(1) 工作转速 n：泵在工作时的实际转动速度，即原动机的输出转速。

(2) 额定转速 n_H：在额定压力下，能连续长时间正常运转的最高转速。在此转速下工作既能保证泵的自吸性能，充分发挥其工作能力，又不降低总效率。

(3) 最高转速 n_{max}：在额定压力下，超过额定转速而允许短暂运行的最大转速。此时运转泵不应产生气蚀，不产生振动和大的噪声。若泵超过额定转速，运转泵将会造成吸油不足，产生振动和大的噪声，零件会遭受气蚀损伤，寿命降低。

3. **排量、流量、容积效率**

(1) 排量 q：泵每转一周，由密封容腔几何尺寸变化计算应排出的液体体积，单位是 mL/r(毫升/转)。通过调节，排量可以发生变化的称为变量泵，排量不能变化的称为定量泵。

(2) 理论流量 Q_t：泵在单位时间内由密封容腔几何尺寸变化计算应排出的液体体积。即

$$Q_t = nq \tag{3-1}$$

(3) 额定流量 Q_H：在正常工作条件下，按试验标准规定必须保证的流量。

(4) 实际流量 Q：泵工作时出口处的流量。由于泵本身存在内泄漏，其实际流量小于理论流量。

(5) 容积效率 η_v：液压泵的实际流量与理论流量的比值。即

$$\eta_v = \frac{Q}{Q_t} = \frac{Q_t - \Delta Q}{Q_t} = 1 - \frac{\Delta Q}{Q_t} \tag{3-2}$$

式中，ΔQ 为液压泵的泄漏量，它是液压泵的理论流量与实际流量之差。泄漏量的大小与泵的工作压力、转速、油液的黏度以及产生泄漏的缝隙尺寸等有关，或者说这些因素将直接影响液压泵的容积效率。

由式(3-2)可以导出泵实际流量的表达式：

$$Q = Q_t\eta_v = qn\eta_v \tag{3-3}$$

4. **功率、转矩、机械效率**

(1) 输出功率 P：液压泵工作时实际输出的功率，国际单位是 W(瓦)，常用单位有 kW(千瓦)。

以图 3-3 所示的泵-缸系统为例，当忽略输送管路及液压缸中的能量损失，液压泵的输出功率应等于液压缸的输入功率，也等于液压缸的输出功率，即可列出如下表达式：

$$P = Fv = pAv = pA\frac{Q}{A} = pQ \tag{3-4}$$

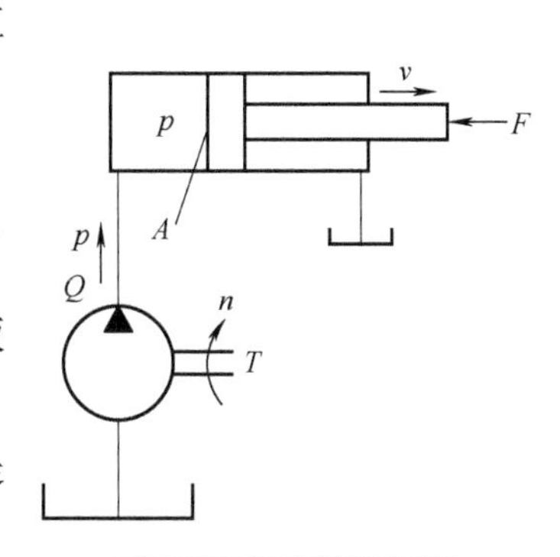

图 3-4　液压泵的功率

式(3-4)表明，在液压传动系统中，液体所具有的功率即液压功率等于压力和流量的乘积。

(2) 实际转矩 T：对液压泵实际输入的转矩，单位是 N·m(牛·米)。

(3) 理论转矩 T_t：在不考虑泵内机械摩擦、液体黏性摩擦等

因素时，泵的输入转矩。因此驱动泵实际所需输入转矩必然要大于理论转矩。

(4) 机械效率 η_m：理论转矩与实际输入转矩的比值，即

$$\eta_m = \frac{T_t}{T} \tag{3-5}$$

若不考虑摩擦损失，泵的理论输入功率应等于泵的理论输出功率，则有 $2\pi n T_t = pQ_t = pqn$，于是有 $T_t = \frac{pq}{2\pi}$，结合式(3-5)可以得出实际转矩的表达式：

$$T = \frac{pq}{2\pi\eta_m} \tag{3-6}$$

(5) 输入功率 P_i：泵工作时对泵实际输入的功率，即液压泵的驱动功率。

$$P_i = 2\pi nT = \frac{2\pi npq}{2\pi\eta_m} = \frac{pQ_t}{\eta_m} = \frac{pQ}{\eta_v\eta_m} \tag{3-7}$$

5. 总效率

泵的输出功率与输入功率的比值称为泵的总效率，用 η_v 表示：

$$\eta = \frac{P}{P_i} = \eta_v\eta_m \tag{3-8}$$

式(3-8)说明，液压泵的总效率等于容积效率与机械效率的乘积。另外，液压泵输入功率可写成：

$$P_i = \frac{pQ}{\eta} \tag{3-9}$$

【例 3-1】 某液压泵的输出油压 $p = 10$ MPa，转速 $n = 2000$ r / min，排量 $q = 10$ mL / r，容积效率 $\eta_v = 0.95$，总效率 $\eta = 0.9$。求液压泵的输出流量、输出功率、泵的驱动功率。

解：(1) 求液压泵的输出流量。

液压泵的实际输出流量为

$$Q = qn\eta_v = 10\times10^{-3}\times2000\times0.95 = 19\ (\text{L / min})$$

(2) 液压泵的输出功率 P 为

$$P = pQ = \frac{10\times10^6\times19\times10^{-3}}{60} \approx 3.17\times10^3\ (\text{W}) = 3.17\ (\text{kW})$$

(3) 液压泵的驱动功率 P_i 为

$$P_i = \frac{P}{\eta} = \frac{3.17}{0.9} \approx 3.52\ (\text{kW})$$

三、液压马达的主要性能参数

1. 压力(差)

(1) 工作压力 p_m：液压马达在实际工作时输入油液的压力，由外负载决定。

(2) 额定压力 p_{Hm}：在正常工作条件下，按试验标准规定能连续运转的最高压力。

(3) 最高压力 $p_{m\max}$：按试验标准规定，允许短暂运行的最高压力。

(4) 压力差 Δp：液压马达输入压力和出油口压力之差值。

2. 转速(r/min)

(1) 工作转速 n_m：液压马达在工作时的实际转动速度。

(2) 额定转速 n_{Hm}：在额定压力下，能连续长时间正常运转的最高转速。

(3) 最高转速 $n_{m\max}$：在额定压力下，超过额定转速而允许短暂运行的最大转速。

(4) 最低稳定转速：正常运转所允许的最低转速。在此转速下，液压马达不出现爬行现象。

3. 排量、流量、容积效率

(1) 排量 q_m：液压马达每转一周，由密封容腔几何尺寸变化计算需要输入液体的体积。

(2) 理论流量 Q_{tm}：在单位时间内液压马达为形成指定转速，由密封容腔几何尺寸变化计算所需液体的体积。即

$$Q_{tm} = n_m q_m \tag{3-10}$$

(3) 实际流量 Q_m：液压马达工作时进口处的流量。由于液压马达本身存在内泄漏，要实现指定转速，补偿泄漏量，其输入实际流量必须大于理论流量。

(4) 容积效率 η_{vm}：液压马达的理论流量与实际流量的比值。即

$$\eta_{vm} = \frac{Q_{tm}}{Q_m} = \frac{Q_m - \Delta Q_m}{Q_m} \tag{3-11}$$

式中，ΔQ_m 为液压马达的泄漏量，它是液压马达的实际流量与理论流量之差。

由式(3-10)和式(3-11)可以导出液压马达输出转速的表达式为

$$n_m = \frac{Q_{tm}}{q_m} = \frac{Q_m}{q_m}\eta_{vm} \tag{3-12}$$

4. 功率、转矩、机械效率

(1) 输入功率 P_{im}：对液压马达实际输入的液压功率，即 ΔpQ。

(2) 理论转矩 T_{tm}：液体压力作用于液压马达转子形成的转矩，即在不考虑液压马达内机械摩擦、液体黏性摩擦等时可以产生的转矩。

(3) 实际转矩 T_m：液压马达轴实际输出的转矩，即液压马达的理论转矩克服摩擦力矩后的转矩。因此液压马达实际输出转矩必然要小于理论转矩。

(4) 机械效率 η_{mm}：实际输出转矩与理论转矩的比值，即

$$\eta_{mm} = \frac{T_m}{T_{tm}} \tag{3-13}$$

若不考虑摩擦损失，液压马达的输入功率减去泄漏的液压功率应等于液压马达的理论输出功率，则有

$$\Delta p(Q_m - \Delta Q_m) = \Delta p n_m q_m = 2\pi n_m T_{tm}$$

于是可以导出

$$T_{tm} = \frac{\Delta p q_m}{2\pi}$$

结合式(3-13)可以得出实际转矩的表达式为

$$T_m = \frac{\Delta p q_m}{2\pi}\eta_{mm} \tag{3-14}$$

(5) 输出功率 P_m：液压马达工作时实际输出的功率。

$$P_m = 2\pi n_m T_m = \Delta p n_m q_m \eta_{mm} = \Delta p Q_{tm}\eta_{mm} = \Delta p Q_m \eta_{vm}\eta_{mm} \tag{3-15}$$

5. 总效率

液压马达的输出功率与输入功率的比值称为马达的总效率，用 η' 表示为

$$\eta' = \frac{P_m}{\Delta pQ} = \eta_{vm}\eta_{mm} \tag{3-16}$$

例 3-2　某液压系统中，由液压泵直接驱动液压马达进行工作，其中液压泵的排量为 10 mL / r，输入转速为 2000 r / min，液压马达的排量为 10 mL / r，液压马达驱动负载所需转矩为 15 N·m，液压马达的出口压力为零，液压泵和液压马达的容积效率皆为 0.95，总效率皆为 0.9，不计管路的压力损失和泄漏量，求①液压马达的转速；②液压泵的工作压力和驱动功率。

解： (1) 求液压马达的转速。

液压泵的输出流量为

$$Q = nq\eta_v = 2000 \times 10 \times 10^{-3} \times 0.95 = 19\ (\mathrm{L/min})$$

液压马达的输入流量等于泵的输出流量，则液压马达的输出转速为

$$n_m = \frac{Q_m}{q_m}\eta_{vm} = \frac{19}{10 \times 10^{-3}} \times 0.95 = 1805\ (\mathrm{r/min})$$

(2) 求液压泵的工作压力和驱动功率。

液压马达的机械效率为

$$\eta_{mm} = \frac{\eta'}{\eta_{vm}} = \frac{0.9}{0.95} \approx 0.95$$

因为液压马达的出口压力为零，所以液压马达的入口压力为工作压差，又因为不考虑压力损失，所以泵的工作压力等于液压马达入口压力：

$$p = p_m = \Delta p = \frac{2\pi T_m}{q_m \eta_{mm}} = \frac{2\pi \times 15}{10 \times 10^{-6} \times 0.95} \approx 9.92\ (\mathrm{MPa})$$

液压泵的驱动功率为

$$P = \frac{pQ}{\eta} = \frac{9.92 \times 10^6 \times 19 \times 10^{-3}}{0.9 \times 60} \approx 3490\ (\mathrm{W}) = 3.49\ (\mathrm{kW})$$

第二节　齿轮泵与齿轮马达

齿轮泵是机械设备上较为常见的液压泵。它的主要优点是结构简单、制造方便、价格低廉、体积小、重量轻、自吸性能好、对油液的污染不敏感、工作可靠、便于维护与修理等。其缺点是流量和压力脉动大、噪声大、排量不可调节。因为齿轮泵的齿轮是对称的旋转体，所以泵的允许转速较高，最高转速可达 3000 r / min 左右。另外，从结构上不断采用新材料、新工艺、新结构，中高压齿轮泵的额定压力可达 20 MPa，高压齿轮泵的额定压力可达 30 MPa。按照齿轮的啮合形式，齿轮泵可分为两大类：外啮合齿轮泵和内啮合齿轮泵，工程中以外啮合式齿轮泵较为常见。

一、外啮合齿轮泵

1. 组成与工作原理

图 3-5 为外啮合齿轮泵结构图。该泵主要由主动齿轮 5、被动齿轮 3、泵体 2、前泵盖 1、后泵盖 4、密封件 6 等零件组成。泵体和泵盖由定位销定位，通过螺钉装配在一起组成泵的本体，传动轴与齿轮做成一体称为齿轮轴，主、被动齿轮轴通过轴承支撑在前、后泵盖上。其他外啮合齿轮泵与此泵结构相似。

外啮合齿轮泵的工作原理图如图 3-6 所示。一对相互啮合的齿轮，通过两齿轮的齿顶、中间啮合线和齿轮两端面，把泵体和泵盖围成的空间分成互不相通的两个密封容腔，即吸油

腔和压油腔。当齿轮按箭头方向旋转时，处于吸油腔的一对轮齿连续退出啮合，使该腔容积变大形成一定的真空度，液压油箱的油在大气压力的作用下进入吸油腔。而处于排油腔的一对轮齿则同时连续进入啮合，使排油腔容积不断减小，油液便被挤出进入高压管路。

图 3-5　外啮合齿轮泵

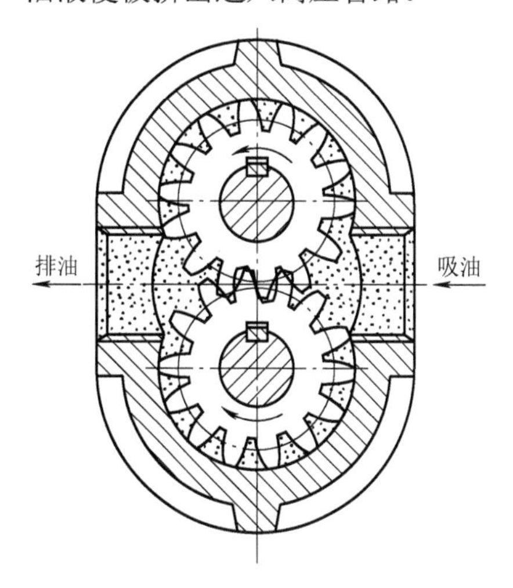

图 3-6　外啮合齿轮泵工作原理图

1-前泵盖；2-泵体；3-被动齿轮；4-后泵盖；5-主动齿轮；6-密封件

2. 排量与平均流量

当主动齿轮转动一周时从动齿轮也转动一周，主、从动齿轮的轮齿把各自对方齿间的油液挤压出去一次，齿轮泵的排量可看作两个齿轮的齿间容积之和。假设齿间容积等于轮齿的体积，那么其排量就等于一个齿轮的齿间容积和轮齿体积的和，相当于以有效齿高和齿宽构成的平面所扫过的环形体积(基圆和顶圆所围成的环形圆柱体的体积)，若齿轮的齿数为 z 、模数为 m、节圆直径为 $d(d=mz)$、齿高为 $h(h=2m)$、齿宽为 b，于是齿轮泵的排量为

$$q = \pi dhb = 2\pi zm^2 b \tag{3-17}$$

实际上齿间容积比轮齿体积稍大一些，所以通常取

$$q = 6.66zm^2 b \tag{3-18}$$

齿轮泵的实际流量为

$$Q = 6.66zm^2 bn\eta_v \tag{3-19}$$

式(3-19)中的 Q 是齿轮泵的平均流量。事实上，由于齿轮的齿形大多采用渐开线，齿轮在啮合过程中随着啮合点位置的移动，压油腔的容积变化率是不均匀的，故在每一瞬间压出油液的体积也不同，因此齿轮泵的瞬时流量是脉动的，设用 Q_{max}、Q_{min} 表示最大和最小瞬时流量，流量脉动率 σ 可表示为

$$\sigma = \frac{Q_{max} - Q_{min}}{Q_v} \tag{3-20}$$

齿数越少，脉动率 σ 就越大，其值最高可达 20%。流量脉动会引起压力脉动，随之产生振动和噪声，这也限制了齿轮泵在高精度机械上的应用。

3. 影响齿轮泵工作的不利因素

1)齿轮泵的困油现象

为保证齿轮泵能连续平稳地工作，要求齿轮啮合的重叠系数 ε 大于 1，也就是说，当前一对轮齿尚未脱开啮合时，后一对轮齿已进入啮合，这样在某一瞬间会出现有两对轮齿同时处于啮合状态。此时，由啮合的两轮齿表面、啮合线及齿轮两侧端面泵盖(或侧板等)围成了一个封闭容积 V(也称困油容积)，有一部分液体被困在这一封闭容积中，如图 3-7 所示。随齿轮继续转动，这一封闭容积先逐渐减小，到两啮合线端点 A、B 处于节点 P 两侧的对称位置 C、D 时(图 3-7(b))，封闭容积变得最小；齿轮继续转动时，封闭容积又会逐渐增大，直到图 3-7(c)所示位置时，密封容积变为最大；而后，前一对轮齿退出啮合，密封容积短暂消失，齿轮再继续转动又会形成新的密封容积。在密封容积减小时，被困油液受到挤压，压力急剧上升，使轴承突然受到很大冲击载荷，泵产生剧烈振动，这时高压油从一切可能泄漏的缝隙中挤出，造成功率损失，发热量增加，并缩短了泵的寿命；当密封容积增大时，由于没有油液及时补充，会形成局部真空，使原来溶解于油液中的空气分离出来，形成气泡，油液中产生气泡后，能引起噪声、气蚀，产生液压冲击；上述情况称为齿轮泵的困油现象。这种间断出现的困油现象极为严重地影响了泵的工作平稳性和使用寿命，因此齿轮泵在结构上必须采取措施予以解决。

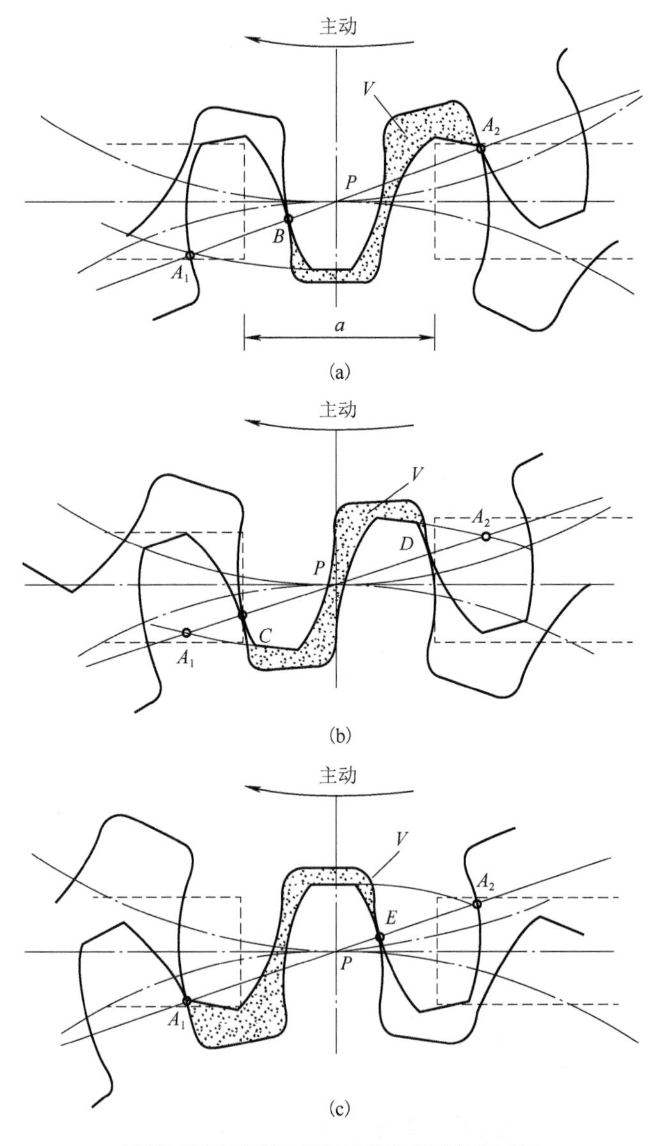

图 3-7　齿轮泵的困油现象与困油卸荷槽

为了克服困油现象，通常在齿轮两端的泵盖上(或侧板上等)开设困油卸荷槽。卸荷槽的开设方式有两种。

(1)对称式卸荷槽。如图 3-7(a)所示，当封闭容积变小时通过右边的卸荷槽(虚线)与压油腔相通，封闭容积增大时通过左边的卸荷槽与吸油腔相通(图 3-7(c))。两卸荷槽之间的理论距离 $a = t_j \cos\alpha$ (t_j 为基节，α 为压力角)。a 的尺寸很重要，a 与 $t_j \cos\alpha$ 相比过大时，不能彻底消除困油现象，而 a 小于 $t_j \cos\alpha$ 时，又会将吸、排油腔经封闭容积短时接通，降低泵的容积效率。

(2)非对称式卸荷槽。如果采用对称式困油卸荷槽，当封闭容积减小时，由于油液不易从即将关闭的卸荷槽缝隙中挤出，会产生节流阻力，封闭容积内的压力仍然较高，这会增加泵轴承受的不平衡载荷，并且这部分油液突然与吸油腔连通时还会引起压力冲击和噪声。若将卸荷槽向吸油腔平移一个距离，采用非对称式卸荷槽，实践证明这样能取得更好的卸荷效果。现在生产的中高压齿轮泵，大多只在排油腔一侧开设一个困油卸荷槽，卸荷槽的位置向齿轮中心连线靠近，使封闭容积存在的整个周期均与排油腔相通，当封闭容积消失时，后一对啮合的轮齿正好脱离卸荷槽，排油腔与吸油腔不相通。

2)径向不平衡力

齿轮泵中齿轮所受不平衡的径向力通过齿轮轴传递给轴承，是影响轴承寿命的又一主要因素。

齿轮径向所受的液压力分布如图 3-8 所示。排油腔压力最大(泵的工作压力)，吸油腔压力最小(为负压)，泵体与每个齿顶间隙均有压力降低，液压力的合力对主、被动齿轮都构成一个很大的径向负荷，合成后的径向液压力 F_p 作用于主、被动齿轮的方向如图 3-8 所示。

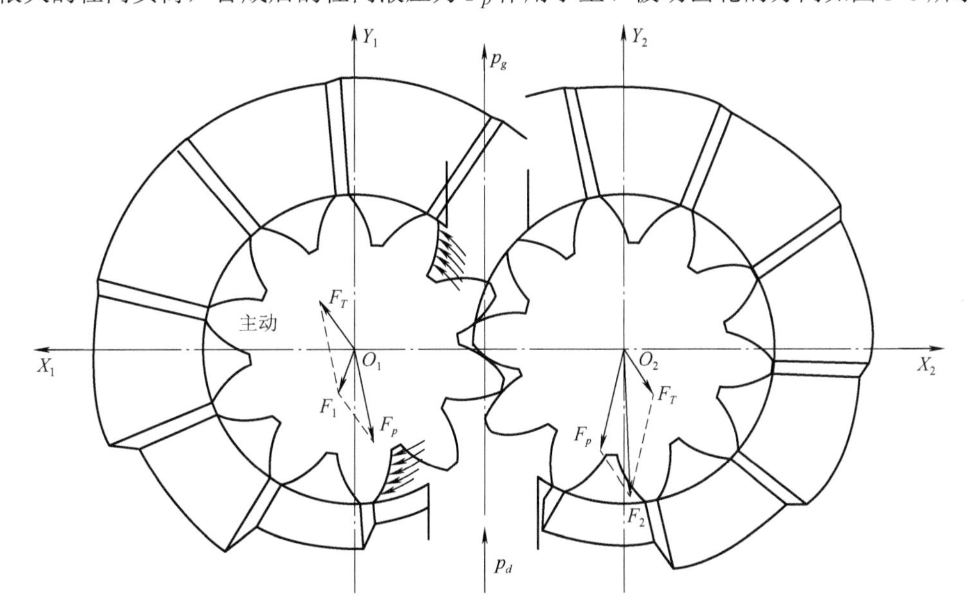

图 3-8　齿轮泵径向力的分布

由于齿轮泵的主动齿轮要带动被动齿轮转动，齿轮间要传递动力，因而互相啮合的齿轮在啮合点处还存在相互作用力，此力一方面对被动齿轮产生力矩而旋转，另一方面还使齿轮轴承受径向力 F_T；此力的反作用力则作用于主动齿轮。齿轮所受总的径向不平衡力为上述两力的合力。对主动齿轮，F_p 和 F_T 夹角较大，故合成后的径向力 F_1 较小；被动齿轮所受两力 F_p

和 F_T 夹角较小，故合成后的径向力 F_2 很大。因此，通常情况下齿轮泵的被动齿轮轴承往往先损坏，同时靠近吸油口处的泵体内表面磨损也较严重。故在拆检齿轮泵时应首先检查被动齿轮轴和轴承。

随着齿轮泵工作压力的提高，齿轮泵的齿轮轴和轴承所受的径向不平衡力会很大，这样会使齿轮轴产生弯曲变形，加剧了齿顶对泵体的磨损，也严重影响着齿轮泵轴承的寿命，进而影响着泵的寿命。为了提高齿轮泵的使用寿命应设法减小径向不平衡力，通常在齿轮泵的结构上采取一些措施，如减小排油口尺寸(或将排油口制成矩形)，扩大压油区，或者扩大吸油区等。另外还可通过在盖板上开设平衡槽(图 3-9)使它们分别与低、高压腔相通，产生一个与径向液压力平衡的作用，但平衡径向力的措施是以增加径向泄漏为代价的。为了达到延长轴承寿命的目的，一些制造厂家还在轴承的选用上做文章，采取的轴承种类很多，且常用非标准轴承等，因而在维修中更换轴承应特别谨慎。

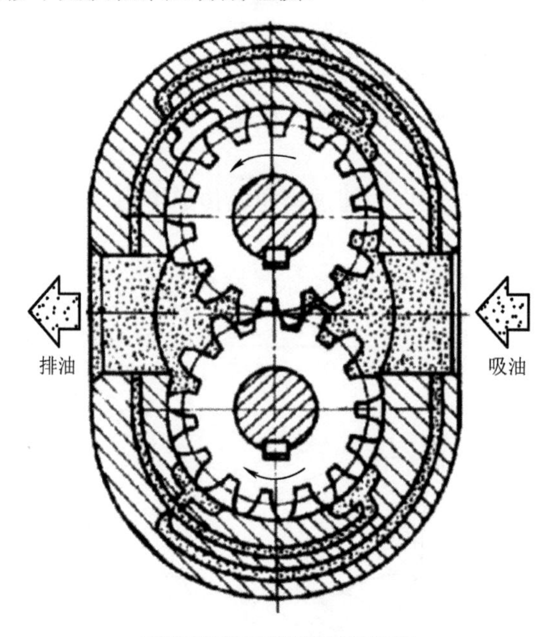

图 3-9　液压径向力平衡槽

3) 端面间隙泄漏

齿轮泵压油腔的高压油可以通过三个途径产生泄漏：一是齿顶与泵体的径向间隙；二是轮齿啮合线的间隙；三是轮齿端面与前后泵盖(或侧板等)的轴向端面间隙。在三类间隙泄漏中，径向间隙泄漏由于流动路线较长，泄漏量较小；轮齿啮合线的间隙在齿面正常的情况下很小，泄漏量更小；端面间隙泄漏在齿轮泵的内泄漏中所占比例较大，为总泄漏量的 75%～80%。在齿轮泵间隙泄漏的油液中，一部分直接漏到低压油腔，另一部分泄漏到轴承腔，对轴承起冷却与润滑作用，然后经泵体上的通道流回吸油腔，因此齿轮泵没有单独设置外泄漏油口。

显然，齿轮泵的端面间隙泄漏是影响其容积效率的主要因素，为了提高容积效率，就必须采取有效措施减小端面间隙泄漏。一般来讲，齿轮泵的端面间隙会随着齿轮运转产生的磨损而不断增加(低压齿轮泵采用固定端面间隙)，因此通过合理设计端面间隙来提高容积效率是达不到目的的。现在生产的中高压齿轮泵常采用浮动轴套、弹性侧板、浮动侧板等措施，以实现端面间隙磨损后的自动补偿，使齿轮泵长期保持有较高的容积效率。

对于齿轮泵，为了解决困油现象，有些开设非对称式困油卸荷槽；为减小径向不平衡力和端面间隙泄漏而在泵体、泵盖、轴套上采取多种措施。齿轮泵内部泄漏的油液引至吸油腔，这就造成大多数泵的结构为非对称式，故一般来说齿轮泵不可用作齿轮马达，对已经装配后的齿轮泵只允许向一个方向旋转(有些泵可以通过重新装配实现反转)。

4. 机械设备常用齿轮泵的典型结构

由于齿轮泵运转时存在不利因素，影响了泵的正常工作及压力的提高，所以不同型号的齿轮泵在结构上采取了不同的措施来避免这些不利因素。下面介绍CB系列齿轮泵的典型结构。

CB系列齿轮泵的结构如图3-10所示，常用于液压转向系统、液力工程机械的变矩-变速系统中向液力变矩器和动力换挡变速系统供油，其额定压力一般为9.8MPa，最高压力为13.5MPa，使用转速为1300～1625r/min，按其排量大小有多种规格(如10mL/r、32mL/r、46mL/r、98mL/r)，各规格泵零件的尺寸大小都不一样，但结构形式和组成基本相同。

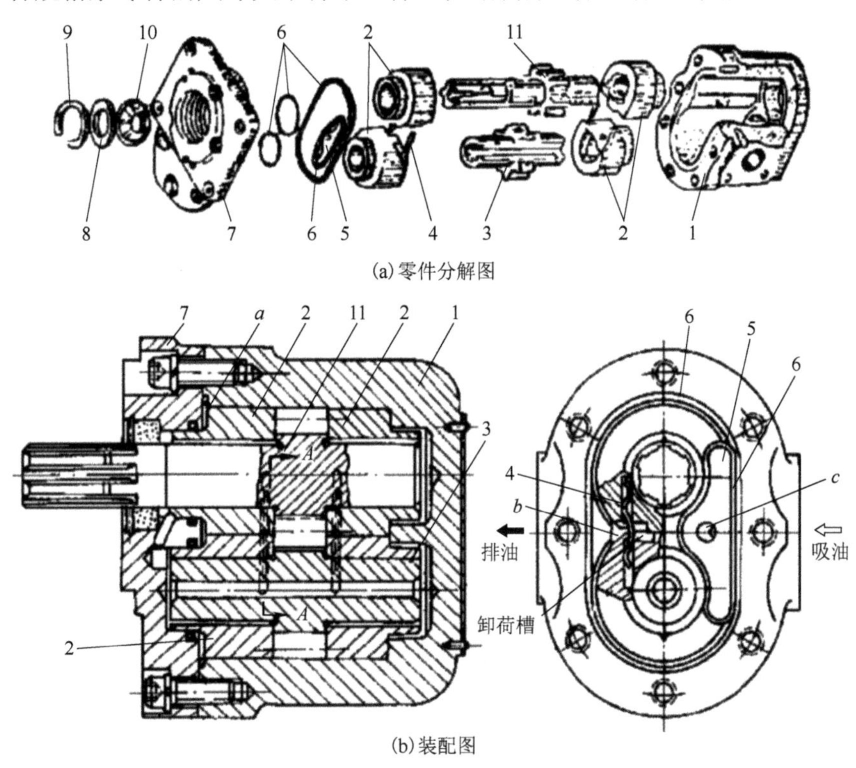

图3-10 CB型齿轮泵

1-泵体；2-浮动轴套；3-被动齿轮；4-弹性导向钢丝；5-卸压片；6-密封圈；7-泵盖；8-支承环；9-弹性挡圈；10-骨架油封；11-主动齿轮

CB型齿轮泵的泵体为二片式结构，它由泵体1和泵盖7组成，其内部主要有主动齿轮11、被动齿轮3、浮动轴套2、弹性导向钢丝4、卸压片5、密封圈6等。前后轴套用铝合金或耐磨青铜制成，它既是齿轮的滑动轴承，又是工作齿轮的端面侧板。前后轴套都由两个半轴套组成，两个半轴套尺寸形状完全相同，都是部分圆柱体。每个半轴套上都开有两个困油卸荷槽，并加工两个穿弹簧钢丝的孔。当将两个半轴套穿好弹性导向钢丝4，平面相对压进泵体时，在弹簧钢丝的作用下，两个半轴套将沿同一方向转动一个角度，从而使其平面相互压紧，将泵的吸、排油腔隔开，并保证有良好的密封。

该泵的前端轴套是可以浮动的，高压油通过泵体和前轴套之间的空隙被引至泵盖与前轴套间的空腔。在泵盖和前轴套间还装有密封圈 6 及支承密封圈的卸压片 5，卸压片上开设圆孔将吸油腔的低压油引入密封圈 6 所围成的面积中，此处是低压油，而此密封圈外是高压油。在压油腔一侧，轴套与齿轮端面的压力油对轴套产生一个推开力，但轴套与泵盖间的压力油又对轴套产生一个压紧力，作用力基本共线，且轴套所受的压紧力大于推开力；在吸油腔一侧，轴套两端面都受低压油的作用。在泵工作时，前端轴套在液压力的作用下被轻轻压向齿轮端面，使齿轮两端面与前后轴套磨损后的间隙可以得到自动补偿，并能使轴套磨损较均匀。当轴套磨损太多，前轴套与泵盖之间的间隙太大时，密封圈 6 就不能起到密封作用，密封圈外的高压油会穿过密封圈向低压腔泄漏，影响泵的容积效率，为此装配时须测量此间隙，保证间隙大小为 2.4～2.5mm，若太大时可在后轴套与泵体间加铜皮来调整间隙。

另外，针对径向不平衡力，把压油腔做成比吸油口小得多(有些为矩形)；齿轮宽度也较小，来减小径向受压面积。此类泵出厂后还可改变泵的转动方向，但需重新装配，因此在对泵安装时，首先要弄清泵的旋转方向。

二、外啮合齿轮马达

齿轮马达的工作原理如图 3-11 所示，假设转矩通过回转中心 O' 输出，出油口压力为零。当高压油输入进油腔(由轮齿 1、2、3 和 1′、2′、3′的表面以及壳体、端盖的部分内表面组成)时，轮齿 2 和 2′两面都受高压油的作用而相互平衡，轮齿 3 和 3′受高压油作用，整个齿面上的液压力对回转中心产生顺时针方向转矩，在啮合点 A 处轮齿 1 和 1′的部分齿面(从啮合线到齿根)受液压力而产生逆时针方向的转矩，由于轮齿 1 和 1′液压力作用面积小且液压力到回转中心的距离短，故所产生的转矩小于顺时针方向转矩，齿轮在此不平衡转矩的作用下旋转，拖动外负载做功。随着齿轮的转动，轮齿 3 与 3′扫过的容积比轮齿 1 和 1′扫过的容积大，进油腔的容积不断增大，于是高压油便不断供入，齿轮连续旋转，供入的高压油被带到排油腔而排至马达外。若回油压力大于零，则回油压力将产生一个反方向转矩。

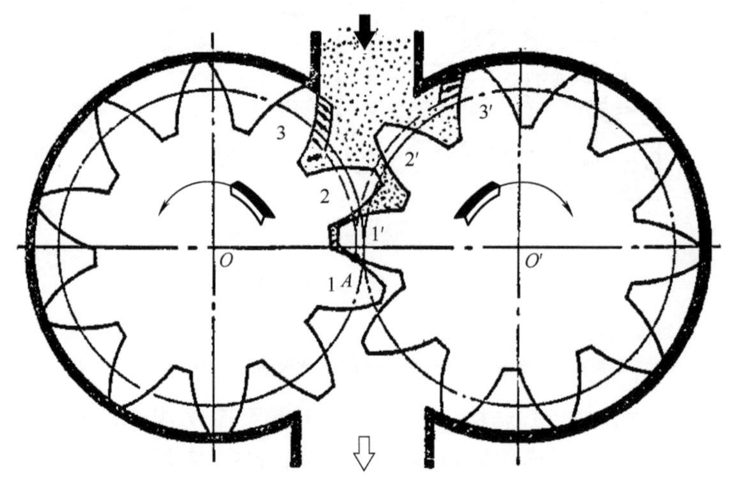

图 3-11　齿轮马达的工作原理图

齿轮马达的转速是由供入的高压油的流量决定的，且存在力矩脉动。在马达高速运转时，由于其转动部分的转动惯量起作用，可以大大减轻马达力矩的脉动程度；当转速较低时，力矩脉动就很显著，故其低速稳定性较差。所以，齿轮马达宜用于高速且转动惯量较大场合。

由于齿轮马达的输出力矩是脉动的，其瞬时输出力矩时大时小，而瞬时力矩的大小与齿轮的转动角度有关。如果马达启动前，齿轮正处在瞬时力矩较小的位置，则马达的启动力矩就小，因而齿轮马达的力矩脉动，直接影响着它的启动力矩。

图 3-12 所示为 CM-F 齿轮马达的结构图。它与 CB-F 系列齿轮泵的结构基本相同，但由于马达需要带负荷启动，而且要能正反转，所以它们的实际结构仍有差别。齿轮马达与泵相比有以下特征。

(1) 齿轮马达进、回油通道对称分布，通径相同，以便正反转时性能一样。

(2) 齿轮马达有外泄漏油口。已出厂的齿轮泵只需单方向运转，吸油口与排油口是固定的，所以泵的内泄漏可以引回吸油腔；而马达在正反转时，其进、出油腔相互变换，没有固定的低压油口，故不能将泄漏油引到任意一个油腔，只能单独引出，以免冲坏密封圈。

(3) 内部结构如卸荷槽等必须对称分布，以适应正反转的工作需要。

(4) 齿轮马达较多应用滚动轴承，主要是为了减小摩擦损失，改善马达的启动性能。

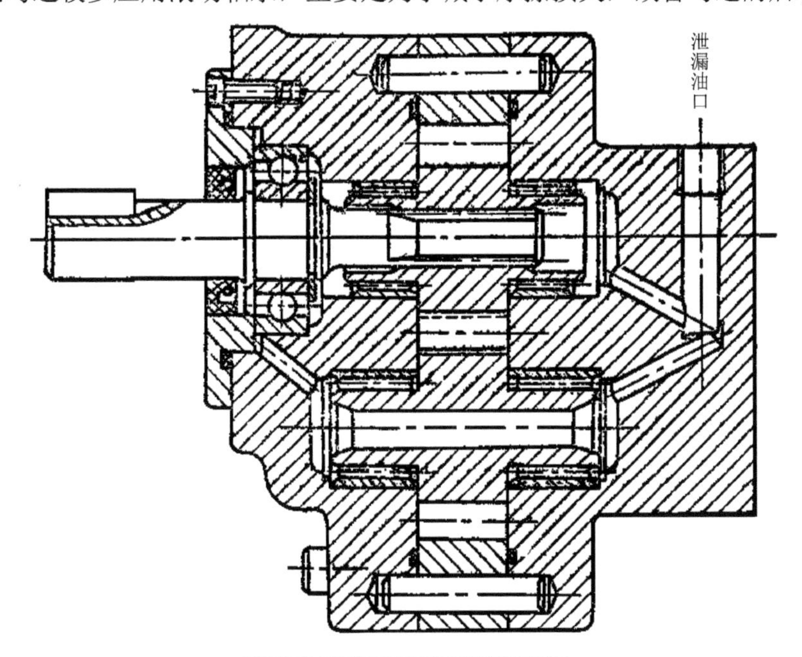

图 3-12　CM-F 齿轮马达的结构

三、内啮合齿轮泵

内啮合齿轮泵的特点是：结构紧凑、体积小、重量轻、流动脉动小、寿命长、噪声低、转速高等。内啮合齿轮泵分摆线齿形内啮合齿轮泵(又称摆线转子泵)和渐开线齿形内啮合齿轮泵两种。

1. 摆线转子泵

图 3-13 所示为摆线转子泵的工作原理图。摆线转子泵由一对内啮合的转子组成，内转子 1 为外齿轮，其齿廓曲线为短幅外摆线的内等距线，外转子 2 是内齿轮，其齿廓为圆弧曲线。内、外转子转动中心有偏心距 e。内、外转子的齿廓曲线为共轭曲线，内转子比外转子少一个齿，内、外转子通过齿廓啮合形成若干个密封工作容腔，其中一部分通过配流窗口与进油腔

相通组成吸油区，而另一部分则由配流窗口与排油腔相通形成压油区。当发动机驱动内转子以顺时针方向转动时，外转子也以同向转动，内转子和外转子之间形成的密封工作容腔(阴影部分)不断增大，产生真空，通过吸油配流窗口吸油；到图 3-13 所示位置时工作容腔最大，并脱离吸油窗口，此时也不与压油腔相通；转子继续转动，密封容腔即与压油窗口相通，由于此时该容腔容积逐渐减小，液压油便通过压油配流窗口被挤压出去，实现排油。转子每转动一周，各工作容腔完成吸油和压油各一次。

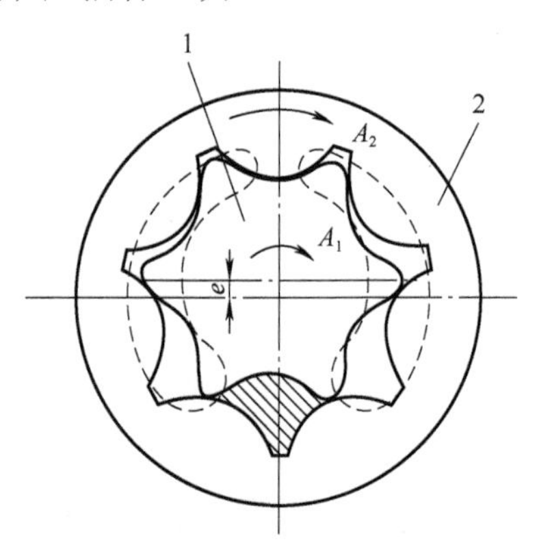

图 3-13　摆线转子泵的工作原理图

2. 渐开线齿形内啮合齿轮泵

图 3-14 所示为渐开线齿形内啮合齿轮泵的工作原理图。渐开线齿形内啮合齿轮泵由一对内啮合的转子组成，小齿轮和内齿轮之间要装一块月牙形隔板 3，以便把吸油腔 1 和压油腔 2 隔开。小齿轮带动内齿轮同向异速旋转，渐开线齿形内啮合齿轮泵左半部分轮齿退出啮合，形成真空吸油；右半部分轮齿退出啮合，容积减小，压油。

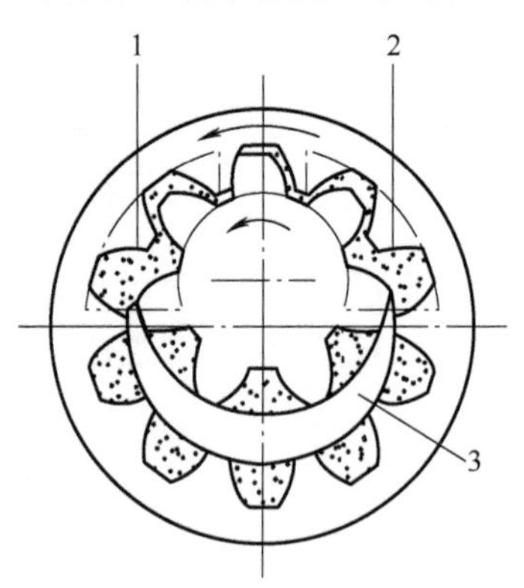

图 3-14　渐开线齿形内啮合齿轮泵的工作原理图

1-吸油腔；2-压油腔；3-月牙形隔板

第三节　叶片泵与叶片马达

叶片泵具有结构紧凑、体积小、重量轻、流量均匀、噪声低、排量可以变化等优点；但其对油液的污染比较敏感，自吸能力不强，结构较齿轮泵复杂，对材质的要求较高。叶片泵常用于工程机械对运动精度要求较高的转向系统、加工精度高的机床液压系统等。

叶片泵按排量能否改变，分为定量叶片泵和变量叶片泵两类。定量叶片泵在工作时转子转动一周，任意相邻两叶片所形成的工作容腔吸、排油各两次，因而又称双作用叶片泵；变量叶片泵的转子每转动一周，相邻两叶片所形成的工作容腔吸、排油只一次，所以又称单作用叶片泵。

一、双作用叶片泵

1. 组成与工作原理

图 3-15 所示为双作用叶片泵的工作原理图。定子 3 的内表面由两段大半径圆弧面、两段小半径圆弧面以及四段过渡曲面组成；转子 2 与定子同心，转子上铣有叶片槽，槽内装有叶片 5；定子与转子两侧有配流盘，配流盘与定子通过定位销定位于泵体上，即定子与配流盘的相对位置是固定的，配流盘上开设两个相对的吸油窗口和两个相对的压油窗口，泵壳体上的吸、压油口通过两对配流窗口与叶片的工作腔连通。

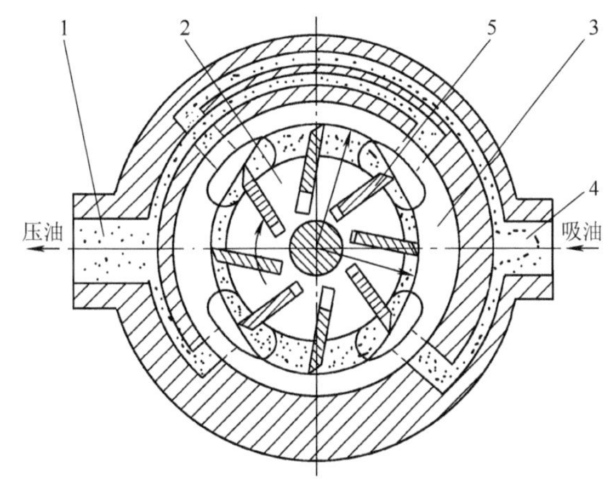

图 3-15　双作用叶片泵的工作原理图

1-压油口；2-转子；3-定子；4-吸油口；5-叶片

当原动机通过传动机构带动转子转动时，叶片随转子转动过程中，在离心力和叶片根部高压油液压力的作用下紧贴定子内表面，并在内表面上滑动，于是叶片将定子、转子和配流盘所围成的空间分割成密封的工作容腔。在叶片从小半径圆弧经过渡曲线向大半径圆弧的运动过程中，叶片不断向外伸出，两相邻叶片所形成的工作容腔容积不断增大，产生一定的真空度，液压油箱内的油液通过配流窗口进入此容腔，实现吸油；当两相邻叶片同时进入大半径圆弧面封油区时，工作容腔脱离吸油窗口而又未与排油窗口相通，容腔容积最大，吸油过程结束；叶片继续转动便进入过渡区向小半径圆弧滑动，由于定子内表面的强制作用，叶片向槽内缩回，两相邻叶片所形成的工作容腔容积不断变小，液压油被强迫通过压油配流窗口、压油口进入液压系统，实现排油；当两相邻叶片同时进入小半径圆弧面封油区时，工作容腔脱离排油窗口而又与吸油窗口不相通，容腔容积最小，排油过程结束；叶片再继续转动到一周处又完成一次吸油和一次排油。由此看出，任意两相邻叶片每转动一周即实现两次吸油和两次排油，因而称其为双作用叶片泵。由于在任意瞬时均有叶片所形成的密封空间处在吸油区和压油区，所以转子连续转动时，叶片泵便不断地吸入和排出油液。

2. 双作用叶片泵的排量和流量

从叶片泵的工作原理可知，当叶片每伸缩一次时，每两叶片间油液的排出量等于大半径 R 圆弧段的容积与小半径 r 圆弧段的容积差；又因叶片间的容积在转子每转一周中都要变化两次，若叶片个数为 z，则双作用叶片泵的单转排量应等于上述容积差的两倍，如图 3-16 所示。假设叶片的宽度为 b，当忽略叶片本身所占的体积时，双作用叶片泵的排量为大、小半径圆所围环形容积的两倍，表达式为

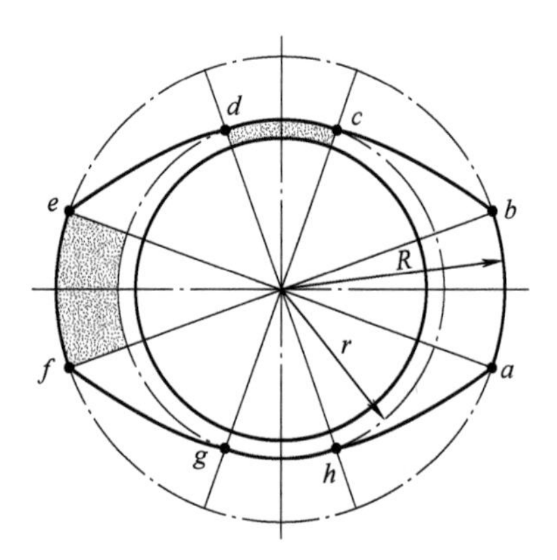

图 3-16　双作用叶片泵的排量计算

$$q_0 = 2\pi b(R^2 - r^2) \tag{3-21}$$

实际上叶片占有一定的容积空间，并且沿旋转方向向前倾斜一个角度，其所占空间的容积变化并不起吸排油作用，设叶片所占的容积为q'，则有

$$q' = 2z\frac{R-r}{\cos\theta}b\delta$$

式中，δ为叶片厚度，θ为叶片的倾角，因此双作用叶片泵的排量为

$$q = q_0 - q' = 2b\left[\pi(R^2 - r^2) - \frac{(R-r)\delta z}{\cos\theta}\right] \tag{3-22}$$

叶片泵的实际输出流量为

$$Q = qn\eta_V = 2nb\eta_V\left[\pi(R^2 - r^2) - \frac{(R-r)z\delta}{\cos\theta}\right] \tag{3-23}$$

如果不考虑叶片厚度，理论上讲双作用叶片泵无流量脉动。这是因为在压油区位于压油窗口的叶片前、后两个工作腔通过配流窗口已连通，形成了一个组合密封工作腔。随着转子的匀速转动，位于大、小半径圆弧处的叶片均在圆弧上滑动，因此组合密封工作容腔的容积变化率是均匀的。实际上由于存在加工误差，两圆弧有不圆度，也不可能完全同心；又因叶片有一定厚度，根部又通入高压油，这也会造成密封容积的瞬时变化率不同，引起少量流量脉动。但双作用叶片泵的流量脉动率是除了螺杆泵最小的。

3. 双作用叶片泵主要零件的特点

1）定子的过渡曲线

定子内表面的曲线是由四段圆弧和四段过渡曲线组成的。理想的过渡曲线不仅使叶片在槽内滑动时的径向速度和加速度变化均匀，而且使叶片在过渡曲线与圆弧的交接点处的径向速度无突变、径向加速度无大的突变。如果径向速度有突变，则径向加速度为无穷大，径向惯性力也会无穷大，这样便发生“硬冲”或脱空现象；如果径向加速度突变不大，则径向力也会发生突变但不大，这种情况称为“软冲”。

目前生产的双作用叶片泵广泛应用综合性能较好的等加速等减速曲线。所谓等加速等减速是指当转子速度恒定时，叶片在两段曲线上做径向运动的加速度或减速度值恒定，即径向惯性力恒定。曲线分为两部分，前半部分为等加速曲线，后半部分为等减速曲线。这种曲线允许选用较大的 R/r 值，故在同样的体积下可获得较大的排量。当转速稳定，在该曲线上滑动的叶片数为偶数时，可得到均匀的瞬时流量。这种曲线的缺点是在过渡曲线与圆弧的连接点及过渡曲线的中点加速度有突变，因而会发生“软冲现象”。泵工作时间较长后会在三个软冲点有三道清晰的痕迹。

2）叶片的安放角

当叶片在压油腔工作时，叶片从过渡曲线上由大半径 R 圆弧向小半径 r 圆弧滑动，定子的内表面强行将叶片压入转子槽内。若叶片在转子内径向安放，定子内表面对叶片的反作用力 F 的方向与叶片成一夹角 β（即压力角），如图 3-17 所示。这个力可以分解成两个力，一是使叶片径向运动的分力 F_n，另一个是与叶片垂直向后的分力 F_t。分力 F_n 克服叶片底部的液压力和滑动摩擦力使叶片缩回，而 F_t 则会使叶片产生弯曲，同时使叶片压紧在叶片槽的壁面上，增大了叶片缩回时的摩擦力，使叶片运动不灵活。压力角β越大，F_t也越大，当F_t达到一定程度，会造成叶片在槽内运动困难甚至卡死。为了避免压力角过大对叶片运动产生的不利影响，一般将叶片沿旋转方向向前倾斜一个角度θ，使实际压力角β'（$\beta'=\beta-\theta$）减小，以减小切向分力对叶片运动的影响，一般取$\theta=13^\circ$。由于叶片是沿旋转方向向前倾斜一个角度安放，所以对已经装配完毕的叶片泵不能反方向旋转。

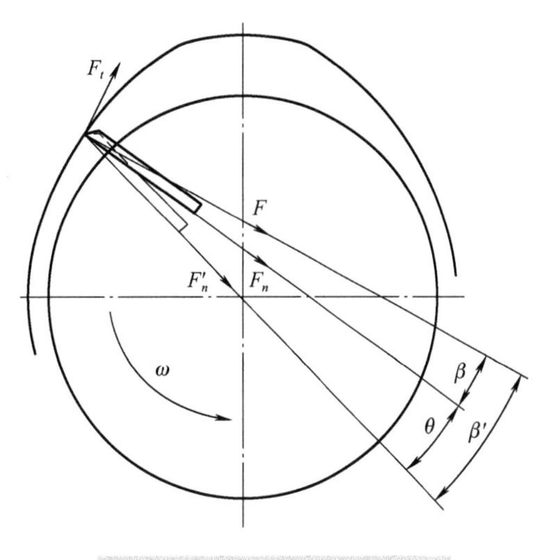

图 3-17　双作用叶片泵的安放角

现在又从理论上分析了上述推论存在缺陷，实践表明，通过配流孔道后的压力油引入叶片根部后，其压力值小于叶片顶部所受的压油腔压力，因此在压油区推压叶片缩回的力除了定子内表面的推力，还有液压力(由顶部压力与根部压力之差引起)，所以上述压力角过大使叶片难以缩回的推理就不十分确切，有些叶片泵的叶片径向安放仍能正常工作。由于沿袭了以前的结构，目前中低压叶片泵多数还是采用叶片槽前倾布置。

3)径向液压力

由于双作用叶片泵的吸、压油窗口对称布置，作用在转子以及轴承上的径向液压力是平衡的，因此双作用叶片泵又称卸荷式或平衡式叶片泵。

4)端面间隙的自动补偿

双作用叶片泵靠排油腔侧的配流盘的背面始终通高压油，使配流盘在液压推力的作用下压向定子，泵的工作压力越高，配流盘越会贴紧定子。并且当配流盘与定子发生磨损时，可自动补偿转子的端面间隙。

4. 双作用叶片泵的典型结构

YB 系列叶片泵常用于工程机械的转向系统，额定压力一般在 7MPa 左右，排量从 6～36mL/r 有 6 种规格。

YB 型叶片泵的结构如图 3-18 所示。该泵主要由泵体 7、左（右）配流盘 2（6）、定子 5、转子 13、叶片 4、传动轴 9 等组成。泵体与泵盖由螺钉固定，左、右配流盘与定子通过定位销定位于后泵盖 3(或泵体)上，一般在后泵盖(或泵体)和左、右配流盘上有两个夹角 90°的定位销孔 d(图 3-19)，而在定子上加工一个定位销，这样在组装时可根据需要来装配两种转向的泵。转子位于左右配流盘和定子围成的容腔内，并通过花键与传动轴连接，传动轴通过滚动轴承支承在泵体与泵盖上。叶片在叶片槽内沿旋转方向前倾 10°～14°安放，叶片外端背面加工有倒角，可以减少杂质的影响并能使叶片与定子内曲面有良好的接触。左、右配流盘上都对称加工着吸油窗口 b、排油窗口 a，分别与后泵盖、泵体上的吸、排油口连通；左配流盘 a 窗口为盲槽，b 窗口为缺口。高压油可以通过后配流盘上的轴向通孔 f 和环形槽 c 通至各叶片的根部，推动叶片外伸。排油窗口两端铣有三角尖槽 e，以解决可能发生的困油现象，并能使叶片间油液在高、低压转换时不产生液压冲击。

该泵若需反方向旋转，可将定子旋转 90°，变换定位销的位置，再将转子连同叶片翻转过来组装。

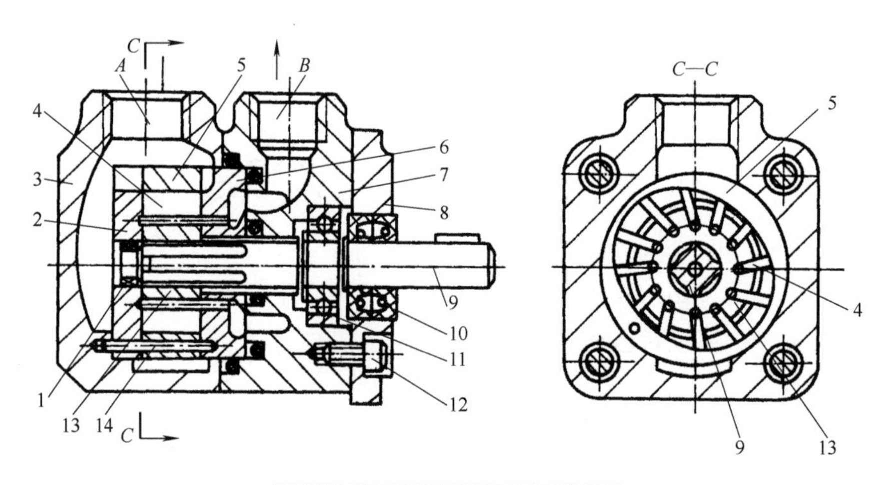

图 3-18　YB-A※B-FL 系列叶片泵

1、11-轴承；2、6-左、右配流盘；3-后泵盖；4-叶片；5-定子；7-泵体；8-端盖；9-传动轴；10-密封圈；12-螺钉；13-转子；14-定位销；*A*-吸油口；*B*-排油口

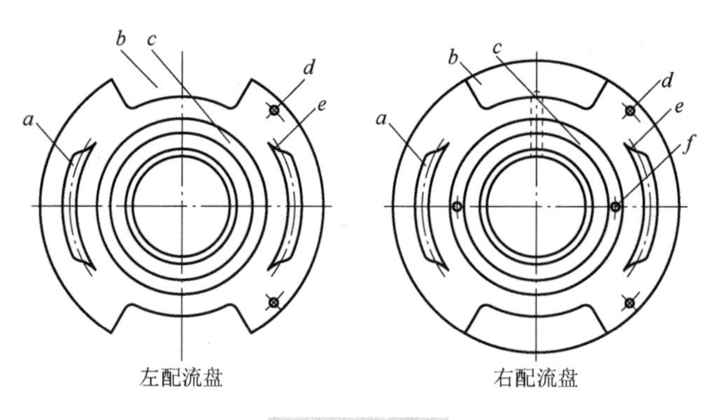

图 3-19　配流盘

a-排油窗口；*b*-吸油窗口；*c*-环形槽；*d*-定位销孔；*e*-三角槽；*f*-轴向通孔

5. 高压叶片泵的特点

随着叶片泵的结构、材料、工艺等方面的不断改进和完善，叶片泵的压力在不断地提高。现在生产的双作用叶片泵的额定压力可达 14～21MPa，甚至更高。由前述 YB 系列叶片泵可知，为保证叶片与定子内表面的紧密接触，叶片根部与高压油相通。在高压区，由于叶片顶部也受高压油的作用，叶片两端的液压力可以平衡掉一部分；而在吸油区，只有叶片根部受高压油的作用，这一作用力使叶片压向定子，并且随着工作压力的提高，压向定子内表面的力也在增大，在高速运转下加速了叶片和定子内表面的磨损，降低了泵的寿命，因此这一问题是影响叶片泵压力提高的主要因素。为了提高叶片泵的压力，除了对有关零件的材料选用和热处理等方面采取措施，在叶片的结构上也采取了多种卸荷形式。常见高压叶片泵的叶片形式有以下几种形式。

1) 双叶片结构

如图 3-20 所示，在转子的每一槽内装有两个叶片，叶片的顶端及两侧边加工有倒角，倒角相对形成 V 形通道，叶片根部的压力油经 V 形通道进入顶部，使叶片顶部和根部的液压力基本相等。合理设计叶片顶部倒棱的宽度，使叶片顶部的承压面积小于根部的承压面积，达到既可保证叶片与定子内表面贴紧，又不产生过大的压紧力，避免了泵在高压下运转而造成定子内表面的过度磨损。

2)子母叶片结构

子母叶片又称复合叶片，如图 3-21 所示。母叶片的根部 *L* 腔经转子 2 上虚线所示的油孔始终和顶部油腔相通，而子叶片 4 和母叶片间的小腔 *C* 通过配流盘经 *K* 槽总与压力油接通。当叶片在吸油区工作时，母叶片顶部和根部 *L* 腔均为低压油，推动母叶片压向定子 3 的力仅为小腔 *C* 的液压力，由于 *C* 腔的面积较小，故压紧力也不大，但能保证叶片与定子间的密封。

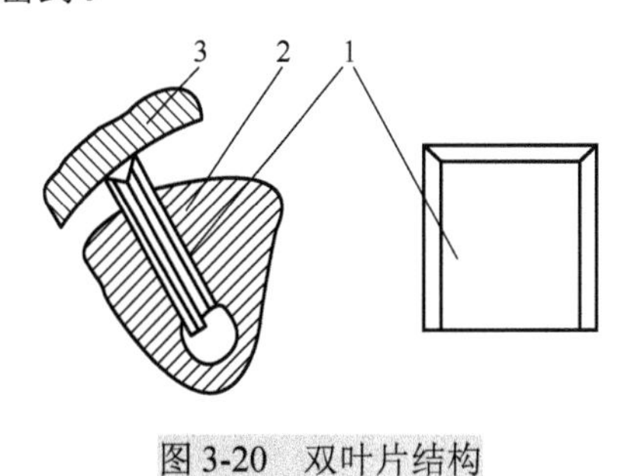

图 3-20　双叶片结构

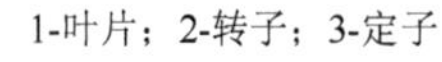

1-叶片；2-转子；3-定子

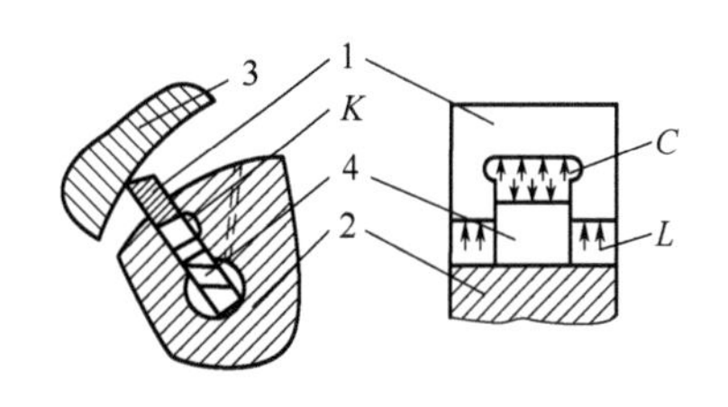

图 3-21　子母叶片结构

1-母叶片；2-转子；3-定子；4-子叶片

3)柱销式叶片结构

图 3-22(a)为空心柱销式叶片结构。叶片 2 的顶部加工成弧槽，弧槽内钻有两个小孔 3 通入叶片根部，使叶片顶部与底部容腔 5 始终相通，在低压区基本不产生压紧力。柱销 6 沿转子 8 的半径线方向安装，上端顶在叶片底部，下部嵌在转子的柱销孔内可以相对滑动。柱销下端转子的环状油室 7 始终与压力油相通，在此液压力的作用下，柱销顶着叶片贴紧定子内表面，一般选择柱销截面积为叶片截面积的 1/5 左右，因此大大减小了叶片在低压区对定子的压紧力，减少了定子内表面的磨损。

空心柱销泄漏较严重，压力油通过柱销顶部泄漏时会造成叶片对定子的冲击，并产生噪声。因此，可将柱销改为实心结构(图 3-22(b))，这样既减少了泄漏，避免了噪声，又有利于加工。

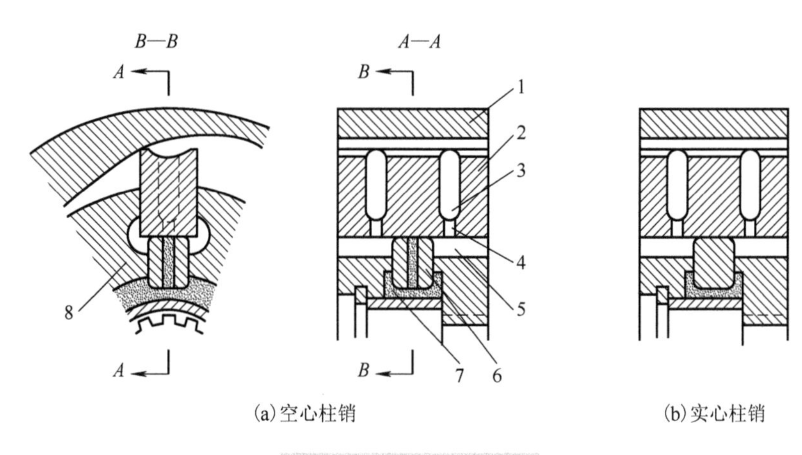

(a)空心柱销　(b)实心柱销

图 3-22　柱销式叶片结构

1-定子；2-叶片；3-叶片小孔；4-阻尼孔；5-叶片底部容腔；6-柱销；7-环状油室；8-转子

二、单作用叶片泵

1. 单作用叶片泵的工作原理

图 3-23 所示为单作用叶片泵的工作原理图。与双作用叶片泵的显著不同之处是单作用叶片泵的定子内表面是一个圆形，转子与定子之间有一个偏心量 e，两端的配流盘上只开设一个吸油窗口 6 和一个压油窗口 2。当转子转动一周时，每个叶片在转子槽内往复运动一次，每相邻两叶片间的密封容积发生一次增大和缩小的变化，密封容积增大时通过吸油窗口吸油，容积变小时则通过压油窗口将压力油排入液压系统中去。由于该种泵的转子每转动一周，每两个相邻叶片间的吸、压油作用各一次，故称单作用叶片泵。又因吸、压油区相对，泵的转子所受径向液压力不平衡，因而又称非平衡式叶片泵或非卸荷式叶片泵。因为支撑转子的轴和轴承上承受的径向液压力随工作压力的提高而增大，所以这种泵压力的提高受到了限制。

改变定子与转子的偏心距 e，就可改变泵的排量，故单作用叶片泵常做成变量泵。

2. 单作用叶片泵的排量与流量

如图 3-24 所示，当单作用叶片泵的转子每转动一周时，每相邻叶片间的密封容积的变化量为 V_1-V_2。若近似地把圆弧 AB 和 CD 看作以中心为 O_1 的圆弧，当定子的内径为 D 时，AB 与 CD 圆弧的半径分别为 $\left(\dfrac{D}{2}+e\right)$ 和 $\left(\dfrac{D}{2}-e\right)$。假设转子的直径为 d，叶片的宽度为 b，叶片的个数为 z，若不考虑叶片的厚度，每相邻两叶片的夹角为 β $\left(\beta=\dfrac{2\pi}{z}\right)$，则泵的排量 q 为

$$q=(V_1-V_2)z \tag{3-24}$$

式中，V_1 的表达式为

$$V_1=\pi\left[\left(\frac{D}{2}+e\right)^2-\left(\frac{d}{2}\right)^2\right]\frac{\beta}{2\pi}b=\pi\left[\left(\frac{D}{2}+e\right)^2-\left(\frac{d}{2}\right)^2\right]\frac{b}{z}$$

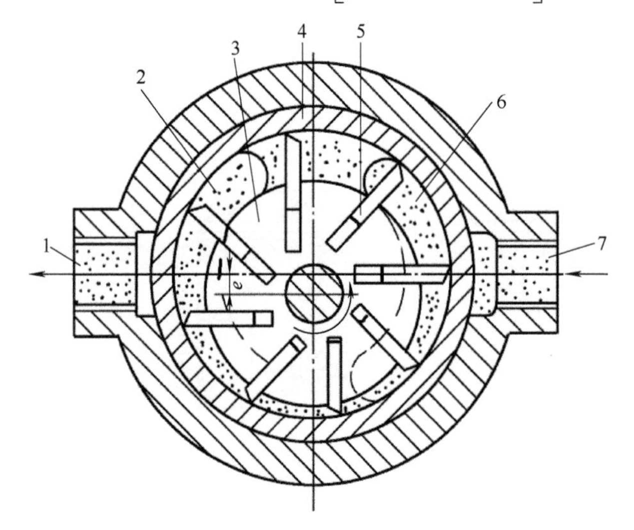

图 3-23　单作用叶片泵的工作原理图

1-压油口；2-压油窗口；3-转子；4-定子；5-叶片；6-吸油窗口；7-吸油口

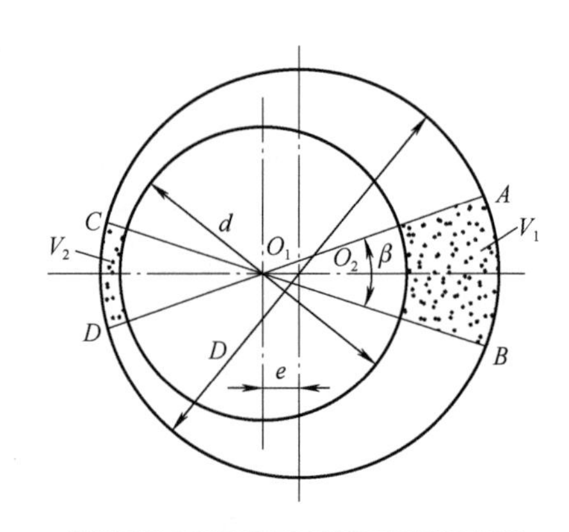

图 3-24　单作用叶片泵的排量计算

V_2的表达式为

$$V_2 = \pi\left[\left(\frac{D}{2}-e\right)^2-\left(\frac{d}{2}\right)^2\right]\frac{\beta}{2\pi}b = \pi\left[\left(\frac{D}{2}-e\right)^2-\left(\frac{d}{2}\right)^2\right]\frac{b}{z}$$

将V_1和V_2代入式(3-24)，经过整理便可得出单作用叶片泵排量的近似表达式为

$$q = 2\pi beD \tag{3-25}$$

泵的实际流量为

$$Q = 2\pi beDn\eta_V \tag{3-26}$$

式(3-25)表明，只要改变定子与转子的偏心距，就可改变泵的排量。

单作用叶片泵的定子内缘和转子的外缘均为圆柱面，并偏心安置，其容积变化是不均匀的，故存在流量脉动。理论分析表明，当叶片数为奇数时，流量脉动率较小，因此泵的叶片数一般为13个或15个。

3. 单作用叶片泵的结构特点

与双作用叶片泵相比，单作用叶片泵在结构上有下列特点。

(1)通过改变定子与转子的偏心距，单作用叶片泵可做成多种形式的变量泵。

(2)为了防止吸、排油腔的沟通，配流盘上吸、压油窗口间密封夹角稍大于两相邻叶片的夹角，当两相邻叶片在此夹角区域运动时，叶片间的容积短时被困且会发生变化，从而产生困油现象。但困油现象不太严重，通过在配流盘压油窗口端部开设三角槽，即可消除困油现象，同时也可减小高、低压油转换时的压力冲击。

(3)在压油区叶片根部通高压油，而吸油区叶片根部与吸油腔相通，如图3-25(a)所示。

(4)由于叶片顶部与根部所受的液压力基本平衡，叶片向外运动主要靠旋转时所受到的惯性力。根据力学分析，叶片后倾一个角度θ更有利于叶片在惯性力作用下向外伸出。通常叶片后倾24°角，如图3-25(b)所示。

(5)单作用叶片泵的转子上的径向液压力不平衡，传动轴和轴承承受负荷较大。

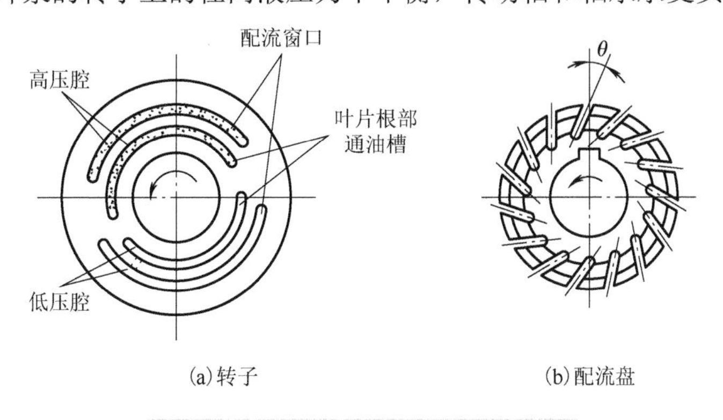

(a)转子　　(b)配流盘

图3-25　单作用叶片泵的转子和配流盘

4. 变量叶片泵的工作原理

根据调节偏心距的方式，变量叶片泵可分为手动式和自动调节式两种。自动调节式根据自动调节后压力和流量的特性又可分为限压式、恒压式和恒流式三种，其中以限压式变量叶片泵应用较广。

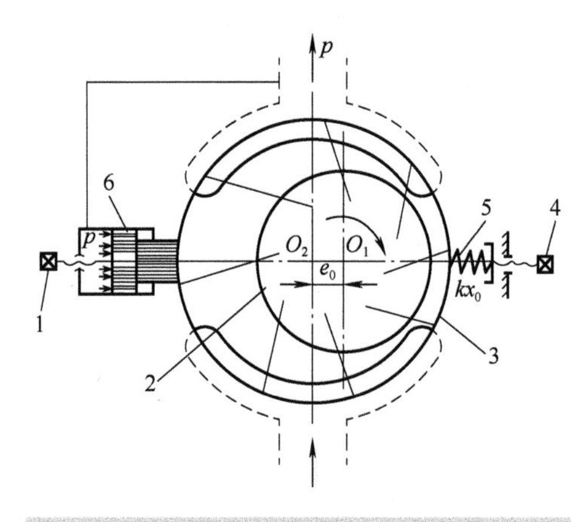

图 3-26　外反馈限压式变量叶片泵工作原理图

1-限位螺钉；2-转子；3-定子；4-调压螺钉；5-限压弹簧；6-反馈油缸活塞

限压式变量叶片泵的排量是利用压力反馈作用来实现变化的，有内反馈和外反馈式两种，图 3-26 是通过外反馈作用来实现排量变化的。

外反馈限压式变量叶片泵的原理图如图 3-26 所示。传动轴带动转子做顺时针方向旋转(从轴端看)，传动轴两端由滚针轴承支承。转子的回转中心不变，定子可以左右移动，通过滑块来支持定子，并承受压力油对定子的作用力。当定子移动时，滑块随定子一起移动，为了提高定子对油压变化时反应的灵敏度，滑块支承在滚针上。液压泵出口的压力油被引到反馈油缸活塞的左端，对活塞产生一向右的液压力，活塞所受的液压力又作用于定子，此液压力与限压弹簧的弹力相互作用并有压缩弹簧减小偏心量的趋势。在工作压力较低时，活塞上的液压力小于弹簧力，限压弹簧产生的弹簧力通过弹簧座将定子推至反馈油缸的活塞上，使定子与转子中心有一个初始偏心距 e(最大偏心量)，偏心距的大小可用限位螺钉来调节。限位螺钉调定后，在此工作条件下，定子与转子的偏心量为最大，即液压泵的排量最大。当泵的输出压力升高，活塞上的液压力大于弹簧力时，定子便向右移动，减小偏心距，泵的排量减小，同时弹簧被压缩而使弹力增加，定子所受液压力与弹簧力平衡后，便保持这一偏心距；泵的工作压力越高，偏心量越小，泵的排量也越小。当工作压力达到某一极限值(截止压力)时，弹簧被压缩到最短，定子被推至最右端位置，偏心量也减至最小，使泵的排量趋近于零，这时泵输出少量流量来补偿泄漏。通过调节限压弹簧的预压缩量来限定泵的工作压力。

三、叶片马达

与叶片泵相似，从原理上讲，叶片马达也可以有单作用的变量马达和双作用的定量马达两种。但是，由于变量叶片马达结构复杂，相对运动部件多，泄漏量大，而且调节也不便，所以叶片马达通常只制成定量的，即常用的叶片马达都是双作用叶片马达。

双作用叶片马达的工作原理如图 3-27 所示。高压油进入马达后(假如回油压力为零)，位于高压区的叶片 2、6 和低压区的叶片 4、8 两面所受液压力相等，对回转中心不产生转矩；而位于高压区和低压区之间的叶片 1、3、5、7 两面所受液压力不等，由于大半径圆弧上的两叶片 3、7 比小半径圆弧上叶片 1、5 伸出的面积大，在位于大半径圆弧上叶片产生的相对回转中心的顺时针转矩大于小半径圆弧上叶片产生的逆时针转矩，于是马达便可通过输出轴带动负载沿顺时针方向转动。在马达转动时，高压区叶片间的密封容积变大，不断进油；低压区叶片间容积逐渐减小，油液被排回油箱。

与其他类型马达相比，叶片马达的特点是转动部分惯量小，因而换向时动作灵敏，允许较高的换向频率。此外，叶片马达的转矩及转速的脉动均较小。其缺点是漏损大，机械特性软。

图 3-28 所示为 YM 型叶片马达的结构图，与同类型叶片泵相比，它的结构特点如下。

(1) 为保证顺利启动，叶片底部装有弹簧，将叶片压紧在定子内表面上，确保初始密封的形成，同时叶片底部还通压力油，以提高容积效率。

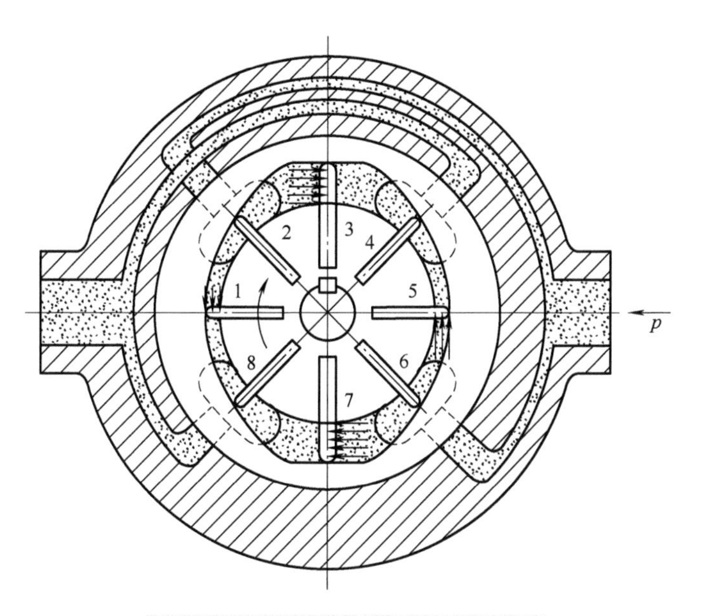

图 3-27　双作用叶片马达的工作原理图

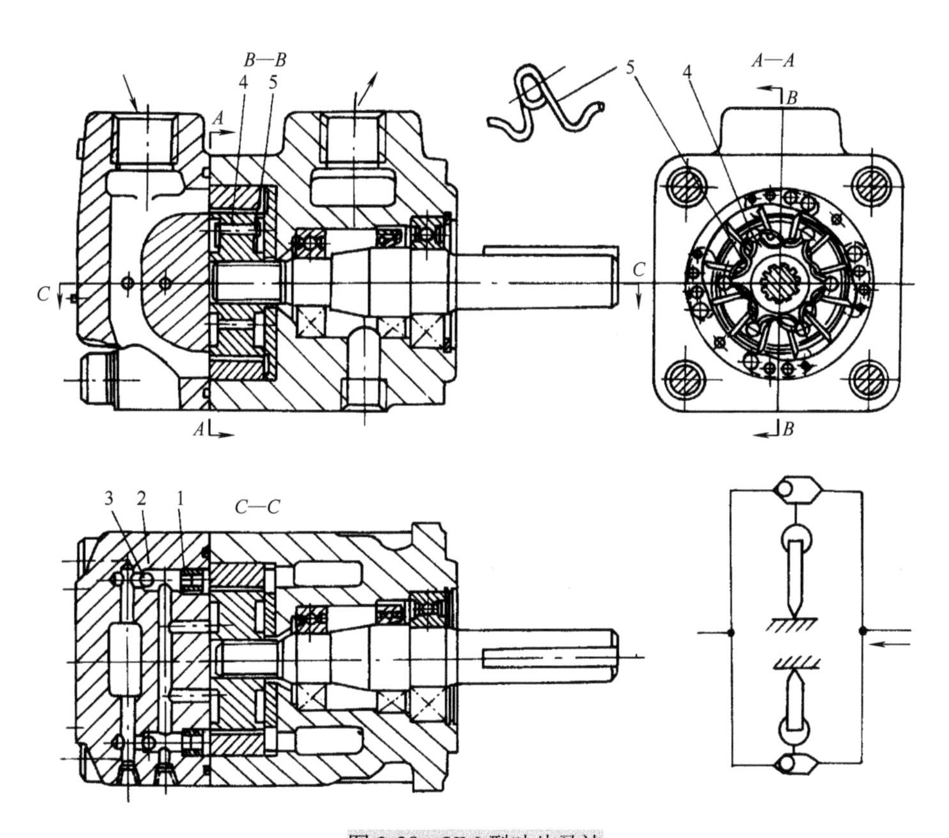

图 3-28　YM 型叶片马达

1、3-阀座；2-单向阀钢球；4-销轴；5-燕式弹簧

(2) 为适应马达正反转，转子上的叶片槽径向开设，叶片径向放置，另外，通往叶片底部的高压油路上设置两个单向阀，以保证马达换向(高压油的入口和低压油的出口互换)时，叶片底部始终通高压油。

第四节　柱塞泵与马达

柱塞泵是依靠柱塞在缸体柱塞孔内做往复运动，使密封工作容腔产生变化来完成吸油和压油的。由于柱塞和缸体柱塞孔均为圆柱面，加工方便，能获得较高的加工精度，可以保证柱塞和柱塞孔有相当精密的配合，配合间隙尺寸可以控制得很小而实现较理想的间隙密封，这样可以使柱塞泵在相当高的工作压力下具有较高的容积效率。另外，柱塞泵的主要零件处于受压状态，使材料强度性能得到充分利用，因而适于做成高压泵。再者，改变柱塞的工作行程即可改变泵的排量，变量机构的结构和控制方式可多种多样，能方便地实现单向和双向变量。基于上述原因，柱塞泵适用于高压、大流量、流量需要调节的工程机械及其他设备上。例如，挖掘机、摊铺机、稳定土拌和机等常采用变量柱塞泵，根据工况的变化适时调节泵的排量，充分利用发动机功率；提高作业效率。但其结构复杂，对零件材料及加工精度要求高，价格较高，需高品质高清洁度的工作介质，所以对使用、维护和修理也提出了更高的要求。

柱塞泵按其柱塞运动方向与泵传动轴的轴线平行、夹锐角或垂直的不同结构，可分为斜盘式、斜轴式和径向柱塞泵。斜盘式和斜轴式又通称为轴向柱塞泵，同类泵有与其相对应的柱塞马达。本节重点介绍轴向柱塞泵和轴向柱塞马达，径向柱塞马达作为低速大扭矩马达在后面介绍。

一、斜盘式轴向柱塞泵与马达

1. 组成与工作原理

图 3-29 所示为斜盘式轴向柱塞泵的工作原理图，其主要由传动轴 5、缸体 1、柱塞 3、斜盘 4、配流盘 2 等组成。传动轴与缸体靠键连接，在缸体上均匀分布若干柱塞孔，每个柱塞孔内均装有柱塞，柱塞可在缸体柱塞孔内做往复运动，柱塞在底部弹簧的作用下使其头部始终紧贴斜盘，斜盘相对于传动轴线的垂直面倾斜 γ 角，配流盘由定位销定位。在工作过程中，配流盘不能转动，但斜盘可以通过摆动来改变 γ 角。传动轴在发动机的驱动下带动缸体按图示方向旋转，处于剖面外侧半圆部位的柱塞一边随缸体转动，一边在弹簧力的作用下向外伸出，使柱塞与柱塞孔形成的密封工作容腔不断增大，产生真空，通过配流盘的吸油窗口 a 吸油；处在剖面内侧半圆部位的柱塞在斜盘的强制作用下，向柱塞孔内缩回，使密封工作容腔减小，油液通过配流盘的压油窗口 b 排出。

如果改变斜盘倾角 γ 的大小，就能改变柱塞行程的大小，也就改变了泵密封工作腔的变化量即排量；如果改变斜盘倾角的方向，就能改变吸、压油的方向，这时就成为双向变量泵。

2. 排量与流量计算

若柱塞的个数为 z，柱塞直径为 d，柱塞孔的分布圆直径为 D，斜盘倾角为 γ，如图 3-29 所示，当缸体转动一周时，泵的排量为

$$q=\frac{\pi}{4}d^2D\tan\gamma z \tag{3-27}$$

泵输出的实际流量为

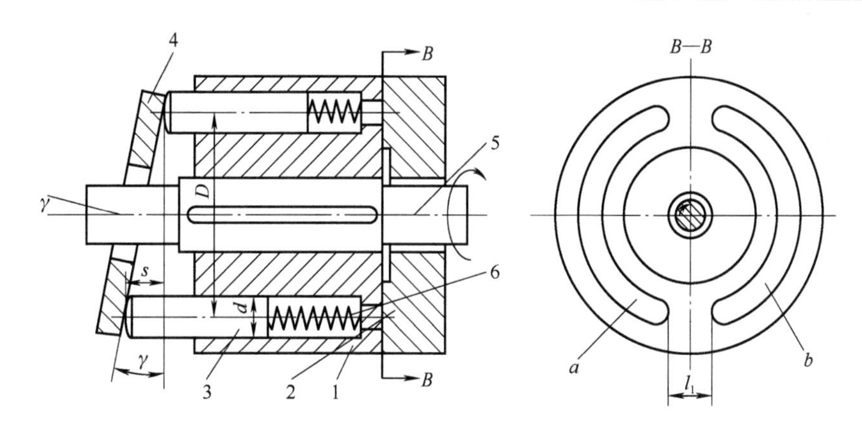

图 3-29　斜盘式轴向柱塞泵的工作原理图

1-缸体；2-配流盘；3-柱塞；4-斜盘；5-传动轴；6-弹簧；*a*-吸油窗口；*b*-压油窗口

$$Q=\frac{\pi}{4}d^2Dzn\eta_v\tan\gamma \tag{3-28}$$

实际上，柱塞泵的流量是脉动的。当缸体转角 $\theta=\omega t$ 时，柱塞的位移量 s 为

$$s=\frac{D}{2}\tan\gamma-\frac{D}{2}\cos\omega t\tan\gamma=\frac{D}{2}(1-\cos\omega t)\tan\gamma \tag{3-29}$$

将式(3-29)对时间变量 t 求导数，可得出柱塞的瞬时移动速度 v 为

$$v=\frac{\mathrm{d}s}{\mathrm{d}t}=\frac{D}{2}\omega t\tan\gamma\sin\omega t \tag{3-30}$$

故单个柱塞的瞬时理论流量 Q_v' 为

$$Q_v'=\frac{\pi}{4}d^2v=\frac{\pi}{8}d^2D\omega t\tan\gamma\sin\omega t \tag{3-31}$$

由式(3-31)可知，单个柱塞的瞬时流量是按正弦规律变化的，整个泵的瞬时流量是处于压油区内几个柱塞瞬时流量的总和，因而也是脉动的。

不同柱塞数目的柱塞泵，其输出流量的脉动率是不同的。通过详细的理论分析可知，当柱塞数目较多且为奇数时，流量脉动率较小，所以柱塞泵的柱塞数一般为奇数。从结构和工艺考虑，柱塞数目常采用 7 个或 9 个。

3. 主要零件的结构特点

不同生产厂家出品的斜盘式轴向柱塞泵的结构各有其特点，但泵体内的主要组成零件是相同的，主要包括斜盘 2、柱塞滑靴组件 3、缸体 4 和配流盘 5 等，如图 3-30 所示。下面对其主要零件的特点进行分析。

1)柱塞滑靴组件

在图 3-29 中，各柱塞是以球形头部直接接触斜盘并在斜盘上滑动，因此称为点接触式轴向柱塞泵。这种结构在泵工作时，柱塞头部接触应力大，极易磨损，不适于高压，故一般轴向柱塞泵都在柱塞头部装一铜合

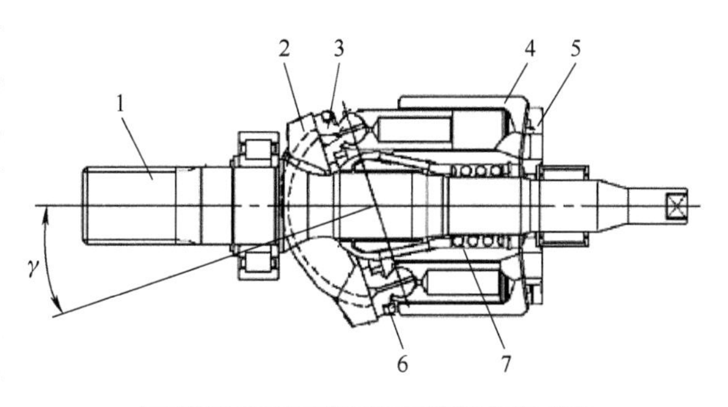

图 3-30　斜盘式轴向柱塞泵内部结构

1-传动轴；2-斜盘；3-柱塞滑靴组件；4-缸体；5-配流盘；6-回程盘；7-中心弹簧

金的滑靴(滑履)，如图 3-31 所示，改点接触为面接触，即柱塞球头与滑靴之间为球面接触、滑靴与斜盘之间为平面接触。

滑靴对斜盘的工作表面是在高压下做高速相对运动的摩擦副，为防止相对滑动面因摩擦发热而损坏，采用了静压轴承结构，强制在相对运动表面间形成牢固的油膜将金属面隔开，并保证充分润滑。其结构是在柱塞的中心加工有轴向阻尼小孔，在高压区柱塞底部的高压油便可通过小孔进入滑靴的球窝内，一边润滑柱塞与滑靴相互运动的球面，同时压力油还通过滑靴上的小孔进入滑靴端面的油室 a，使 a 处及附近油膜内的油液升压，在滑靴和斜盘间形成一定厚度 δ 的坚固油膜，即静压轴承。在工作过程中，a 处及周边环形面积区域油膜升压后会产生一个垂直作用于滑靴端面的力，即通常所说的撑开力 F_N。F_N 的大小与滑靴的断面尺寸 $2R_1$ 和 $2R_2$ 有关，而压紧力是柱塞底部的液压力及中心弹簧力的合力垂直于斜盘的分力 F_N'。只要合理设计 $2R_1$ 和 $2R_2$ 的大小，就可使撑开力抵消大部分压紧力，从而使滑靴与斜盘的接触比压很小，既可保证滑靴与斜盘间有适当的油膜厚度，又不会使油膜遭受破坏，这就是静压平衡原理。例如，由于某种原因使柱塞对斜盘的压紧力增加，则滑靴和斜盘间的油膜厚度减小，通过柱塞孔中间的节流孔的流量减小，节流孔两端的压差降低，于是油室 a 处的液压力升高，使反推力增加，滑靴与斜盘达到新的静压平衡，油膜厚度基本不变，反之亦然。滑靴在斜盘上滑动的过程中，因相对运动表面间的金属不直接接触，摩擦及发热都大大减小。同时，油膜不断地向外渗漏少量液压油，使形成油膜的油液不断更新并得到冷却。所以，滑靴能够以很高的速度沿斜盘表面旋转滑动。

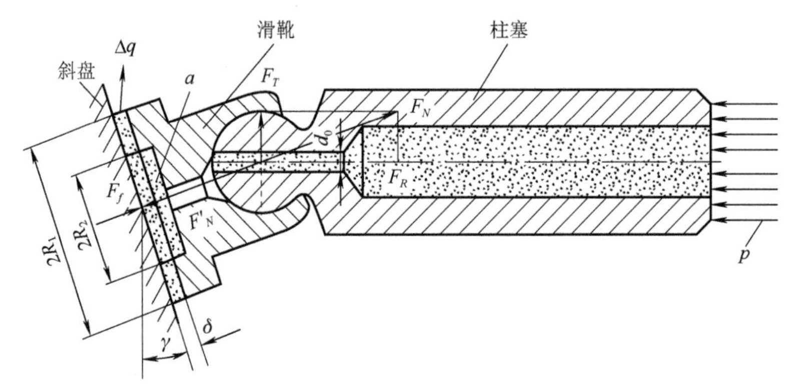

图 3-31　柱塞滑靴组件

滑靴与斜盘之间采用了静压平衡技术，相互运动的摩擦副的接触比压大大降低。但是实际上不可能做到完全的平衡。为保持较小的间隙泄漏，摩擦副间必须维持一定的剩余压紧力，由于系统的压力波动，泵或马达在偏离计算工况下运行(如斜盘式轴向柱塞泵倾角的变化即造成柱塞滑履组件对斜盘的压紧力变化)，静压平衡遭到部分破坏，因此摩擦副的承磨面仍承受一定压力。从静压平衡的原理看到，此承磨面同时又是维持压力分布的密封面。若此面磨损将会造成较大的泄漏，同时原设计的压力分布规律也将变更，引起更大的接触比压，加剧了磨损。图 3-32 所示为柱塞滑履组件滑履底部的承压面结构形式，图 3-32(a)是无辅助承压面的结构，图 3-32(b)是具有内、外辅助承压面的结构。辅助承压面的设置目的是增加承压面积，进一步降低摩擦副的接触比压。必须说明的是辅助承压面的任务仅为承压，不能改变静压平衡的压力分布规律而破坏原设计的静压平衡。

当柱塞处于高压区工作时，柱塞底部作用着液压力。由于斜盘的倾角，在柱塞头部产生

径向分力 F_T，此径向分力使柱塞和柱塞孔的摩擦磨损加剧，并在柱塞缸体上附加了一个径向分力 F_T。由于该径向力的存在，斜盘式轴向柱塞泵的斜盘倾角一般不超过 20°。为了减小上述径向力所产生的柱塞和柱塞孔间的摩擦力，以提高泵运行的机械效率、减少柱塞和柱塞孔的磨损，通常要限制柱塞行程和柱塞直径，并对柱塞最短的留缸长度和柱塞直径的比值做出相应的要求。

有些泵的柱塞在其表面开设了若干条环形沟槽，采用这种结构可以减小柱塞可能受到的径向不平衡力，防止液压卡紧现象的发生，提高间隙密封的密封性，改善润滑条件，储存污物等。

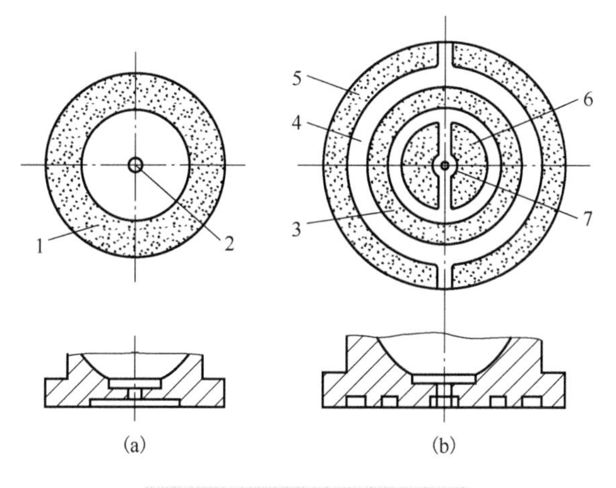

图 3-32　滑靴底部的结构形式

1、3-密封带；2、7-通油孔；5、6-辅助支承；4-泄油槽

2) 柱塞缸体

柱塞缸体一般用钢为基体，中心加工有花键孔与传动轴相连接。柱塞缸体的端部与配流盘形成一对摩擦副，配流盘一般采用钢合金材料，因此缸体的端部常采用铜合金，缸体的端部可以采取球面结构(图 3-30)，也可采取平面结构。平面结构缸体如图 3-33 所示，缸体上均匀分布着若干个柱塞孔，柱塞孔的进、出油口为短腰形孔(图 3-33(c))，短腰形孔的宽度及分布圆的直径与配流盘上的吸排油窗口相适应。柱塞孔内常镶有铜合金套与柱塞(柱塞材料采用钢合金)相配合，其配合间隙和加工精度要求很高，以保证强度、密封、耐磨等要求。缸体与配流盘配合的表面可浇铸铜合金(图 3-33(a))，也可镶嵌钢-铜双金属衬板(图 3-33(b))，衬板的钢基面与缸体端面相配，并用定位销定位使其同步转动，铜合金面与配流盘配合，提高耐磨性。

3) 中心弹簧机构

柱塞头部的滑靴必须始终紧贴斜盘才能正常工作。图 3-29 中，每个柱塞底部均加一弹簧，这种结构由于柱塞往复运动，弹簧容易疲劳损坏。因此，常见的柱塞泵采用一个中心弹簧(图 3-30)，弹簧受压后产生弹力，向左的弹簧力通过球形座、柱塞的回程盘(压盘)将弹力分给每个柱塞组件，使滑靴压向斜盘；向右的弹簧力作用于缸体，使缸体压向配流盘，以形成泵启动时的初始密封，这对泵能否正常工作十分重要。由于中心弹簧基本不受交变载荷，所以不易疲劳损坏。中心弹簧常见的结构形式为螺旋弹簧和碟形弹簧。

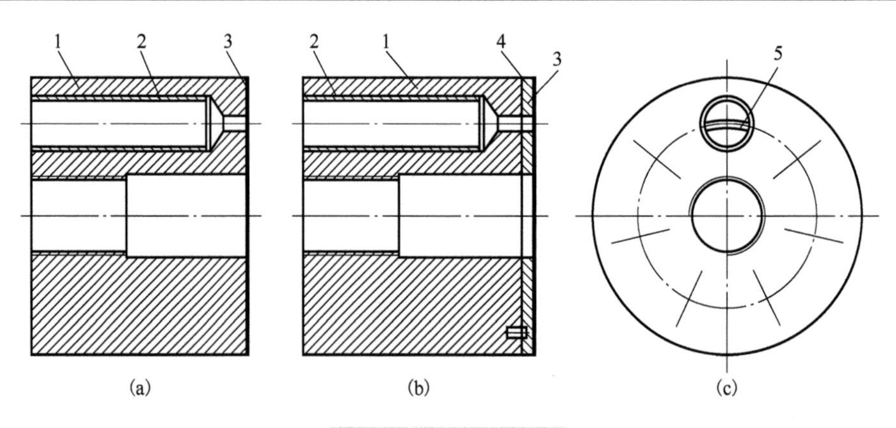

图 3-33　柱塞缸体结构

1-钢基体；2-铜套；3-铜合金；4-双金属衬板；5-短腰形孔

4)配流盘

配流盘的作用是使柱塞和柱塞孔组成的工作容腔在其容积减小时和排油口相通，在其容积增大时和吸油口相通。图 3-34(a)中 P_H 槽为排油窗口，P_d 槽为吸油窗口，图中虚线表示的短腰形孔为缸体底部的通油孔道。在图 3-34(a)中，短腰形孔刚离开吸油窗口，柱塞工作腔中油液处于低压，在下一个瞬间，短腰形孔接通排油窗口，排油腔中的油液会以很高的速度冲入柱塞工作腔，压缩其中低压油，产生压力冲击。图 3-34(a)中表示了柱塞工作腔中压力冲击的情况。为了减小液压冲击，可以使柱塞工作腔在离开吸油窗口后不立即与排油窗口相通，利用 $\Delta\varphi$ 的角度差对柱塞工作腔中的油液进行预压缩，当工作腔中的油液压力被压缩到排油压力时再与排油窗口接通，因而大大改善了压力冲击，如图 3-34(b)所示。显然，吸排油窗口的压差 (P_H-P_d) 与柱塞工作腔中的油液压缩程度，即角度差 $\Delta\varphi$ 值有关。泵在工作中，负载的排出压力可能是变化的，但角度差 $\Delta\varphi$ 在制造完成后不能变化，因而在变动工况运行时，液压冲击仍不能避免。为此，利用排油槽端部的三角形阻尼槽以减轻液压冲击。同样的情况也发生在柱塞工作腔从排油窗口过渡到吸油窗口的过程中。因而在图 3-34(b)配流盘的下部同样具有角度差 $\Delta\varphi$ 及三角形槽。同时三角槽还可防止困油现象的发生。

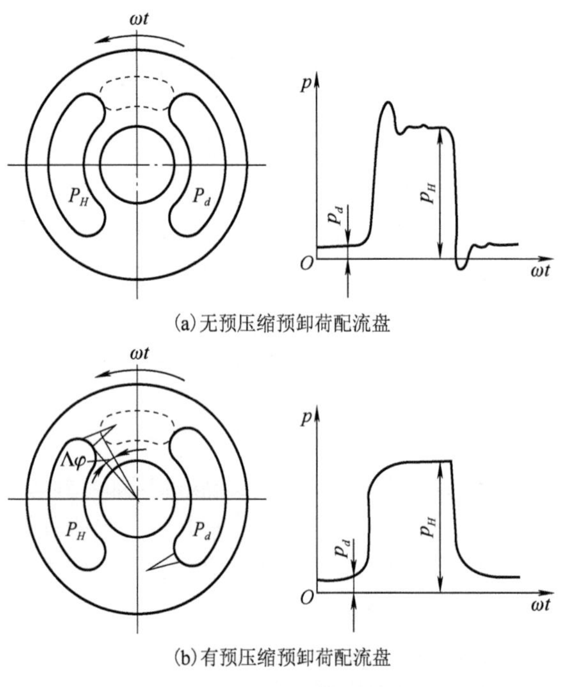

图 3-34　配流盘对柱塞工作腔内压力转换过程

配流盘是柱塞泵的关键零件之一，根据柱塞缸体端部形状的不同有平面配流盘和球面配流盘两种结构形式，如图 3-35 所示。配流盘的材料一般采用钢合金，经过热处理，并具有很高的加工精度和表面粗糙度。配流盘上的两个腰形透槽分别为吸油窗口和压油窗口，为了增加配流盘的强度和结构刚性，在每个腰形槽的中部可以保留着薄连片。配流盘上配流窗口的中心线与柱塞缸体的各柱塞底部短腰形孔中心所在圆周重合。两腰形槽中间的两个过渡区分别为吸排油变化时的柱塞上下死点位置，过渡区的宽度应尽量使柱塞底部密封容积不发生困油现象，又不能使吸压油腔短时接通而降低容积效率。有些配流盘的腰形槽的端部开设三角槽，这主要为减少困油现象和高低压油转换时造成的压力冲击。对于只有一个转向的泵(已出厂的泵多数只有一个转向)，其配流盘的结构一般为非对称结构；而对可用作马达的双向变量泵的配流盘结构可为对称结构。腰形槽两侧为一环形间隙密封带，密封带内、外的环形槽及径向槽为卸压槽，用以减小承压面积。配流盘靠背面的定位孔通过定位销定位于泵体或泵盖上。

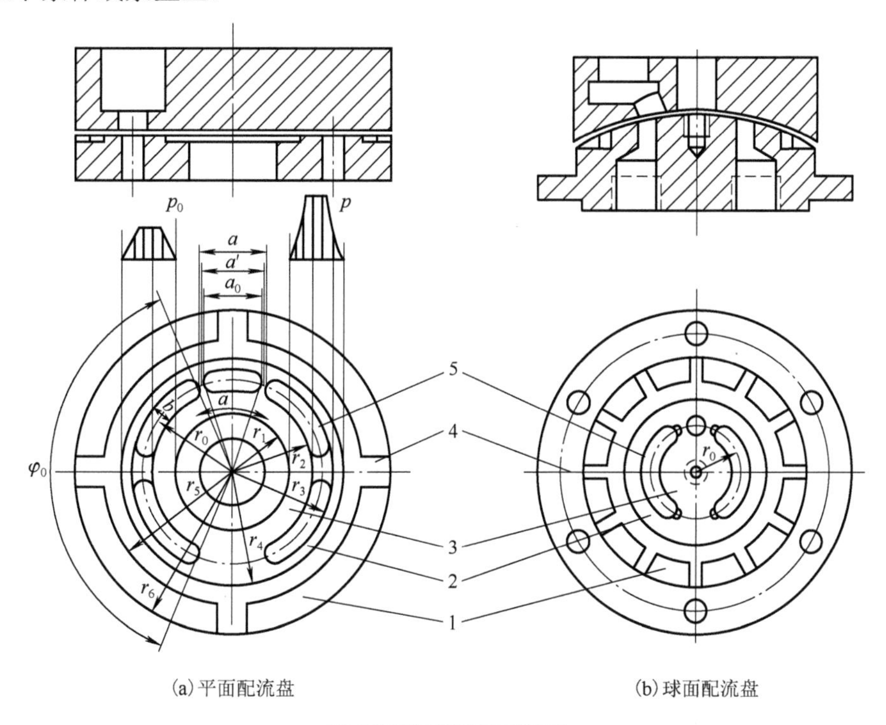

(a) 平面配流盘　　(b) 球面配流盘

图 3-35　配流盘的结构

1-辅助支承；2-外密封带；3-内密封带；4-泄油槽；5-配流窗口

泵工作时，排油腔柱塞底部的高压油产生的液压力和中心弹簧的弹力使缸体压向配流盘，而缸体与配流盘的配合面又以很高的速度做相对运动，因此两运动副之间也采用静压平衡原理。腰形槽部位的液压力和环性密封带上油液泄漏过程产生液压力为撑开力，合理地设计密封带的承压面积，使总的撑开力略小于压紧力，保证密封面间既有一定厚度的润滑油膜又能使间隙泄漏较小。由于泄油槽的作用，辅助支承 1 上没有液压力，仅起承压作用。

4. 斜盘式轴向柱塞泵的变量控制

从柱塞泵的工作原理看出，变量机构的作用在于改变斜盘的倾角，对于单向变量泵倾角可以从 $0\sim\gamma$ 任意变化；对于双向变量泵的斜盘倾角则可以从 $-\gamma\sim\gamma$ 内任意变化，不但能改变排量的大小而且改变了输出液体的方向。随着柱塞泵在工程机械及其他设备上的应用越来越广泛，变量机构的形式、变量控制原理、操纵变量的方式等也趋于多样化。按操纵斜盘改变倾角的力不同变量机构可分为手动变量和液压变量，在液压变量机构中根据液压控制的原理不同又可分为手动液压伺服变量、手动比例遥控伺服变量、电液比例变量等，并且可以对泵实现恒压、恒流、恒功率变量等多种控制。

1) 手动伺服变量

图 3-36 为典型的轴向柱塞泵手动伺服变量机构简图，图 3-37 为其工作原理图。图 3-36 中，变量缸活塞 4 下端的 *B* 腔经小孔 *a* 始终通泵的出口高压油。变量缸活塞为差动结构，其上下两端的面积不相等，*A* 腔有效作用面积大于 *B* 腔。当伺服阀芯 2 在图 3-36 所示位置时，*c* 通道和 *b* 通道对应的阀口均被阀芯封闭。尽管变量缸活塞 4 下端作用着压力油，但活塞上端 *A* 腔的油液被封闭，由于液体不可压缩，因此变量缸活塞保持不动，即斜盘倾角不变；若用手操纵伺服阀的拉杆 1 带动伺服阀芯 2 下移，*c* 通道仍关闭，变量缸活塞下端的高压油通过 *b* 通道进入活塞上端，即变量缸活塞的 *A* 腔通高压油，由于 *A* 腔面积大于 *B* 腔面积，液压力使活塞下移，活塞通过连接销 5 带动斜盘 7 使其倾角 γ 增大，因而泵的排量增加，同时变量活塞也带动伺服阀套 3 向下移动，使阀的开口减小，直至当变量缸活塞和伺服阀套移动使阀口关闭时，变量活塞和变量机构一起停在某一位置；如果伺服阀芯向上移动，*b* 通道被关闭，*c*

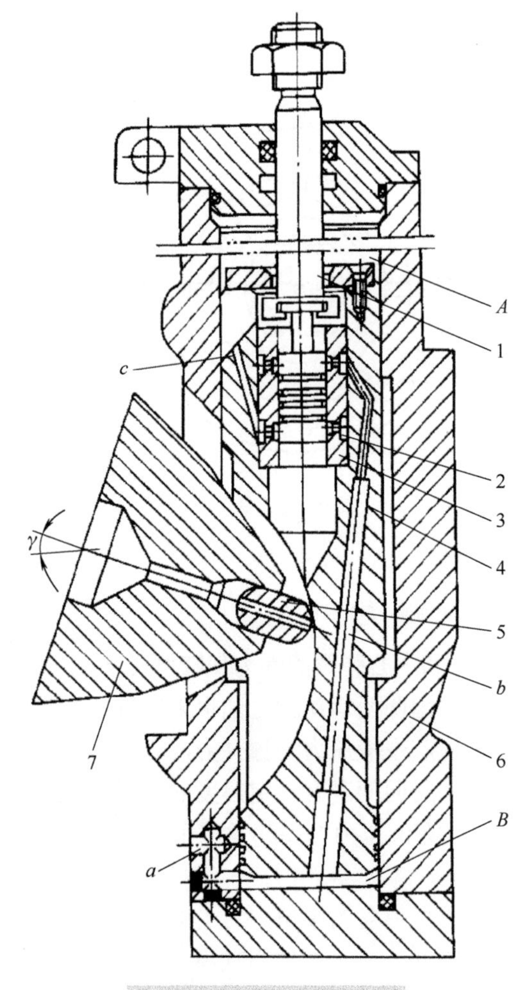

图 3-36　手动伺服变量机构

1-拉杆；2-伺服阀芯；3-伺服阀套；4-变量缸活塞；5-连接销；6-液压泵端盖；7-斜盘

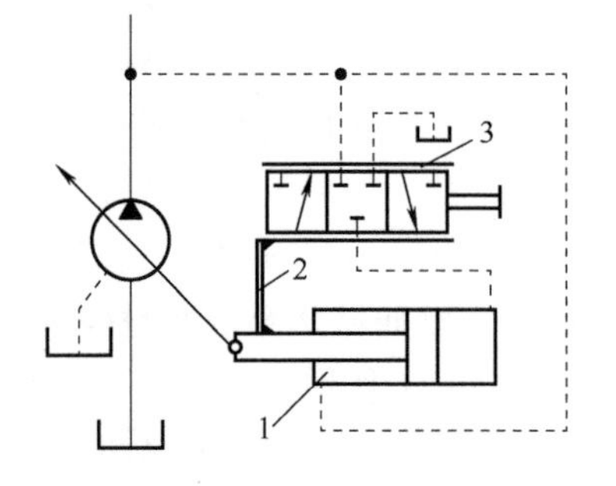

图 3-37　手动伺服变量工作原理

1-差动变量缸；2-反馈机构；3-伺服阀

通道通过阀口与泵的壳体相通，即与油箱相通，变量缸活塞下端的压力油推动活塞上移，斜盘倾角减小，泵的排量也减小。同样，当斜盘倾角减小到相应值时，伺服阀的阀芯回到图 3-36 所示位置，阀口关闭，变量缸活塞停止运动。显然，拉杆的位置(控制着阀芯的位置)与变量机构的位置(即某一排量)相对应。这是一种带直接位置反馈的闭环调节系统。推动变量活塞动作的压力油来自泵本身，即内控式；也可由控制油源供给，即外控式。如果图 3-37 中的手动伺服阀改成电液比例阀或电液伺服阀，则可组成电液比例(或伺服)控制。

2)恒功率变量

某些液压系统要求泵在低压时提供大流量，使执行元件快速运动，在高压时输出小流量，使泵的输出流量与压力的乘积近似保持不变，即原动机的输出功率大致保持不变。这样就可满足轻载高速、重载低速的控制要求，以充分发挥原动机的工作效能，提高功率的利用率。图 3-38 所示为变量控制原理，伺服阀芯受弹簧力和液压泵出口压力的共同控制，差动变量缸活塞和控制阀之间采用直接位置反馈，使阀芯的位移量与变量活塞的位移成正比，因而与泵的排量成正比。当泵的出口压力大于压力设定值且继续升高时，伺服阀芯所受的液压力克服弹簧力使阀芯左移，变量缸大腔也通高压油，变量缸活塞向左移动，斜盘倾角变小，泵的排量减小，在转速不变时泵的输出流量减小，同时反馈杆带动伺服阀套左移将阀口关闭，保持一定的流量输出，只有当压力继续升高时再将排量调小；反之，将泵的排量调大。为使泵的功率恒定，理论上泵出口压力与输出流量应保持双曲线关系。但是，实际泵的变量机构都是采用弹簧来控制的，因此只能用一段折线(一根弹簧)或多段折线(多根弹簧)来近似代替双曲线。图 3-39 所示为三根弹簧组成的恒功率调节变量泵。

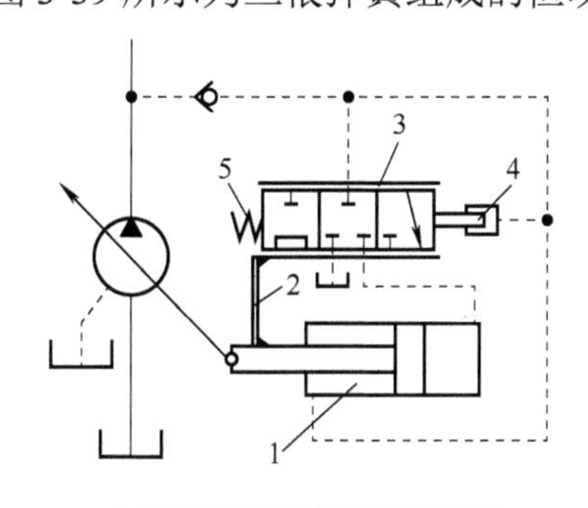

图 3-38　恒功率变量原理

1-差动变量缸；2-反馈机构；3-伺服阀；4-功率控制活塞；5-弹簧

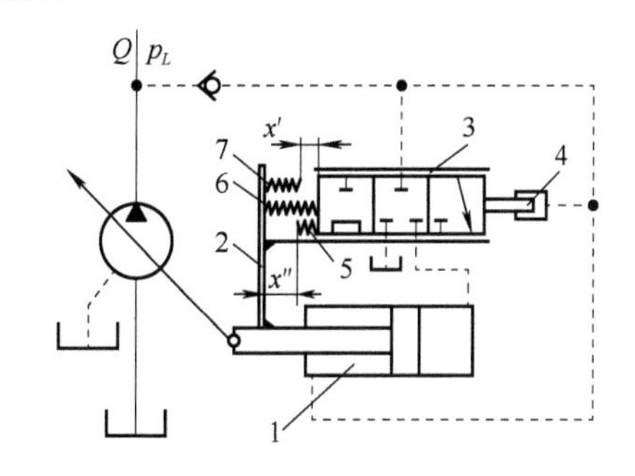

图 3-39　复合弹簧控制的恒功率工作原理

1-差动变量缸；2-反馈机构；3-伺服阀；4-功率控制活塞；5、7-变量弹簧；6-调功率弹簧

图 3-39 中，刚度为 k_1 的弹簧 6 始终和滑阀接触，起设定恒功率值的作用，为调功率弹簧；刚度为 k_2 的弹簧 5 和刚度为 k_3 的弹簧 7 在初始位置时与滑阀不接触，为变量弹簧。当调功率弹簧 6 压缩 x' 后，变量弹簧 7 才开始被压缩；当弹簧 7 被压缩到一定量后，弹簧 5 才开始被压缩。恒功率调节变量泵的调节特性如图 3-40 所示。设 $p_0 = k_1 x_0 / A_p$，式中，x_0 为调功率弹簧的预压缩量，A_p 为滑阀端功率控制活塞的面积。当泵的出口压力 $p_L < p_0$ 时，液压力不足以克服调功率弹簧的预紧力，滑阀左移，使变量活塞处于最右端，泵在最大排量工况运行。倘若 $p_L = p_0$，伺服滑阀阀芯上的受力平衡。泵的出口压力增加，使 $p_L > p_0$，泵在滑阀的控制下开始处于受控变量工况。第一阶段，液压力和调功率弹簧 6 的弹簧力相平衡，因而其流量-压力曲线如图 3-40 中第一段斜线所示。当泵的出口压力继续升高，变量缸活塞移过 x' 距

离后，变量弹簧 7 开始受压，液压力必须和两根弹簧力相平衡，泵的流量-压力曲线开始变得平坦一些，如图 3-40 中第二段斜线所示。然后泵的出口压力再增加，变量弹簧 5 开始接触受压，流量-压力曲线变得更加平坦。通过合理地设计调功率弹簧的刚度和变量弹簧的刚度以及两根变量弹簧与伺服阀芯的接触滞后距离 x' 和 x''，可调整流量-压力曲线的各段斜线的斜率及截距，可使泵的流量-压力曲线与双曲线近似，即流量与压力的乘积近似为常数，曲线 N 表示其对应于不同 x_0 的功率曲线。从物理意义上来说，即泵的输出功率近似恒定，故称为恒功率调节。恒功率调节泵的恒功率值是以泵的最大流量和开始变量时的工作压力 p_0 的乘积来表示的，所以这种泵的可调节参数实际上是 p_0。图 3-40 中曲线的拐点，即泵输入功率的设定值。输入指令信号是调功率弹簧的弹簧预压缩量，反馈参数为泵的工作压力，而控制系统的输出量为泵的排量，恒功率性能是其控制的结果。

3）功率匹配变量泵

对于大功率系统，功率匹配的控制方式可以使变量泵的工作压力和输出流量与系统的需求相适应。图 3-41 为功率匹配控制方式的一种方案。它由功率匹配阀 1、比例阀 2 和梭阀 3 组成。梭阀的作用是不论液压缸向左或向右运动，通向功率匹配阀的控制油压始终为负载压力 p_L。假如比例阀 2 的压力损失调定为 Δp，则功率匹配阀处于平衡状态时，泵的工作压力 p_0 等于负载压力 p_L 与比例阀压力损失 Δp 之和。因而，当负载压力发生变化时，泵的工作压力也相应变化，但始终与负载需要相匹配，不产生很大的压力损失。比例阀的压力损失由功率匹配阀弹簧的压紧力设定。如果执行元件的速度需要较小，比例阀的输入电流就要减小，比例阀的开口也关小，则液体通过比例阀的压力损失增大而大于调定值 Δp，这意味着通过比例阀的流量大于需求值，功率匹配阀阀芯受力不平衡而左移，此时操纵变量活塞使泵的排量减小，比例阀的流量回复到调定值。改变比例阀的工作电流以控制其阀口开度即能控制泵的输出流量的大小，以满足系统需要。这种控制方式不产生溢流，泵的输出压力及流量始终与液压系统的要求相匹配，因而系统效率最高，能量损失及系统发热均很小。对于大功率系统，这种控制方式对节能降耗是很适用的。

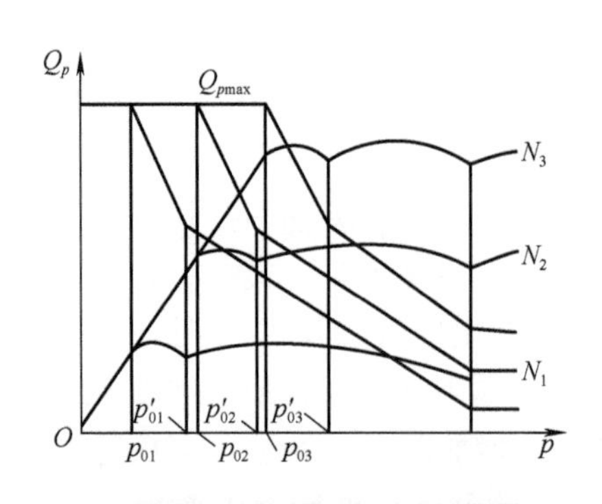

图 3-40　功率调节压力流量曲线

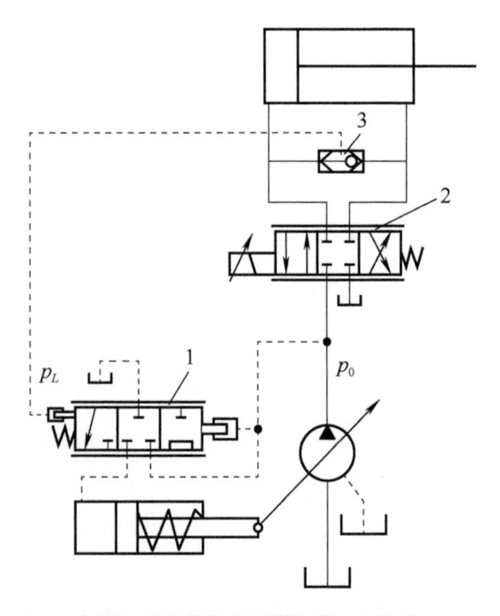

图 3-41　功率匹配变量控制原理

1-功率匹配阀；2-比例阀；3-梭阀

5. **斜盘式柱塞泵的典型结构**

1) SCY14-1 系列斜盘式轴向柱塞泵

SCY14-1 系列柱塞泵(马达)，是额定压力为 31.5MPa 的高压轴向柱塞泵。其流量范围广，是国内设计柱塞泵中变量型式较多的一个系列，在目前应用较为广泛。

SCY14-1 系列斜盘式轴向柱塞泵为非通轴式，变量靠手动操作完成，其结构如图 3-42 所示。该系列泵与 XBD 型泵结构相似，主要不同之处为壳体采用了分离壳体，改善了加工工艺性能；传动轴直接驱动柱塞缸体，简化了传动结构；用一个中心弹簧完成缸体对配流盘的预压紧和滑靴对斜盘的预压紧，保证初始密封；已装配完毕的泵不能反转，也不可用作马达，但可通过重新组装实现反转或作为马达使用。

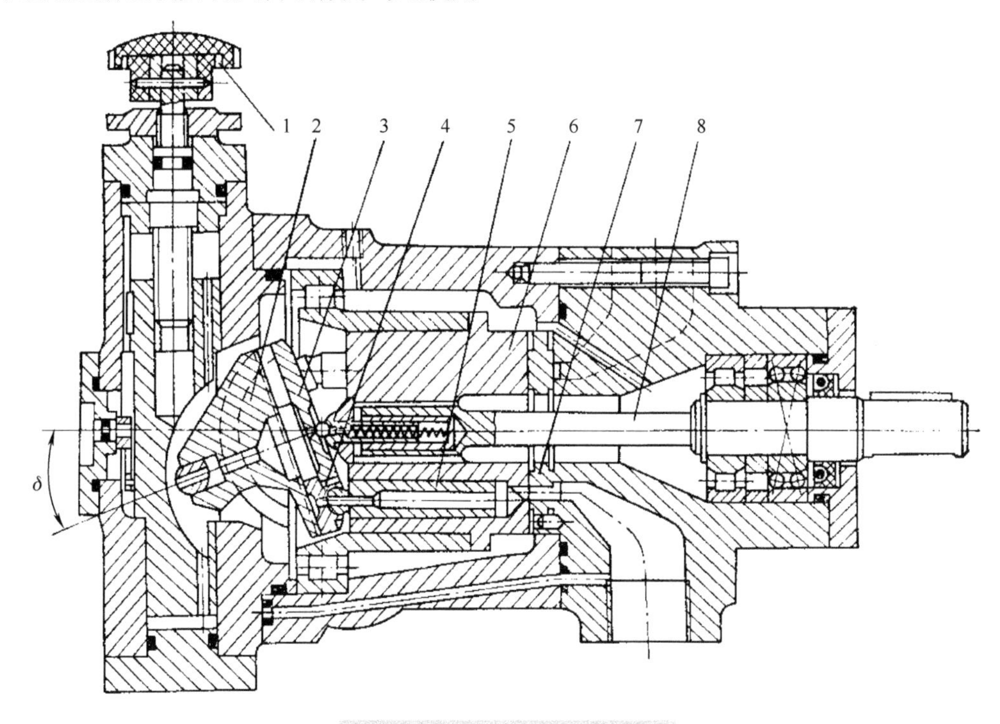

图 3-42　SCY14-1 型手动变量泵

1-手轮；2-斜盘；3-压盘；4-滑靴；5-柱塞；6-柱塞缸体；7-配流盘；8-传动轴

泵的变量机构主要由变量壳体内的手轮、调节螺杆、变量活塞等组成。圆柱销一端插在变量活塞的孔内可以相对转动，另一端插在斜盘的槽中可以相对于变量头槽滑动。变量壳体盖上装有调节螺杆，调节螺杆的凸缘卡在壳体盖和压盖之间，使螺杆只能转动而不能上下移动，调节螺杆与变量活塞为螺纹连接。当旋转手轮时，变量活塞便上下移动，从而改变了变量头(斜盘)的倾角，使泵的排量发生改变。当变量活塞移动时，通过销子和拨叉带动刻度盘转动，以观察所调排量的大小，排量调好后用锁紧螺母锁定。因为手动变量机构活塞的移动不是靠液压力的作用来完成的，所以在变量活塞上开有轴向孔，将活塞的上下腔与泵的泄漏腔相通，以防困油。这种变量调节方式受手动操纵力的限制，在泵工作过程调节变量困难，不适于需频繁调节排量的系统。

2) 通轴型轴向柱塞泵结构

斜盘式轴向柱塞泵有通轴与非通轴两种结构形式。泵在工作时，斜盘对滑靴的反作用力是由柱塞的压紧力引起的，泵的工作压力越高，压紧力越大，则斜盘对滑靴的反作用力也越大。斜盘上的反作用力可分解为两个力，沿柱塞运动方向的轴向力要克服柱塞的压紧力使柱塞缩回，而所有滑靴所受径向力的合力则会传给支撑缸体的轴承来承受。图 3-42 所示的泵为非通轴型轴向柱塞泵，其主要缺点之一是要采用大尺寸滚柱轴承来承受斜盘施加给缸体的径向力，受力状态不佳，影响了轴承寿命；另外轴承线速度较高，限制了泵的转速，且噪声大、成本高。

图 3-43 为通轴型轴向柱塞泵的一种典型结构。与非通轴型泵的主要区别在于：通轴泵的主轴采用了两端支撑，斜盘通过柱塞作用在缸体上的径向力可以由两端的主轴承承受，因而取消了缸体外缘的大轴承，适应泵在高转速下运转；另外，该结构泵的后部外伸轴端可以连接一个辅助泵或制成双联泵后再接辅助泵，以满足闭式系统补油或控制变量之用，因而可简化驱动系统传动机构和液压系统管路连接，有利于液压系统集成化。所以通轴型轴向柱塞泵在工程机械及其他设备上应用日趋广泛。

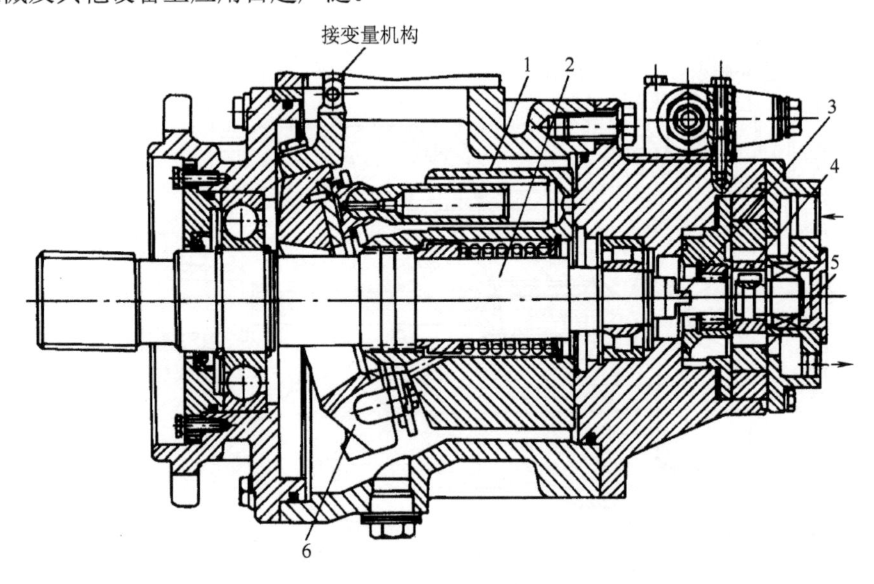

图 3-43 通轴型轴向柱塞泵

1-柱塞缸体；2-传动轴；3-连轴器；4、5-辅助泵内、外转子；6-斜盘

6. 斜盘式轴向柱塞马达

轴向柱塞泵除阀式配流外，其他形式原则上都可以作为液压马达用，即轴向柱塞泵和轴向柱塞马达是可逆的，有些泵可以直接用作马达，但由于功能用途相反，大部分斜盘式轴向柱塞泵和马达从结构上还是有所区别的。轴向柱塞马达的工作原理如图 3-44 所示，配流盘 4 和斜盘 1 固定不转动，马达输出轴 5 与柱塞缸体 2 相连接一起旋转。当压力油经配流盘 4 的腰形窗口进入剖面里侧的缸体柱塞孔时，柱塞在压力油作用下外伸，压紧斜盘 1，斜盘 1 对柱塞 3 产生一个法向反力 F，此力可分解为轴向分力 F_x 和垂直分力 F_y。F_x 与柱塞上液压力相平衡，而 F_y 则使柱塞对缸体中心产生一个转矩，剖面里侧的三个或四个柱塞所受转矩之和，带动马达输出轴沿逆时针方向旋转，处于剖面外侧的柱塞缩回柱塞孔并通过回油配流窗口将油液排至油箱。通过理论分析可得出斜盘式轴向柱塞马达产生的瞬时总转矩是脉动的。若改变马达压力油输入方向，则马达输出轴 5 按顺时针方向旋转。斜盘倾角 γ 的改变，即排量的

变化，不仅影响马达的转矩，而且影响它的转速和转向。斜盘倾角越大，产生转矩越大，转速就越低。

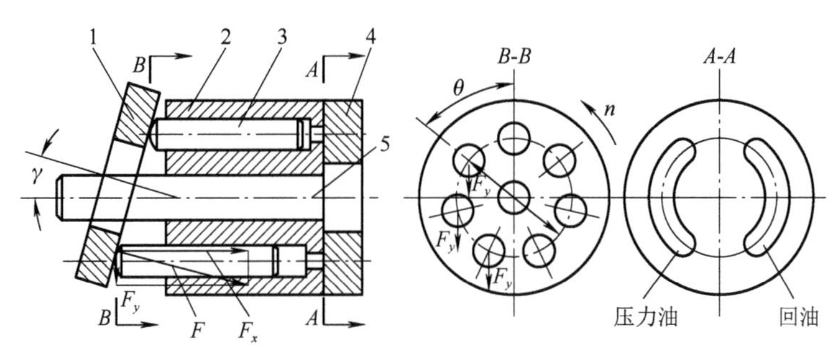

图 3-44　轴向柱塞马达的工作原理

1-斜盘；2-柱塞缸体；3-柱塞；4-配流盘；5-输出轴

二、斜轴式轴向柱塞泵与马达

1. 斜轴式轴向柱塞泵的工作原理

图 3-45 为斜轴式轴向柱塞泵的工作原理图。其主要由传动轴 1、连杆 2、缸体 3、柱塞 4、配流盘 5、中心连杆 6 等组成。传动轴与缸体的轴线倾斜一个角度γ，连杆通过其两端的球头分别与传动轴和柱塞铰接，它们之间只能相对摆动不能脱离，依靠连杆的锥体部分与柱塞内壁的接触带动缸体转动。配流盘固定不动，中心连杆上一般还装有弹簧(图 3-45 中未画出)将缸体压向配流盘，起初始密封作用，中心连杆用于缸体与配流盘定心。

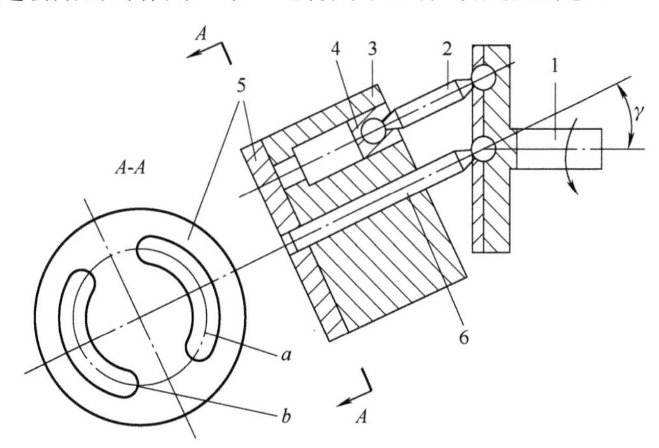

图 3-45　斜轴式轴向柱塞泵的工作原理

1-传动轴；2-连杆；3-缸体；4-柱塞；5-配流盘；6-中心连杆

当传动轴沿图 3-45 所示方向转动时，连杆就带动柱塞连同缸体一起转动，处于剖面外侧的柱塞均被逐渐拉出，柱塞底部的密封容积不断增大，通过配流盘上的吸油窗口 a 吸油；而处于剖面里侧的柱塞被逐渐压回柱塞孔内，密封容积不断减小，通过排油窗口 b 排油。

由斜轴式轴向柱塞泵的工作原理可知，当传动轴通过连杆强制带动柱塞做往复运动时，全部机械力矩依靠连杆传递，其中有效力矩由连杆受压来完成，而摩擦力矩则靠连杆表面和柱塞内壁轮流交替接触来完成。这种结构的泵强度较高，允许有较大的倾角γ_{max}，变量范围较大，一般斜盘式柱塞泵的最大斜盘倾角为20°左右，而斜轴式柱塞泵的最大倾角可达40°，但斜轴泵是靠摆动缸体来改变倾角而实现变量的，因而体积较大。另外，斜轴泵效率较高，尤其耐冲击、耐振动的性能较好，所以被广泛用于工程机械、船舶、冶金等设备的液压系统中。

2. 斜轴式轴向柱塞泵（马达）的典型结构

1）A2F 型斜轴式定量柱塞泵

图3-46所示为A2F型斜轴式柱塞泵的结构图，该型泵是引进国外技术生产的定量柱塞泵。原动机的动力由输入轴 1 输入，通过传动盘 2、连杆 3 和柱塞 5 带动缸体 6 旋转。由于输入轴和缸体存在夹角γ，柱塞在带动缸体转动的同时做往复运动，使柱塞底部密封腔容积发生交替变化，通过配流盘 8 完成吸油和压油作用。配流盘和缸体以平面或球面相互配合，并用中心连杆 4 左端的中心弹簧（常用碟形簧）7 对缸体施以预压紧力，推向泵盖 9 端，使缸体、配流盘与泵盖形成密封配合面。配流盘用定位销与泵盖固定，使其不能转动和移动。旋转缸体与配流盘运动副的正常磨损，靠中心弹簧的预紧力自动进行补偿，以保证密封效能。中心连杆 4 本身起着定心作用，另外球面结构配流盘也对缸体起辅助定心的效用，从而使缸体的外圈可以不设置承受倾覆力矩的大轴承。连杆 3 的大端球头部与传动盘 2 球形铰接，小端球头部也与柱塞球形铰接，小端球铰运动副靠柱塞与缸体柱塞孔间的间隙泄漏油来进行润滑，这些泄漏油又经连杆的中心小孔润滑大端球铰运动副。

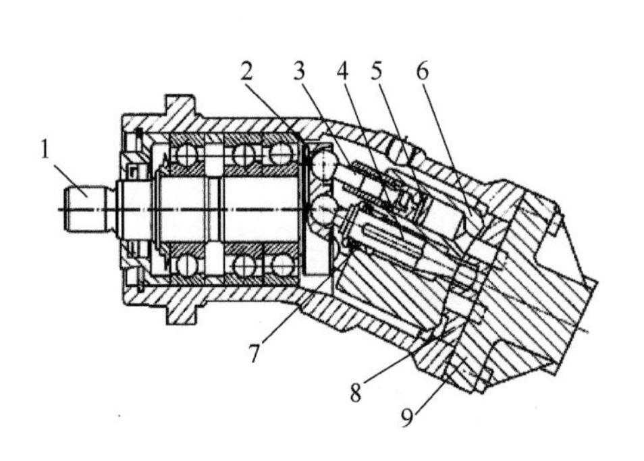

图3-46　A2F 型斜轴式轴向柱塞泵的结构（斜盘倾角 20°）

1-输入轴；2-传动盘；3-连杆；4-中心连杆；
5-柱塞；6-缸体；7-中心弹簧；8-配流盘；9-泵盖

球面配流从理论上讲，能够减小缸体和配流盘间的磨损并得到自动补偿。实践上，若配合表面形成磨痕、拉伤等损坏，必须在专用精密磨床上修复，只靠手工研磨等方法进行修理非常困难。

2）A7V 斜轴式变量泵

A7V 恒功率变量泵是一种常用的变量泵，其结构如图 3-47 所示。芯部零件结构与 A2F 泵（马达）相同，都是主轴旋转通过连杆柱塞副带动缸体旋转，使柱塞在缸体孔内做直线往复运动，实现吸油和排油，将机械能转变成液压能。变量机构是由装在后盖中的变量缸活塞 4、拨销 9、控制阀芯 8、阀套 7、调节弹簧 6、调节螺钉 5、喷嘴 15、先导活塞 14、导杆 13 及大小弹簧 10 与 11 等组成的。变量缸活塞 4 是一个阶梯状的柱塞，它的上端直径较小称为变量缸活塞小端，而下部直径较大称为变量缸活塞大端。变量缸活塞大端有一横孔，穿过一个拨销，拨销的左端与配流盘的中心孔相配合，拨销的右端套在导杆上。当变量缸活塞上下滑动时便带动配流盘沿着后盖的弧形滑道滑动，从而改变缸体轴线与主轴之间的夹角，从而达到变量的目的。因此，在主轴转数不变时，可改变输出流量的大小，即摆角大时输出流量大，摆角小时输出流量小。

变量缸活塞在后盖中上下移动的原理如下：设计时，变量缸活塞的上腔是通过油道与压油口的高压油相通，同时这股高压油连通到控制阀芯的两个台阶之间。高压油通过喷嘴 15 作用于先导活塞 14 并推动导杆 13 传到控制阀芯 8 上，当压力不高时，该作用力小于或等于调节弹簧的力，高压油被控制阀芯的两个台阶封住，高压油通不到变量缸活塞下端的大腔，这时变量活塞上腔为高压、下腔为低压，在压差的作用下变量活塞处于下端，即处于最大摆角，流量最大。当压力升高时，控制阀芯 8 所受的液压作用力大于调节弹簧 6 的预压缩力，控制阀芯向下移动，使高压油通过一横孔流入变量缸活塞的下腔。此时变量缸活塞上下两端油液的压力相等，但下端面积大而上端面积小，所以变量缸活塞在两端压力差的作用下向上运动，从而使摆角变小，实现了变量的目的。与此同时，套在导杆上的大小弹簧也受到压力，该压力通过导杆作用于先导活塞上，使先导活塞下端受到的力与上端的液压力趋于平衡，导杆对控制阀芯的压力减小，这时控制阀芯下端受到的调节弹簧的弹力大于上端导杆对它的压力便向上移动，直到切断阀套上横孔的控制油路，于是变量缸活塞就固定在某一个位置上。如果负载压力减小，低于恒功率曲线上的某一点时，则调节弹簧的弹力通过控制阀芯、导杆传到先导活塞上的力大于先导活塞上端的液压力，控制阀芯在调节弹簧的作用下向阀套上方移动，将变量缸活塞大腔的控制油与低压腔沟通，变量缸活塞小端压力高而大端压力低，变量缸活塞又在压差的作用下向下移动，使缸体与主轴之间的摆角增大，同时大小弹簧对先导活塞的压力减小，先导活塞在上面压力的作用下又推动导杆和控制阀芯下移，直到与调节弹簧的力相平衡，这时变量缸活塞又在某一位置处于新的平衡状态。当压力升高，泵从大摆角向小摆角变化，排量减小；反之，当压力减小，则泵从小摆角向大摆角变化，排量增大。在输入转速不变的情况下可以始终大致保持流量与压力的乘积不变，即所谓恒功率变量。

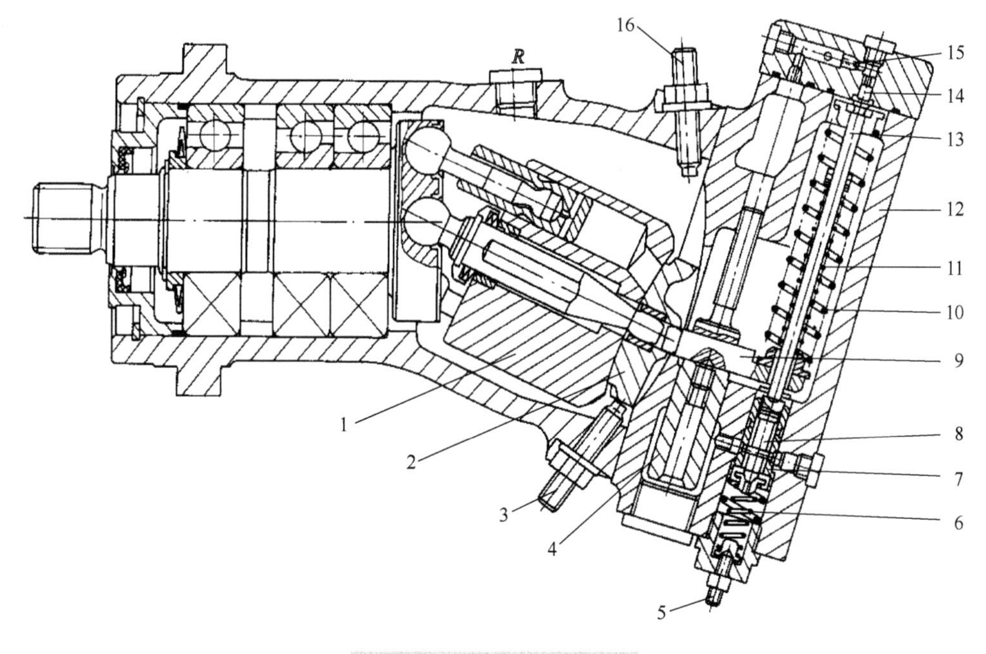

图 3-47　A7V 斜轴式变量泵

1-柱塞缸体；2-配流盘；3、16-限位螺钉；4-变量缸活塞；5-调节螺钉；6-调节弹簧；7-阀套；8-控制阀芯；9-拨销；10-大弹簧；11-小弹簧；12-后盖；13-导杆；14-先导活塞；15-喷嘴

限位螺钉 3 与 16 用于限定柱塞缸体的最大和最小摆角，即限定液压泵的最大和最小排量。

3) F12 型斜轴式定量柱塞泵

F12 系列是一种斜轴（弯轴）、定量重型泵（或马达），排量有 30mL/r、40mL/r、60mL/r、80mL/r 和 110mL/r 五种规格，其结构紧凑，最大连续压力可达 42MPa，最大间歇压力可达

48MPa，泵的自吸转速在 2200r/min 以上，马达的最低稳定转速为 50r/min，小排量(30mL/r 以下)的马达工作转速可达 5600r/min，大排量(110mL/r 以上)马达的工作转速也可达 3600r/min，且其容积效率和机械效率都较高。

图 3-48 为 F12 系列泵(马达)的结构剖视图，其主要特点如下。

(1)输入(输出)轴与缸体的夹角可达 40°，从而使结构十分紧凑，重量很轻。

(2)叠层式活塞环结构使内泄漏减小，耐热和耐冲击性好。

(3)精心设计的平面结构配流盘，提高了泵的自吸转速，降低了噪声，不同转向的泵其配流盘的结构不同。

(4)马达的启动扭矩大，低速稳定性好。

(5)独特设计的定时齿轮使轴与缸体同步，实现轴与缸体间的扭矩传递，强度高，能承受较高的扭转振动，也减少了柱塞与柱塞孔壁间的磨损。

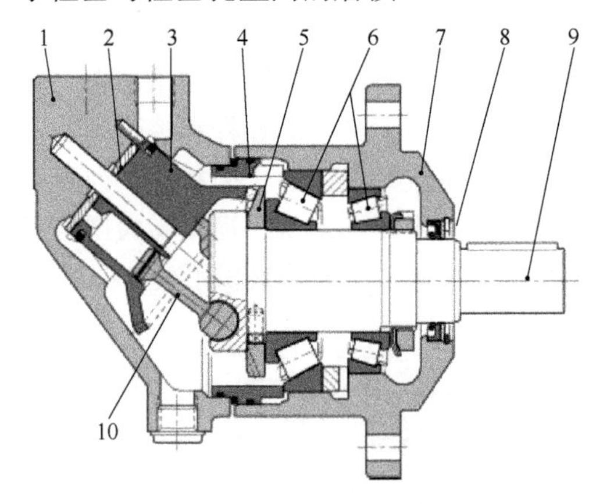

图 3-48　F12 系列泵(马达)结构剖视图

1-泵盖；2-配流盘；3-缸体；4-带密封的导向隔板；5-正时齿轮；6-轴承；7-泵体；8-轴封；9-输入/输出轴；10-带活塞环的活塞

三、径向柱塞泵

图 3-49 是径向柱塞泵的工作原理图。由图 3-49 可见，径向柱塞泵的柱塞径向安放在缸体转子上。在转子 2(缸体)上径向均匀分布着若干个柱塞孔，孔中装有柱塞 5。转子 2 的中心与定子 1 的中心之间有一个偏心量。在固定不动的配流轴 3 上，相对于柱塞孔的部位有相互隔开的上、下两个缺口，此两缺口又分别通过所在部位的两个轴向孔与泵的吸、压油口连通。当转子 2 旋转时，柱塞 5 在离心力(或低压油)作用下，它的头部与定子 1 的内表面紧紧接触，由于转子 2 与定子 1 存在偏心，所以柱塞 5 在随转子转动时，又在柱塞孔内做径向往复运动。当转子 2 按图 3-49 所示箭头方向旋转时，上面半周的柱塞皆往外运动，柱塞底部的密封工作容腔容积增大，于是通过配流轴轴向孔和上部开口吸油；下面半周的柱塞皆往里运动，柱塞孔内的密封工作腔容积减小，于是通过

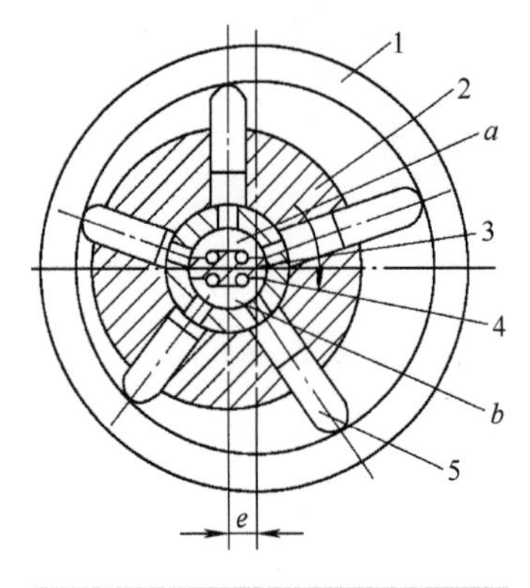

图 3-49　径向柱塞泵的工作原理

1-定子；2-转子；3-配流轴；4-衬套；5-柱塞；*a*-吸油腔；*b*-压油腔

配流轴轴向孔和下部开口压油。

当移动定子改变偏心量 e 的大小时，泵的排量就得到改变；当移动定子使偏心量从正值变为负值时，泵的吸、压油腔就互换。因此径向柱塞泵可以做成单向或双向变量泵。为使流量脉动率尽可能小，通常采用奇数柱塞数。

径向柱塞泵的径向尺寸大，结构较复杂，自吸能力差，并且配流轴受到径向不平衡液压力的作用，易于磨损，这些都限制了它的转速和压力的提高。

第五节　螺　杆　泵

螺杆泵是利用螺杆转动将液体沿轴向压送而进行工作的。螺杆泵内的螺杆可以有两根，也可以有三根或多根。在液压传动中使用最广泛的是具有良好密封性能的三螺杆泵。其主要优点是结构简单紧凑、体积小、传动平稳、输出流量均匀、压力波动小、噪声低、振动小、寿命长、自吸能力强、允许采用较高转速、容积效率较高、对油液的污染不太敏感。因此，螺杆泵可应用于精密机床设备以及用作黏性的浓稠液体（如原油、沥青等）的输送泵。

图 3-50 所示为三螺杆泵的结构图。在泵体内安装三根螺杆，中间的螺杆是右旋凸螺杆，两侧的从动螺杆是左旋凹螺杆。三根螺杆的外圆与泵体的对应弧面保持着良好的配合，螺杆的啮合线把主动螺杆和从动螺杆的螺旋槽分割成多个相互隔离的密封工作容腔。随着螺杆的转动，密封工作腔便一个接一个地在左端形成，并不断从左向右移动。主动螺杆每转一周，每个密封工作腔便移动一个导程。最左边的一个密封工作容腔容积逐渐增大，因而吸油；最右边的密封容积逐渐减小，则将油压出。螺杆直径越大，螺旋槽越深，泵的排量就越大；螺杆越长，吸油口和压油口之间的密封层次越多，泵的额定压力就越高。

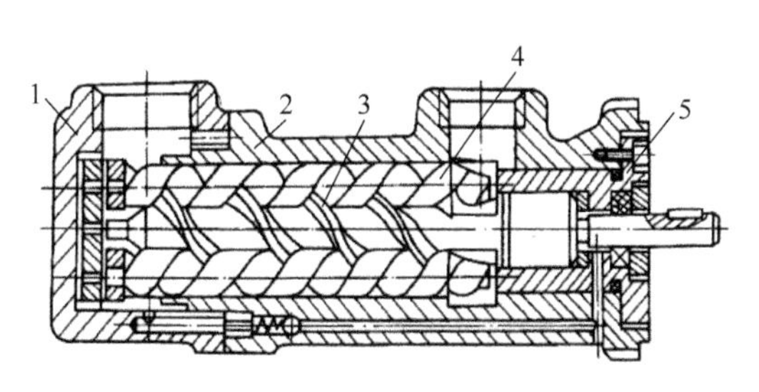

图 3-50　三螺杆泵结构简图

1-后盖；2-泵体；3-主动螺杆；4-从动螺杆；5-前盖

第六节　低速大扭矩马达

低速大扭矩液压马达作为回转运动的执行元件，可将液压泵输出的液压能转化为旋转运动的机械能(表现为转速和扭矩的乘积)，从结构上可分为摆线式和柱塞式两大类，后者又分为轴向(双斜盘结构)与径向柱塞式液压马达，径向柱塞式又分为单作用曲轴型和多作用内曲线型两种。

液压技术的发展使低速大扭矩液压马达得到广泛的应用。这类液压马达的主要特点是排量大(在同样压力下可获得较大的扭矩)、低速稳定性好(一般可在 10r/min 以下平稳运转，有的可达 0.5r/min 以下)，因此可以直接与工作机构连接，除了重型机械对扭矩需要特别大，一般不需要减速装置，可得到良好的无级调速性能，使机械产品结构紧凑、体积小、重量轻等，适用于工程建设机械、起重运输机械、船舶及农业机械等。

一、摆线齿轮马达

行星转子式摆线齿轮马达是一种利用行星减速机构原理(即少齿差原理)的内啮合摆线齿轮马达，通称摆线齿轮马达，国外称奥比特(Orbit)马达。这种液压马达自从1955年发明以来，以其独特的优点获得了迅速发展。其主要优点是：体积小，重量轻，扭矩大。因此这种马达的单位重量功率远比其他类型的液压马达大。另外，其转速范围宽，价格低廉，所以被广泛应用于工程机械、农业机械、起重运输机械等设备上。

摆线齿轮马达一般被列入低速大扭矩液压马达，但到目前为止国内外生产的此类产品，其最大排量为1250mL/r，瞬时最大输出扭矩为3500N·m，最低稳定转速为10r/min左右。因此，严格说来应属于中速中扭矩液压马达的范畴。

1. 工作原理

摆线齿轮马达的工作原理基于摆线针齿内啮合行星齿轮传动，如图3-51所示。内齿轮(即定子)的轮齿齿廓(针齿)是由圆弧构成的，定子针齿数为Z_2；外齿轮(即转子)的轮齿齿廓是圆弧的共轭曲线，转子与定子之间有偏心距。当两轮的齿数差为1时，两轮所有的轮齿都能啮合(图3-51)，且形成Z_2个独立的密封工作容腔。通过配流机构使定子和转子中心连线一侧的密封容腔与进油口相通，另一侧的容腔与回油口相通(图3-51(a))，此时高压油通过配流机构进入E、F、G容腔，作用于转子齿廓上的液压力相对转子的回转中心产生一个逆时针转矩，使转子在定子内做逆时针转动，转子的自转通过连接轴输出带动外负载做功，同时这些容腔的容积逐渐变大，高压油被不断送入；而B、C、D腔密封容积逐渐减小，油液被排出回油箱。转子自转到图3-51(b)和图3-51(c)所示位置时，高、低压油的分配与图3-51(a)时相似，因而保证了高、低压油配流的连续性，也保证了转子的连续运转和马达的正常工作。

改变进、出油的方向，即可改变马达轴的旋转方向。

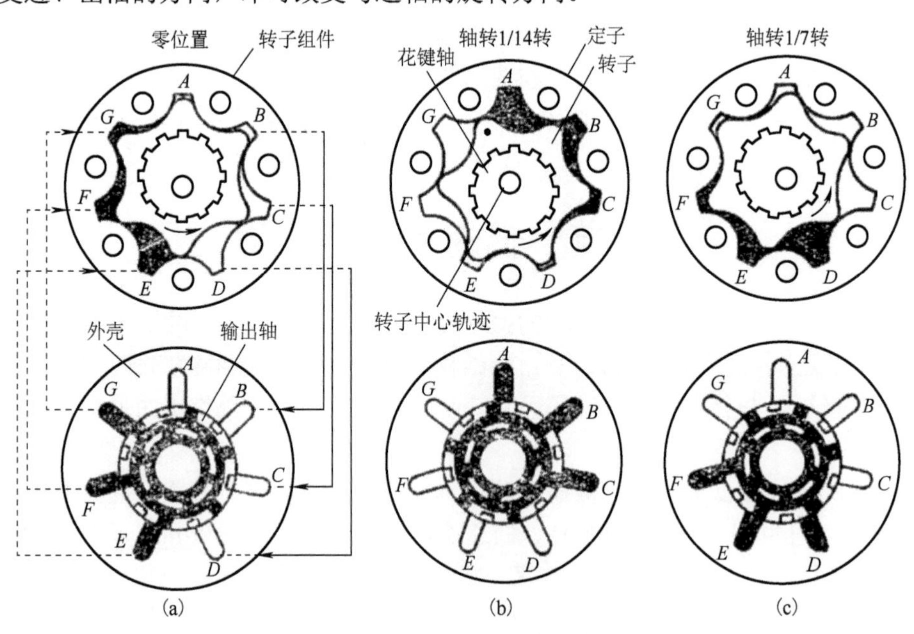

图3-51　摆线马达的工作与配油原理

在图 3-51 中，定子的齿数为 7，转子的齿数为 6，转子与定子形成 7 个密封容腔。转子在定子中做行星运动，转子公转一周时，7 个密封容腔的容积各变化一次，而自转一周时要公转 6 转，相当于有 7×6=42 次密封容积发生变化。所以，马达体积虽小，却具有较大的排量、较低的转速和较大的输出扭矩。

2. **典型结构**

根据配流方式的不同，摆线齿轮马达可分为轴配流摆线齿轮马达和端面配流摆线齿轮马达两种结构。

1) BYM(A)型摆线齿轮马达

BYM(A)型摆线齿轮马达采用轴配流结构，可以串联或并联使用，当背压超过 2MPa 时，必须用外泄油口卸压。

BYM(A)型摆线齿轮马达的结构如图 3-52 所示。这类马达的配流轴同时又是输出轴，因而具有结构简单、外形尺寸小、成本低廉等优点。但这种轴配流马达由于配流部分高低压腔间的密封间隙会因轴受到径向力作用而增大，所以内部泄漏较大并随着轴的磨损而不断增加，因此容积效率较低，马达的使用压力也受到限制，总效率仅在 50%～60%，所以承载能力较小。

目前，这种结构的小排量马达仍有大量生产，主要应用于负载较小且间歇工作的场合。

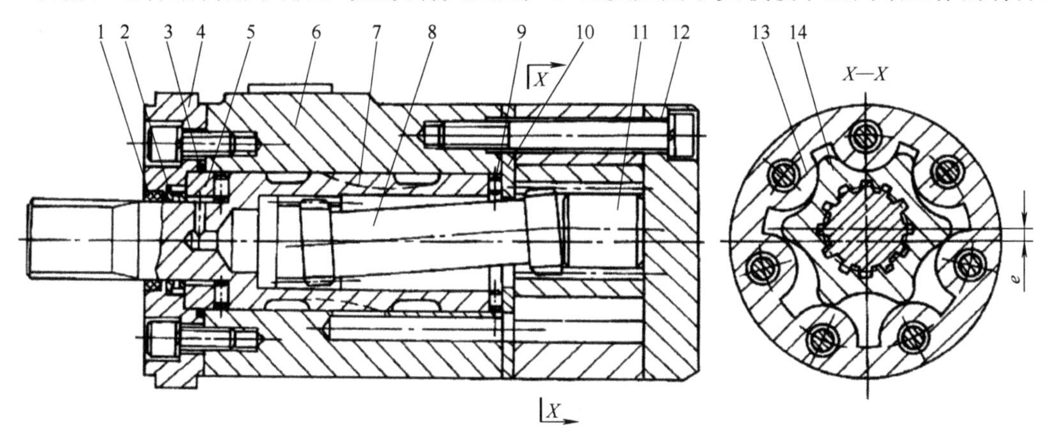

图 3-52 轴配流摆线马达的结构

1、2、3-密封；4-前盖；5-止推环；6-壳体；7-配流轴；8-花键轴；9-止推轴承；10-辅助配流板；11-限位块；12-后盖；13-定子；14-摆线转子

2) BM-C、D、E、F 型摆线齿轮马达

BM-C、D、E、F 型摆线齿轮马达为端面配流结构，有标准型和无轴承型两大类。无轴承型应与其他输出装置配合使用，可使系统的结构更为简单紧凑、体积更小。BM-C、D、E、F 型摆线齿轮马达的结构如图 3-53 所示。这种马达国外 1967 年出现，而我国是在 1981 年开始生产，其主要优点如下。

(1) 端面配流盘具有静压磨损补偿的平面密封，密封性能好，且由于能自动补偿间隙，不但容积效率高，而且效率不会随着平面而很快降低。受热冲击时，不会产生很大内漏。配流盘也便于修复。

(2) 配流盘由专用的鼓形花键轴带动，消除了一体花键轴因磨损而形成的偏差，与轴配流马达相比，可获得较高的配流精度，因而效率高。

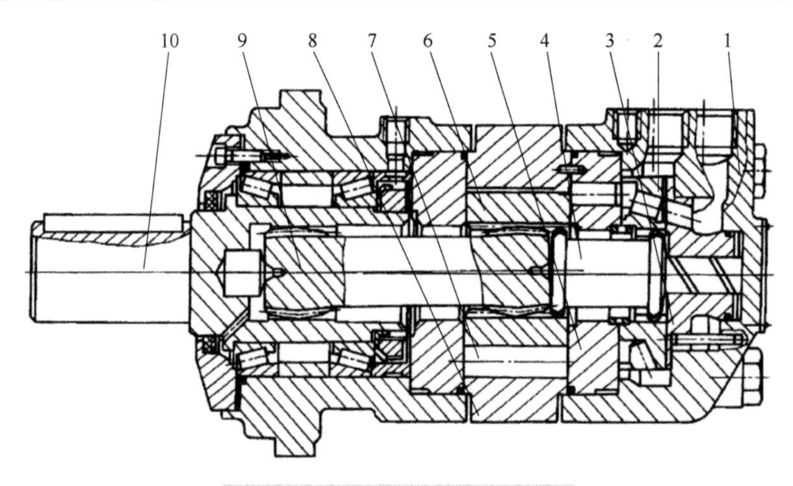

图 3-53　端面配流摆线马达的结构

1-后盖；2-配流盘；3-支承盘；4-鼓形花键轴；5-后侧板；6-转子；7-针柱；8-定子；9-长鼓形花键轴；10-输出轴

(3) 输出轴采用了承载能力较大的圆锥滚柱轴承，因而输出轴刚性好，能承受较大的轴向力和径向力。

(4) 配流盘上施加了预压紧力，因而启动可靠。

这种马达的容积效率可达 95%左右，机械效率达 92%左右，因此是当前采用最普遍的摆线齿轮马达，当然这种马达的结构比轴配流的结构要复杂，制造精度的要求也相应提高。

二、单作用曲轴式径向柱塞马达

单作用曲轴连杆式径向柱塞马达在径向柱塞马达中问世最早，应用也最广泛，这种马达通常制成轴旋转的马达。理论排量一般为 1.9～5.31L/r (双排、10 缸者可达 6.8L/r)，额定压力可达 20.7MPa，峰值压力可达 29.3MPa，最低稳定转速可达 3r/min。

曲轴连杆式径向柱塞马达按其配流方式的不同，可分为轴配流马达和端面配流马达；按其能否变量及变量形式的不同，可分为定量马达、双速变量马达、恒功率马达、无级变速马达等。此外，这些马达还可组合其他功能，组成带机械制动装置的马达和带齿轮减速器的马达。在工程机械上较为常见的为定量马达。

曲轴连杆式径向柱塞马达的优点是结构简单、工作可靠、品种规格多、价格低等。其缺点是体积和重量较大，扭矩脉动较大。

1. 工作原理

图 3-54 所示为曲轴连杆式径向柱塞马达的结构图。5 个 (或 7 个) 柱塞相对输出轴呈放射状均匀布置，这些柱塞缸与马达本体做成整体结构，形成一个星形壳体 (因而工程中也称五星马达)。柱塞缸中装有柱塞 (或称活塞) 以及与柱塞相连的连杆，活塞上装有活塞环，起密封作用。连杆与柱塞连接端做成球面轴承，另一端做成鞍形圆柱支承面紧靠在输出轴的偏心轮 (曲轴) 上，并靠两个圆形挡环使连杆不能脱离偏心轮。输出轴装设两个重型圆锥滚子轴承，以承受由液压力产生的径向载荷和作用在输出轴上的径向载荷。输出轴尾部通过十字连轴节与配流轴相连，使配流轴与输出轴同步转动，配流轴也靠活塞环密封。

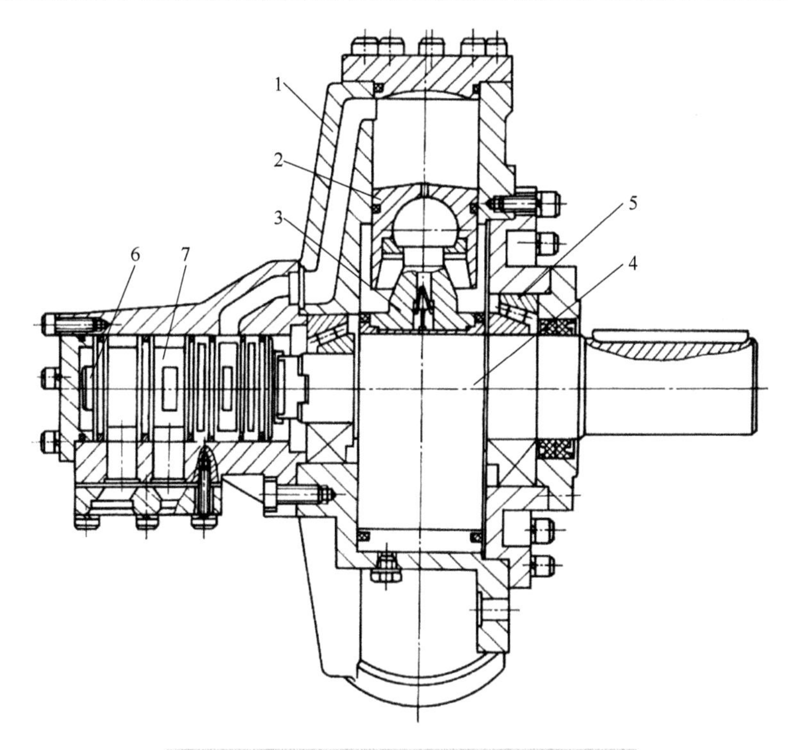

图 3-54　曲轴连杆式径向柱塞马达的基本结构

1-壳体；2-活塞；3-连杆；4-曲轴；5-轴承；6-配流轴；7-集流器

该类马达在工作时活塞受力情况如图 3-55 所示，它相当于一个曲柄连杆机构。当活塞与活塞缸体形成的密封容积内通入压力油时，作用于活塞上的液压力对活塞产生一个推力 P，此力通过连杆作用于偏心轮中心。由于力的作用线不通过回转中心，推力 P 便对回转中心产生一个逆时针转矩，使输出轴旋转驱动负载做功，而连杆的轴瓦在偏心轮上滑动，活塞上部密封容积不断增大，压力油通过配流轴被不断送入，其配流原理如图 3-56 所示，同时配流轴随输出轴一起同步转动。当活塞所处位置在下止点时，液压力作用线通过回转中心，此时活塞缸内密封容积既不与压力油相通也不与回油相通。当柱塞位置超过下止点时，柱塞缸便由配流轴接通总回油口，活塞被偏心轮推回，密封容积逐渐减小，做功后的液压油通过配流轴回油箱。各柱塞缸依次接通高、低压油。图 3-56(a)中 1、2 活塞通高压油，4、5 活塞通油箱，3 活塞在上止点位置油道被封闭，随着曲轴的转动，配流情况也相应发生变化，如图 3-56(b)和(c)所示。各柱塞对输出轴中心所产生的驱动力矩同向相加，就使马达输出轴获得连续而平稳的回转扭矩。当改变工作油口进、回油流方向时，便可改变马达的旋转方向。

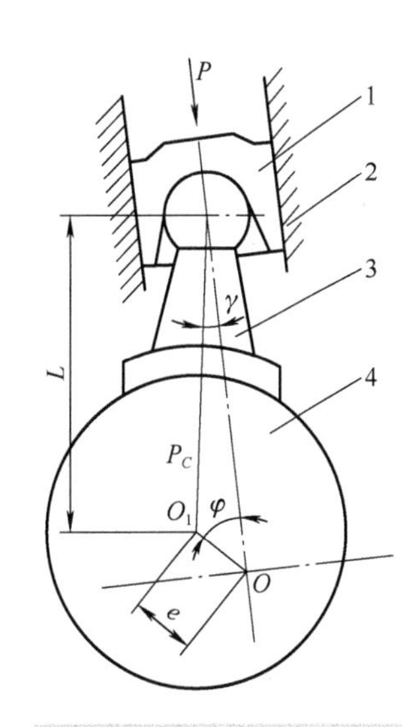

图 3-55　马达活塞受力简图

1-活塞；2-缸体；3-连杆；4-曲轴

由于马达的偏心轮在不同位置时，每个活塞所产生的扭矩大小是变化的，产生扭矩的活塞数也是变化的(有时为两个活塞工作，有时为三个活塞工作)，所以马达的瞬时输出扭矩也是变化的，即存在扭矩脉动。通过理论分析，当活塞数为奇数且活塞个数较多时，扭矩脉动较小，工作平稳性也较好，因此该类马达一般多用五个柱塞。

另外，考虑到惯性力的影响，马达在转速较高时工作平稳性较好，故曲轴连杆式径向柱塞马达一般不宜在 10r/min 以下工作。

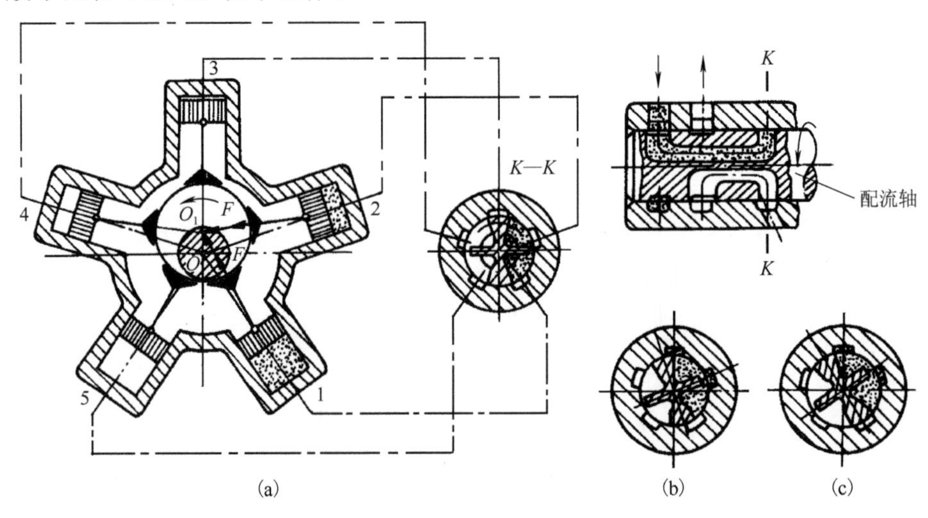

图 3-56　曲轴连杆式马达的工作原理

图 3-54 所示马达的配流采用了配流轴，但配流机构磨损后，容积效率下降，为解决这一问题人们对配流机构做了改进，采用端面配流，图 3-57 所示为端面配流盘结构示意图。马达输出轴的末端伸入到配流盘内并带动配流盘同步转动。配流盘的左侧经中间连接器与马达的进出油口相连，配流盘右侧与各活塞缸的进出油道周期地接通，实现配流。中间连接器通过定位销固定在马达后盖上与配流盘不能相对转动，但可以做少量的轴向移动。连接器左侧有

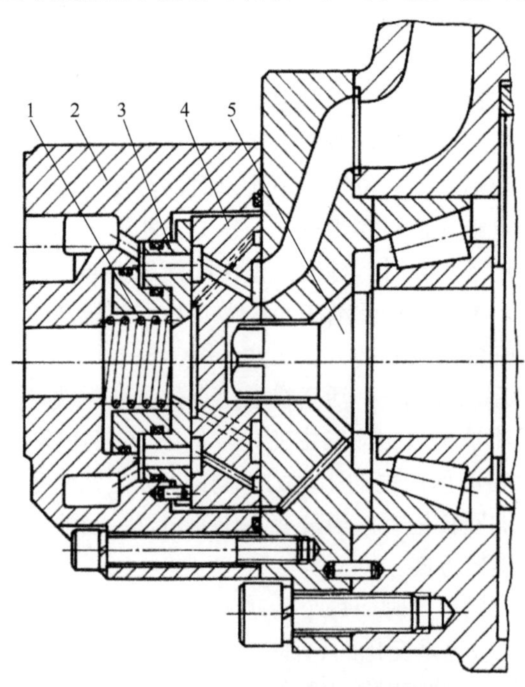

图 3-57　端面配流盘结构示意图

1-弹簧；2-后盖；3-中间连接器；4-配流盘；5-输出轴

一个封闭的环形容积，其环形表面积等于其中心部位液压力的作用面积，这样在进出油口发生变化时(马达转向改变时)，作用到配流盘上的液压压紧力都相同。配流盘的右侧存在推开力，并开设了两条圆弧的液压平衡槽，使总的推开力小于压紧力，配流盘在剩余压紧力的作用下可实现端面间隙磨损后的自动补偿。这种配流盘使马达的进出油口严格隔开，并在马达启动而液压力尚未建立时有一个适当的力(弹簧力)把配流盘压向马达本体。由于允许配流机构的零件做有限的轴向移动，在温度突然变化时不会影响密封性能，也不会咬死，零件的轴向尺寸允许取较大的公差。

曲轴连杆式径向柱塞马达采用端面配流的优点在于：使配流表面的磨损状况得到改善，即使马达在高压低速下工作也能保持较高的容积效率和机械效率，有利于改善马达的制动性能和低速稳定性；对配流表面的磨损和热膨胀有自动补偿作用，这不仅可以使配流机构有较长的使用寿命，保持较高的容积效率，而且可以耐热冲击，这对于在寒冷环境工作的机械设备来说尤为重要。

2. 典型结构

1)1JM 型静平衡连杆式径向柱塞马达

1JM 型静平衡连杆式径向柱塞马达从结构上与 LJM 型马达的主要区别在于，1JM 型马达的配流轴采用了静压平衡结构，从而大大减少了摩擦损失，提高了马达的技术性能，工作压力得到提高，转速范围得以拓宽，低速稳定性也得到改善。

1JM 型静平衡连杆式径向柱塞马达的结构如图 3-58 所示。该型马达的主要特点是采用了静压平衡配流轴。在配流轴的轴心加工一长孔，沟通配流轴两端，以保持配流轴两端轴向力的平衡。另外，由于普通配流轴一侧为高压腔，另一侧为低压腔，配流轴在工作过程中受到

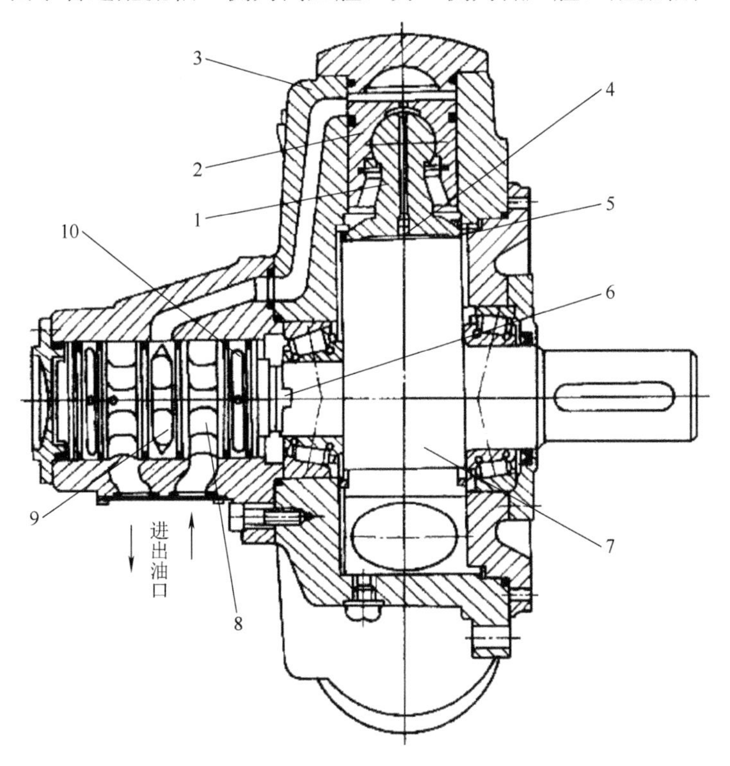

图 3-58 1JM 型静平衡连杆式径向柱塞马达结构示意图

1-连杆；2-活塞；3-壳体；4-阻尼器；5-油室；6-十字接头；7-曲轴；8-集流器；9-腰形油槽；10-平衡油槽

很大的径向力并被推向一侧，致使另一侧的间隙加大，造成回转表面的磨损和泄漏量的增加。为了解决这个问题，在配流轴的两端设置半圆形的平衡油槽，油槽上的包角与对应的集流器上各配流窗口的包角相等，也与配流处的高低压腔包角相等。平衡油槽处与配流窗口处的压力分布规律完全相同，仅相位相差 180°，所以径向力得到了平衡。随着配流轴的转动，平衡油槽处的压力分布也将发生与配流窗口处完全对称的改变，两者同步变化，所以马达配流轴在整个转动过程中始终处于径向液压力的平衡状态。

2) 缸体摆动曲轴连杆式径向柱塞马达

该马达结构如图 3-59 所示，其主要特点有摆缸与活塞之间没有侧向力，活塞底部设计成静压平衡，活塞与曲轴之间通过滚动轴承传力，这些措施都减小了传力过程中的摩擦损失，因而提高了这种马达的机械效率，特别是启动状态，其机械效率可达 90%，因此启动转矩很大。再就是采用了端面配流技术，使泄漏大为减小，提高了可靠性。另外，活塞与摆缸之间采用塑料活塞环密封，能达到几乎没有泄漏，从而也大大提高了容积效率。

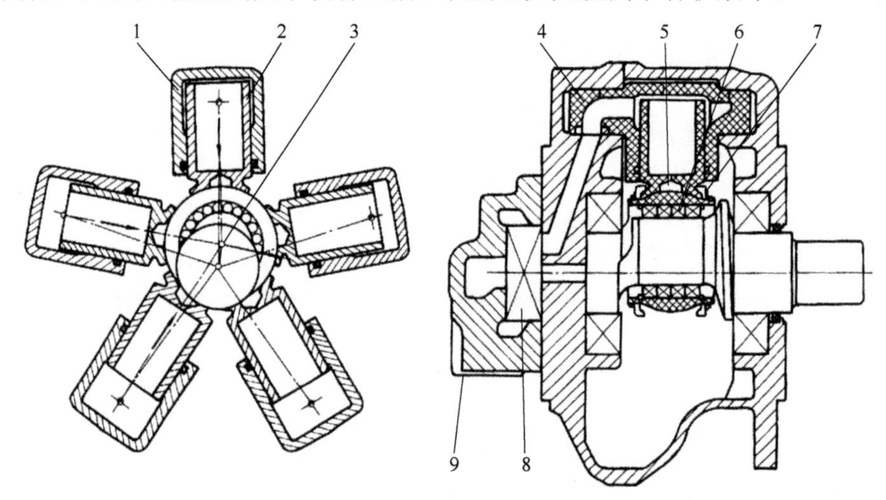

图 3-59　缸体摆动曲轴连杆式径向柱塞马达

1-摆缸；2-活塞；3-曲轴；4-摆缸耳环；5-静压腔；6-滚子；7-卡环；8-配流盘；9-油道块

由于在结构上作了许多改进，这种马达的低速稳定性特别好，能在很低的转速下(小于 1r/min)平稳运转。该类型马达调速范围也很大，速度调节比(最高与最低稳定转速之比)可达 1000。由于这种液压马达结构简单、设计合理、采用了负荷能力大的轴承，因而具有体积小、重量轻、工作可靠、寿命长和噪声低等优点，在稳定土拌和机上应用日益广泛。

三、多作用内曲线式径向柱塞马达

多作用内曲线式径向柱塞马达是一种较常见的低速大扭矩液压马达，它具有尺寸小、重量轻、扭矩脉动小、径向力平衡、启动效率高、并能在很低的转速下稳定运转等优点。

1. 工作原理

图 3-60 为多作用内曲线径向柱塞马达的工作原理图。与传动轴相连的转子 2 的各径向柱塞缸孔中装有柱塞横梁组件，柱塞上的滚轮 5 沿定子(外壳)1 的内表面滚动，定子的内表面(导轨)曲线由形状相同的若干曲线段组成，每个曲线段可分为工作段、过渡段和回油段(工作段与回油段是相对的，互换后马达改变转向)；柱塞的个数一般多于内曲线的段数；配流轴 4 对

应于每个曲线段都有两个油槽，这两个油槽分别与工作段和回油段相对，因而共有曲线段数的两倍个油槽，其中单数油槽汇集成一个主油口，双数油槽汇集成另一个主油口，马达的进、出油口通过配流轴 4 按一定规律周期性地与柱塞底部接通，配流轴与内曲线的相位固定不变。

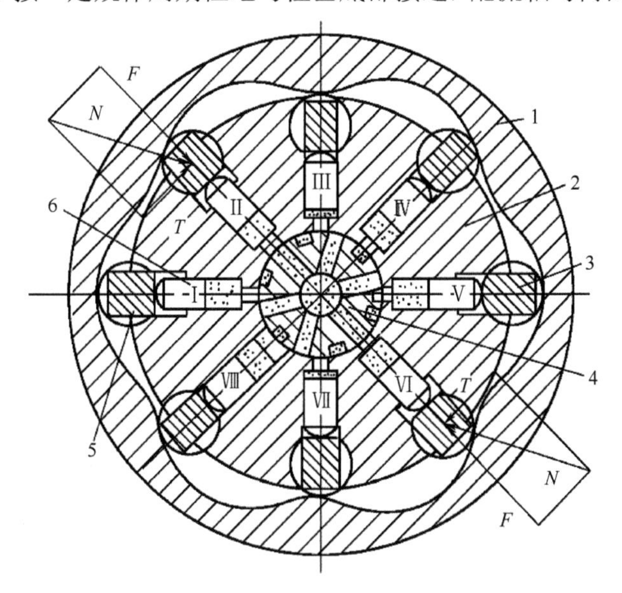

图 3-60　多作用内曲线径向柱塞马达的工作原理

1-定子；2-转子；3-横梁组件；4-配流轴；5-滚轮；6-柱塞

当高压油从配流轴进入柱塞Ⅱ、Ⅵ的底部时(图中与配流轴中心孔相通的油道)，这两个柱塞底部的液压力使其通过滚轮紧压在定子曲面的工作段上，这时定子给滚轮的反作用力为 N，N 可分解为沿柱塞轴线的力 F 和与之垂直的切向力 T，F 与柱塞所受的液压力相平衡，T 作用于转子而产生顺时针力矩，转子在该力矩的作用下便可驱动负载转动，转子转动时柱塞不断伸出，高压油也不断进入柱塞底部。而位于定子回油段的柱塞Ⅳ、Ⅷ被迫缩回，其底部的油腔与回油口相通，低压油被排回油箱。在定子曲面的工作段和回油段中间有过渡段(死点)，柱塞在过渡段上所受定子的反作用力通过转子的回转中心，因此这时柱塞底部油腔与进、回油口都不相通。

上述液压马达是轴转动的，假如将转子固定，则会变成壳体旋转的马达，这时需使配流轴与壳体同步转动。

对于内曲线马达，如果高压油的压力增高，则输出扭矩增加；如果供给马达的高压油流量增加，则柱塞的运动速度加快，从而使马达的转速增加；若改变马达的进、回油方向，便可改变马达的转向。

滚轮每经过导轨上的一曲线段，柱塞往复运动一次，液压油对柱塞作用一次，柱塞也对外做功一次，因此转子转动一周，单个柱塞做功的次数为导轨上内曲线的段数，即柱塞要做多次功，所以这种马达称为多作用马达。显然，如果体积相等，多作用马达比单作用的排量要大得多，输出的扭矩也就大得多。此外，这种马达的柱塞可以是单排的，也可以是做成双排或三排。

目前常用内曲线马达多采用轴配流，这种配流方式的最大缺点是当配流轴与轴套磨损后不能自动补偿间隙，造成泄漏增加，容积效率降低；国外产品有些采用端面配流以解决上述问题，但端面配流产生的轴向力又增加了主轴承的轴向载荷。

通常，对柱塞泵和马达来说，当柱塞数为奇数时，其流量脉动率(扭矩脉动率)较小，转速较均匀。但对内曲线马达来讲，如果单排柱塞数设计成奇数，缸体和主轴承等都要承受不平衡的径向力，将增加配流器的表面磨损。此外，即使柱塞数为偶数，如果导轨设计合理，同样也可达到扭矩脉动率较小的要求。

2. 典型结构

多作用内曲线径向柱塞马达按其切向力的传递方式及柱塞副结构的不同，可分为横梁传力式、滚轮传力式、滚柱传力式和球塞式四种类型。

NJM 型内曲线径向柱塞马达是多作用横梁传力式低速大扭矩液压马达，其柱塞可单排或双排径向分布，因而有单速和双速两种结构形式，但基本工作原理相同。

图 3-61 所示为 NJM 型内曲线径向柱塞马达的结构图，图中结构为双排柱塞，也可为单排(如定量马达)。该马达由用螺栓连接的输出轴 7 和缸体 2、柱塞 3、导轨 6、配流轴 1、横梁 4、滚轮 5、微调螺钉 8 等组成。定子导轨对滚轮作用力的切向分力由滚轮通过横梁传给缸体(转子)，柱塞只承受轴向力而不受侧向力，磨损小、寿命长、泄漏可减少。滚轮通过滚针装在横梁上，这样可以使马达有较高的机械效率。图 3-61 所示马达共有 10 对柱塞、8 组曲面，这样布置可以使转子所受的径向力平衡，减小主轴承的负荷，提高了轴承的寿命，也可以使输出轴承受较大的外载荷。配流轴的配流相位靠微调螺钉调整并定位。

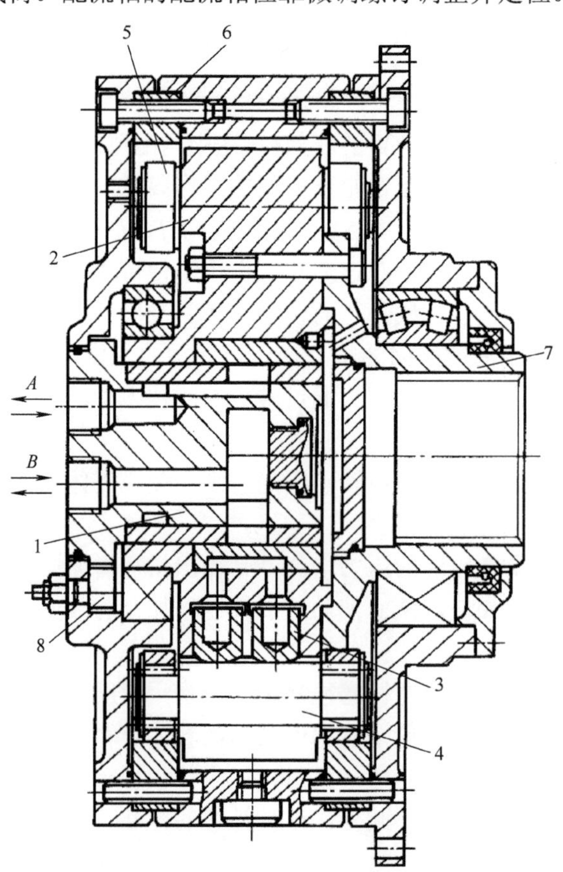

图 3-61　NJM 型内曲线径向柱塞马达的结构图

1-配流轴；2-缸体(转子)；3-柱塞；4-横梁；5-滚轮；6-导轨；7-输出轴；8-微调螺钉

当马达的输入流量一定时，为得到不同转速(改变相同压力差下的扭矩输出)，可通过电磁阀控制使两排柱塞串联或并联工作以实现双速。例如，2NJM-G4型内曲线马达就是通过改变柱塞工作排数来实现变速的，柱塞串联工作时的排量相当于并联时1/2，因此，在供油压力和供油量不变的情况下，马达由并联工况转换为串联工况时，其输出扭矩减小一半，转速提高一倍。

第七节　液压泵与马达的选用

随着液压技术的迅速发展，液压传动在各种机械上的应用越来越广泛，这些应用可分为两类：一类为工业中固定设备上的应用，另一类为行走设备上的应用。在工程机械(行走设备)液压传动中，驱动泵的动力机械一般由发动机取代了电动机，输入转速往往较高，且工作转速是变化的(发动机怠速可低至500～600 r/min，高速可达2000～3000 r/min)；从整备质量和空间布置上考虑，往往提高系统工作压力以减小液压元件的体积和质量，因而泵的工作压力较高，且负载变化频繁，冲击载荷也较大；环境温度变化很大，周围空气尘埃多；另外，行走设备的作业场合不固定甚至很偏僻，出现故障后维修不方便，所以对元件的可靠性、寿命等提出了更高的要求。总之，对于不同的应用场合，由于其工作环境、要求等方面存在差异，在选用时应予以注意。

一、液压泵的选用

1. 常见液压泵的性能比较

为便于选择，将常见液压泵的性能比较与适用范围列于表3-1。

表3-1　常见液压泵的性能比较与适用范围

性能＼类型	齿轮泵		叶片泵		螺杆泵	柱塞泵	
	内啮合	外啮合	单作用	双作用		轴 向	径 向
压力范围/MPa	≤20	≤25	≤6.3	≤21	≤10	≤40	≤20
转速范围/(r/min)	300～4000	500～4000	500～2000	500～4000	1000～1800	600～6000	700～1800
容积效率	0.80～0.95	0.70～0.95	0.58～0.92	0.80～0.94	0.70～0.95	0.90～0.98	0.80～0.95
总效率	0.65～0.90	0.63～0.87	0.54～0.85	0.75～0.85	0.70～0.85	0.85～0.95	0.75～0.92
流量调节	不能	不能	能	不能	不能	能	能
流量脉动率	小	大	中	小	小	中	中
自吸特性	好	好	较差	较差	好	较差	差
污染敏感度	不敏感	不敏感	敏感	敏感	不敏感	敏感	敏感
噪声	小	大	较大	小	小	大	大
价格	较低	很低	中	较低	较高	高	高
适用范围	工程机械、农业机械、机床、船舶、一般机械		机床、注塑机	机床、注塑机、工程机械等	精密机床、精密机械等	工程机械、矿山机械、船舶等	机床、液压机、船舶等

2. 液压泵选择的一般步骤

(1)根据液压系统的总体方案中对液压泵的要求来确定泵的结构形式，如在高压、大流量、流量又需调节等情况下可考虑选用轴向柱塞泵；在工程机械的一般工作机构上如果压力为中高压、速度要求不严格且不需要调节等情况时，可用外啮合齿轮泵。

(2)根据设备对液压泵价格与性能(可靠性、寿命、效率等)的综合要求确定选用国产产品、引进与合资产品、进口产品。

(3) 因同一种结构形式不同型号的泵的性能也存在较大差异，根据负载及变化情况计算工作压力的变化范围，再考虑原动机(发动机)的转速范围确定泵的具体型号，使工作压力、工作转速均在额定范围内，尽量避免出现超载与超速。

(4) 根据执行元件对运动速度的要求(由原动机的输出转速确定泵的转速)计算液压泵所需的排量，由产品样本确定泵的排量。

(5) 根据原动机的输出转向确定液压泵的转向(因多数泵不能逆转)。

(6) 确定液压泵的安装与连接方式。

(7) 考察生产厂家的产品质量、信誉程度、供货情况、保修情况以及价格等确定产品厂家。

二、液压马达的选用

液压马达与液压泵从原理上讲是可逆的，有的泵可直接用作马达，但它们在工作要求方面存在许多区别，在结构和性能上也存在差异，因而在选用时所要考虑的内容也不尽相同。液压马达可分为高速小扭矩马达和低速大扭矩马达两类。

1. 常用液压马达的适用范围

表 3-2 列出了常见液压马达的适用工况与应用范围。

表 3-2　常见液压马达的适用工况与应用范围

类型/适用	高速马达			低速马达			
	齿轮马达	叶片马达	轴向柱塞马达	摆线马达	单作用曲轴马达	多作用内曲线马达	双斜盘轴向柱塞马达
适用工况	负载扭矩不大，速度较高但平稳性要求不严，噪声限制不严	负载扭矩不大，转动惯量小且转速较高，噪声要求小	负载速度高，扭矩较小，有变速要求，工作压力高	负载速度较低，扭矩较大，压力不太高，体积要求较小	负载扭矩大，转速低，工作压力较高，速度平稳性不高	负载扭矩很大，转速低，速度平稳性高	负载扭矩较大，转速较低，速度稳定性较好，工作压力较高
应用实例	钻床、风扇传动、偏心块驱动等	磨床等	起重机、挖掘机、绞车等	煤矿机械、塑料机械、专用车辆	稳定土拌和机、船舶等	挖掘机、起重机等	卷扬机构等

2. 液压马达选用的一般步骤

(1) 根据系统总方案中初定的压力、工作机构对负载扭矩和转速范围的要求，确定液压马达的结构形式。

(2) 根据初定的压力、负载扭矩的大小等参数计算并确定马达的排量。

(3) 综合比较同类马达的各种性能确定马达的具体型号。

(4) 根据工作机构的要求确定液压马达的安装连接方式。

(5) 确定液压马达的生产厂家。

第四章　液　压　缸

液压缸和液压马达同属于液压系统的执行元件。液压缸能将液体的压力能转化为机械能，用于驱动工作机构做往复直线运动或摆动。液压缸具有结构简单，工作可靠，维修方便等优点，且可与杠杆、连杆、齿轮齿条、棘轮棘爪、凸轮等机构实现多种机械运动，故其应用比液压马达更为广泛。

第一节　液压缸概述

液压缸的结构形式多种多样，其分类方法也有多种：按运动方式可分为直线往复运动式和回转摆动式；根据受液压力作用情况可分为单作用式、双作用式和组合式；根据结构形式可分为活塞式、柱塞式、多级伸缩套筒式、齿轮齿条式等；根据安装形式可分为拉杆、耳环、底脚、铰轴等安装形式；按压力等级可分为16MPa、25MPa、31.5MPa等。

表征液压缸的主要参数有液压缸的形式代号、缸径、活塞杆直径、压力等级、行程、安装连接方式、最小安装尺寸等。

一、活塞式液压缸

活塞式液压缸可分为单杆式和双杆式两种结构形式，其固定方式由缸体固定和活塞杆固定两种，按液压力的作用情况有单作用式和双作用式。在单作用式液压缸中，压力油只供液压缸的一腔，靠液压力使缸实现单方向运动，反方向运动则靠外力(如弹簧力、自重或外部载荷等)来实现；而双作用液压缸活塞两个方向的运动则通过两腔交替进油，靠液压力的作用来完成。

1. 单杆双作用液压缸

图 4-1 所示为单杆双作用液压缸示意图。它只在活塞的一侧设有活塞杆，因而两腔的有效作用面积不同，无活塞杆的一腔习惯上称无杆腔，带活塞杆的一腔则称有杆腔。在供油量相同时，不同腔进油活塞的运动速度不同；在克服的负载力相同时，不同腔进油所需要的供油压力不同，或者说在系统压力调定后，液压缸两个方向运动所能克服的负载力不同。

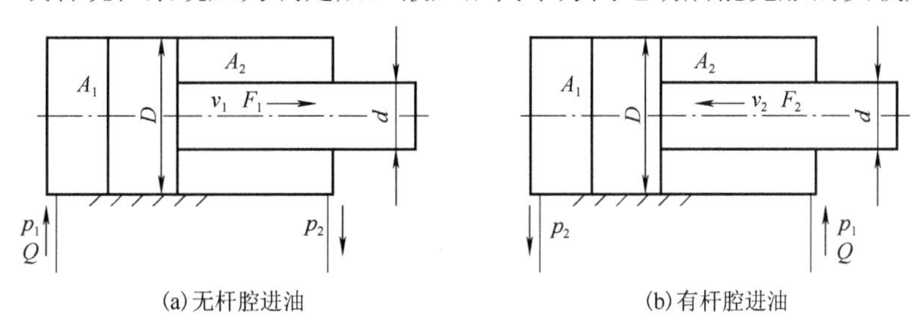

图 4-1　单杆双作用活塞式液压缸

1)无杆腔进油

若液压缸无杆腔与有杆腔的活塞有效作用面积分别为 A_1 和 A_2，活塞直径(即缸体内径)为 D，活塞杆直径为 d，当无杆腔进油压力为 p_1，有杆腔回油压力为 p_2，输入液压缸的流量为 Q，不计摩擦力和泄漏量，则活塞的运动速度 v_1 和能产生的推力 F_1 分别为

$$v_1 = \frac{Q}{A_1} = \frac{4Q}{\pi D^2} \tag{4-1}$$

$$F_1 = p_1 A_1 - p_2 A_2 = \frac{\pi}{4} D^2 p_1 - \frac{\pi}{4}(D^2 - d^2) p_2 = \frac{\pi}{4} D^2 (p_1 - p_2) + \frac{\pi}{4} d^2 p_2 \tag{4-2}$$

2)有杆腔进油

当有杆腔进油，无杆腔回油时，活塞的运动速度 v_2 和能产生的拉力 F_2 分别为

$$v_2 = \frac{Q}{A_2} = \frac{4Q}{\pi(D^2 - d^2)} \tag{4-3}$$

$$F_2 = p_1 A_2 - p_2 A_1 = \frac{\pi}{4}(D^2 - d^2) p_1 - \frac{\pi}{4} D^2 p_2 = \frac{\pi}{4} D^2 (p_1 - p_2) - \frac{\pi}{4} d^2 p_1 \tag{4-4}$$

比较上述各式，由于 $A_1 > A_2$，故 $v_1 < v_2$，$F_1 > F_2$。活塞杆伸出时，可产生的推力较大，速度较小；活塞杆缩回时，可产生的拉力较小，但速度较高。

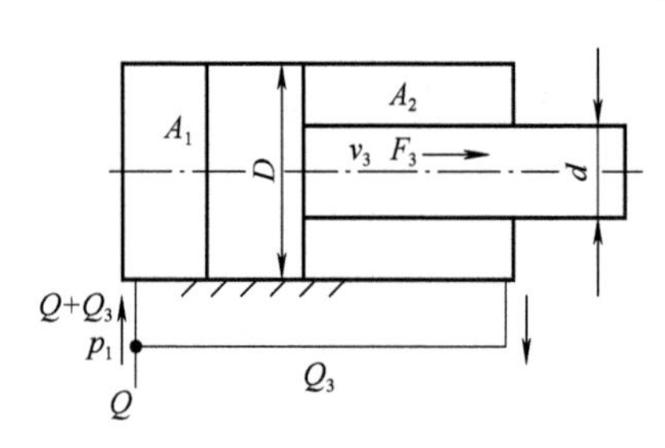

图 4-2　差动连接液压缸

3)差动连接

所谓差动连接就是将单杆双作用液压缸的两腔同时接通压力油的油路连接方式，如图 4-2 所示。在忽略两腔连通油路压力损失的情况下，两腔的油液压力相等。但由于无杆腔液压力的作用面积大于有杆腔，活塞所受向右的作用力大于向左的作用力，活塞杆伸出，有杆腔排出的油液流进无杆腔，若活塞杆的运动速度为 v_3，排出流量为 $Q_3 = v_3 \frac{\pi}{4}(D^2 - d^2)$，于是有式 $v_3 \frac{\pi}{4} D^2 = Q + v_3 \frac{\pi}{4}(D^2 - d^2)$ 成立。

整理后即可得出活塞杆的运动速度为

$$v_3 = \frac{4Q}{\pi d^2} \tag{4-5}$$

差动连接时，$p_1 \approx p_2$，活塞能够产生的推力 F_3 为

$$F_3 = p_1 A_1 - p_2 A_2 \approx \frac{\pi}{4} D^2 p_1 - \frac{\pi}{4}(D^2 - d^2) p_1 = \frac{\pi}{4} d^2 p_1 \tag{4-6}$$

由式(4-5)和式(4-6)可以看出，差动连接时液压缸的实际有效作用面积是活塞杆的横截面积。与非差动连接无杆腔进油工况相比，在输入油液压力和流量相同的条件下，活塞杆伸出速度较大而推力较小。实际应用中，液压缸工作状况的改变是通过液压系统的控制阀来控制的，这样可通过改变进回油方式，从而获得快进(差动连接)—工进(无杆腔进油)—快退(有杆腔进油)的工作循环。差动连接是在不增加液压泵流量的前提下实现快速运动的有效办法，被广泛应用于组合机床的液压动力滑台和各类专用机床中。

2. 双杆双作用液压缸

图 4-3 为双杆双作用活塞式液压缸的工作原理图。当两活塞杆直径相同(即有效工作面积相等)、供油压力和流量不变时，活塞(或缸体)在两个方向的运动速度 v 和推力 F 也都相等，分别为

$$v=\frac{Q}{A}=\frac{4Q}{\pi(D^2-d^2)} \tag{4-7}$$

$$F=(p_1-p_2)A=\frac{\pi}{4}(D^2-d^2)(p_1-p_2) \tag{4-8}$$

这种两个方向等速、等力的特点使双杆液压缸可以用于双向负载基本相等的场合，如磨床液压系统。

图 4-3 所示为双杆双作用活塞式液压缸的两种不同的固定方式。图 4-3(a)所示为缸体固定式结构，缸的左腔进油右腔回油时，活塞带动工作平台向右移动；反之，活塞向左移动。图 4-3(b)所示为活塞杆固定式结构，液压缸的左腔进油，推动缸体连同工作平台向左移动，右腔回油；反之，缸体向右移动。

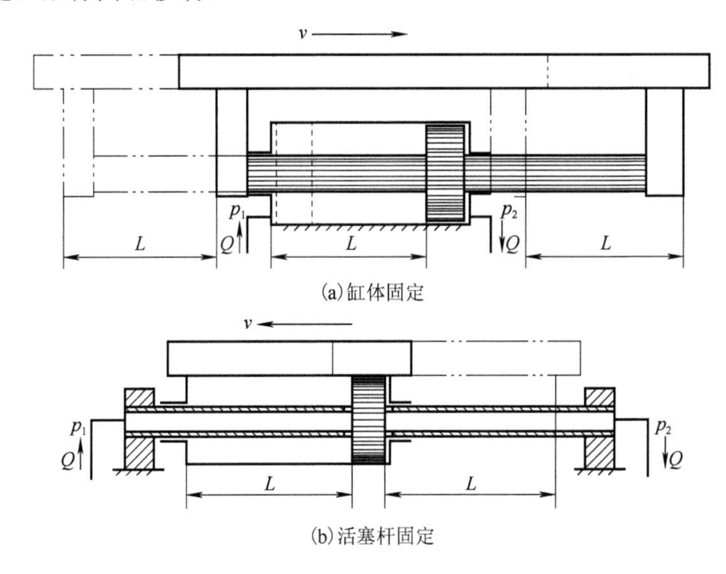

图 4-3　双杆双作用活塞式液压缸

二、柱塞式液压缸

如图 4-4 所示，柱塞缸由缸筒 1、柱塞 2、导向套 3、密封圈 4、压盖 5 等零件组成。由于柱塞与导向套配合，以保证良好的导向，故可以不与缸筒接触，因而对缸筒内壁的精度要求很低，甚至可以不加工。柱塞缸工艺性好，成本较低，特别适用于行程较长的场合。柱塞端面是受压面，其面积的大小决定了柱塞缸的输出速度和推力。柱塞工作时恒受压，为保证压杆的稳定，柱塞必须有足够的刚度，故柱塞直径一般较大，重量也较大，水平安装时易产生单边磨损，故柱塞缸适宜于垂直安装使用。水平安装使用时，为了减轻重量，有时柱塞采用空心结构。在柱塞缸行程较大时，为防止柱塞因自重下垂，通常要设置柱塞支承套和托架。

柱塞缸只能做成单作用缸，在大行程设备中为了得到双向运动，柱塞缸常成对使用，其工作原理如图 4-4(b)所示。

柱塞缸结构简单、制造容易、维修方便、常用于长行程设备，如龙门刨床、导轨磨床、叉车等设备。

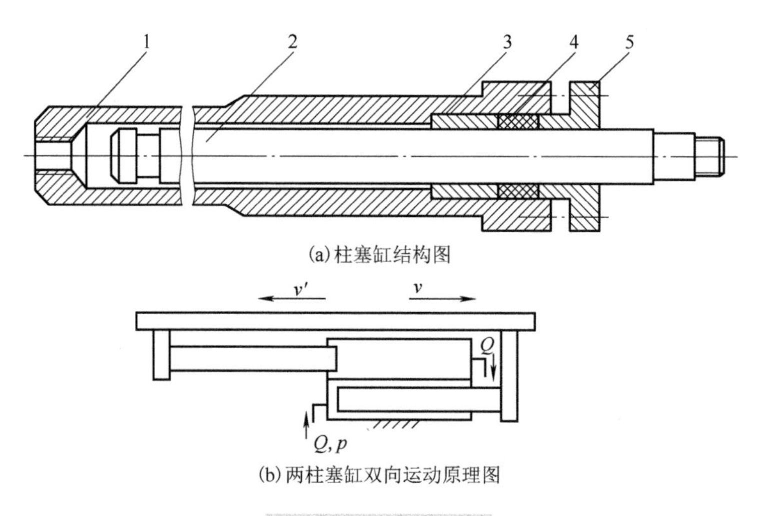

图 4-4　柱塞式液压缸

1-缸筒；2-柱塞；3-导向套；4-密封圈；5-压盖

三、双作用伸缩套筒式液压缸

伸缩套筒式液压缸又称多级缸，它由两级或多级活塞缸套装而成，有单作用和双作用两种形式。图 4-5 所示为双作用伸缩套筒式液压缸的结构示意图。前一级活塞缸的活塞就是后一级活塞缸的缸筒，伸出时从前级到后级依次伸出，有效工作面积逐次减小，当输入流量相同时，外伸速度逐次增大；当负载恒定时，液压缸的工作压力逐次增高。缩回的顺序一般是从后级到前级(从小活塞到大活塞)，收缩后液压缸的总长度较小。多级缸结构紧凑，适用于安装空间受到限制而行程要求很长的场合，如汽车起重机的伸缩臂液压缸、自卸车的举升液压缸等。

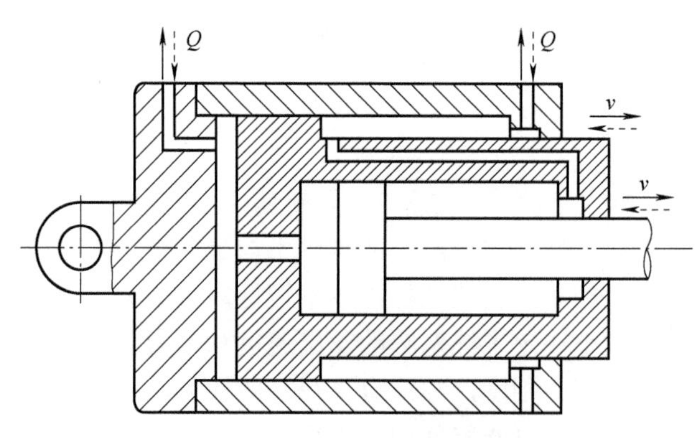

图 4-5　双作用伸缩套筒式液压缸

四、摆动液压缸

摆动液压缸又称摆动液压马达，它能实现往复摆动，将液压能转化为摆动的机械能(转矩和角速度)。摆动缸的结构比连续旋转运动的液压马达结构简单，以叶片式摆动缸应用较多。

摆动液压缸有单叶片式和双叶片式两种。图 4-6(a)所示为单叶片式摆动液压缸的原理图，图 4-6(c)为其图形符号。摆动液压缸的输出轴上装有叶片，叶片和封油隔板将缸体内的密封空间分为两腔。当缸的一个油口通压力油，而另一个油口接通回油时，叶片在液压力的作用下往一个方向摆动，带动输出轴旋转一定的角度(小于360°)；当进、回油的方向改变时，叶片便带动输出轴向反方向摆动。

双叶片式摆动液压缸(图4-6(b))的摆动角一般不超过150°，在供油压力不变时，摆动轴可输出转矩是单叶片式的两倍；在供油量一定的情况下，摆动角速度是单叶片式的一半。

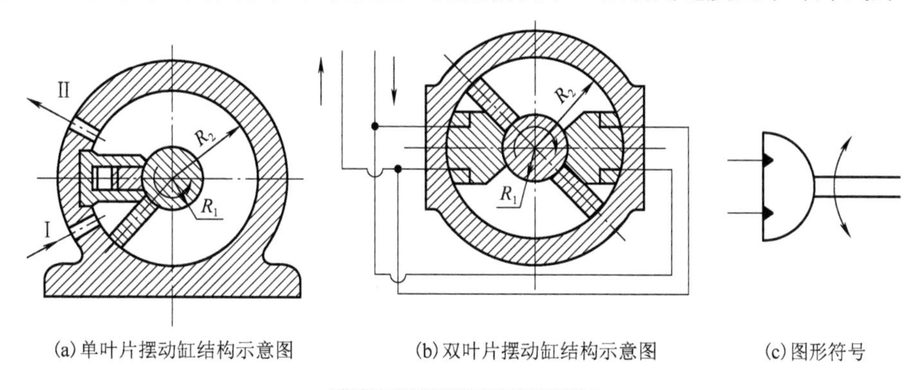

图4-6　单叶片摆动液压缸

五、齿轮齿条活塞式液压缸

齿条活塞缸由带有齿条杆的双活塞缸和齿轮齿条机构所组成，如图4-7所示。活塞的往复运动经齿轮齿条机构变成齿轮轴的往复转动。

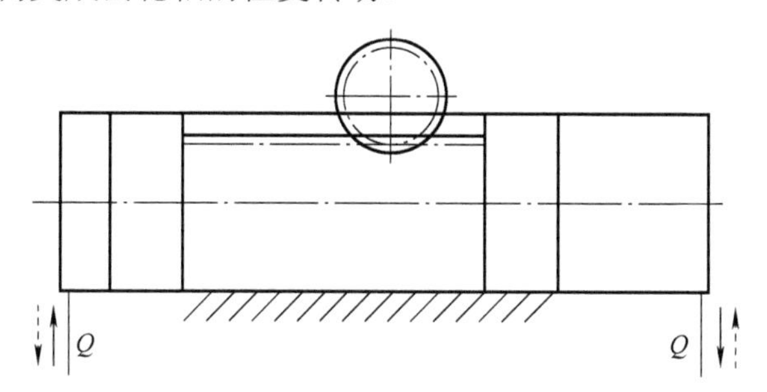

图4-7　齿轮齿条液压缸

六、增压缸

图4-8所示为一种由活塞缸和柱塞缸组合而成的增压缸原理图，常应用于局部区域需要获得高压的液压系统中，有单作用(图4-8(a))和双作用两种形式(图4-8(b))。该增压缸利用活塞的有效面积大于柱塞的有效面积，使输出压力大于输入压力。当活塞缸进油压力为p_1，回油压力为0时，不考虑摩擦力，则柱塞缸输出的压力p_2值为

$$p_2 = p_1\left(\frac{D}{d}\right)^2 \tag{4-9}$$

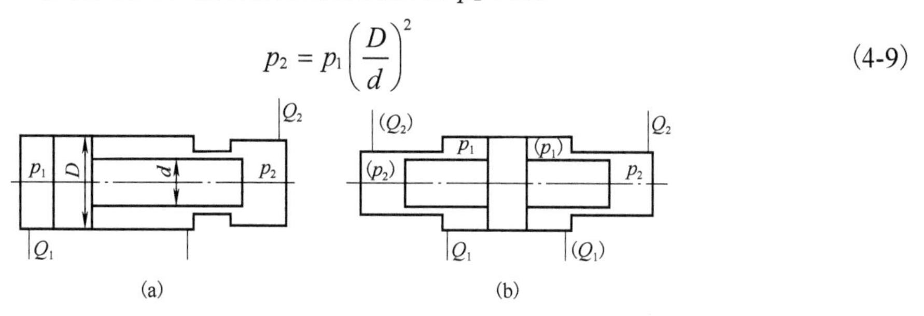

图4-8　增压缸原理图

第二节　液压缸主要零件的特点

对于常用液压缸(图 4-9)一般由缸体组件(缸筒、端盖等)、活塞组件(活塞、活塞杆等)、密封件、连接件等基本部分组成。此外，某些液压缸还设有缓冲装置、排气装置等。了解各部分的特点对设计选用、拆检维修具有十分重要的作用。

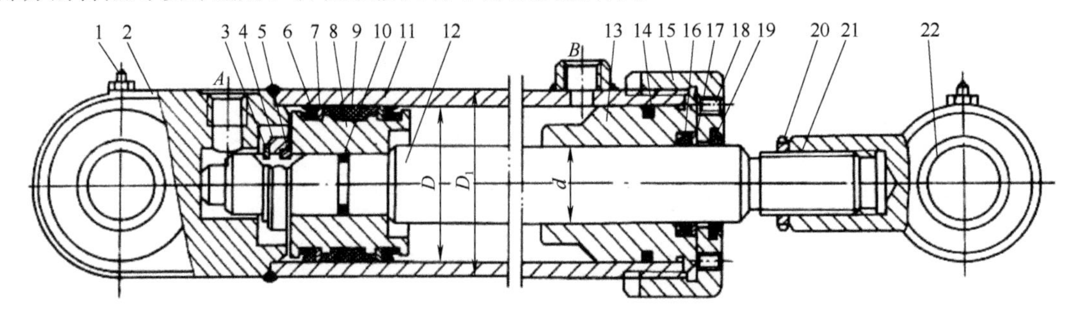

图 4-9　单杆双作用活塞式液压缸的结构

1-黄油嘴；2-缸底；3-弹性挡圈；4-卡环帽；5-卡环；6、10、14、16-密封圈；7、17-挡圈；8-活塞；9-支撑环；11-缸筒；12-活塞杆；13-导向套；15-端盖；18-锁紧螺钉；19-防尘圈；20-锁紧螺母；21-耳环；22-耳环衬套

一、密封装置

限制或防止液体泄漏的措施称为密封，属于辅助元件。在液压系统中，密封的作用不仅是防止液压油的泄漏，还要防止空气和尘埃侵入液压系统。对液压缸来讲，密封装置的优劣会直接影响其工作性能和维修周期。

按泄漏油的去向分类，液压泄漏分内泄漏和外泄漏两种。内泄漏指油液从高压腔向低压腔的泄漏，所泄漏的油液并没有对外做功，其压力能绝大部分转化为热能，使油温升高，黏度降低，又会进一步增大泄漏量，使系统的容积效率降低，损耗功率，造成执行元件的运动速度减慢。外泄漏不仅造成功率损耗，而且损耗油液、污染环境，是不允许的。

按密封件的工作状态不同，密封分为静密封和动密封两种。在正常工作时，无相对运动的零件配合表面之间的密封称为静密封(如液压泵的泵盖和泵体间的密封)；具有相对运动的零件配合表面之间的密封称为动密封(如齿轮泵的齿轮端面和侧板间的密封)。静密封可以达到完全密封，动密封则不能，有一定的泄漏量，但泄漏的油可以起润滑作用，对减小摩擦和磨损也是必要的。

液压系统对密封的要求为在一定压力下，密封性能可靠，受温度变化影响小；对相对运动表面产生的摩擦力小，磨损小，磨损后最好能自动补偿，耐油性和抗腐蚀性要好，使用寿命要长；结构简单，便于拆装。

常见的密封方法有以下几种。

1. 间隙密封

间隙密封是一种简单的密封方法。它依靠相对运动零件配合面间的微小间隙来限制泄漏，达到密封的效果。由缝隙流量公式可知泄漏量与缝隙厚度的三次方成正比，因此可通过减小间隙的办法减少泄漏。另外，零件的表面粗糙度、精度及相对运动的方向等对密封性能也有影响。

图 4-10 所示为间隙密封的结构简图。间隙密封的间隙一般为 0.01～0.05mm，这表明配合

面的加工精度要求较高。另外，还在圆柱形活塞的外表面上开设几道环形沟槽(称均压槽)，环形沟槽的宽一般为0.3～0.5mm、深为0.5～1mm、间距为2～5mm。

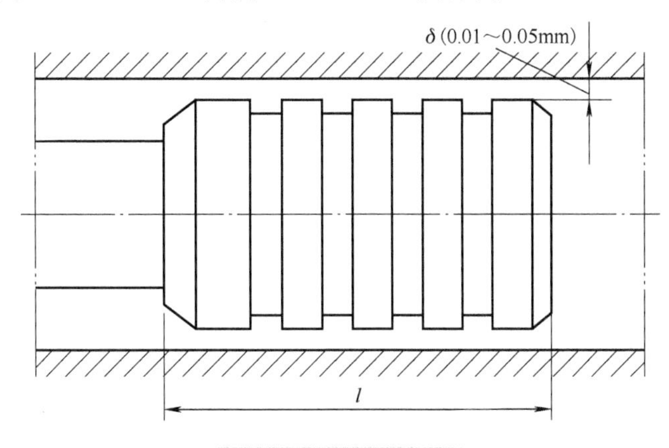

图4-10　间隙密封结构

均压槽的作用如下。

(1)减小活塞可能受到的径向液压不平衡力，防止液压卡紧现象的发生，使活塞圆周各方向的径向液压力趋于平衡，活塞能自动对中，以减少摩擦力。

(2)增大了油液泄漏的阻力，减小了偏心量，提高了密封性能。

(3)储存油液，使活塞能自动润滑。

间隙密封的优点为结构简单、摩擦阻力小、磨损少、适用于动密封。其缺点为由于间隙不可能为零，达不到完全密封，磨损后若不能补偿，密封性能变差，不易修复(如环形间隙密封)；平面间隙密封磨损后，虽能通过加压的办法(如齿轮泵的浮动轴套、侧板)进行补偿，但会增加摩擦阻力。

2. 活塞环密封

活塞环密封依靠装在活塞环形槽内的金属(或非金属)环紧贴密封偶合面内壁实现密封，如图4-11所示。其密封效果较间隙密封好，适应的压力和温度范围很宽，能自动补偿磨损和温度变化的影响，能在高速条件下工作，摩擦力小、工作可靠、寿命长，但其不能实现完全密封；为提高密封效果，往往采用多道密封环(在装配时应按规定将各道密封环的开口相互错开)。另外，活塞环的加工复杂，对密封面内壁的加工精度要求较高。金属密封环一般用于高压、高温和高速的场合(如发动机的活塞与缸套间的密封等)；另外工程机械的动力换挡变速箱的摩擦离合器的旋转密封大多采用非金属活塞环密封，但密封压力较低，使用时常造成被密封内表面磨出环形沟槽，影响密封性能。

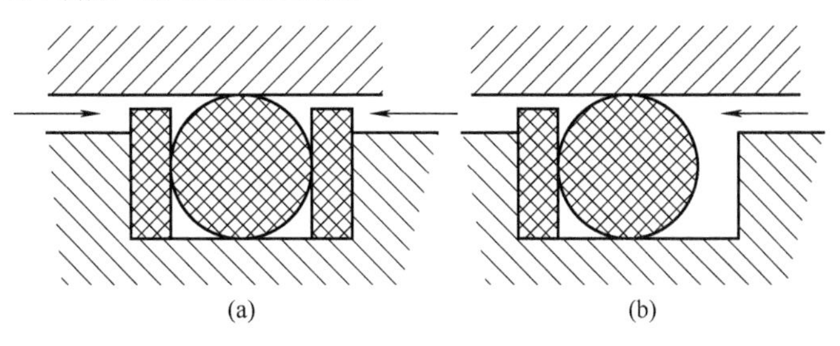

图4-11　活塞环密封

3. 密封件密封

密封件密封是依靠在零件配合面之间装上密封元件以达到密封效果。该类密封的优点为随着压力(在一定压力范围内)的提高，密封效果自动增强，磨损后有一定的自动补偿能力。其缺点为对密封元件的抗老化、抗腐蚀、耐热、耐寒、耐磨等性能要求较高。密封件密封适用于相对运动速度不太高的动密封和各种静密封。

按密封元件断面形状和用途不同，密封元件可分为O形密封圈、唇形密封圈、旋转轴密封圈、防尘密封圈等。

1)O形密封圈

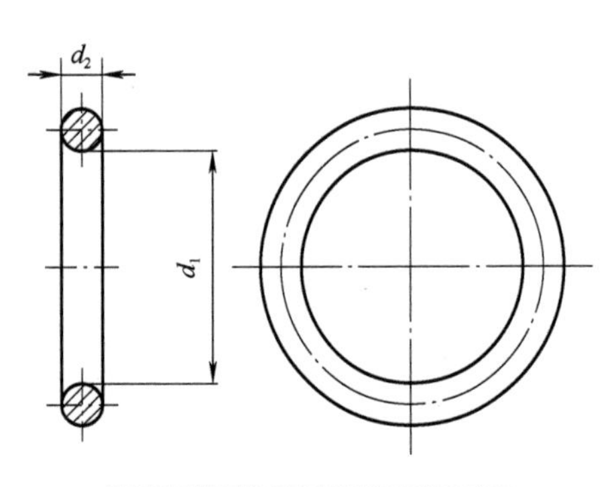

图4-12　O形密封圈结构简图

O形密封圈的结构如图4-12所示，其常见的标记方式是以断面直径d_2值代号、公称内径d_1、用途代号和标准号来表示。

O形密封圈的工作原理如图4-13所示。O形圈密封属于挤压密封，选用断面直径为d_2的O形密封圈装入环形密封槽(图4-13(a))中，槽的深度小于O形圈断面尺寸，故密封圈断面产生弹性变形。在无液压力时，液压缸依靠密封圈和金属表面间产生的弹性接触力实现初始密封。当密封腔充入压力油时，压力油作用于密封圈，密封圈产生更大的弹性变形(图4-13(b))，弹性接触力增大，因而密封能力增强，提高了密封效果。

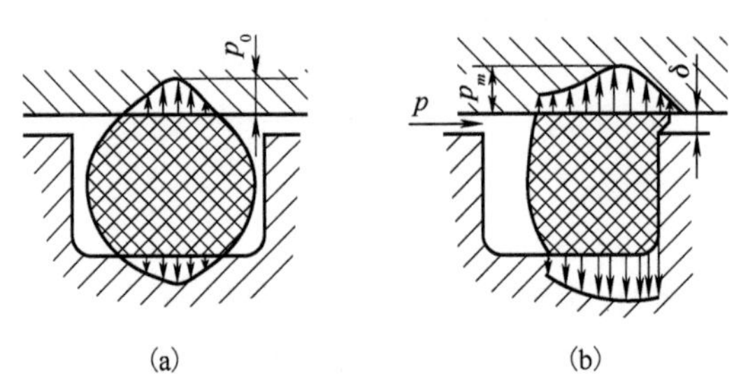

图4-13　O形密封圈的工作原理

O形密封圈在安装时必须保证适当的预压缩量，压缩量的大小直接影响O形圈的使用性能和寿命，压缩量过小不能密封，过大则摩擦力增大，且易损坏。

O形密封圈的主要优点是结构紧凑、制造容易、成本低、拆装方便、动摩擦阻力小、寿命长，因而O形密封圈在一般液压设备中应用很普遍，尤其是静密封的配合表面。但密封间隙的大小、配合面的加工质量以及橡胶材质的塑形变形等对O形密封圈的性能与寿命影响较大。当其用作动密封时，静摩擦系数大，摩擦产生的热量大而不易散去，易引起橡胶老化，使密封失效；密封圈磨损后，补偿能力差，使预压缩量减小，密封效果减弱。O形密封圈的密封能力与元件本身的材质及其硬度有关。当使用压力过高时，密封圈的一部分可能被挤入间隙δ中去，引起局部应力集中，密封圈被咬掉，所以当工作压力较高时，应选硬度高的密封圈，被密封零件间的间隙也应小一些。一般来说，在静密封中，当工作压力大于32MPa时，或在动密封中，当工作压力大于10MPa时，O形密封圈就会被挤入间隙而损坏。为此，单向受压时，在低压侧应安装挡圈，双向交替受压时在两侧安装挡圈。挡圈的材料常用聚四氟乙烯或尼龙，其厚度为1.25～2.5mm。

2) Y 形密封圈

宽断面 Y 形密封圈的结构如图 4-14 所示。其截面形状呈 Y 形，属唇形密封圈，具有结构简单、摩擦阻力小、寿命长、密封性、稳定性和耐压性都较好等优点，多用于往复运动且压力不高的液压缸中。

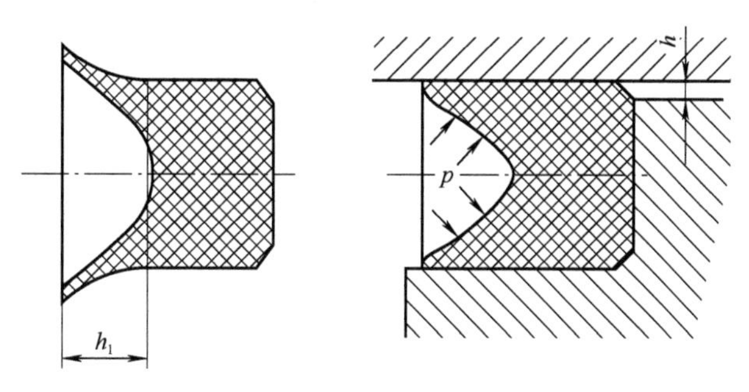

图 4-14　宽断面 Y 形密封圈的结构

Y 形密封圈的密封作用是依赖于其唇边对偶合面的紧密接触，在液压力的作用下产生较大接触压力，达到密封的目的。液压力在一定范围内越大，唇边越贴紧偶合面，接触压力也越大，密封性能越好。因此，Y 形密封圈从低压到高压的压力范围内都表现了良好的密封性，还能自动补偿唇边的磨损。Y 形密封圈在安装时，其唇口端应对着液压力高的一侧，当压力变化较大时，要加支承环，如图 4-15 所示。该密封的缺点是配合面相对运动速度高或压力变动大时易翻转而损坏。宽断面 Y 形密封圈一般适用于工作压力小于 20MPa、工作温度为-30～100℃、工作速度小于 0.5m/s 的场合。

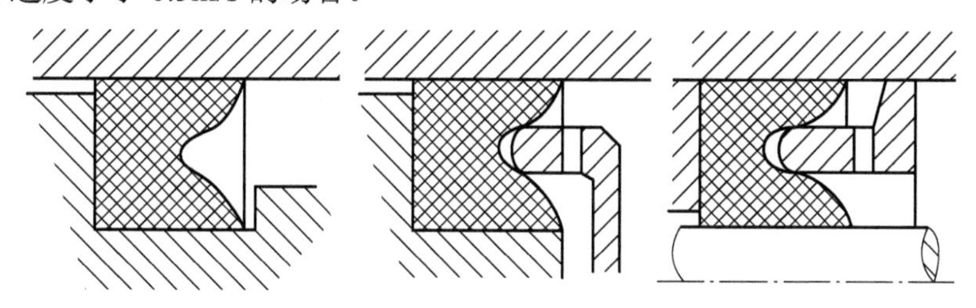

图 4-15　Y 形密封圈支承环的安装

窄断面 Y 形密封圈是宽断面 Y 形密封圈的改型产品，其断面的长宽比等于或大于 2，也称 Yx 形密封圈。它有等边高唇和不等边高唇 Y 形圈两种，后者又有孔用和轴用之分，Yx 形密封圈的安装如图 4-16 所示，装于孔沟槽内的密封圈为轴用型，装于轴沟槽内的为孔用型。不等边 Yx 形密封圈的低唇边与运动密封面接触，滑动摩擦阻力小、耐磨性好、寿命长；高唇边与非运动表面有较大的接触压力，摩擦阻力大，不易窜动，且增大了支承面积，故工作时不易翻转。

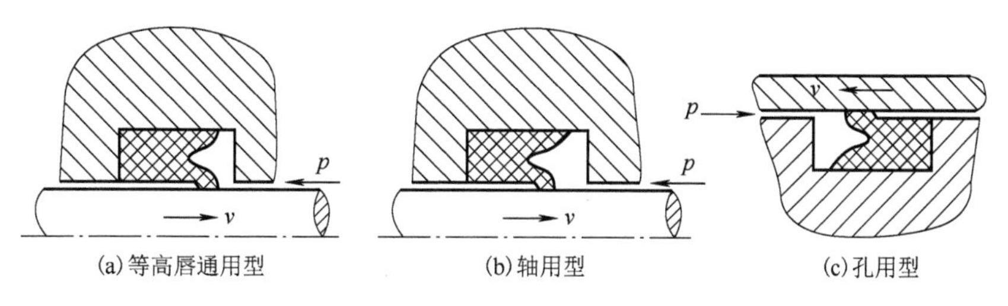

图 4-16　窄断面 Y 形密封圈

Yx 形密封圈一般适用于工作压力小于 32MPa、工作温度为-30～100℃的场合。

3) V 形密封圈

V 形密封圈可分为活塞用和活塞杆用两种，活塞用 V 形密封圈的结构如图 4-17 所示。由压环、V 形圈和支承环组成，V 形圈的数量视工作压力和密封直径的大小而定。安装时，密封环的开口应面向压力高的一侧。

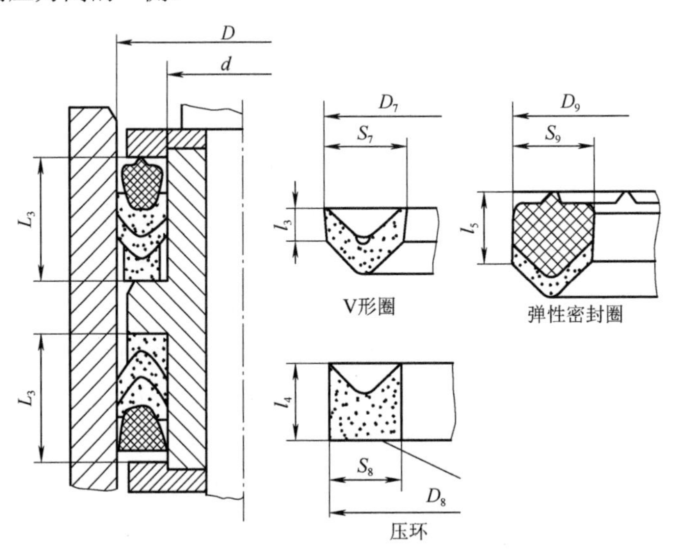

图 4-17 活塞用 V 形密封圈的结构

V 形密封圈的密封性能良好、耐高压、寿命长，通过选择适当的密封环个数和调节压紧力，可获得最佳的密封效果。但 V 形密封装置的摩擦阻力和轴向结构尺寸较大，它主要用于活塞及活塞杆的往复运动密封，适宜在工作压力小于 50MPa，温度在-40～80℃条件下工作。

4) 同轴密封件

随着液压技术的不断发展，系统对密封的要求越来越高，普通密封圈单独使用已不能很好地满足密封性能要求，特别是使用寿命和可靠性方面的要求，因此产生了将包括密封圈在内的两个以上的元件组合使用的同轴密封装置。

图 4-18(a)所示为方形同轴密封件，是由截面为矩形的格来圈 2 与 O 形密封圈 1 组合的同轴密封件，常用于活塞与缸筒的动密封。其中格来圈 2 紧贴密封偶合面 4 的内表面，O 形圈 1 为格来圈提供弹性预压紧力，在介质压力为零时即构成密封。由于靠格来圈组成密封接触面而不是 O 形圈，因此摩擦阻力小且稳定，可以用于 40MPa 的高压。往复运动密封时，速度可达 15m/s；往复摆动密封时，速度可达 5m/s。方形同轴密封件的缺点是抗侧倾能力差，安装不太方便。

图 4-18(b)所示为阶梯形同轴密封件，是由阶梯型的斯特圈 3 和 O 形圈 1 组合的同轴密封件，常用于液压缸活塞杆(柱塞)与导向套间的动密封。斯特圈 3 与密封偶合面 4 之间形成狭窄的环带密封面，其工作原理类似于唇形密封。

5) 组合密封垫圈

组合密封圈是直螺纹液压管接头与元件本体连接时常用的密封件，其结构如图 4-19 所示。现在生产的管接头在与元件连接时也有另外一种密封形式，即钢圈骨架内套装一 O 形密封圈。

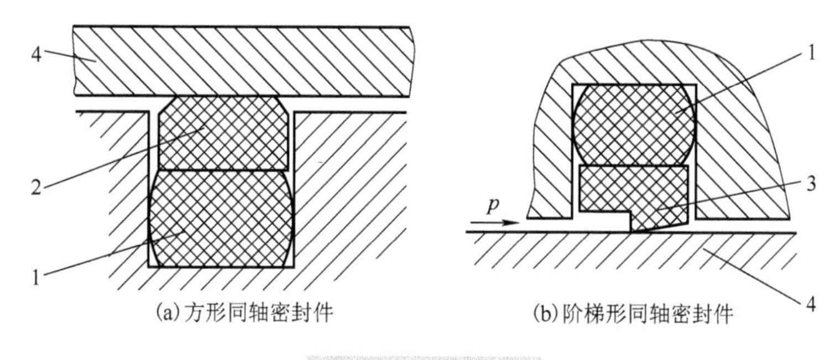

(a)方形同轴密封件　　(b)阶梯形同轴密封件

图 4-18　同轴密封件

1-O 形圈；2-格来圈；3-斯特圈；4-密封偶合面

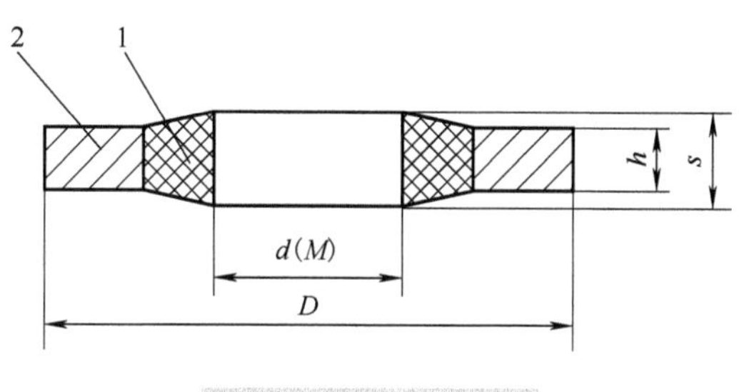

图 4-19　组合密封垫圈

1-耐油橡胶；2-钢圈骨架

二、缸体组件

缸体组件是指缸筒、缸盖(含缸盖与导向套为一体的结构)及其连接件。

1. 缸体组件的连接形式

常见的缸体组件的连接形式如图 4-20 所示。

1)法兰连接

该连接方式(图 4-20(a))结构简单，加工和拆装较方便，连接可靠，缸筒端部一般用铸造、镦粗或焊接方式制成较大外径的凸缘，加工上螺栓孔或内螺纹，用于螺栓或螺钉连接。其径向尺寸和重量都较大，常用在压力较高的大、中型液压缸上。

2)卡键连接

卡键连接分为内卡键连接和外卡键连接(图 4-20(b))两种结构形式。卡键连接工艺性好、连接可靠、结构紧凑、拆装方便；卡键槽对缸筒强度有所削弱，内卡键式连接在装配活塞组件时需用特制附件将卡键槽填平，否则会损坏 Y 形密封圈。该结构常用于无缝钢管缸筒与端盖的连接，在中型液压缸上是一种常见的连接方式。

3)螺纹连接

螺纹连接(图 4-20(c)、(d))有内螺纹和外螺纹连接两种方式。其特点为重量轻、外径小、结构紧凑，但缸筒端部结构复杂，外径加工时要求保证内外径同轴，拆装需专用工具，旋转端盖时易损坏密封圈，一般用于小型液压缸。

4)拉杆连接

拉杆连接结构形式(图 4-20(e))通用性好、缸筒易加工、拆装方便，但端盖的体积较大，重量也较大，拉杆受力后会拉伸变形，影响端部密封效果，只适用于长度不大的中低压缸或气缸。

5）焊接

焊接式连接（图 4-20（f））外形尺寸较小、结构简单，但焊接时易引起缸筒变形，主要用于柱塞式液压缸和单杆液压缸的后端部连接。

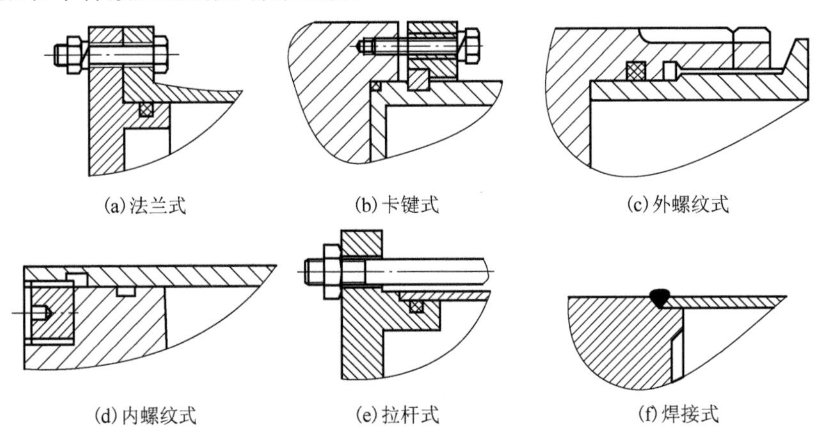

图 4-20　缸体组件的连接形式

2. 缸筒、缸盖和导向套

1）缸筒

缸筒是液压缸的主体，它与端盖、活塞等零件构成密封容腔，承受很大的液压力，因此要有足够的强度和刚度，以抵抗液压力和其他外力的作用。缸筒常用冷拔无缝钢管经镗孔、铰孔、滚压或珩磨等精密加工工艺制造，表面粗糙度 R_a 值一般要求为 0.1～0.4 μm，以使活塞及其密封件、支承件能良好滑动并保证密封效果，减少磨损。

2）缸盖

缸盖装在缸筒两端，与缸筒形成密封容腔，同样承受很大的液压力，因此缸盖及其连接件都应有足够的强度，同时在结构上应使液压缸拆装方便。

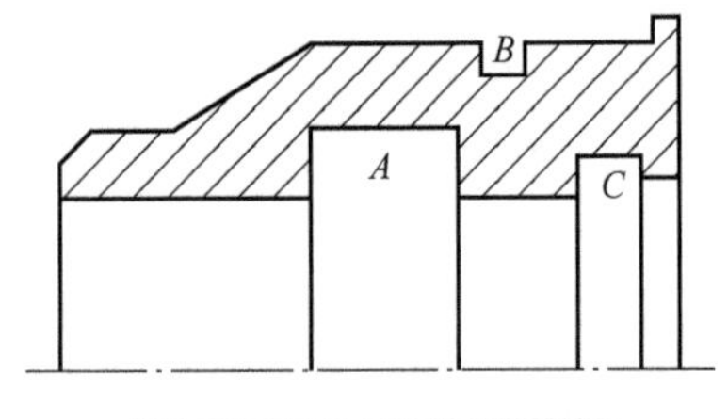

图 4-21　导向套结构简图

3）导向套

导向套对活塞杆起导向和支承作用。一些液压缸将导向套与端盖做成一体，这样结构简单，但磨损后必须连同缸盖一起更换。图 4-21 所示为一种典型的导向套的结构简图。导向套外圆柱面与缸筒内壁为静密封，一般在槽 B 内装设 O 形密封圈实现密封；导向套内孔与活塞杆为动密封偶合面，靠 A 槽内唇形密封圈（或斯特圈等）密封，注意密封圈唇口向里（对着压力油腔）；C 槽内应安装防尘圈，以防外部灰尘侵入油缸内部。

三、活塞组件

活塞组件由活塞、活塞杆以及连接件等组成。随工作压力、安装方式和工作条件的不同，活塞组件有多种连接形式。

1. 活塞组件的连接形式

活塞与活塞杆的连接形式如图 4-22 所示。整体式结构（图 4-22（a））和焊接式连接（图 4-22（b））结构简单，轴向尺寸小，但损坏后需整体更换。锥销式连接（图 4-22（c））加工容易，装配简单，但承载能力小，且需要采取必要的措施防止锥销脱落。螺纹连接（图 4-22（d））结构简单，拆装方便，但一般要加螺母防松措施。卡键连接(图 4-22(e))强度较高，拆装较方便，但结构较复杂。工程液压缸活塞组件的常见连接形式为螺纹连接和卡键连接。

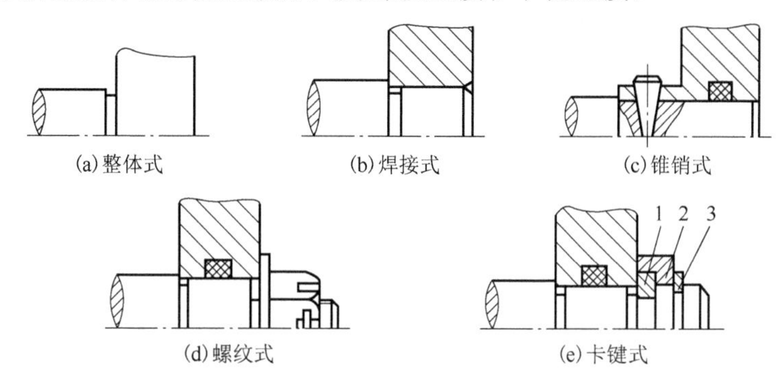

(a)整体式 (b)焊接式 (c)锥销式

(d)螺纹式 (e)卡键式

图 4-22 活塞组件的连接形式

1-卡键；2-卡键帽；3-弹性挡圈

2. 活塞和活塞杆

1)活塞

活塞受液压力的作用在缸筒内做往复运动，因此活塞必须具备一定的强度和良好的耐磨性。活塞有整体式和组合式两类，图 4-23 所示为整体式活塞的典型结构。对于双作用液压缸来讲，它是靠活塞组件将缸筒分成两个相对密封的工作腔，是防止液压缸内泄漏的关键，所以活塞与相关零件的密封至关重要。活塞与活塞杆(组合式结构)之间属于静密封，一般在活塞杆上用 O 形密封圈密封就可满足要求；活塞与缸筒内壁之间为动密封，为防止两腔交替高压时油液的泄漏，常设置两个唇形密封圈，装于两沟槽 A 中，且唇口相背；为避免两金属零件(活塞和缸筒)表面直接接触而产生刮伤，一般在沟槽 B 中装有尼龙(或其他材料的)支承环。现在生产的液压缸活塞的密封常采用格来圈或其他形式的组合密封圈，组合密封圈一般装在活塞的中间，密封圈两侧装尼龙支承环。

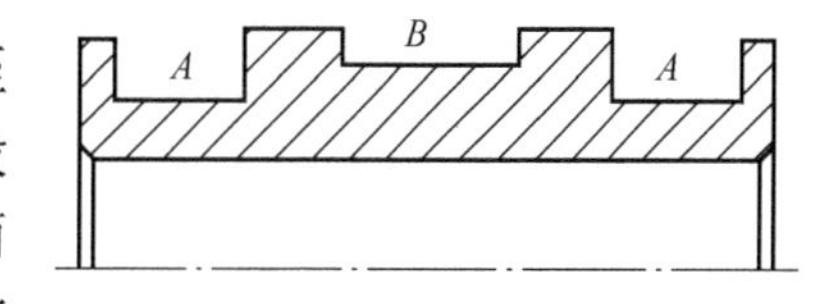

图 4-23 整体式活塞

2)活塞杆

活塞杆是连接活塞和工作部件的传力零件，它必须具有足够的刚度和强度，活塞杆无论是空心还是实心，其材料常用钢。活塞杆在导向套内往复运动，且在工作时往往有部分裸露在外，容易受外界物体的碰撞，因此应具有较好的表面硬度、耐磨性和防锈能力，故活塞杆外圆表面常采用镀铬。

四、缓冲装置

在液压缸拖动质量较大的部件做快速往复运动时，运动部件具有很大的动能，这样当活塞运动到液压缸的终端时，会与端盖发生机械碰撞，产生很大的冲击和噪声，可能会造成液压缸的损坏；同时活塞与活塞杆的连接处也会产生很大的冲击载荷，甚至能发生连接受损而使活塞杆脱落。为减小冲击，一般应根据使用要求在液压缸内设置缓冲装置(图 4-24)，或在液压系统中设置缓冲回路。

缓冲的一般原理是当活塞快速运动到接近缸盖时，通过节流的方法增大回油阻力，使液压缸的排油腔产生足够的缓冲背压力，活塞因运动受阻而减速，从而避免与缸盖快速相撞。常见的缓冲装置如图 4-25 所示。

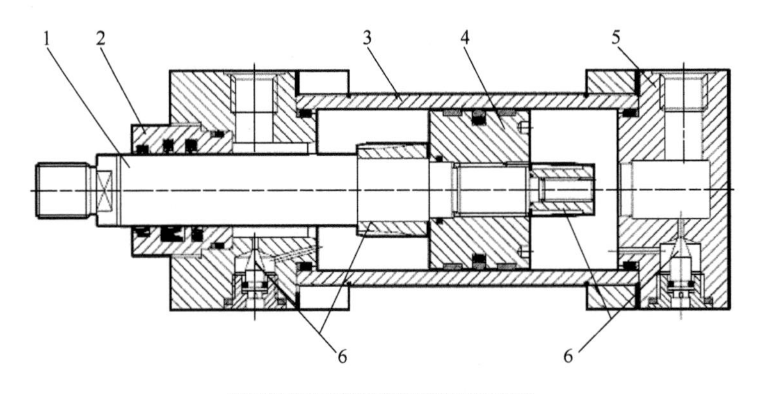

图 4-24　带缓冲机构的液压缸

1-活塞杆；2-导向套；3-缸筒；4-活塞；5-后缸盖；6-缓冲机构

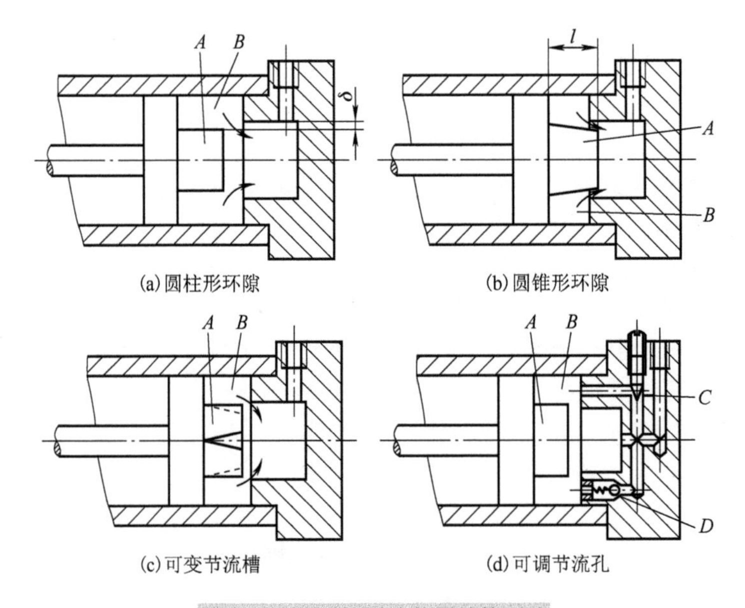

图 4-25　液压缸缓冲装置结构形式

A-缓冲柱塞；*B*-缓冲油腔；*C*-节流阀；*D*-单向阀

1. 圆柱形环隙式缓冲装置

如图 4-25(a)所示，当缓冲柱塞 *A* 进入缸盖上的内孔时，缸盖与柱塞间形成环形缓冲油腔 *B*，被封闭在该腔的油液只能经环形间隙 δ 排出，产生缓冲压力，从而使活塞减速得以缓冲。这种装置在缓冲过程中，由于回油通道的节流面积不变，故缓冲开始时，产生的缓冲制动力很大，其缓冲效果较差，液压冲击较大，且实现减速所需行程较长，但该装置结构简单，便于设计和降低成本，所以在一般系列化的成品液压缸中多采用这种缓冲装置。

2. 圆锥形环隙式缓冲装置

如图 4-25(b)所示，由于缓冲柱塞 *A* 为圆锥形，所以缓冲环形间隙 δ 随柱塞进入缸盖内孔位移的增大而减小，即节流面积随缓冲行程的增大而减小，节流阻力逐渐增加，使机械能的吸收较均匀，缓冲效果较好，但仍有液压冲击。

3. 可变节流槽式缓冲装置

如图 4-25(c)所示，在缓冲柱塞 *A* 上开有三角节流沟槽，节流面积随缓冲行程的增大而逐渐减小，其缓冲压力变化较平缓，同时应注意三角沟槽的安装方向。

4. 可调节流孔式缓冲装置

如图4-25(d)所示，当缓冲柱塞*A*进入到缸盖内控时，主回油口被柱塞关闭，回油只能通过节流阀*C*，调节节流阀的过流面积，可以控制回油量(或者说控制回油背压力)，从而控制活塞的缓冲速度。当活塞反方向运动时，压力油通过单向阀*D*快速进入液压缸内，并作用到活塞的整个有效面积上，故活塞不会因推力不足而产生启动缓慢现象。这种缓冲装置可以根据负载情况通过调整节流阀来改变缓冲背压力的大小，因此适用范围较广。

五、排气装置

液压系统中常会有空气混入，使系统工作不平稳，产生振动、噪声及工作部件爬行和前冲等现象，严重时会使系统不能正常工作，因此设计液压缸时应考虑排气装置。

在液压系统安装完毕后或者停止工作一段时间后需要启动系统时，必须把液压系统中的空气排出去。对于要求不高的液压缸往往不设专门的排气装置，而是将油口布置在缸筒两端的最高处，空载往复运动数次，这样也能使空气随油液排往油箱，再从油面逸出；对于速度稳定性要求较高的液压缸或大型液压缸的两侧最高处(该处往往是空气聚集的地方)设置专门的排气装置，如排气塞、排气阀等。

图4-26所示为排气塞的结构。当松开排气塞螺钉后，让液压缸全行程空载往复运动若干次，带有气泡的油液就会排出，然后再拧紧排气塞螺钉，液压缸便可正常工作。

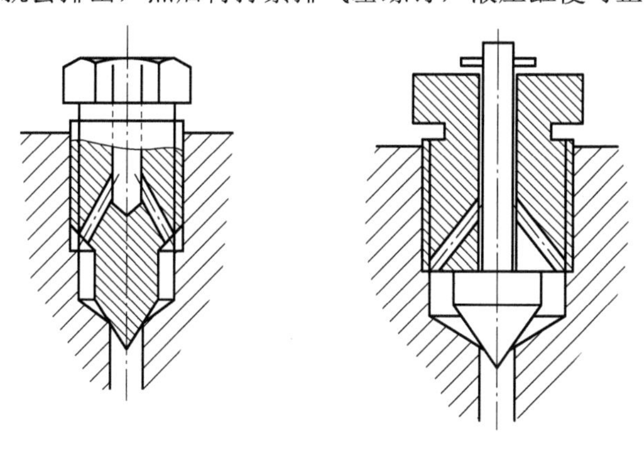

图4-26 排气塞的结构

六、液压缸的典型结构

机械设备液压系统所用液压缸的结构种类较多、区别较大，在此仅对工程机械上一种常用的卡键连接的单杆双作用液压缸的结构作简单介绍。图4-27所示为HSG型卡键连接的液压缸结构简图。它主要由缸筒12、缸底1、活塞杆11、活塞10及导向套13等组成。

缸底与缸筒一般为焊接结构，工艺简单。导向套与缸筒之间用三辨结构的内卡键17、套筒19和弹性挡圈20连接，便于拆装。活塞杆由无缝钢管焊接而成，其下端用外卡键5、卡键帽4、弹性挡圈3与活塞连接，易于拆装与维修。活塞与活塞杆之间无相对运动，属于静密封，用O形密封圈防止内泄漏。活塞与缸筒之间要往复运动，属于动密封，在活塞上两端的环形槽内背对背地装设唇形密封圈9，这种密封圈的唇边在液体压力作用下紧贴到缸筒内壁和活塞外表面上，压力越高，贴得越紧，故密封性能良好；为防止活塞移动时密封圈卷边，在密封圈背部可装设直接与缸筒内壁接触的材料为尼龙或聚四氟乙烯的挡圈 7，唇边前面可装带有凸缘的挡板，其凸缘插到唇形槽内，防止密封圈唇边翻卷。为防止拉伤缸筒内表面，活塞不与缸筒内表面直接接触，而是通过套在挡板上的尼龙套或在两唇形密封圈之间增设尼龙支承环 8 与缸筒内壁接触。导向套与缸筒之间也无相对移动，用 O 形密封圈密封。导向套与活塞杆之间有相对移动，采用唇形和 O 形两道密封圈密封，密封效果良好；为了防止活塞杆缩回时带进尘埃，导向套前端还装有防尘圈。

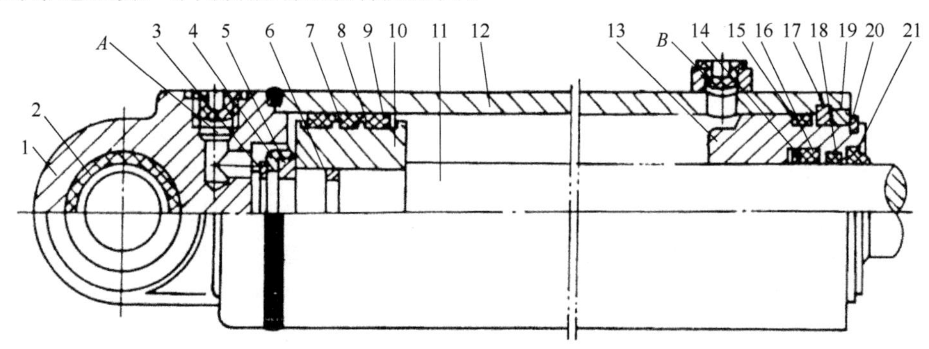

图 4-27　HSG 型单杆双作用活塞式液压缸

1-缸底；2-衬套；3、20-弹性挡圈；4-卡键帽；5-外卡键；6、15、18-O 形密封圈；7、14-挡圈；8-支承环；9、16-唇形密封圈；10-活塞；11-活塞杆；12-缸筒；13-导向套；17-内卡键；19-套筒；21-防尘圈；*A*、*B*-进出油口

导向套的作用是保证活塞杆沿缸筒轴线移动，防止活塞擦伤缸筒内壁。导向套需采用耐磨性较好的材料，以适应其工作要求。为了提高密封性，缸筒内表面和活塞外表面均需要精加工，活塞杆外表面还需要镀铬，以增加耐磨性。

活塞杆全缩回状态时，其后端要与缸底保持一定间隙，防止撞击缸底。当活塞杆带动负载以较快速度移动时，例如，速度大于 0.1m/s 时，为防止行程终点产生撞击，须设置缓冲装置。工程机械液压缸多采用内部节流缓冲方式。

第三节　液压缸的选用

在机械设备液压系统中，液压缸的应用相当广泛，液压缸产品已经标准化、系列化，生产厂家众多，品种较齐全，质量也较稳定。一般情况下，在系统设计和使用时仅须选择某种规格与型号的液压缸，如需自行设计液压缸的结构，可参照相关液压设计手册。本节着重介绍液压缸产品的选用。

一、液压缸型号的意义

液压缸的种类繁多，但描述其结构特点和结构参数的方法则大同小异，下面以工程用液压缸为例作以下介绍。

$\underline{\text{HSG}}\ \ \underline{*}\ \ \underline{01}\ \ \underline{\text{D/d}}\ \ \underline{*}\ \ \underline{\text{E}}\ \ \underline{-*}\ \ \underline{Z_1}\ \ \underline{\text{S}}$

①　②　③　④　⑤　⑥　⑦　⑧　⑨

① 双作用单活塞杆液压缸。

② 缸盖的连接形式：L-外螺纹连接，K-内卡键连接，F-法兰连接。

③ 系列代号。

④ 液压缸缸筒内径/活塞杆直径。

⑤ 活塞杆形式：A-螺纹连接活塞杆，B-整体活塞杆。

⑥ 压力等级，单位 MPa。

⑦ 液压缸与机体连接形式：Ec-耳环带衬套中间铰轴，ZEc-耳环带衬套等。

⑧ 带间隙缓冲，不带缓冲省略。

⑨ 行程，单位 mm。

在选择液压缸时，应对上述各项逐一确定，若有特殊要求还要另作说明。

二、液压缸结构参数的确定

1. 液压缸结构形式的确定

首先应考虑设备对液压缸动作的要求、液压缸的安装空间位置等，确定液压缸的类型，例如，双作用还是单作用，是活塞式、柱塞式、多级套筒式还是其他形式等。然后查阅有关液压元件产品样本，筛选出符合结构要求的液压缸型号。

2. 压力等级

根据系统动力元件(液压泵)的额定压力、配套控制调节元件及其他执行元件的压力等级等，再综合考虑设备造价、安装空间、整备质量、工作机构的负载等情况，确定液压缸的压力等级。

3. 液压缸的缸径 D

根据液压缸的压力等级初选缸的供油压力 p_1(在规定压力范围内)，分析计算液压缸工作时的最大负载推力 F_1、拉力 F_2(含静负载、摩擦阻力、启动惯性阻力)，假设回油腔的背压力为 p_2，通过下式计算缸径。

对单活塞杆液压缸，若活塞杆的直径为 d，无杆腔进油时：

$$D=\sqrt{\frac{4F_1}{\pi(p_1-p_2)}-\frac{d^2p_2}{p_1-p_2}}$$

无杆腔进油时：

$$D=\sqrt{\frac{4F_2}{\pi(p_1-p_2)}+\frac{d^2p_1}{p_1-p_2}}$$

计算出的缸径 D 的最大值根据标准系列圆整确定缸径。也可根据执行机构的速度要求和选定液压泵的流量来确定缸径(由式(4-1)和式(4-3)导出)，缸径确定后要验算所需供油压力是否在该种缸规定的压力范围内。

4. 活塞杆直径 d

活塞杆直径 d 可根据系统工作压力、速比 φ 以及其他具体要求来确定。所谓速比是指单杆双作用液压缸活塞杆缩回速度与伸出速度之比。速比已标准化，根据不同的压力级别参照表 4-1 的推荐值进行选取，特殊情况另做处理。

表 4-1　液压缸往复运动速比推荐值

工作压力/MPa	≤10	12.5～20	>20
往复运动速比 φ	1.33	1.46，2	2

选定速比后，对应于液压缸的内径查阅相关手册即可确定活塞杆直径。

5. 液压缸的行程 S

液压缸的行程应根据工作机构往复运动的幅度，由几何关系计算得出，并圆整为国家规定的标准系列推荐值。另外对应于不同缸径和活塞杆直径的液压缸的行程都有一个推荐的最大行程，如果所选行程在最大值范围内，可不必校核活塞杆的稳定性，否则必须校核活塞杆的稳定性。稳定性不符合要求的应改选其他形式的液压缸。

6. 缓冲装置

液压缸是否需要带缓冲装置应根据活塞杆的运动速度、运动部件和负载的质量等情况来确定。

7. 安装方式

液压缸的安装方式包括缸体与机体、活塞杆与机体的连接方式。常见的缸体与机体的连接方式有缸体法兰(端面法兰、中部法兰)、缸体中部铰轴、缸底耳环(是否带衬套)等。活塞杆与机体的连接方式有螺纹连接、耳环连接(是否带衬套、关节轴承等)、球铰连接等。因此，在确定安装方式时，应综合考虑机体的结构、液压缸的运动及受力情况等因素进行确定。

8. 最小安装尺寸

液压缸的最小安装尺寸等于缸的基本尺寸与行程的和。基本尺寸包括活塞所占长度、导向套长度、缓冲长度以及各部分的连接长度等，一般在产品样本中提供。计算出的最小安装尺寸要满足工作机构运动空间尺寸的要求，否则应调整机体的结构或改变液压缸的型号。

液压缸的型号和结构尺寸确定后，要考虑质量、价格、售后服务、产地远近等因素选定生产厂家。在定购液压缸时，一定要认真对照生产厂家最新的产品样本，对液压缸型号中的每一项都要准确填写。

第五章　液压控制阀

第一节　概　　述

液压控制阀属于液压系统的控制调节元件，用于控制和调节液压系统的液流方向、压力和流量。借助这些控制阀，可对执行元件的启动、停止、运动方向、速度、动作顺序、克服负载的能力等进行控制与调节，使设备的工作机构能按照要求协调地进行工作。

一、液压阀的分类

1. 按用途和特点分

液压控制阀可分为方向控制阀(如单向阀、换向阀)、压力控制阀(如溢流阀、减压阀、顺序阀)和流量控制阀(如节流阀、调速阀)。这三类阀还可以根据需要相互组合形成多种功能的组合阀(如单向顺序阀、单向节流阀、电磁溢流阀等)，这样在增加功能的基础上，使液压系统结构紧凑、连接简单，并可提高系统的效率。

2. 按控制原理分

液压控制阀可分为开关(或定值)控制阀、比例控制阀、伺服控制阀、数字控制阀等。开关阀各阀口只有开和关两个工作状态，调定后一般只能在调定状态下工作(该类阀应用较普遍，本章将重点介绍)。比例阀和伺服阀能根据输入信号连续地或按比例地控制系统的参数，而数字阀则用数字信息直接控制阀的动作，这些控制阀都可方便地实现计算机控制，提高系统的自动化程度。

3. 按安装连接方式分

1)螺纹连接

螺纹连接类阀的油口用螺纹管接头与管道及其他元件连接，一般用于小规格阀类，这种方式适用于简单液压系统。

2)法兰连接

法兰连接和螺纹连接相似，只是用法兰代替螺纹管接头。法兰连接用于通径 32 mm 以上的大规格控制阀，它的强度高，连接可靠。

3)板式连接

板式连接阀的各油口均布置在同一安装面上，并用螺钉固定在与阀有对应油口的连接板上，再用管接头和管道将连接板的相应油口与其他元件连接， 也可通过集成块将若干个阀连在一起，这种连接拆装方便。注意元件接口与底板间需加 O 形密封圈防止泄漏。

4)集成连接

(1)插装连接。这类阀没有单独的阀体，由阀芯、阀套等组成的单元体插装在插装块的预制孔中，用连接螺纹或盖板固定，并通过插装块内通道把各插装式阀连通组成回路，插装块起到阀体和管路的作用。阀的功能可与单体式液压阀一样，逻辑阀即属于此类。它不但可以作为单功能阀使用，也可作为复合阀、多功能阀使用，这是适应液压传动系统集成化而发展起来的一种新型安装连接方式。插装阀多为大流量阀，但是螺纹插装阀可用于小流量阀。

(2)集成块连接。集成块为六面体，阀块内加工有连通相关阀口的油道，各类板式元件或插装类元件装于集成块的侧面，液压元件与集成块之间靠O形密封圈密封，以形成多种功能的液压基本控制回路，简化整个液压系统的管路连接，也便于元件的拆装、检测、维护与操作。

(3)叠加连接。由各种不同功能的阀类(如压力阀、流量阀、方向阀)及底板块组成。阀的性能、结构要素与一般阀并无区别，只是为了叠加要求同一规格的不同阀的连接尺寸、油口通道位置、通径相同。每个阀除了其自身的功能，还起油路通道作用，阀相互叠装组成回路，无需管道连接，故结构紧凑，压力损失小。

除了上述分类，根据使用压力，过去将液压控制阀分为中低压(额定压力为6.3MPa)、中高压(额定压力为21MPa)和高压(额定压力为31.5MPa)。目前常分为高压和中高压两大类。

二、液压阀的共同点及共同要求

1. 液压阀的共同点

尽管各类液压控制阀的功能和作用不同，但结构和原理上均具有以下共同点。

(1)在结构上都由阀体、阀芯和操纵机构组成。

(2)在原理上都是依靠阀的启闭来限制、改变液体的流动或停止，从而实现对系统的控制和调节作用。

(3)只要液体经过阀孔流动，均会产生压力损失和温度升高等现象，通过阀孔的流量与通流截面积及阀孔前后的压力差有关，即符合液体流经小孔的流量公式。

(4)操纵机构有手动、电动、液动、机动、气动或它们的组合，但目的均为控制阀芯的动作。

2. 液压阀的共同要求

液压控制阀只是用来满足执行元件的压力、速度、换向等要求，因而对它们有以下共同要求。

(1)动作灵敏、工作可靠，振动、冲击和噪声要尽量小。

(2)油液经过液压控制阀后的压力损失要小，效率要高。

(3)密封性能要好，内泄漏要尽量小，额定工作压力下应无外泄漏。

(4)结构简单紧凑、体积小，节能性好，通用性高，安装、调整、使用和维护方便。

三、液压控制阀的主要性能参数

液压控制阀的主要性能参数包括：规格、公称压力、公称流量以及压力损失、允许背压、开启压力、最小稳定流量等，下面对常涉及的性能参数进行介绍。

1. 公称通径

液压阀规格的大小用公称通径(符号：D_g；单位：mm)来表示，阀的公称通径为其进出油口的名义尺寸，而不是进出油口的实际尺寸。如公称通径为32mm的溢流阀，其进出油口的实际尺寸是ϕ28mm。

应当注意，不能把阀的公称通径当成管道接头的规格尺寸，不同品种的液压阀，虽然公称通径一样，但阀的进出油口的实际尺寸也并不是完全相同的。总之，公称通径仅仅是为了表征阀的规格大小，而进出油口的实际尺寸必须满足油流速度和其他设计参数的要求，并受结构尺寸的影响。

2. 公称压力

液压控制阀的公称压力是指液压阀在额定工作状态下的名义压力(符号：p_g；常用单位：MPa)。常用控制阀的公称压力系列有 6.3MPa、10.0MPa、12.5MPa、16.0MPa、20.0MPa、25.0MPa、31.5MPa、40MPa 等。

3. 公称流量

公称流量一般是指液压阀在额定工作状态下通过的名义流量(符号：Q_g，常用单位：L/min)。这个参数仅供市场选购时便于与动力元件配套，作为技术参数实际意义并不大。具有实际意义的是在保证正常工作的条件下，允许通过的最大流量值，并进一步给出液压阀在最大流量值以下各种不同流量通过时，阀的相关性能参数改变的特性曲线，即阀的工作特性曲线，如通过流量与启闭灵敏度关系曲线、通过流量与压力损失关系曲线等。

液压系统对不同功能液压控制阀的要求不同，因而不同功能的液压阀也有其不同的性能参数指标。

第二节　方向控制阀

方向控制阀用于控制液压系统中油液流动的方向或液流的通与断，可分为单向阀和换向阀两类。

一、单向阀

单向阀有普通单向阀和液控单向阀两种。

1. 普通单向阀

1)工作原理

普通单向阀通常简称单向阀，又称为止回阀或逆止阀，只允许油液正向流动，不允许倒流。它可用于液压泵的出口，防止系统油液倒流；用于隔开油路之间的联系，防止油路相互干扰；用作背压阀，保持回油路内有一定的液压力；也可用作旁通阀，与过滤器并联使用，与顺序阀、减压阀、节流阀等并联形成组合阀。

图 5-1 所示为单向阀的工作原理图与图形符号。高、中、低压单向阀的工作原理完全一样，结构也基本一致。当压力油液从进油口 A 流入时，油液压力克服弹簧阻力和阀芯与阀体间的摩擦力推动阀芯移动，阀口开启，油液从 B 口流出，为正向流动。当 A 口无压力油时，阀芯在弹簧力的作用下回位将阀口关闭，如果油液试图从 B 口流向 A 口，阀芯在液压力和弹簧力的作用下紧紧地压在阀座上，截断液流通道，即液流反向截止。

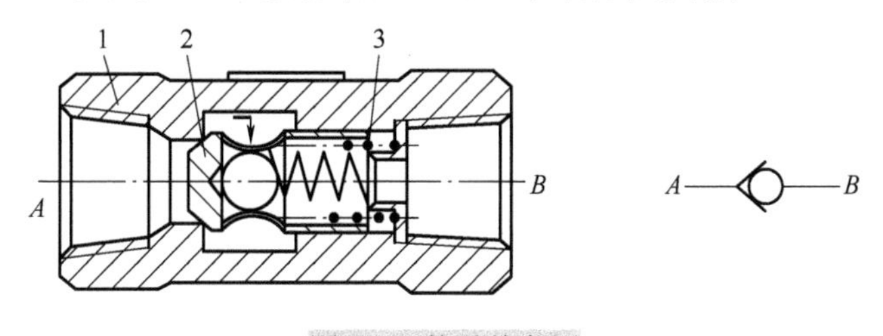

图 5-1　普通单向阀

1-阀体；2-阀芯；3-弹簧

根据单向阀的使用特点，对其提出的基本要求是液体正向流过单向阀时，阻力要小；液体反向流动时，阀关闭的动作要灵敏，关闭后密封性能要好。

2) 单向阀的结构特点

单向阀按进出油液流向的不同分为直通式和直角式两种结构，直通式单向阀的进口与出口流道在同一轴线上，仅有螺纹连接型(图 5-1)；直角式单向阀(图 5-2)的进出口油道则成直角布置，有螺纹连接、板式连接和法兰连接三种连接方式。

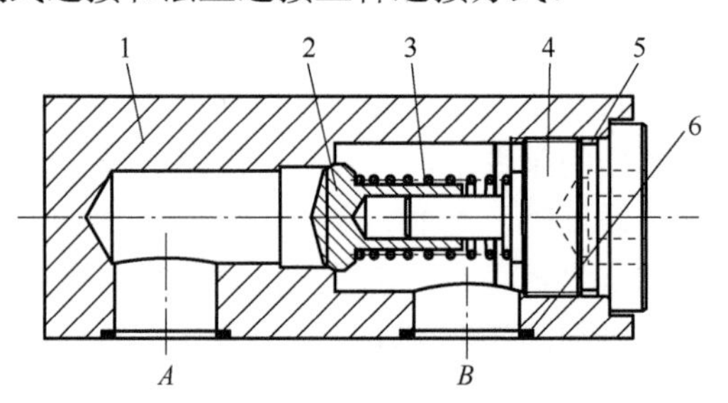

图 5-2　直角式单向阀

1-阀体；2-锥阀芯；3-弹簧；4-弹簧座；5-挡圈；6-O 形密封圈

单向阀的阀芯结构有球形和锥形两类。由球形阀芯组成的单向阀，结构简单、成本较低，但反向密封性能差，一般用于小流量场合。锥形阀芯单向阀(图 5-1、图 5-2 中所示的阀芯)正向流动阻力小，密封性能也好，应用较为广泛。对于锥形阀芯的直通式和直角式单向阀，由于液流通过直角式单向阀时，仅从阀口通过，而通过直通单向阀时，除了通过阀口还要通过阀芯上的径向和轴向孔，故直角式比直通式单向阀的液流阻力要小，图 5-2 是一种直角式、板式连接、锥形阀芯的单向阀。

单向阀的弹簧仅用于阀芯回位时克服阀芯运动阻力并保证阀关闭时动作灵敏，因此弹簧刚度较小，阀的开启压力也较低(0.04～0.05MPa)，公称流量通过时的压力损失一般不超过 0.1～0.3MPa。在液压系统中，为保证执行元件工作平稳可靠，常在系统回油上安装背压阀，当利用单向阀作背压阀时，可更换刚度较大的弹簧，使阀的开启压力增大(0.2～0.6 MPa),保持回油路有一定的背压力。背压阀无专用符号，常借用溢流阀的符号表示。

2. 液控单向阀

液控单向阀也称单向闭锁阀，对液压系统中可实现油液正向流动，反向截止，在有控制压力信号时又允许液体反向流动。液控单向阀的泄漏方式由内泄式和外泄式两种，在油流反向出口无背压的油路中可用内泄式，否则需用外泄式的，以降低控制油液的压力。

1) 液控单向阀的工作原理

图 5-3 为液控单向阀的工作原理图和图形符号。与普通单向阀相比，液控单向阀增加了一个控制油口 K 和控制活塞 1。当液控单向阀正向流动时，液流由 A 腔流向 B 腔；若从控制油口 K 通入控制油，控制活塞通过顶杆 2 将锥阀芯顶开，则可实现液控单向阀的反向开启，液流可反方向流动即从 B 腔流向 A 腔；当控制油口 K 处无压力油通入时，液控单向阀与普通单向阀一样，反向关闭，禁止液体反向流动。

2) 液控单向阀典型结构

液控单向阀按是否有单独的外泄漏油口可分为内泄式和外泄式两种结构。图 5-4 所示为内泄式液控单向阀的结构，当控制油口 K 处无压力油通入时，正向流动，反向截止。如果需要液体反方向流动(*B* 口压力大于 *A* 口压力)，需在控制油口处通入压力油；为确保阀芯开启，需要一定的最低控制压力，该控制油的压力作用于控制活塞 4，控制活塞移动并通过推杆将阀芯顶开，油液完成反方向流动。外泄式结构适用于反向回油腔压力较低的工况。

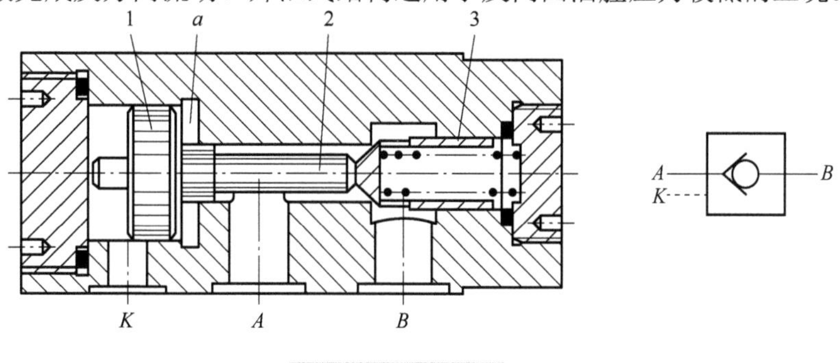

图 5-3　液控单向阀

1-控制活塞；2-顶杆；3-锥阀芯弹簧；*a*-外泄漏腔

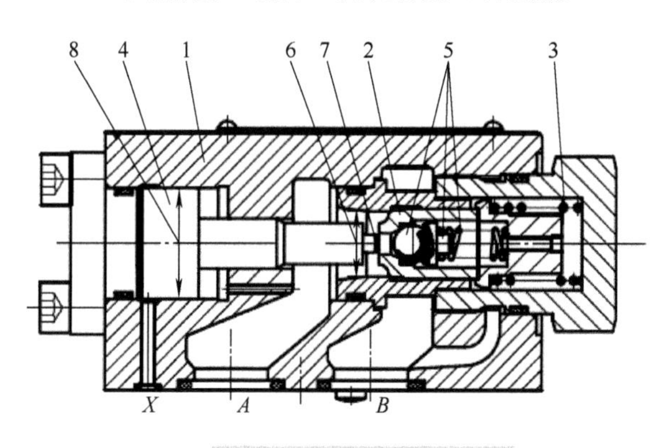

图 5-4　内泄式液控单向阀

1-阀体；2-锥阀芯；3-弹簧；4-控制活塞；5-先导卸压结构；6-面积 *A*1；7-面积 *A*2；8-面积 *A*3

在液压系统中，如果反向出油腔不直接接通油箱，而是串连着节流阀、背压阀等其他负载元件时，这时反向回油压力的数值较大，会产生一个阻止控制活塞运动的力，从而影响阀芯的打开，为此设计外泄式液控单向阀适应上述工况。图 5-5 为外泄式液控单向阀的结构，其中 *Y* 为外泄漏油口。当液体需要反方向流动时，从控制油口 *X* 通入控制油，控制油进入活塞左侧的容腔，活塞产生向右的推力。由于活塞右侧环形容腔不与反向回油腔相通，而是通过小孔与外泄漏油口相通流回油箱，阻止活塞向右运动的力很小，这样即使反向回油腔因各种原因压力较高，但对控制活塞的向右移动的影响也很小，可在较小的控制压力下实现油液的反方向流动。

当反向进油压力较高时，控制活塞要顶开单向阀芯是较困难的，为解决这一问题须采用带有先导卸压结构的液控单向阀，其结构如图 5-4 所示。在主阀芯内设计一个小的卸荷阀芯，当控制活塞在控制油压力的作用下移动时，首先将卸荷阀芯顶开一个小的距离，使反向进油腔的压力油通过卸荷阀芯泄出一部分后而降压，该压力降到一定值后，控制活塞把主阀芯推开，实现油液的反方向流动，这样可以用较小的控制压力反向打开单向阀。

如果液压系统在工作时，当反向进油压力较高且反向回油压力也较大时，为适应这种工作要求则可采取带先导卸压阀芯的外泄式液控单向阀。

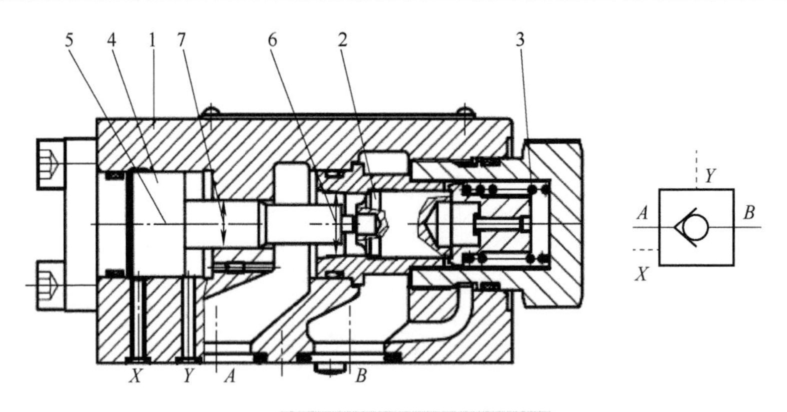

图 5-5　外泄式液控单向阀

1-阀体；2-锥阀芯；3-弹簧；4-控制活塞；5-面积 $A1$；6-面积 $A2$；7-面积 $A3$

3. 双向液压锁

在工程机械和起重运输机械的液压系统中，为避免工作机构在任意位置上停止后，在外力作用下而窜动，可采用双向液压锁实现此功能。

图 5-6 所示为双向液压锁的典型结构图和图形符号。双向液压锁是由两个液控单向阀组成的，它们共用一个阀体和一个控制活塞，两个锥形阀芯分别置于控制活塞的两侧，*A* 口和 *B* 口为两个进油口，*C* 口和 *D* 口是两个出油口，即从 *A* 口→*C* 口和从 *B* 口→*D* 口为正向流动，否则为反向流动。当压力油从 *A* 口流入，对于左侧液控单向阀为正向流动，液压力可以顺利推开阀芯从 *C* 口流出，同时液压力作用于控制活塞使之向右移动并推开右侧液控单向阀的阀芯，允许液体反方向从 *D* 口→*B* 口流动；同理，当压力油从 *B* 口流入时，左侧液控单向阀同样允许液体反向流动；当 *A* 口和 *B* 口都不通压力油时，相当于两个液压控单向阀的控制压力同时消失，液控单向阀此时从功能上等同于普通单向阀，这时无论 *C* 口还是 *D* 口的油液存在压力而试图反方向流动都是不允许的，且阀口的锥形面密封良好，这样与 *C* 口和 *D* 口相连接的执行元件的两个容腔被封闭。由于液体不可压缩，执行元件在正常情况下(无泄漏)即使受外负载力的作用也可停留在规定的位置上。

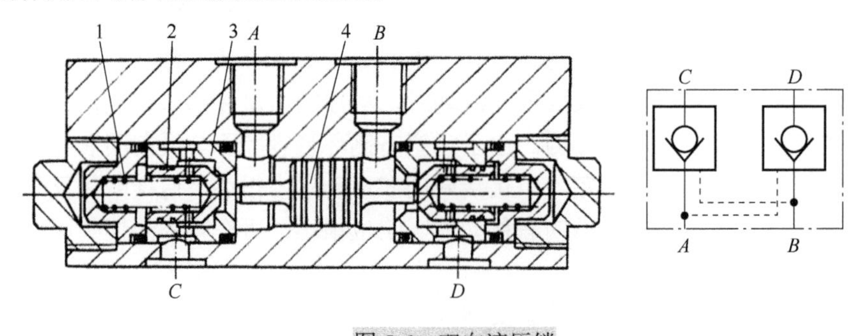

图 5-6　双向液压锁

1-弹簧；2-锥阀芯；3-阀座；4-控制活塞

4. 单向阀的应用

1)单向阀用在泵的出口

图 5-7 中，用单向阀 2 将系统和泵隔断，泵开机时泵排出的油可经单向阀进入系统；泵停机时，单向阀可阻止系统中的油倒流。

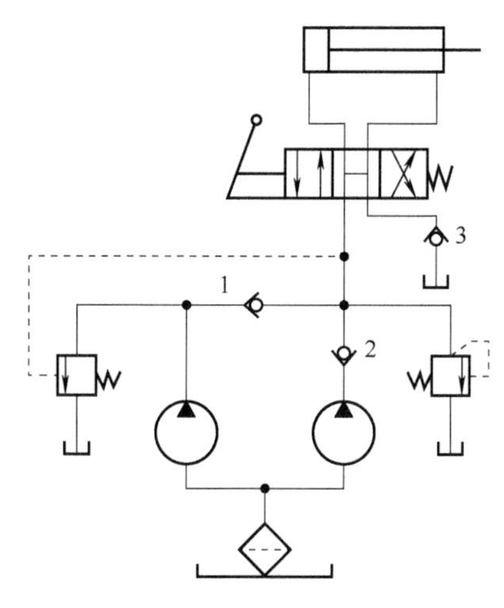

图 5-7　单向阀的应用

2)用单向阀将两个泵隔断

在图 5-7 中，低压时两个泵排出的油合流，共同向系统供油。高压时，单向阀 1 的反向压力为高压，单向阀关闭，左侧泵排出的油液回油箱，由右侧的高压泵单独往系统供油。这样，利用单向阀 1 将两个压力不同的泵隔断，互不影响。

3)用单向阀产生背压

在图 5-7 中，当高压油进入缸的无杆腔，活塞右行，有杆腔中的低压油经单向阀 3 后回油箱。单向阀有一定压力降，故在单向阀上游总保持一定压力，此压力称为背压，其数值不高一般约为 0.5MPa。在缸的回油路上保持一定背压，可防止活塞的冲击，使活塞运动平稳。此种用途的单向阀也称为背压阀。

4)用单向阀和其他阀组成复合阀

如图 5-8 所示，由单向阀和节流阀组成复合阀，称为单向节流阀。用单向阀组成的复合阀还有单向顺序阀、单向减压阀等。在单向节流阀中，单向阀和节流阀共用一阀体。当液流从上向下流动时，因单向阀关闭，液流只能经过节流阀从阀体流出，可利用节流阀来控制回路的流量。若液流从下向上流动时，液流经过单向阀流出阀体。此阀常用来快速回油，从而可以改变缸的运动速度。

5)用作旁通阀

如图 5-9 所示，单向阀与过滤器并联使用，用作旁通阀。此种用途单向阀的开启需要一定的压力，在过滤器正常工作时，单向阀不能打开，液流从上至下通过滤油器，对回路中的油液进行过滤；当滤油器出现堵塞时，通过滤油器的压力降增加。为防止液流冲坏滤油器，此时单向阀打开，可使油液短时间从单向阀流过，但这种情况应及时对滤油器进行维护。有时单向阀也用作散热器的旁通阀。

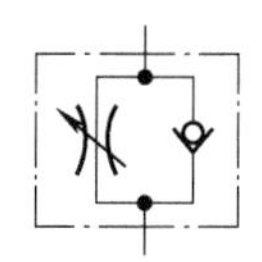

图 5-8　用单向阀组成复合阀

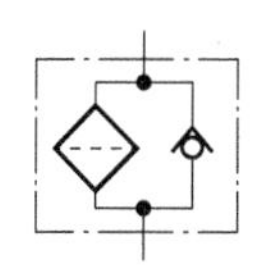

图 5-9　单向阀做旁通阀

6)用液控单向阀使立式缸活塞的停止

在图 5-10 中，通过液控单向阀往立式缸的下腔供油，活塞上行。停止供油时，因有液控单向阀，活塞靠自重不能下行，于是可在任一位置悬浮。将液控单向阀的控制口加压后，活塞即可下行，但为确保液压缸活塞平稳下落应在回油路上增设单向节流阀，防止液压缸出现时走时停的振动现象。

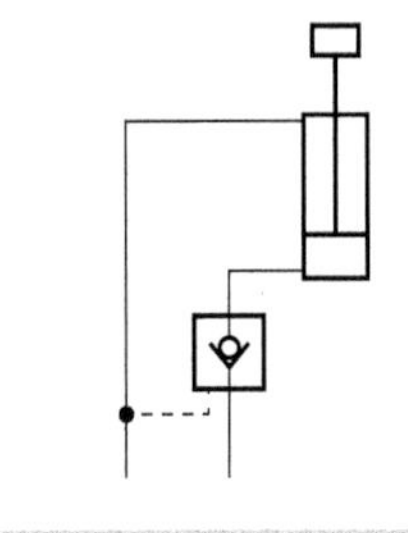
图 5-10　液控单向阀的应用

二、换向阀

1. 换向阀的原理与分类

1)换向阀的组成与工作原理

换向阀主要由阀芯和阀体等组成(图 5-11)。阀体内加工有若干条环形沟槽并与外部油口相通(也可能几条环形槽通过内部通道沟通后与外部油口相连)，阀芯上加工有若干个台肩与环形沟槽相配合，以使某些通道连通，而另一些通道被封闭。变换阀芯在阀体内的相对位置，可使阀体内的某些有关油道连通或断开，改变液体的流动方向，从而控制执行元件的换向或启停。在图 5-11 所示位置，液压缸两腔不通压力油，活塞处于停止状态。若换向阀的阀芯 1 向左移动，阀体 2 上的压力油口 P 通过油道与 A 口连通，B 口与 T 口连通，压力油通过换向阀进入液压缸的无杆腔，活塞向右移动，有杆腔的油液经 B 口、T 口流回油箱。反之，若使阀芯右移，则 P 口和 B 口连通，A 口和 T 口连通，活塞便左移。

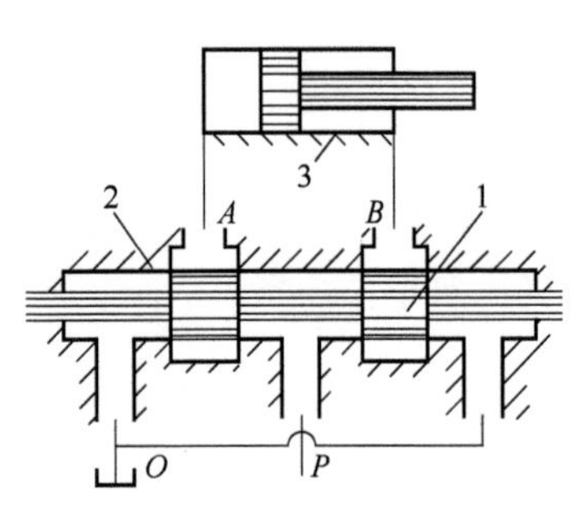

图 5-11　换向阀的工作原理

1-阀芯；2-阀体

对换向阀的基本要求是液流通过换向阀的压力损失要小；液流在各阀口间的缝隙泄漏量要小；换向动作灵敏、可靠；换向时过渡平稳、冲击小等。

2)换向阀的分类

换向阀按不同的特征有多种分类方法。根据阀芯的运动方式，换向阀可分为转阀式和滑阀式两种；按操纵换向方式的不同，换向阀可分为手动、机动、液动、气动、电磁换向、电液换向等多种形式；按照不同的工作位置数和通路数，换向阀有二位二通、二位三通、二位四通、三位三通、三位四通、三位五通、四位四通等多种形式，换向阀的类型、结构原理和图形符号如表 5-1 所示。

3)换向阀的符号表示

用图形符号表示换向阀时，应表示出位数、通路数、操纵换向的方式、复位或定位方式等。其图形阀符号具体含义如下。

(1)换向阀的“位”是指阀芯在阀体内的工作位置数，即换向阀对液体流动方向的控制状态的个数，由执行机构的工作状态个数来决定，符号中用方框来表示，有几个方框就表示有几“位”。

(2)用箭头符号“↑”表示指向的两油口相通，但不一定表示液流的实际方向；用截止符号“⊥”表示相应的油口在阀内被封闭。

(3)换向阀的“通”是指在某一工作位置相通或被封闭的油口个数，即换向阀本体与系统连接的主油口的个数。在图形符号上，一个方框与外部油路连接的个数(箭头或截止符号与方框交叉点的个数)有几个，就表示有几“通”。

(4)常用字母“P”表示阀与系统供油路连通的油口，即进油口或压力油口；用“T”或“O”表示与系统回油路相连通的油口，即回油口；用“A”和“B”表示与执行元件相连接的油口，即工作油口。

表 5-1 换向阀的类型、结构原理和图形符号

名称	结构原理图	图形符号	使用场合
二位二通阀	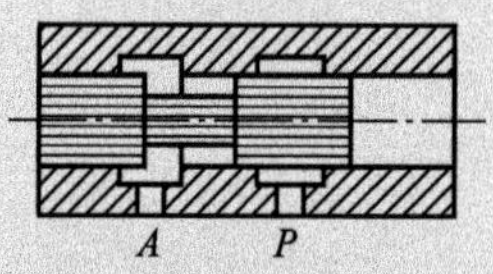 A P	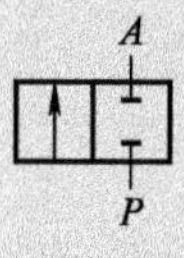 A P	控制油路的接通与切断(相当于一个开关)
二位三通阀	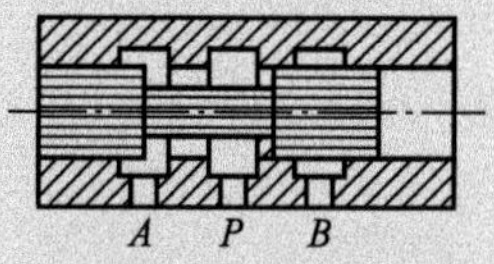 A P B	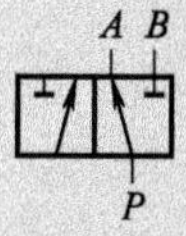 A B P	控制液流方向(从一个方向变换成另一个方向)，油流有两种状态
二位四通阀	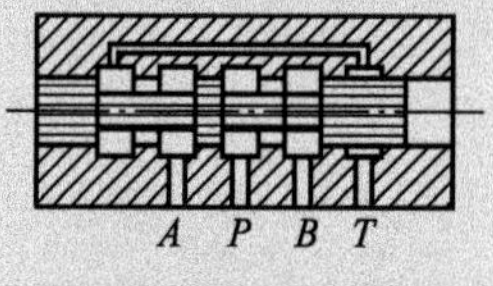 A P B T	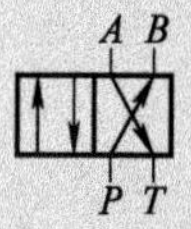 A B P T	油路连通有两种状态，不能使执行元件在某一位置处停止运动
二位五通阀	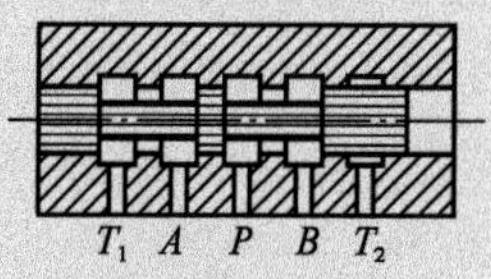 T_1 A P B T_2	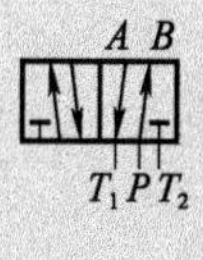 A B T_1PT_2	油路连通有两种状态，不能使执行元件在某一位置处停止运动
三位四通阀	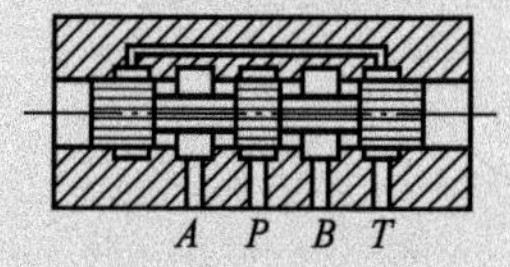 A P B T	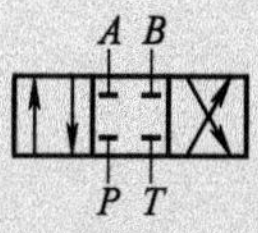 A B P T	油路连通有三种状态，能使执行元件在某一位置处停止运动，也能改变其运动方向
三位五通阀	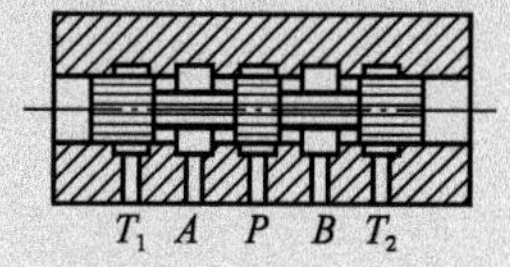 T_1 A P B T_2	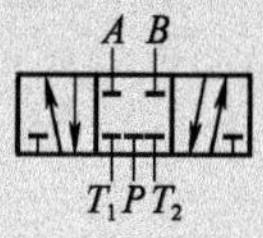 A B T_1PT_2	油路连通有三种状态，能使执行元件在某一位置处停止运动，也能改变其运动方向

(5)在方框的一侧或两侧应画出表示操纵换向(控制阀芯在阀体内移动)方式的符号，如手动操纵阀芯移动、电磁力操纵等对应着不同的表示方法，具体表示见附录。

(6)换向阀换向后，如果操纵力消失，阀芯能在弹簧力的作用下回到原始位置，称这种控制方式为弹簧复位；操纵力消失后，如果阀芯通过机械结构(常见为钢球与沟槽配合)保持在换向后的位置，则称为钢球(弹跳)定位。

(7)换向阀都有两个或两个以上的工作位置，其中有一个是常态位，即阀芯未受到外部操纵作用力时所处的工作位置。两位换向阀以靠近弹簧符号或钢球定位符号的一个方框内的通路状态(工作位置)为其常态位，三位滑阀图形符号上的中间位置为其常态位。绘制液压系统图时，油路一般应连接在换向阀的常态位上。

(8)换向阀在常态位时各油口的连通方式称为这个阀的滑阀机能，对三位换向阀常称为中位机能。滑阀机能不同，会影响到阀在常态位时执行元件的工作状态：停止还是运动，前进还是后退，快速还是慢速，卸荷还是保压等。不同中位机能的换向阀，阀体通用，仅阀芯台肩结构、尺寸及内部通孔情况有一定区别。在分析和选择换向阀中位机能时，通常应从执行元件对换向平稳性要求、换向位置精度要求、重新启动时能否允许冲击、是否需要系统卸荷、保压等方面加以考虑，具体说明如下。

系统保压：当 P 油口被封闭时，系统保压，液压泵能用于多缸系统，但在泵启动或所有执行元件都不工作时，应采取相应的措施让液压泵卸荷。当 P 油口不太畅通地与 T 油口接通时(如 X 形)，系统能保持一定的压力供控制油路使用。

系统卸荷：P 油口畅通地与 T 油口接通时，系统卸荷。

换向平稳性与精度：当通向液压执行元件的 A 口和 B 口都被封闭时，执行元件(如液压缸)换向过程易产生液压冲击，换向不平稳，但换向位置精度高。反之，当 A 和 B 两油口都通过 T 油口时，换向过程中工作部件不易制动，换向精度低，但液压冲击小。

启动平稳性：换向阀在中位时，如果液压执行元件工作腔通回油口 T，则启动时该腔内因没有液压油起缓冲作用，启动不太平稳。

执行机构在任意位置停止和“浮动”：当 A 油口和 B 油口封闭时，可使液压执行元件在任意位置上停止不动。当 A 油口和 B 油口与 P 油口接通(只对等径双活塞杆液压缸)或与 T 油口接通时，液压执行元件在外负载或外驱动作用下运动，执行元件是“浮动”状态，这时可利用其他机构移动工作台，调整其位置。

例如，O 形中位机能，油口全封闭，执行元件可在任意位置上被锁住，换向位置精度高，但因运动部件的惯性引起的换向冲击较大，重新启动时因液压缸两腔充满油液，故启动平稳，液压泵不能卸荷，并联的其他油路可以在调定的压力下工作。常用三位四通换向阀的常用中位机能如表 5-2 所示。

表 5-2　三位四通换向阀的常用中位机能

机能代号	结构原理图	中位图形符号	机能控制特点
O	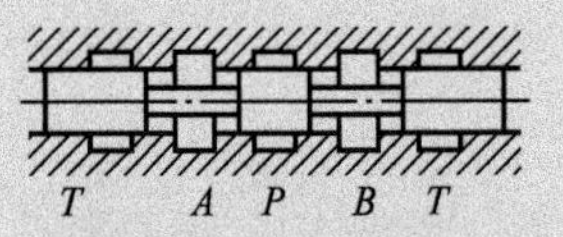 T　A　P　B　T	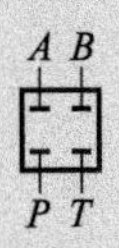 A B P T	各油口全部关闭，系统保持压力，泵不卸荷，液压缸各油口封闭，换向精度高，从运动到停止冲击大，启动平稳
H	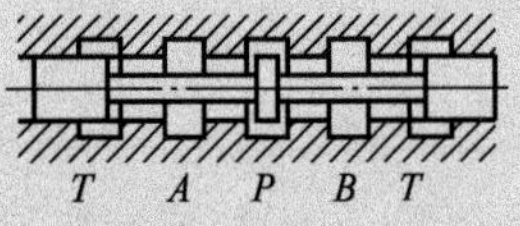 T　A　P　B　T	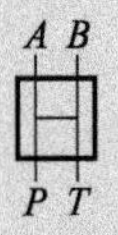 A B P T	各油口全部连通，泵卸荷，液压缸两腔与回油连通，处于浮动状态，停止时有前冲，停止位置不精确
Y	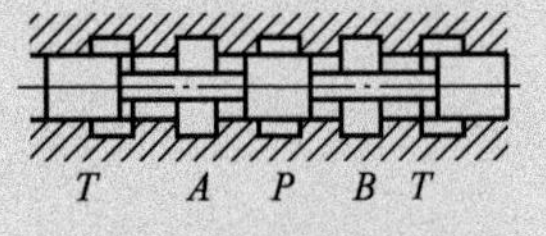 T　A　P　B　T	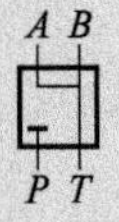 A B P T	A、B、T 口连通，P 口保持压力，缸两腔与回油连通，处于浮动状态，停止时有前冲，停止位置不精确
J	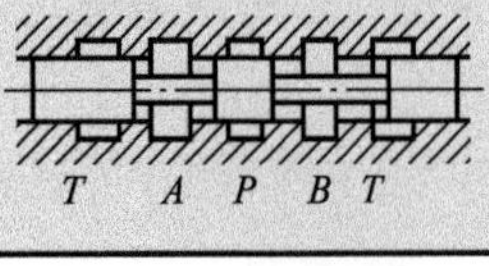 T　A　P　B　T	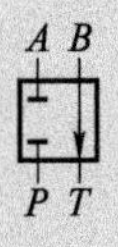 A B P T	P 口保持压力，泵不卸荷，缸 A 口封闭，B 口与回油口 T 连通

续表

机能代号	结构原理图	中位图形符号	机能控制特点
p	T A P B T	A B P T	P 口与 A、B 口都连通，回油口 T 封闭，液压缸油路为差动连接
K	T A P B T	A B P T	P、A、T 口连通，泵卸荷，执行元件 B 口封闭
X	T A P B T	A B P T	P、A、B、T 口半开启接通，P 口保持一定压力，换向性能介于 O 和 H 形之间
M	T A P B T	A B P T	P、T 口连通，泵卸荷，执行元件 A、B 两油口都封闭，停止时与 O 形机能相同
U	T A P B T	A B P T	A、B 口接通，P、T 口封闭，缸两腔连通，P 口保持压力，泵不卸荷

除了中位机能，有的系统还对阀芯换向过程中各油口的连通方式即过渡机能提出要求，过渡过程虽只有一瞬间，且不能形成稳定的油口连通状态，但其作用不能忽视。对于没有中间位置的二位阀来说，如果在阀芯换位过程中对中间过渡状态(过渡机能)有一定要求，可在二位阀的图形符号上把过渡机能表示出来，即在过渡机能的位置上，其上下边框用虚线。图 5-12(a)为二位四通滑阀的 H 形过渡机能，在换向时，P、A、B、T 四个油口呈连通状态，这样可避免在换向过程中由于 P 口突然完全封闭而引起系统的压力冲击。图 5-12(b)为 O 形三位四通换向阀的一种过渡机能。

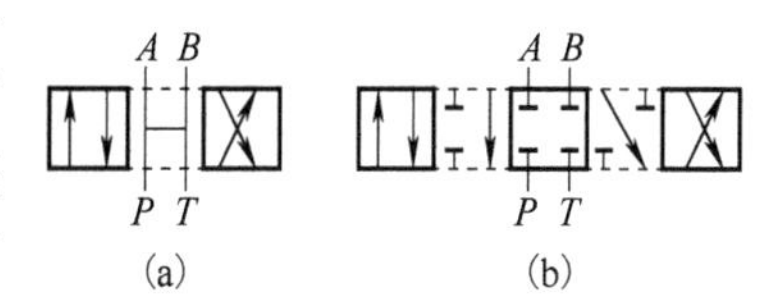

图 5-12　换向阀的过渡机能

2. 常用换向阀的结构特点

1)手动换向阀

依靠操作手动杠杆使阀芯移动来实现油路通断或切换的换向阀称为手动换向阀。目前手动换向阀在工程机械上的应用仍较为广泛。该类阀结构简单，工作可靠。手柄的操纵力一般应小于 98N，故手动换向阀的结构尺寸不能太大。我国高压阀系列中手动换向阀的公称通径有 10mm、20mm、32mm、50mm 四个规格。

手动换向阀的各工作位置有全定位的，也有弹簧复位的。图 5-13 为钢球定位的三位四通手动换向阀及其图形符号。手柄 10 的前端球头与阀芯 2 是铰式连接，推动手柄可使阀芯 2 在阀体 1 内左右移动，从而实现换向功能。阀芯的三个工作位置是依靠钢球定位的，阀杆左端的后盖 7 内装有护球阀 4 和定位套 5，定位套 5 上有三道 V 形环槽，槽的间距就是阀芯的行程，在环槽中放有一排钢球，护球阀在定位弹簧 6 的推动下通过斜面挤压钢球，使其进入阀杆的 V 形环槽中将阀杆轴向定位。该阀有一个外泄漏油口，它与阀芯两端的油腔相通，以便将通过滑阀间隙泄漏到阀芯两端油腔的油液排回油箱，以免影响阀的换向。

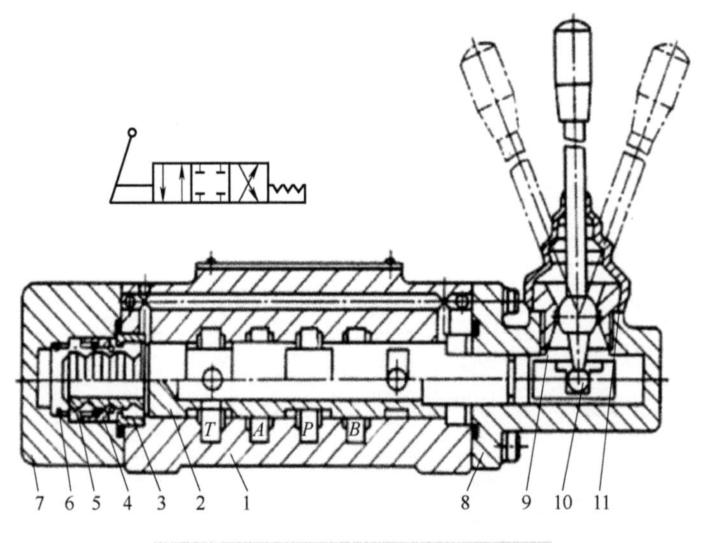

图 5-13　钢球定位三位四通手动换向阀

1-阀体；2-阀芯；3-球座；4-护球阀；5-定位套；6-弹簧；7-后盖；8-前盖；9-螺套；10-手柄；11-防尘套

钢球定位式二位四通手动换向阀与三位阀的差别仅在于定位套上，二位四通阀的定位套上只有两条定位槽。

弹簧复位式手动换向阀的主要结构与钢球定位是一样的，其差别仅在于定位部分，图 5-14 为弹簧复位式手动换向阀的结构和图形符号。当不操纵手柄时，在复位弹簧作用下，阀杆处于中立位置。当向左或向右扳动手柄时，复位弹簧均被压缩；手放开时，阀杆在弹簧力作用下回到中立位置。另外，阀芯的移动距离在行程范围内可以通过操作手柄来控制，也就是说各油腔间的开口量大小可以由手柄控制，当阀的开口量较小时可以起节流作用，以调节执行元件的运动速度。

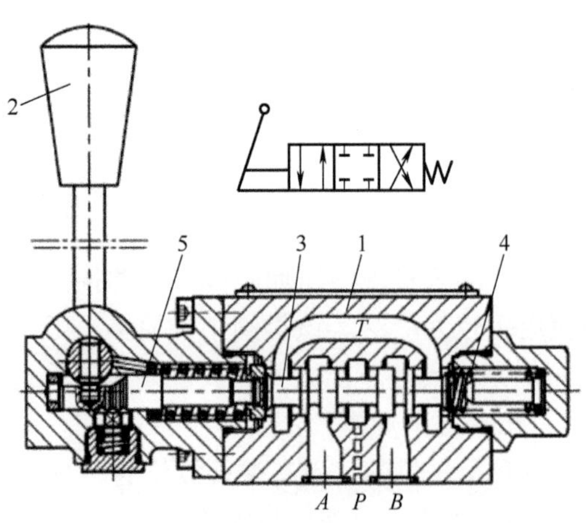

图 5-14　弹簧复位的三位四通手动换向阀

1-阀体；2-手柄；3-阀芯；4-复位弹簧；5-推杆

2）机动换向阀

机动换向阀又称行程阀。图 5-15 为二位二通机动换向阀的结构简图和图形符号。这种阀必须安装在液压执行元件驱动的工作部件附近，在工作部件的运动过程中，安装在工作部件一侧的挡块或凸轮移动到预定位置时压下阀芯 2，使阀芯换位。机动换向阀通常是弹簧复位式的二位阀，它的结构简单，动作可靠，换向位置精度高。改变挡块的迎角或凸轮外形，可使阀芯获得合适的移动速度，进而控制换向时间，减小液压执行元件的换向冲击。但这种阀只能安装在工作部件附近，因而连接管路较长，使整个液压装置不紧凑。

3）液动换向阀的结构特点

阀芯所受的液动力与流量成正比，对于大流量的换向阀，势必使轴向液动力增大，操作费力，因而出现了用液压作用力推动阀芯轴向移动的换向阀，即液动换向阀。

液动换向阀的阀芯是通过两端密封腔中油液的压差来移动的。图 5-16 为一种液动换向阀的结构简图和图形符号。当阀的控制口 K_1 接通压力油，K_2 接通回油时，阀芯向右移动，这时压力油口 P 和 A 口相通，B 口油液通过阀芯中心通道和 O 相通；当阀的控制口 K_2 接通压力油，K_1 接通回油时，阀芯向左移动，这时 P 口与 B 口连通，A 口与 O 口连通；当控制口 K_1 和 K_2 都接通回油时，阀芯在两端弹簧和定位套的作用下回到其中间位置。

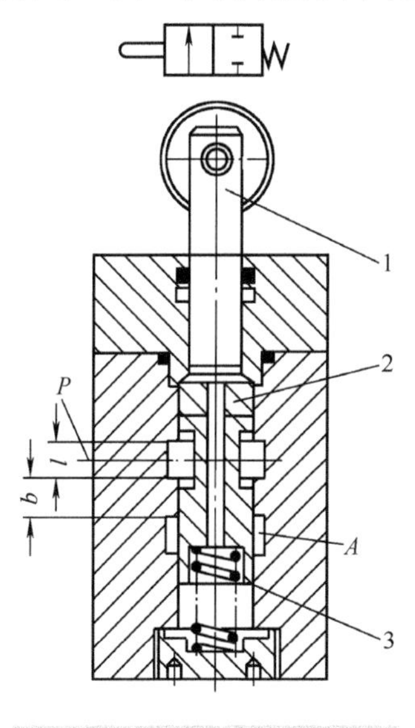

图 5-15　二位二通机动换向阀

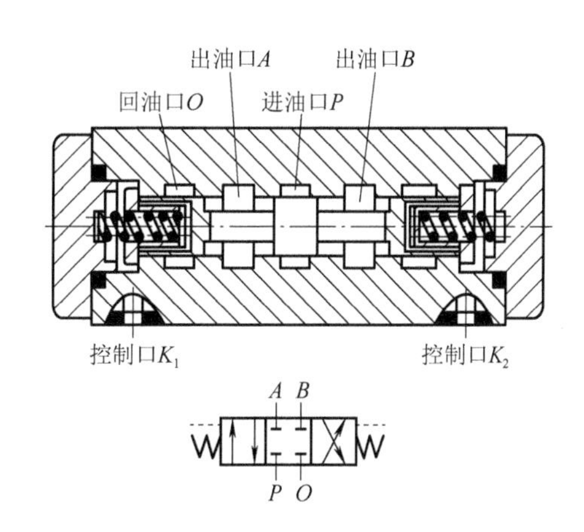

图 5-16　液动换向阀

液动换向阀对阀芯的操纵推力很大，因此适用于压力高、流量大、阀芯移动行程长的场合。这种阀通过一些简单的单向节流装置可使阀芯的运动速度得到调节，实现换向时间调节。

4）电磁换向阀的结构特点

利用电磁铁吸合时产生的电磁推力操纵阀芯移动，从而改变液体流动方向的换向阀称为电磁换向阀，简称电磁阀。电磁换向阀有滑阀和球阀两种结构，通常所说的电磁换向阀为滑阀结构，球阀结构的电磁换向阀称为电磁球阀。电磁阀操纵方便，便于布置，有利于实现自动化，特别适合于机床和实验台上，近年来逐步应用到工程机械上，可实现远控操纵。

(1) 电磁换向阀的工作过程。电磁换向阀由电磁铁和换向滑阀两大部分组成，图 5-17 为三位四通 O 形中位机能电磁换向阀的结构示意图，它主要由阀体 1、阀芯 2、弹簧 4、推杆 5、衔铁 7 等组成。阀体 1 内有五条沉割槽，中间为进油腔 P，与其相邻的是出油腔 A 和 B，两端的沉槽相互连通为回油腔 T。当电磁阀两端电磁铁均不通电时，阀芯靠两端复位弹簧的作用保持在中立位置，此时 P、A、B、T 各油腔互不相通(图 5-17(a))；需要换向时，若使左端的电磁铁通电(图 5-17(b))，该端电磁铁吸合，衔铁通过推杆推动阀芯向右移动，从而改变阀体各油道的连通关系，实现 *P* 腔与 *B* 腔连通，*A* 和 *T* 连通，此时右端复位弹簧 4 被压缩，电磁铁断电后，靠被压缩的弹簧 4 的作用力使阀芯回到中立位置；当右端电磁铁通电时(图 5-17(c))，其衔铁将通过推杆推动阀芯向左移动，*P* 和 *A* 相通，*B* 和 *T* 相通，电磁铁断电后，阀芯在左端弹簧力的作用下回到中立位置。

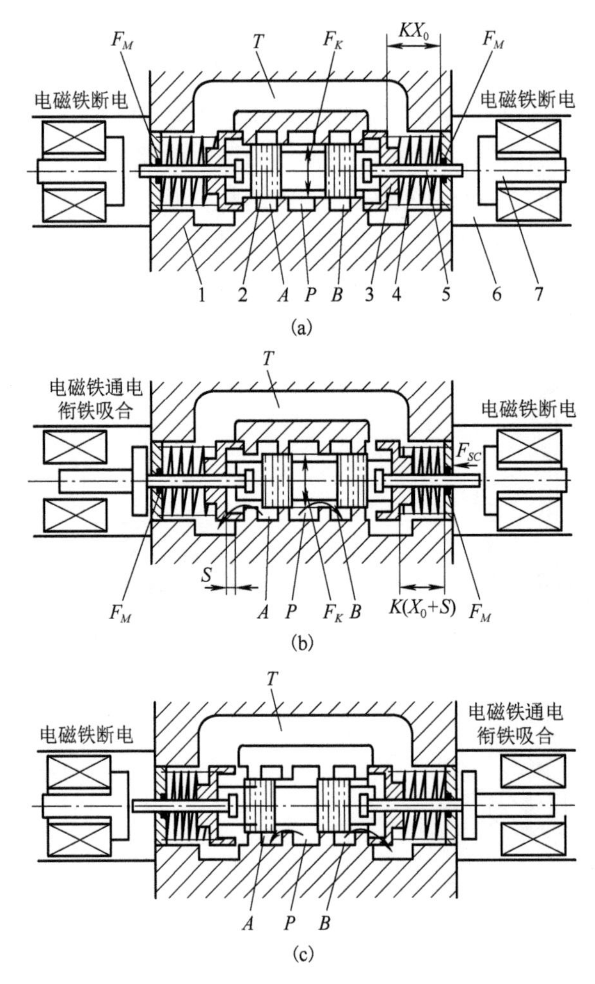

图 5-17　电磁换向阀的工作过程

1-阀体；2-阀芯；3-弹簧座；4-弹簧；5-推杆；6-铁芯；7-衔铁

由于阀芯移动的阻力受电磁铁吸力的限制，因而电磁阀的结构尺寸受到限制。目前我国高压阀系列的电磁阀公称通径为 6mm 和 10mm 两种，要求背压不大于 6.3MPa。

(2) 电磁铁的形式与特点。国产电磁换向阀的型号，例如，34DY-L10K(C)-T 电磁换向阀，第一个数字表示阀的位数，第二个数字表示通数，D(E)表示交(直)流电源，Y 表示机能，L 表示连接方式为螺纹(B 表示板式)，10 表示公称通径为 10mm，K(C)表示压力等级为 32(14)MPa，T 表示带有复位弹簧。D(E)除了表示电源，还说明是干式电磁铁，若加注 1(D_1 或 E_1)则表示为湿式电磁铁。

电磁铁按所接电源的不同，电磁阀所用的电磁铁有直流和交流两类。交流电磁铁的电压有 380V、220V、127V、110V 等几种；直流电磁铁的电压有 12V、24V、110V 等几种。

交流电磁铁不需要特殊电源，使用方便，启动力大，换向时间短(0.03～0.05s)，且电磁吸力大；但换向冲击大，噪声大。当换向阻力大、衔铁不能到底时，可能引起大的电流将线圈烧坏，故工作可靠性差。直流电磁铁需直流电源或整流装置，换向冲击小，换向频率允许较高，噪声低，线圈电阻与衔铁行程无关，不会因衔铁不到位而烧坏线圈，故工作可靠；但它启动力小，换向时间长(0.1～0.3s)，需要特殊电源。由于行走机械自身电源的特点，在其液压系统中所使用的电磁换向阀大都为直流 24V 或 12V 的。还有一种交流本整型电磁铁，其上附有二极管整流线路和冲击电压吸收装置，能把接入的交流电整流后自用，因而兼具了前述两者的优点。

电磁铁内部不允许进油的称为干式电磁铁，采用干式电磁铁必须在滑阀与电磁铁之间设密封装置，推杆上的动密封不但增大了阀杆的运动摩擦，而且液压油也容易进入电磁铁内部，故又出现了湿式电磁铁。湿式电磁铁的衔铁和推杆可完全浸没在油液中，取消了动密封，因此运动阻力较小，而且油液还起到润滑、冷却和吸振作用，同时湿式电磁铁有较大的吸力，提高了换向可靠性，寿命较长。图 5-18 所示为湿式电磁铁的结构图。湿式电磁铁取消了推杆处的动密封，将电磁铁内的导磁套做成密封筒状结构，衔铁 5 和推杆在腔内可自由滑动，油液通过底座内孔和推杆之间的间隙进入导磁套腔内，使腔内充满油液，对衔铁的运动起润滑作用，而且还起阻尼孔作用，避免衔铁运动时发生硬性冲击。线圈 6 与油液不接触。线圈通入电流时，产生的磁力线形成一个闭合磁路吸动衔铁，然后通过推杆推动阀芯移动。插头座 9 内可附有整流装置，可供交、直流两用。湿式电磁铁解决了漏油问题，提高了工作可靠性，湿式电磁阀的换向次数可达 1000 万次以上。

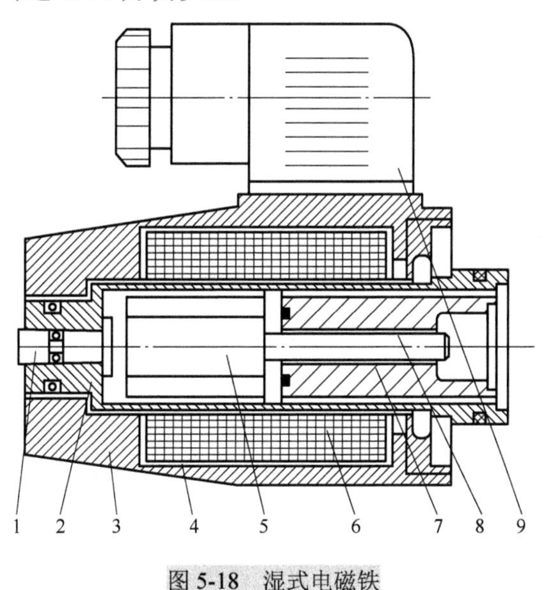

图 5-18　湿式电磁铁

1-手动推杆；2-导磁套；3-外壳；4-线圈框；5-衔铁；6-线圈；7-挡铁；8-推杆；9-插头座

(3) 电磁换向阀的典型结构。目前我国高压系列电磁阀额定流量一般在 63L/min 以下，中、低压系列电磁阀的公称压力为 6.3MPa，高压的为 32MPa，换向频率不超过 $1s^{-1}$。使用电磁阀时，应将回油口单独接油箱，若回油口与其他大流量的阀回油路连通，回油压力太大，过高的背压将通过推杆(干式电磁铁)作用在衔铁上，使电磁铁负荷增加，导致线圈烧毁。

图 5-19 所示为三位四通电磁换向阀，其主要由电磁铁、阀体、阀芯、回位弹簧、手动操作杆等零件组成。手动操作杆设在电磁铁的端部，可通过手动力推动此杆使阀芯做轴向移动而换向，经常在故障检查、安装调试过程中使用此操作杆，此时电磁阀相当于手动换向阀。

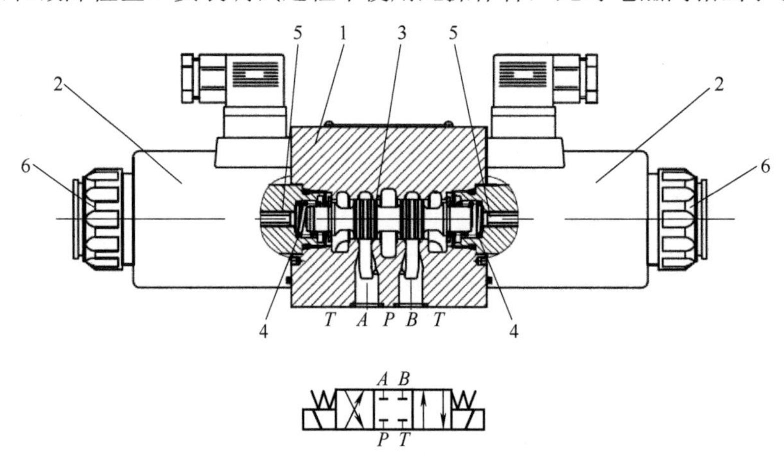

图 5-19　三位四通电磁换向阀

1-阀体；2-电磁铁；3-阀芯；4-回位弹簧；5-推杆；6-手动操作杆

图 5-20 所示为二位三通电磁换向阀。它是单电磁铁弹簧复位式，电磁铁通电后阀芯 2 在衔铁的吸力下，经过推杆 1 的推动下移动到右边位置，电磁铁断电后，阀芯 2 靠其右端的弹簧 3 进行复位。二位电磁阀一般都由单电磁铁控制。但无复位弹簧而设有定位机构的双电磁铁二位阀，由于电磁铁断电后仍能保留通电时的状态，所以减少了电磁铁的通电时间，延长了电磁铁的使用寿命，节约了能源；此外，当电源因故断电时，电磁阀的工作状态仍能保留下来，可以避免系统失灵或出现事故，这种“记忆”功能对于一些连续作业的自动化机械和生产线来说，往往是十分需要的。

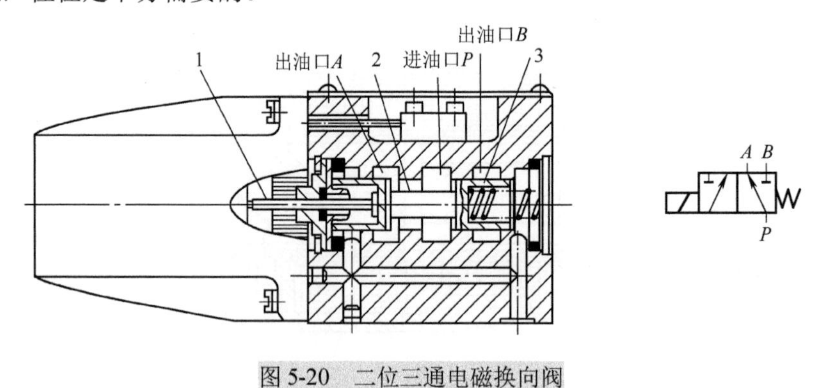

图 5-20　二位三通电磁换向阀

1-推杆；2-阀芯；3-回位弹簧

5) 电液(动)换向阀

电液动换向阀是电磁换向阀和液动换向阀的组合。这里电磁换向阀是先导控制阀，液压换向阀是主换向阀。电液动换向阀不仅能实现换向缓冲，同时还能用较小的电磁阀控制较大流量(Q_V＞63L/min)的液流。电液动换向阀简称电液阀。

(1)工作过程。图 5-21 所示为弹簧对中 O 形中位机能三位四通电液换向阀的工作原理图。其先导阀是 Y 形中位机能三位四通电磁换向阀，主换向阀是 O 形中位机能三位四通液动换向阀。当先导电磁阀的两个电磁铁都不通电时，主阀芯两端的控制油通过先导阀与油箱相通，主阀芯在其两端复位弹簧力的作用下处于图 5-21 所示的中间位置，此时 P 口、A 口、B 口、T 口互不相通。当电磁阀左边的电磁铁通电时，先导阀芯向右移动，来自主阀的控制压力油经先导电磁阀进入主阀左端工作容腔，而右端容腔的油液则经先导阀与油箱连通，使主阀芯在控制油的作用下克服右端的弹簧力向右移动，这样 P 口与 A 口相通，同时中空的主阀芯也使 B 口与 T 口连通。当左边的电磁铁断电时，电磁阀的阀芯回到中位，主阀芯两端工作容腔的油液均与油箱相通，主阀芯便在左边复位弹簧的作用下也回到中间位置。当右边电磁铁通电时，其工作过程与左端电磁铁通电时相同，可实现 P 口和 B 口相通、A 口和 T 口相通。单向阀和节流阀的作用是可以调整主阀芯换向的时间，以减小换向冲击，称为换向阻尼调节器。

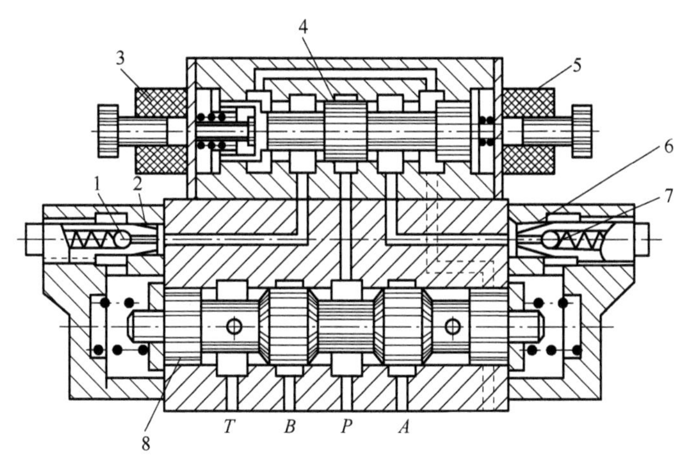

图 5-21　电液换向阀的工作原理

1、7-单向阀；2、6-节流阀；3、5-电磁铁；4-先导阀芯；8-主阀芯

(2)电液换向阀的类型。电液换向阀控制油的进油可分为内部控制和外部控制两种方式，其回油也有内部回油和外部回油两种方式，如图 5-22 所示。

内部控制方式：内部控制的电液换向阀，其电磁阀的进油口与主阀的 P 腔是相通的，其优点是无需单独的辅助泵和相应的控制油路，使系统的布置变得简洁。对于中间位置使主油路卸荷的一些三位四通电液换向阀，如 M、H、K 等机能，主阀在中位时主油路不能为控制油路提供使主阀芯换向所必须的控制压力，故在使用时可采用以下两种措施：在电液换向阀回油口的管路上增设背压阀，使 P 建立的压力高于电液换向阀换向所需的最小控制压力；在电液换向阀的进油口 P 中装预压阀，预压阀实际是一个具有较大开启压力的插入式单向阀，电液换向阀处于中位时，液压泵输出的油液经预压阀、电液换向阀的内部油道从 T 口回油箱，从而在预压阀前建立起所需的控制压力。

外部控制方式：外部控制的电液换向阀，其先导电磁阀的控制油不是由主阀 P 腔引入的，而是由该电液换向阀之外的油路单独引入的。它可以取自主系统的某一部分，也可由一台辅助泵单独提供。

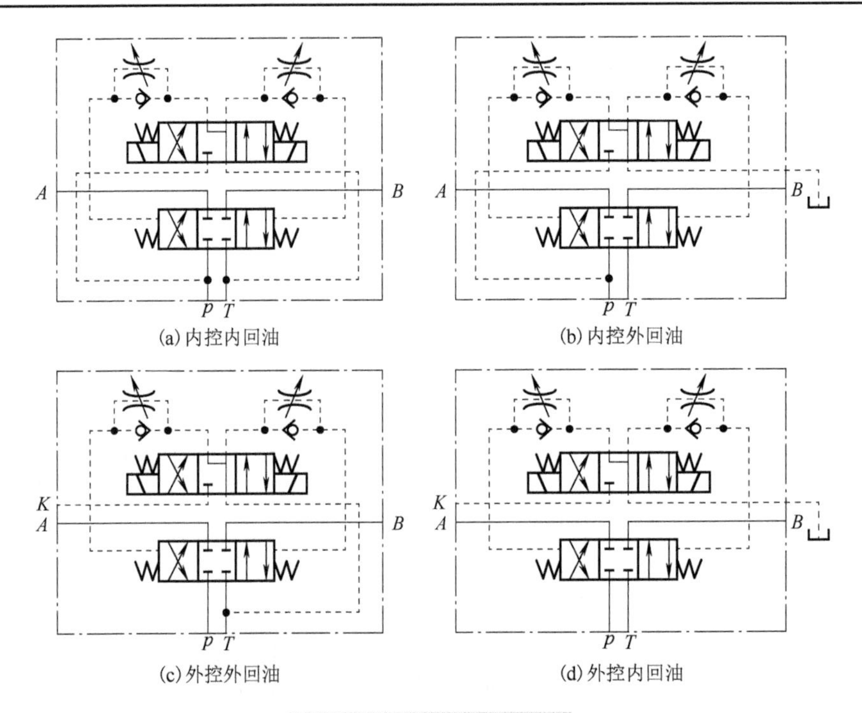

图 5-22　电液换向阀的类型

内部回油方式：内部回油的电液换向阀，其先导电磁阀的回油口与主阀的 T 腔接通。这种回油方式不需要在阀外增设回油管路，但在使用时电液换向阀的回油背压必须低于其先导阀允许的回油背压。

外部回油方式：外部回油的电液换向阀的先导阀回油口是单独接回油箱的，与电液换向阀的 T 口互不相通。

控油和回油方式的不同组合可以组成四种控制方式，即外控外回油、外控内回油、内控外回油和内控内回油，为了提高通用化程度，一般电液换向阀在结构上做到允许外部控制和内部控制两种进油方式相互转换，也允许外部回油和内部回油两种方式相互转换。在使用时应根据具体场合选用控油和回油方式，无论选用哪一种控制形式，均应注意控制压力要大于主阀换向所需的压力，而回油背压绝不能超过先导电磁阀所允许的背压。

(3) 电液换向阀的结构特点。当电磁阀断电后，液动换向阀阀杆便回到中立位置，根据阀杆由换向位置回到中立位置动作原理的不同，电液换向阀分为弹簧对中型和液压对中型两类。

图 5-23 所示为弹簧对中型电液动换向阀的结构图。该电液换向阀为外控外回油方式，X 口为控制压力油入口，Y 口为先导阀回油口。其先导阀是 Y 形中位机能的电磁换向阀，当两个电磁铁均不通电时，主阀芯两端的容腔都经过电磁阀与油箱相通，主阀芯在其两端弹簧力的作用下保持在中间位置。图 5-23 中的液控主阀为 O 形滑阀机能，处于中间位置时四个油口相互封闭。当左边电磁铁通电后，控制油路的压力油由内部通道进入主阀芯的右端，主阀芯左端油液回油箱，所以主阀芯在液控压力的作用下左右移动，此时进油口 P 和工作油口 A 连通，工作油口 B 和回油口 T 连通。当右边电磁铁通电时，控制油路的压力油就将主阀芯推向右端，这时油口 P 和 B 通，油口 A 通过阀杆的内孔和回油口 T 相通，使主油路实现换向。

一般来说，电液换向阀的主阀体是通用的，配用不同结构尺寸的主阀芯可以得到不同滑阀机能的电液阀。

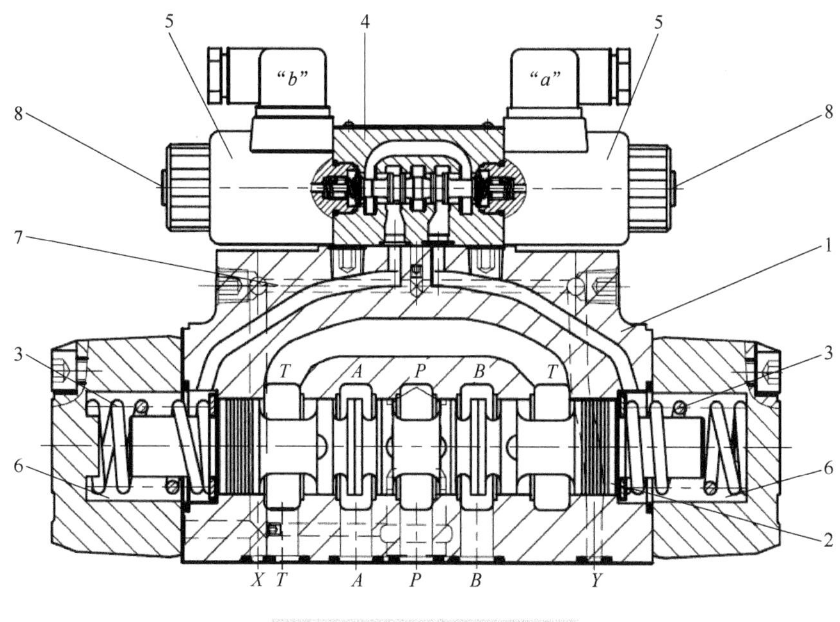

图 5-23　弹簧对中电液换向阀

1-主阀体；2-主阀芯；3-复位弹簧；4-先导阀；5-电磁铁；6-弹簧腔；7-控制油道；8-手动按钮

第三节　压力控制阀

在液压系统中用来控制液体压力的阀和控制执行元件或电器元件在某一调定压力下动作的阀统称为压力控制阀。

各种压力阀都由阀体、阀芯、弹簧和调压部分组成。其工作原理都是阀芯在液压力和弹簧力共同作用下，处于某种平衡状态。当液压力变化到某一数值时原来的平衡被打破，阀芯产生动作，然后达到新的平衡。压力阀有溢流阀、减压阀、顺序阀等类型。

一、溢流阀

溢流阀有多种用途，主要是在溢去系统多余油液的同时使泵的供油压力得到调整并保持基本恒定。根据溢流阀的结构特点和工作原理的不同，溢流阀可分为直动型和先导型两大类。

1. 直动型溢流阀

直动型溢流阀是依靠液压力直接推动主阀芯与弹簧力相平衡的阀。根据压力油对主阀芯有效作用面积结构形式的不同，直动型溢流阀又分为全压直动型和差压直动型两种。

1)全压直动型溢流阀

(1)工作原理。

图 5-24(a)为常见的全压直动型溢流阀的结构图，图 5-24(b)为其图形符号。溢流阀由阀体 5、阀芯 3、调压弹簧 2 和调压手轮 1 等组成。对于全压直动型溢流阀，设阀口的直径为d，压力油对阀芯的有效作用面积为阀口内的全面积A_n，阀入口压力为p，则压力油对阀芯产生向左的力为$F = pA_n = \frac{\pi}{4}pd^2$。

当进口油液压力不高时，作用于阀芯的液压力F小于弹簧力，锥阀芯压在阀座上，阀口被关闭，进、出油口不通；当进口油液压力升高到一定值时，液压力大于弹簧力，液压力便克服弹簧力、摩擦力等推开阀芯使阀口打开，油液由进油口流入，从出油口流回油箱，实现溢流，进油压力也就不会继续升高。当通过溢流阀的流量变化时，阀口的开度发生变化，弹簧的压缩量也随之变化，但该变化量相对于弹簧的预压缩量相对较小，与弹簧力平衡的液压力变化也较小，可以认为溢流阀进口处的压力基本保持为定值。通过调压部分可改变弹簧的预压缩量，溢流阀的溢流压力变得到调整。

全压直动型溢流阀的阀芯常采用图 5-24 所示的锥阀结构，其密封性能好、动作灵敏、控制压力准确，但有突开突闭撞击现象，使阀芯和阀座磨损严重、噪声较大。也有些溢流阀采用球阀式结构、滑阀式结构等。

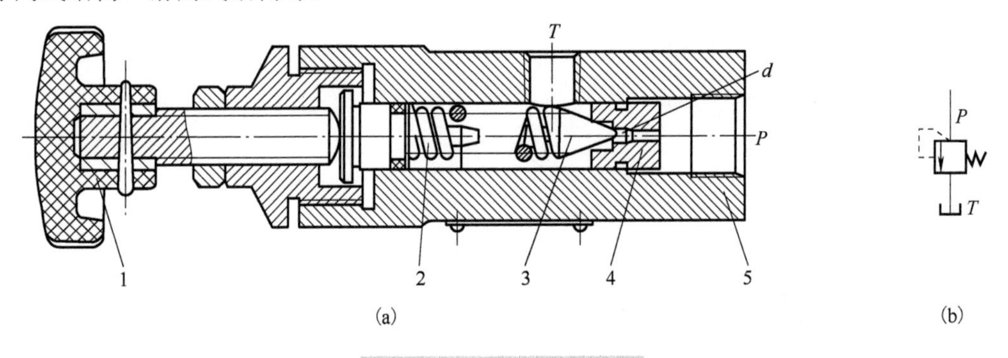

图 5-24　全压直动型溢流阀

1-调压手轮；2-调压弹簧；3-阀芯；4-阀座；5-阀体；d-阀口直径

全压直动型溢流阀不可将阀口直径做得很大，因为阀口过大，势必使阀芯受到的液压作用力增大，弹簧的刚度就要增大，弹簧的尺寸也要增加，溢流阀的整体尺寸就会因此而增加，且在压力调整时也很困难。所以全压直动型溢流阀仅适用于低压或小流量的液压系统。

(2) 典型结构。

图 5-25 所示为直动型溢流阀的结构图。该阀是锥阀座型直动型溢流阀，并采用螺纹插入式结构，其中锥阀的下部是减振活塞。当进油口 P 从系统进入的油液压力不高时，锥阀芯 6 被调压弹簧 3 紧压在阀座 1 上，阀口关闭。当进口油压升高到能克服调压弹簧 3 的弹簧力时，便推开锥阀芯 6 使阀口打开，油液就由进油口 P 流入，再从回油口 T 流回油箱，进油压力也就不会继续升高。这时，可以认为阀芯在液压力和弹簧力作用下保持平衡，溢流阀进口处的压力基本保持为定值。调节手柄改变弹簧预压缩量，便可调整溢流阀的溢流压力。

2) 差压直动型溢流阀

图 5-26 所示为差压直动型溢流阀的原理图。液流流经该阀时，液压油对阀芯的有效作用面积等于阀口(直径 D)内的圆环面积与导向部分(直径 d)内的圆环面积之差，所以称为差压直动型溢流阀。对于差压直动型溢流阀，只要合理地设计阀口直径 D 和导向直径 d，就可以使液压油对阀芯的有效作用面积很小，从而使阀芯所受的液压力很小又不受阀口过流面积的限制，因此既能使通过的流量很大，又能使弹簧的预紧力较小。差压直动型溢流阀可以使用刚度较小的弹簧，这就避免了全压直动型溢流阀的缺点。

图 5-27 为某装载机所用的双作用安全阀。它由差压直动型溢流阀 I 和单向阀 II 组成。阀座 4 由压套 2 拧紧固定在阀体 5 内，阀芯由弹簧 3 压紧在阀座上，系统压力通过调压螺杆 1 调整。A 口接转斗液压缸，B 口接油箱。当 A 口油液压力升高至超过溢流阀的调定压力时，

溢流阀打开，高压油经溢流阀从 B 口回油箱。在工作时如果 A 口油压降至低于大气压时，油箱的油液在大气压力的作用下从 B 口进入并打开单向阀到 A 口，起补油作用。

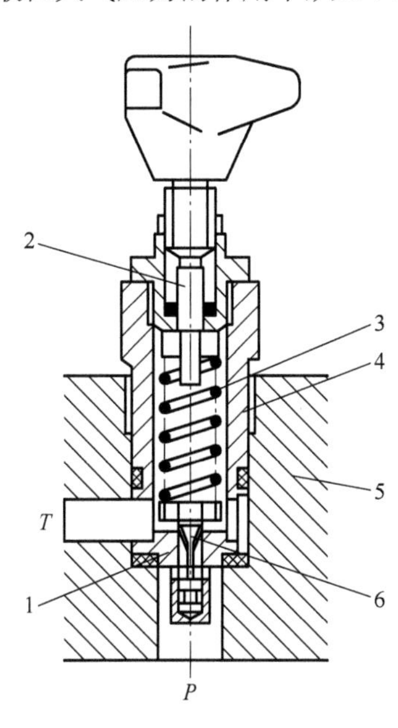

图 5-25　直动型溢流阀

1-阀座；2-调节杆；3-调压弹簧；4-套管；5-阀体；6-锥阀芯

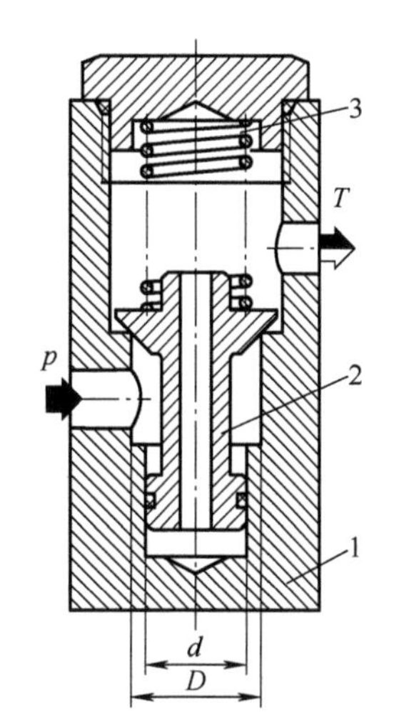

图 5-26　差压直动型溢流阀原理图

1-阀体；2-阀芯；3-弹簧

2. 先导型溢流阀

1) 先导型溢流阀的工作原理

图 5-28 所示为一种板式连接的先导型溢流阀的结构简图。由图 5-28 可见，先导型溢流阀由先导阀和主阀两部分组成。先导阀本身就是一个小规格的直动型溢流阀，而主阀芯 3 是一个具有锥形端部、阀芯中心开有阻尼孔的圆柱筒，阀芯上部装有复位弹簧 4。

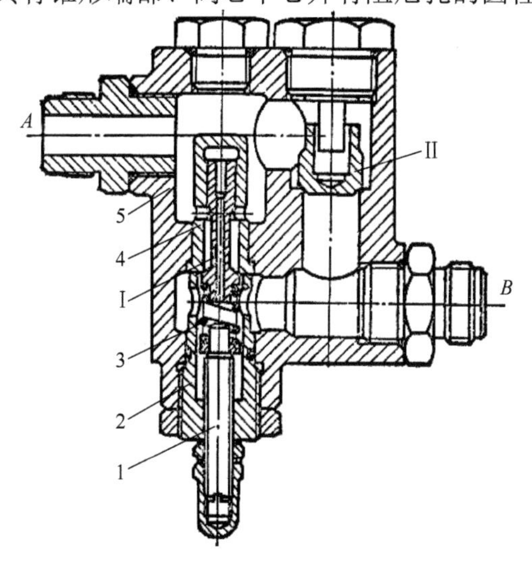

图 5-27　差压直动型溢流阀的应用

1-调压螺杆；2-压套；3-弹簧；4-阀座；5-阀体；
Ⅰ-差压直动型溢流阀；Ⅱ-单向阀

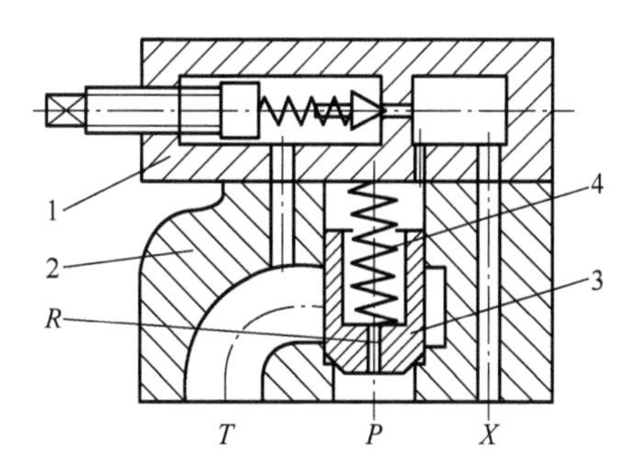

图 5-28　先导型溢流阀

1-先导阀；2-主阀体；3-主阀芯；
4-复位弹簧；R-阻尼孔

如图 5-28 所示，压力油从进油口 P 进入，经阻尼孔到达主阀的弹簧腔，经过阀的内部通道流入先导阀的进口，并作用在先导阀的小锥阀芯上。先导阀的回油连通主阀的回油通道，X 口为远程控制口(一般情况下，外控口 X 是被堵塞的)。当进油压力不高时，作用在先导阀芯上的液压力不能克服先导阀的弹簧力，先导阀口关闭，阀内无油液流动。这时，主阀芯因上下腔油液压力相同，主阀芯被复位弹簧压在阀座上，主阀口也关闭，无溢流。当进油压力升高到先导阀弹簧的预调压力时，先导阀口首先打开，主阀进口的压力油经主阀芯的阻尼孔、弹簧腔流入先导阀，进而由先导阀阀口并经阀体内的通道和回油口 T 流回油箱。由于油液流过阻尼小孔 R 时要产生压力损失，使主阀芯两端形成了压力差。主阀芯在此压差作用下克服弹簧力和摩擦力向上移动，主阀口被打开，使进、回油口连通，达到溢流稳压的目的。调节先导阀的调压螺钉，便能调整溢流阀的溢流压力。更换不同刚度的调压弹簧便能得到不同的调压范围。

根据流量的连续性原理可知，流经阻尼孔的流量为流出先导阀的流量，这一部分流量通常称泄油量。由于阻尼孔很细，泄油量只占全溢流量(额定流量)的极小的一部分，绝大部分油液均经过主阀口溢流回油箱。在先导型溢流阀中，先导阀的作用是控制和调节溢流压力，主阀的功能则在于溢流。先导阀因为只通过泄油，其阀口直径较小，即使在较高压力的情况下，作用在锥阀心上的液压推力也较小，因此调压弹簧的刚度不必很大，压力调整也就比较轻便。主阀芯因上下两端均受液压力的作用，主阀的弹簧只起使阀芯回位的作用，也只需很小的刚度，当溢流量变化(即阀口开度变化)时引起的弹簧压力变化很小，进油口的压力变化不大，故先导型溢流阀的稳压性能优于直动型溢流阀。但先导型溢流阀是二级阀，其灵敏度低于直动型溢流阀。

2)先导型溢流阀典型结构

先导型溢流阀的先导阀一般为锥阀或球阀结构，主阀芯则有滑阀和锥阀两种结构，而具有锥阀结构的主阀按其配合状况，又可分为二节同心式和三节同心式结构。主阀为滑阀结构的先导式溢流阀，密封性差，性能也较差，一般仅用于中低压产品。高压产品大多采用的是二节同心式和三节同心式的主阀结构。

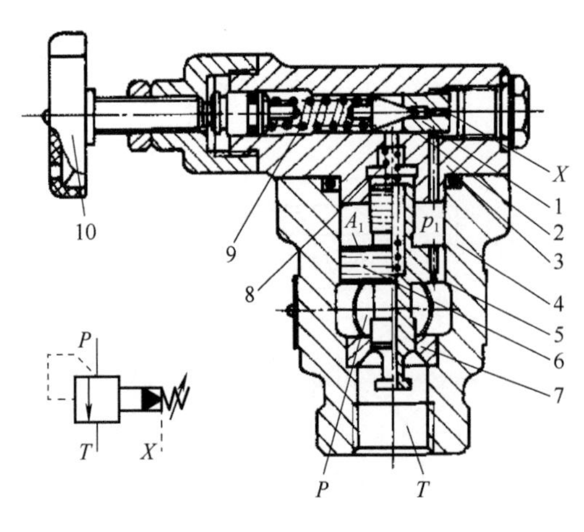

图 5-29　三节同心结构先导型溢流阀

1-锥阀；2-先导阀座；3-阀盖；4-阀体；5-阻尼孔；6-主阀芯；7-主阀座；8-主阀弹簧；9-调压弹簧；10-调压手轮

图 5-29 为我国联合设计的 Y_1 型先导型溢流阀，其先导阀为锥阀结构，主阀为三节同心式结构，与美国威格士公司的 ECT 型先导型溢流阀相似。由于主阀芯上端小圆柱面、中部带有阻尼孔的大圆柱面和下端锥面都必须与阀盖 3、阀体 4 和主阀座 7 配合良好，三配合处的同心度要求较高，故称为三节同心式。在主阀芯下端设有消振尾，使主阀芯溢流时受到一个向下的液动力，提高了阀的工作稳定性。先导型溢流阀的图形符号如图 5-29 所示，如果不需要遥控口，可简化的溢流阀一般符号与直动型溢流阀相同。

图 5-30 所示为二节同心结构先导型溢流阀的结构图，其主阀芯为带有圆柱面的锥阀。为

使主阀关闭时有良好的密封性，要求主阀芯1的圆柱导向面、圆锥面主阀套11配合良好，两处的同心度要求较高，故称二节同心。其结构特点是主阀芯仅与阀套和主阀座有同心度要求，结构简单，加工和装配方便；主阀口通流面积大，在相同流量的情况下，主阀开启高度小；或者在相同开启高度的情况下，其通流能力大。因此，主阀可做得体积小、重量轻；主阀芯与阀套可以通用化，便于组织批量生产。二节同心结构先导型溢流阀是目前普遍使用的结构形式。先导式溢流阀有主油路、控制油路和泄油路三条油路。主油路是从进油口 P 到出油口(溢流口)T 的油路；控制油路是压力油自进油口 P 进入，作用于主阀芯下端面，并通过主阀体10上的阻尼孔2、通道 c、阻尼孔3进入先导阀阀芯前腔，作用于导阀阀芯7上，同时通过阻尼孔4进入主阀上腔，作用于主阀芯上端面；泄油路是先导阀被打开时，从先导阀弹簧腔经泄油口 L 到出油口 T 的油路。主阀体10上的阻尼孔2起节流作用；先导阀前和主阀上腔的两个阻尼孔3与4的作用是增加阻尼，提高阀的稳定性。

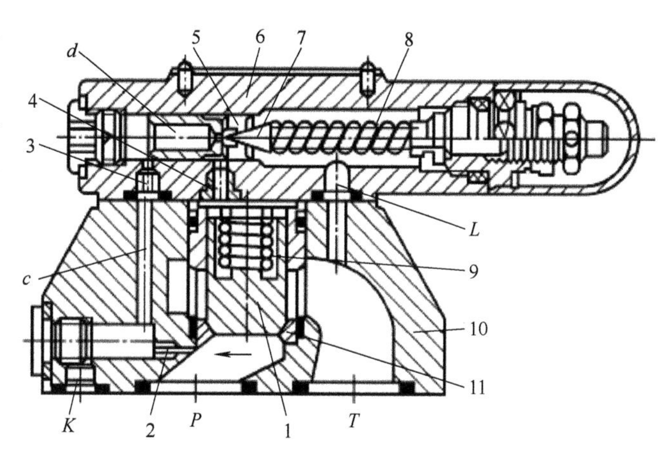

图5-30　二节同心结构先导型溢流阀

1-主阀芯；2、3、4-阻尼孔；5-导阀阀座；6-导阀阀体；7-导阀阀芯；8-调压弹簧；9-主阀弹簧；10-主阀体；11-主阀套

3. 溢流阀的主要工作性能

溢流阀是液压系统中极其重要的控制元件，其工作特性对系统的工作性能影响很大。衡量溢流阀的工作性能指标有静态性能和动态性能两个方面。静态性能是指阀在系统压力没有突变的稳态工况下，阀所控制流体压力、流量状态的能力。动态性能是指系统压力发生瞬态变化时，溢流阀所控制的某些参数之间的变化关系。

1)静态性能

(1)压力-流量特性(p-Q_y)。溢流阀的压力-流量特性又称溢流特性。它表征溢流量变化时溢流阀进口压力的变化情况，即稳压性能。理想的溢流特性曲线应是一条平行于流量坐标的直线，即进油压力一旦达到调压弹簧所确定的压力后立即溢流，且不管溢流量多少，压力始终保持恒定。但溢流量的变化引起阀口开度，即弹簧压缩量的变化，进口压力不可能恒定。

(2)额定流量。溢流阀的额定流量指额定工况时的流量，一般指在压力损失值限定条件下所能通过的流量。

(3)压力调节范围。在通过额定流量时，最小调定压力到最大调定压力之间的范围称为溢流阀的调压范围。在给定调压范围内，要求调节阀内的调压弹簧时，系统压力应能平稳地上升，无突跳、迟滞、噪声及振动，国产31.5MPa高压系列溢流阀，更换四种长度相等的调节弹簧，可实行0.5～7MPa、3.5～14 MPa、7～12 MPa、14～35MPa四级调压。

(4)许用流量范围。溢流阀额定流量15%～100%的范围，常视为许用流量范围，在此流量范围内工作，阀的压力一般应平稳，无噪声及振动。

(5)启闭特性。溢流阀开启和闭合全过程中的 p-Q_y 特性称为启闭特性，一般用开启压力比和闭合压力比来表示。当溢流阀从关闭状态逐渐开启，其溢流量为该阀全开启时通过流量的 1%时，所对应的压力定义为开启压力，开启压力与额定流量的调定压力之比称为开启压力比。当溢流阀从全启状态逐渐关闭，其溢流量为该阀全开启时实际通过流量的 1%时，所对应的压力定义为闭合压力，闭合压力与额定流量下的调定压力之比称为闭合压力比。由于摩擦力的存在，开启和闭合时的 p-Q_y 曲线将不重合。主阀芯开启时所受摩擦力和进油压力方向相反，而闭合时相同。因此在相同的溢流量下，开启压力大于闭合压力。

开启压力比和闭合压力比的数值越高，启闭特性越好。为保证溢流阀具有良好的静态特性，一般规定开启比应不小于 90%，闭合比不小于 85%。

影响启闭特性的因素主要有调压弹簧和主阀弹簧的刚度、主阀芯承压面积比、阻尼孔直径、主阀芯的泄漏等。

(6) 卸荷压力。卸荷压力指在调定压力下，通过额定流量时，使溢流阀的遥控口接回油箱，即溢流阀处于卸荷状态时，进、回油口的压力差。

2) 动态性能

溢流阀的动态特性是指压力发生阶跃变化时的压力响应特性。对溢流阀进行动态性能测定时，将其在卸荷状态下突然关闭，这样，溢流阀进口压力自卸荷压力迅速升至最大峰值压力，然后振荡衰减至调定压力。先导型溢流阀还有卸压特性，即溢流阀在调定压力稳态溢流时开启遥控口，使溢流阀卸荷至稳定状态。上述全过程中，压力时间的关系曲线称作动态特性曲线，它反映以下主要指标。

(1) 动态超调量：最大峰值压力与调定压力的差值，称为动态超调量。超调量越小，表示该阀波动小，且有较好的稳定性。

(2) 过渡时间：又称作压力回升时间，即指溢流阀自卸荷压力上升并稳定在稳态压力上下 5%以内所需时间。过渡时间越短，超调量越小，则表示该阀既灵敏又稳定，性能良好。

(3) 建压、卸荷时间：溢流阀的压力由调定压力的 10%上升到 90%所需要的时间。溢流阀由稳态调定压力状态至卸荷压力状态所需的时间为卸压时间。在不产生噪声振动情况下，压力卸荷时间越短，灵敏度越高。

(4) 压力稳定性：溢流阀作定压阀使用时，由于液压泵供油脉动及系统负载波动等原因，使溢流阀所控制的系统压力在调定值附近波动，这时的压力振摆从相关压力表的指针上可明显地显示出来，压力振摆的幅度大，表明压力稳定性差。若幅度大，再加上频率高，就易产生剧烈的抖动和啸叫声。

4. 溢流阀在液压系统中的应用

1) 为定量泵调速系统溢流稳压

在定量泵调速液压系统中，溢流阀通常接在泵的出口处，与去系统的油路并联，如图 5-31 所示。泵供油的一部分油液(按速度要求由流量阀 3 控制)流往系统的执行元件，多余油液通过被打开的溢流阀 2 流回油箱，在溢流的同时稳定了泵的供油压力，溢流阀处于常开状态。

2) 用作安全阀

变量泵调速系统如图 5-32 所示，执行元件速度由变量泵自身调节，即液压泵输出的流量可根据执行元件的速度要求而变化，溢流阀不需溢流，泵出口的压力可随负载变化，也不需稳压。但变量泵出口也需要接一溢流阀，其调定压力约为系统最大工作压力的 1.1 倍。系统一旦过载，溢流阀立即打开，为变量泵系统提供过载保护，从而保障了系统的安全。在无须调速的定量泵供油液压系统中，泵的出口也要并联一个溢流阀，在系统正常工作的状态下，也不需要溢流，只有当系统过载时，溢流阀才打开，对系统起安全保护作用。故这些系统中的溢流阀又称为安全阀。有时为防止某一油路中执行元件受外力过载，常在其相应的工作油口并联一溢流阀，对元件起过载保护作用，此时又习惯称为过载阀。

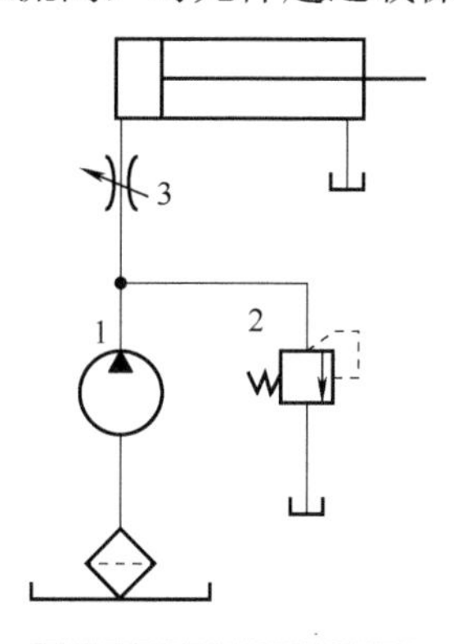

图 5-31　用于溢流稳压

1-定量泵；2-溢流阀；3-流量阀

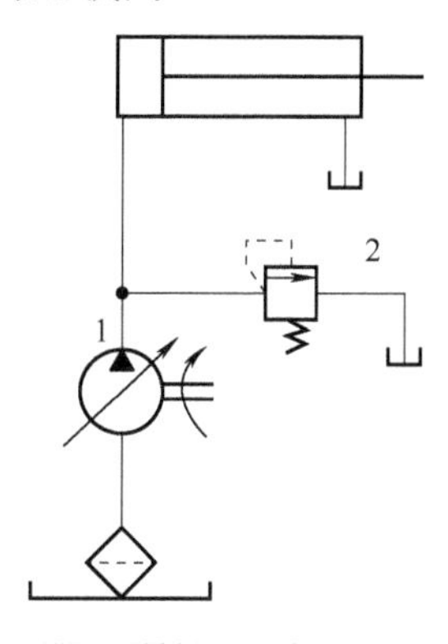

图 5-32　用于安全保护

1-变量泵；2-溢流阀(安全阀)

3)实现远程调压

机械设备液压系统中的泵、阀通常都组装在液压站上，为使操作人员就近调压方便，可按图 5-33 所示，在控制工作台上安装一远程调压阀 2(实际结构就是一个小规格直动型溢流阀)，并将其进油口与安装在液压站上的先导型溢流阀 1 的遥控口 X 相连。这相当于给阀 1 除自身先导阀，又加接了一个先导阀。调压阀 2 便可对阀 1 实现远程调压。显然，远程调压阀 2 所能调节的最高压力不得超过溢流阀自身先导阀的调定压力。另外，为了获得较好的远程控制效果，还需注意两阀之间的油管不宜太长(最好在 3m 之内)，要尽量减小管内的压力损失，并防止管道振动。

4)使泵卸荷

在图 5-34 所示二位二通电磁换向阀 2 断电时，先导型溢流阀可对泵起溢流稳压作用。当二位二通阀的电磁铁通电后，溢流阀的遥控口接油箱，此时主阀芯上腔压力为零，由于主阀弹簧很软，主阀芯便在很低的压力下被推到最大开口位置，泵输出的油液通过主阀口回油箱。由于溢流阀进口压力很低，泵输出的油便在此低压下经溢流阀流回油箱，这时，泵接近于空载运转，功耗很小，即处于卸荷状态。这种卸荷方法所用的二位二通阀的通径可以很小。由于在实际应用中经常采用这种卸荷方法，为此常将溢流阀和串接在遥控口的电磁换向阀组合成一个元件，称为电磁溢流阀，用图 5-34 中点画线框图表示其原理，从功能上也可配置常通式二位电磁阀，这样就可实现断电时液压泵卸荷，通电时建压。

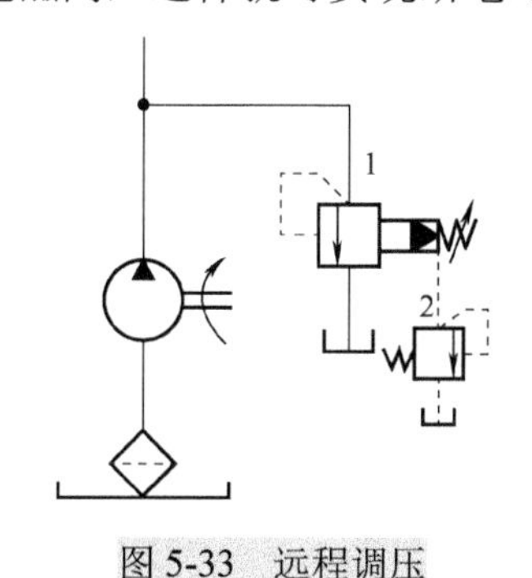

图 5-33　远程调压

1-溢流阀；2-远程调压阀

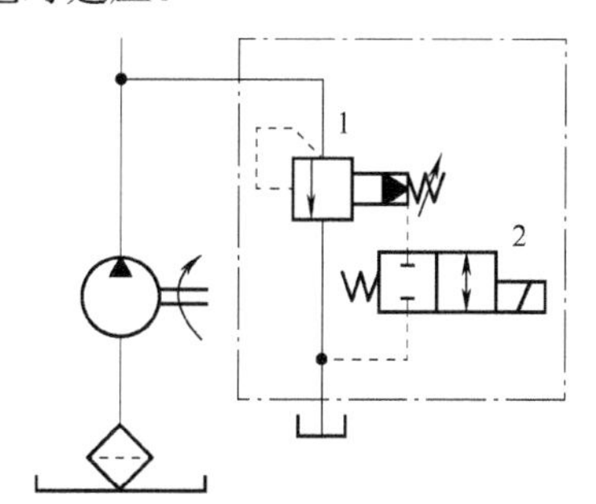

图 5-34　用于泵卸荷

1-溢流阀；2-二位二通电磁换向阀

5）用作背压阀

将溢流阀安装在系统的回油路中，可对回油产生阻力，即造成背压。回油路存在一定的背压，可以提高执行元件的运动平稳性；或满足系统的其他要求，如为保证低速大扭矩液压马达正常工作，马达的回油路需有一定的背压。

二、减压阀

在单泵向几条支路同时供油的情况下，不同支路所需克服负载的压力可能不同，如果不采取措施，负载压力小的执行元件有动作，而其他元件不动，这时利用减压阀可以使各条支路具有不同的压力，以适应工作的需要。按工作特点不同，减压阀有定值、定差、定比几种类型。减压阀的出口压力低于进口压力，其出口压力接近于恒定的减压阀称为定值减压阀，简称减压阀；出口压力和某一负载压力之差近于不变的减压阀称为定差减压阀；进口压力与出口压力之比近于不变的减压阀称为定比减压阀。

在液压系统中，定值输出减压阀可用于减压或稳压；定差减压阀可用作压力补偿阀，与节流阀串联组成调速阀；定比减压阀则可用在需要两级定比调压的场合。减压阀在工程机械(如推土机的变速器、变矩器)和机床的夹紧、润滑、控制系统中得到广泛应用。

定值减压阀是一种最常用的减压阀，通常所说的减压阀即定值减压阀。按结构和工作原理，减压阀可分为直动式减压阀和先导式减压阀。

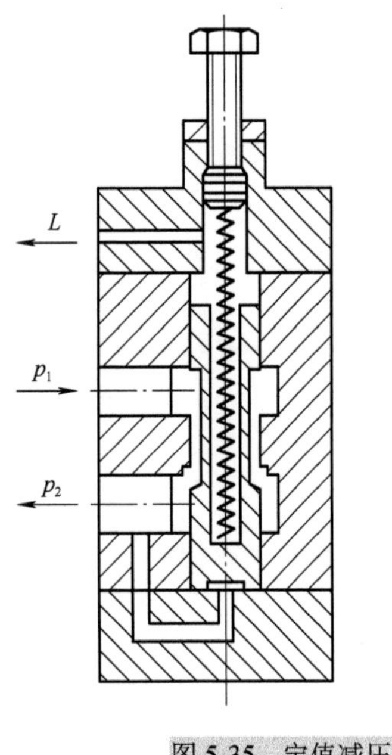

图 5-35　定值减压阀

1. 直动式减压阀

1）定值减压阀

图 5-35 所示为直动型定值减压阀的工作原理图和图形符号。此阀由阀芯、阀体和弹簧等组成。高压油从高压进口 p_1 进入，经阀体和阀芯之间的缝隙从减压出口 p_2 排出，由于缝隙的节流作用，使出口油压 p_2 低于进口油压 p_1，通常 p_1 为一次压力，减压后的油压 p_2 为二次压力。

减压阀的出口压力油通过油道进入阀芯底部，对阀芯产生一个向上的力，而阀芯顶部作用有弹簧力，弹簧腔通过泄漏口 L 与油箱相通，认为弹簧腔液压力为零。设阀芯有效作用截面积为 A，弹簧的刚度为 k、预压缩量为 x_0（阀的开口量为零时），阀的开口量设为 x，通过分析阀芯的轴向受力可以写出阀芯下腔液压力 p_2 的表达式：

$$p_2 = \frac{k(x_0 - x)}{A} \tag{5-1}$$

一般情况下，与 x_0 相比，x 的变化很小，k、x_0 和 A 都是常数，因而 p_2 基本保持为一个常数，即出口压力为定值。

下面从减压阀的工作过程来分析出口压力保持为定值的原理。在某瞬时，阀芯处于一个平衡状态。当进口油压因某种原因升高时，若阀芯不动，则出口压力随之升高，p_2 升高时阀芯所受到的向上的力增大，阀芯上移，关小开口量 x，这就使阀口节流效果增加，压力降增大，结果使出口压力 p_2 减小，因此，p_2 的两种变化趋势相互抵消而保持定值；当进口压力 p_1 因某种原因减小时，若阀不动，则出口压力 p_2 随之减小，结果使阀芯下移，开口量 x 增大，阀口节流效果减小，压差减小，又使出口压力 p_2 回升到原来的数值；如果阀的进口压力不变，通过的流量增大时，则阀口处的压降增大使出口压力降低，结果会使阀芯底部作用力减小而下移，从而增大开口尺寸 x，减小节流效果，使出口压力恢复到原来的大小；如果通过流量减小，开口尺寸 x 减小，出口压力仍恢复到原来的大小。由此可见，正是由于开口尺寸能随出口压力的升降而相应变化，以改变阀口的节流效果而始终能使出口油压恢复到原来的大小。当出口压力低于阀的调定压力时，阀芯上的液压作用力小于弹簧力，阀口处于全开状态，不起减压阀的作用；只有当出口压力达到阀的调定压力时，阀芯上移，减压阀口减小甚至关闭，以实现减压，并维持出口压力近于恒值。

2) 定差减压阀

图 5-36 所示为定差减压阀的原理图和图形符号。定差减压阀的出口压力和某一负载压力之差保持恒定。若进口压力为 p_1、出口压力为 p_2、负载压力为 p_3、阀芯的有效作用面积为 A、弹簧刚度为 k、弹簧的压缩量为 x_0、阀的开口量为 x，则阀芯在稳态下的受力平衡方程为

$$A(p_2 - p_3) = K(x_0 - x) \tag{5-2}$$

于是有

$$\Delta p = p_2 - p_3 = \frac{K}{A}(x_0 - x) \tag{5-3}$$

通过式(5-3)可以看出，只要在设计时保证 $x \ll x_0$，即可使 Δp 近似于常数。

3) 定比减压阀

定比减压阀的进口压力和出口压力之比维持恒定，图 5-37 为其原理图和图形符号。设进出口的压力分别为 p_1 和 p_2，阀芯大、小端的作用面积分别为 A 和 a。则阀芯在稳态下的力平衡方程为

$$p_1 a + K(x_0 + x) = p_2 A \tag{5-4}$$

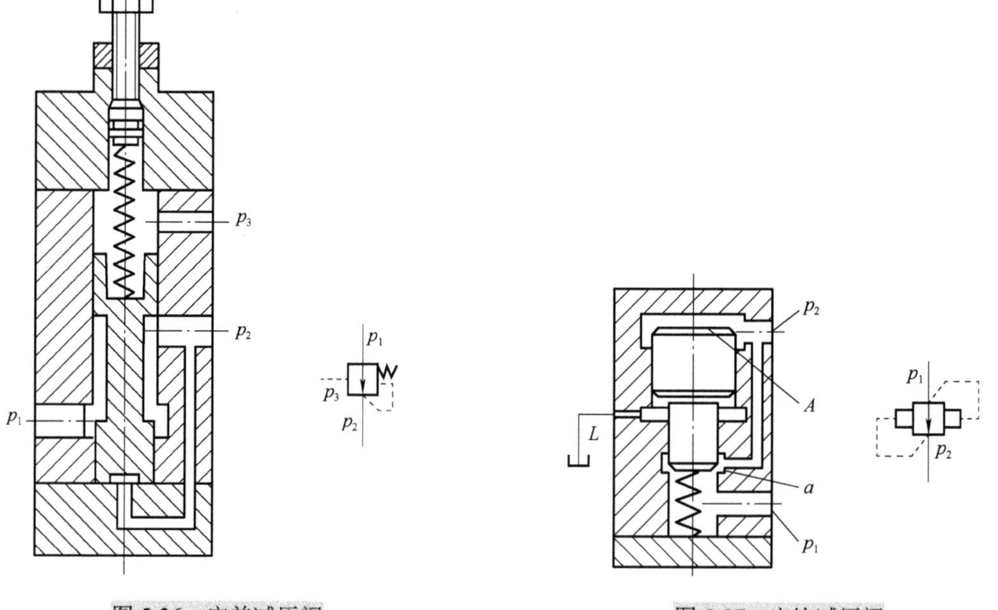

图 5-36　定差减压阀

图 5-37　定比减压阀

由式(5-4)可以看出，只要在设计时保证弹簧力远小于液压力，即可将弹簧力忽略，于是有

$$\frac{p_1}{p_2} = \frac{A}{a} \tag{5-5}$$

由式(5-5)可以看出该结构的减压阀进、出口的压力比近似等于阀芯大、小端面积之比，即进、出口压力比为定值。

2. 先导式减压阀

图 5-38 为先导式减压阀的结构及其图形符号，其结构与溢流阀类似，也是由先导阀和主阀组成的。先导阀也是一个小规格的直动型溢流阀用于调压，但由于进、出油腔均有压力油，所以泄漏油必须从外部单独引回油箱。

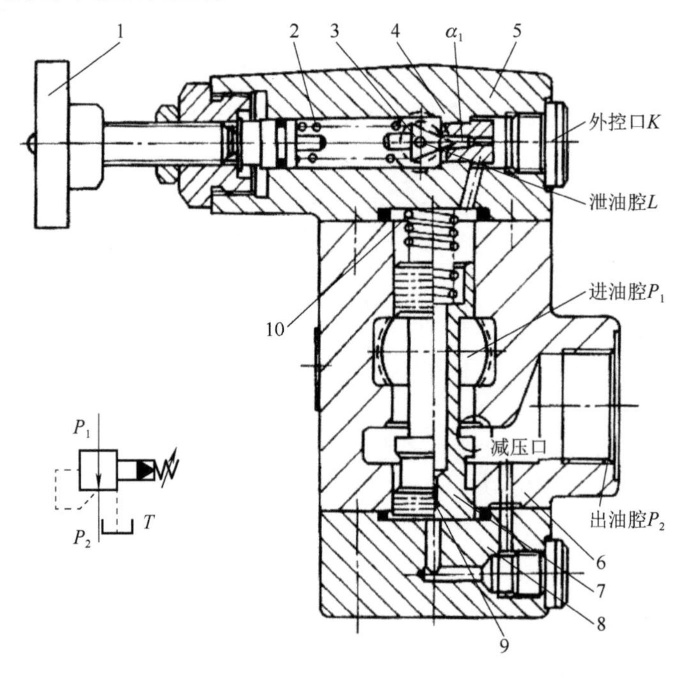

图 5-38　先导式减压阀

1-调压手轮；2-调压弹簧；3-先导锥阀芯；4-先导阀座；
5-阀盖；6-阀体；7-主阀芯；8-端盖；9-阻尼孔；10-主阀弹簧

先导式减压阀的工作原理如图 5-38 所示，高压(一次压力)油从进油腔 P_1 经减压口从出油腔 P_2 引出，出口压力称二次压力。二次压力油由出油腔通过阀体 6 和端盖 8 上的小孔与主阀芯 7 的底部接通，同时通过阻尼孔 9 流入阀芯的上腔，又通过阀盖 5 上的通孔作用于先导锥阀芯 3 上，主阀芯上腔的压力由调压弹簧 2 调节。当负载较小，出口的二次压力 p_2 小于调定压力时，先导锥阀芯 3 关闭，主阀芯上下腔的压力相等，这时阀芯在弹簧力作用下处于最下端位置，滑阀减压阀口全部打开，减压阀不起减压作用。当负载增大，出油腔的液压力达到调定压力时，主阀芯上端的油液便能够将先导锥阀芯 3 打开，少量油液经泄油腔 L 流回油箱。由于阻尼孔 9 的作用，阀芯下部压力大于上部压力，这个压力差所产生的向上作用力克服了主阀芯的自重、摩擦力和弹簧力而使阀芯上移，通过减压阀口的控制作用，所控制的出油口压力为调定值。当出口压力大于调定值时，减压口开度将减小甚至完全关闭，压力降增大，

出口压力便自动下降，并使作用在阀芯上的液压作用力和弹簧力等在新的位置上又重新达到平衡。出口压力稍有减小时，减压口开度增大，压力降减小，出口压力又自动回升至调定值。这样始终使出口压力 p_2 保持基本不变。

对比溢流阀和减压阀的工作原理，可以发现它们的主阀芯动作原理是相同的。所不同的是溢流阀保持进油口的压力基本不变(常开式)，而定值减压阀则保持出油口压力基本不变。

3. 减压阀与溢流阀的比较

(1)减压阀阀芯的动作是利用出口压力控制，保证出口压力为定值；溢流阀则是进口压力控制，保证进口压力为定值。

(2)减压阀阀口常开；溢流阀阀口一般常闭(用作溢流稳压时除外)。

(3)减压阀有单独的外泄油口；溢流阀的出口直接接油箱，先导阀弹簧腔的泄漏油经阀体内流道内泄至出口即可。

(4)先导式减压阀与溢流阀一样有遥控口。

三、顺序阀

顺序阀是当控制压力达到调定值时，阀芯开启，使液体通过该阀进入执行元件。在一个泵向几个执行元件供油的液压系统中，采用顺序阀可以使各执行元件按预先设定的顺序动作。

通过改变控制方式、泄油方式以及二次油路的连接方式，顺序阀还可用作背压阀、卸荷阀和平衡阀等。按结构形式和工作原理，顺序阀分为直动式顺序阀和先导式顺序阀两种。

1. 直动式顺序阀

图 5-39(a)为直动式顺序阀的结构原理图(内控外泄式)。该液压系统由两个工作机构液压缸Ⅰ和Ⅱ组成，工作时要求液压缸Ⅰ先运动到位后缸Ⅱ再工作，且液压缸Ⅰ的工作负载压力较小。系统工作时，液压泵输出的压力油在接通液压缸Ⅰ的同时进入顺序阀的一次油入口，并通过下盖的通道作用于阀芯下端的控制活塞上，控制活塞上的液压作用力与弹簧力相平衡，此时液压缸Ⅰ工作，由于其负载较小，一次油压低于阀的调定压力，阀芯在弹簧力作用下处于阀体下端，阀芯将阀进、出油口断开，液压缸Ⅱ不动作；当液压缸Ⅰ运动到规定位置，一次油压升高到一定值时，控制活塞推动阀芯向上移动，将一次油入口与二次油出口接通，压力油经顺序阀进入下一个执行元件液压缸Ⅱ使其运动，这样便可实现执行元件在工作时有一个先后的顺序要求。阀芯下端与下盖配合的活塞面积较小，与弹簧平衡的液压力较小，从而可减小弹簧刚度。调整调压螺钉改变弹簧的预压缩量，可以调整阀的开启压力。阀芯的中心通孔将阀芯下腔与弹簧腔沟通，不至于使阀芯下腔出现“困油”，阀芯向上运动时弹簧腔的油液可以补充到下腔，向下运动时下腔的油液流入上腔，同时阀芯与阀体间的泄漏油液可通过泄油口直接回油箱。

图 5-39(a)所示的顺序阀是由一次油压直接控制其阀芯启闭、泄漏油单独截回油箱的，称为内控外泄顺序阀，图形符号如图 5-39(b)所示。如果将阀的下盖转过 180°，使阀芯下端的油不再通一次油路，而将远控口 K 的螺堵去掉，接外部控制油路，便可对顺序阀实现外部压力控制，当外部控制油压达到一定值时，阀开启。采取这种控制方法的顺序阀称为外控外泄顺序阀，其图形符号如图 5-39(c)所示。

若外控顺序阀的二次油口接油箱，当外部控制油压达一定值时，阀开启，一次油便通过顺序阀直接回油箱而使系统卸荷，采取这种用法的外控内泄顺序阀称为卸荷阀。由于卸荷阀的二次油出口是接油箱的，阀的上盖便可以转过 180° 安装，使弹簧腔的油与二次油出口接通，将泄油口堵死，这样可以省去一根泄油管，外控内泄式顺序阀的图形符号如图 5-39(d) 所示。

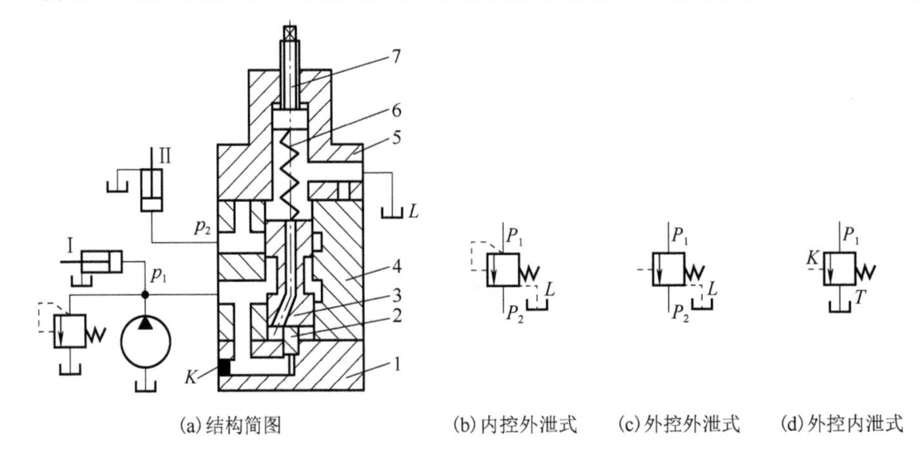

(a) 结构简图　(b) 内控外泄式　(c) 外控外泄式　(d) 外控内泄式

图 5-39　直动式顺序阀工作原理

1-下盖；2-控制活塞；3-阀芯；4-阀体；5-上盖；6-调压弹簧；7-调压螺钉

如果顺序阀的油路连通方式为内控内泄式则可用作背压阀，其图形符号与溢流阀的一般符号相同。另外顺序阀还可和单向阀组合，如泄油方式为外泄，控制方式是内控或外控，这样的组合阀称单向顺序阀；若泄油方式为内泄，控制方式是内控或外控，这样的组合阀可用作平衡阀。

2. 先导式顺序阀

图 5-40 所示为先导式顺序阀的结构图和图形符号，图 5-40(a) 为外控式，图 5-40(b) 为内控式。其主阀芯与滑阀式先导溢流阀完全相同，除了其工作油口和泄油口接法不同，其工作原理与滑阀式先导溢流阀也基本一致。

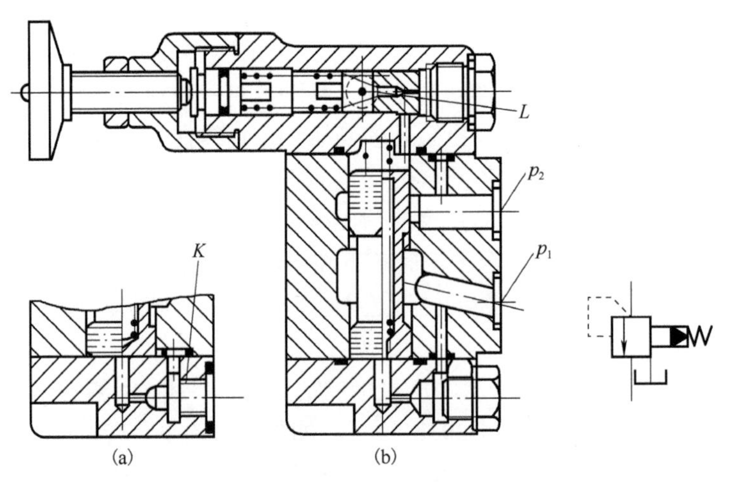

(a)　(b)

图 5-40　先导式顺序阀

当控制油压大于顺序阀调定压力时，主阀芯移动，进油腔和出油腔连通，使下一个执行元件动作。当使用外控油压时，它的开启或关闭与进油口的压力无关，只取决于控制口的压力值。

通过上述对顺序阀工作原理的分析，明确了溢流阀与顺序阀的共性及各自的特点。它们的共性是阀的开启都靠油压作用，因而都是压力阀。此外，溢流阀与直控顺序阀的开启都是靠阀的进油压力直接控制的。它们的不同点是，溢流阀的回油通油箱，阀口处的压力降很大，因而功率消耗很大；顺序阀的出口通二次油路，这些油是去做功的，因而阀口处的压力降通常都很小。

四、平衡阀

在液压系统中如果执行元件受到一个负值载荷，即负载作用力方向与运动方向一致时，需要用平衡阀在执行元件的回油管路中建立背压，使立式液压缸或液压马达在负载变化时仍能平稳运动，以防止因重力使立式缸活塞、马达突然下落或防止出现“飞速”，因此有时也称为限速阀。

能起平衡作用的阀有三种：内泄单向顺序阀、与单向阀并联的溢流阀、平衡阀。三者的图形符号相同。

1. 结构与工作原理

平衡阀的工作原理与内泄单向顺序阀相似，根据控制形式不同，平衡阀也有内控和外控之分。

平衡阀除了应具有内泄式单向顺序阀的基本性能要求，还应有较高的平衡精度，即在换向阀处于中位时平衡阀应具有锁止功能，因此其内泄漏量应尽可能得小。为满足这一要求，通常采用锥阀结构。

图 5-41 所示为 FD 型平衡阀，其导阀为球阀结构，主阀(即单向阀)为锥阀结构。当提升重物时，液压泵输送来的压力油液由 *A* 流向 *B*，主阀芯打开，并使主阀弹簧腔与负载腔 *B* 相通，此时主阀起单向阀的作用；在提升作业过程中，如果 *A* 腔压力有所降低(供油压力因某种原因降低)，不足以克服负载力时，主阀便会立即关闭，防止油液倒流而使重物下落。当下放重物时，油液由 *B* 口流向 *A* 口，*A* 油路通过外接换向阀与油箱接通，*X* 口的控制压力与 *B* 口的负载平衡压力之比为 1∶20。当 *X* 口的压力达到控制压力(即负载压力的 1/20)时，控制活塞右移，推开导阀钢球，并带动辅助阀芯右移，使主阀弹簧 1 容腔与负载腔隔离，同时主阀弹簧腔的油液经辅助阀芯中孔和导阀口流向 *A*，实现主阀弹簧腔卸荷，此时主阀芯右侧不再有液压力的作用，*X* 口的控制压力只需克服弹簧力即可打开主阀。设备工作时如果需要重物停止在某一位置，*A* 口和 *X* 口都不通压力油，控制阀芯回到最左端，*B* 腔由于外负载的作用

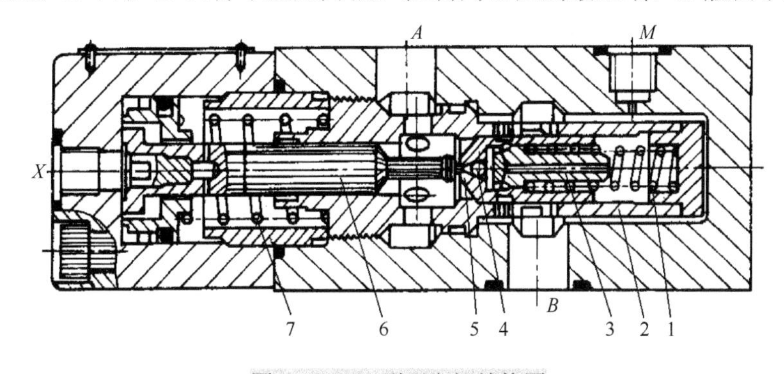

图 5-41　FD 型平衡阀结构图

1-主阀弹簧；2-阀套；3-辅助阀芯；4-先导阀钢球；5-主阀芯；6-控制阀芯；7-控制腔弹簧

可能有较大的反向压力，但此时主阀芯弹簧腔与 B 口相通，这样主阀在反向压力和弹簧力的共同作用下将 B 口和 A 口切断，即执行元件回油路被切断，执行元件即可停止在规定的位置上。该阀使主阀开始打开时的 X 口压力为 2MPa，完全打开时 X 口压力为 5MPa。

图 5-42 所示为带二次压力安全阀结构的平衡阀，其平衡阀部分与图 5-41 所示阀的工作原理相同，只是在二次压力出口 B 又并联一个安全阀来限定二次压力的最大值。图 5-43 所示为平衡阀的详细原理的符号和一般符号。

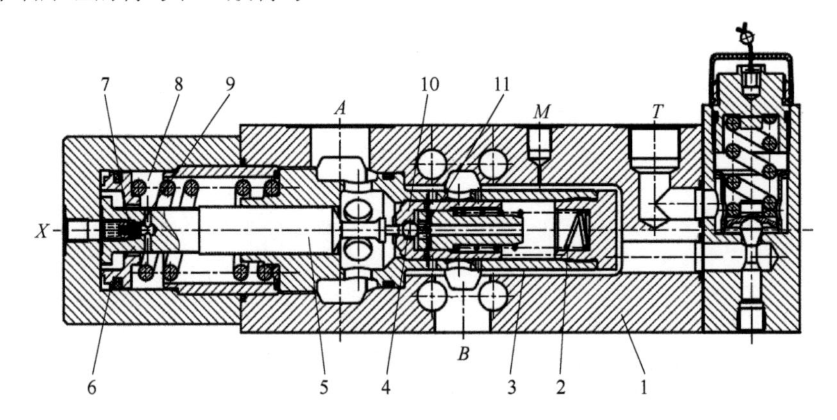

图 5-42　FD 型带二次压力安全阀的平衡阀

1-阀体；2-主阀弹簧腔；3-阀套；4-先导阀钢球；5-控制阀芯；6-阻尼阀芯；7-阻尼孔；8-控制阀弹簧腔；9-过滤网；10-主阀芯；11-先导体

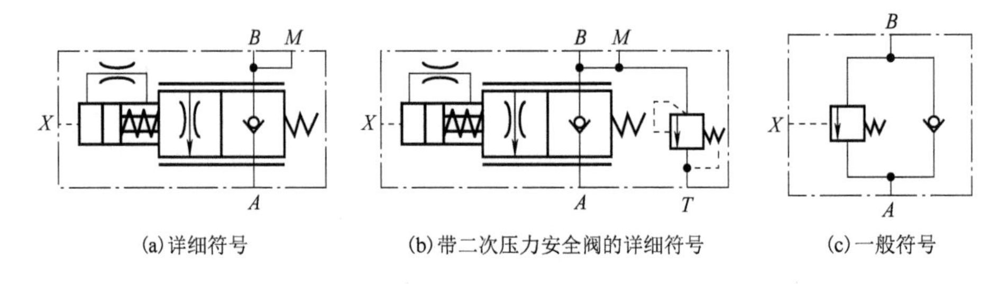

图 5-43　平衡阀的图形符号

2. 平衡阀的应用

平衡阀用于防止因重力作用使液压缸活塞杆自行缩入、伸出以及液压缸运动速度不稳定。图 5-44 中起重机动臂起落的液压系统中采用了远控平衡阀，当须升起动臂时，A 口进油，通过平衡阀的单向阀进入液压缸无杆腔。A 口停止进油后，由于平衡阀的作用，液压缸内的油不会倒流，即动臂不会在重力作用下自行下落，当需要落下动臂时，B 口进油。因开始时平衡阀未打开，液压缸不能回油，故 B 口油压升高，当 B 口油压升高到一定值时，平衡阀打开，液压缸回油路接通，动臂下降。如果动臂在重力作用下下落过快，则液压缸上腔供油压力降低，从而使平衡阀开口关小，回油阻力增加，这样就限制了动臂落下的速度，使之与液压泵的供油流量相适应。在有此防止工作机构自行下滑的液压系统中，也可以用内控平衡阀，基本原理是一样的。

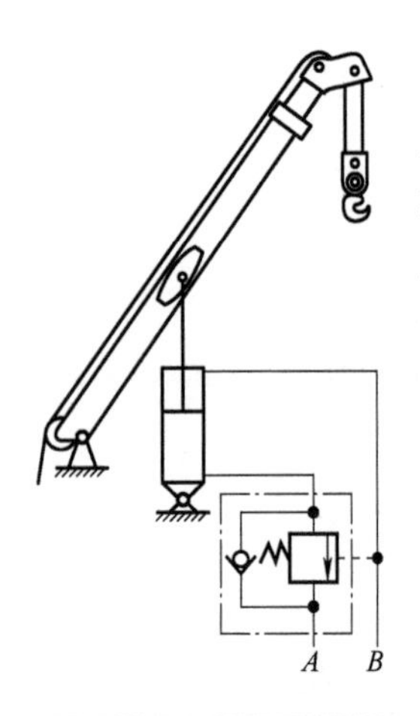

图 5-44　平衡阀的应用

从原理上讲，单向顺序阀可以作平衡阀用，此时泄漏油内接回油路。

但在实际应用中由于液压泵的供油压力决定着平衡阀的开度，因此泵的压力脉动将使平衡阀的开度忽大忽小，此外在重物下落过程中，液压马达或液压缸负荷的变化，再加上阀芯与阀体的摩擦力，弹簧的振动等，这些因素都影响通过平衡阀流量的稳定性。当负荷大时，如果用一般的单向顺序阀作平衡阀，由于振动实际上无法使用。因此，目前工程机械上使用的平衡阀都是专门设计的，其形式也很多，但功能和原理基本相同。

五、压力继电器

压力继电器是一种液-电信号转换元件。当控制油压达到调定值时，便触动电气开关发出电信号控制电气元件(如电动机、电磁铁、电磁离合器等)动作，实现泵的加载或卸载、执行元件顺序动作、系统安全保护和元件动作联锁等。任何压力继电器都由压力-位移转换装置和微动开关两部分组成。按结构类型和工作原理分类，压力继电器可分为柱塞式、弹簧管式、膜片式和波纹管式四种，其中以柱塞式最常用。按结构分类有单柱塞式和双柱塞式之分，而单柱塞式又有柱塞、差动柱塞和柱塞-杠杆三种形式。按压力继电器所发出电信号的功能分类有单触点和双触点之分。

1. 压力继电器的性能要求

(1)调压范围大。压力继电器的调压范围是指其能够发出电信号的最低工作压力和最高工作压力的范围。

(2)灵敏度高。即压力继电器接通和断开时的压力差相对于调定压力的百分比小。

(3)重复精度高。所谓重复精度，即压力继电器多次接通或断开时系统压力之间的最大差值相对于调定压力的百分比。

(4)瞬态特性好，接通和断开时间短。

2. 结构与工作原理

图 5-45 所示为单柱塞式压力继电器的结构原理，其结构与德国力士乐公司的 HED1 型产

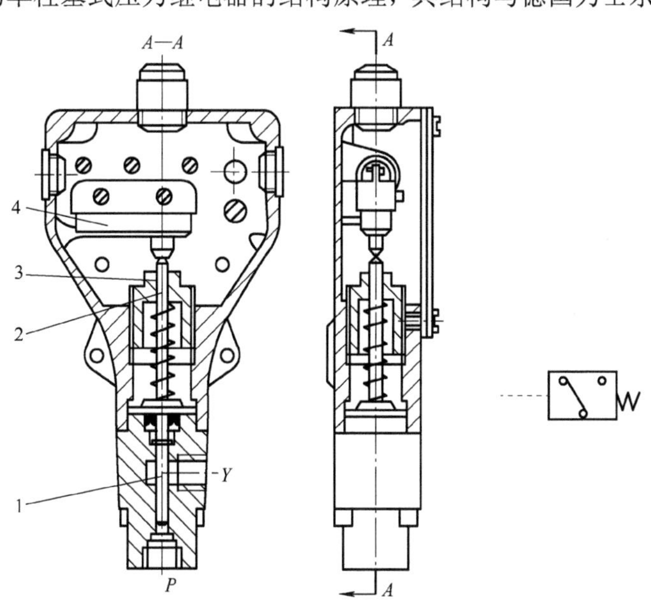

图 5-45 单柱塞式压力继电器及图形符号

1-柱塞；2-顶杆；3-调节螺钉；4-微动开关

品相同。压力油从油口 P 通入作用在柱塞 1 的底部，若其压力已达到弹簧的调定值时，便克服弹簧阻力和柱塞表面摩擦力推动柱塞上升，通过顶杆 2 触动微动开关 4 发出电信号。打开面盖，拧动调节螺钉 3，即可调整工作压力。

第四节　流量控制阀

流量控制阀简称流量阀，在液压系统中用于控制通过阀的流量，从而控制执行元件的运动速度。常用的流量阀按结构、原理和功用有节流阀、调速阀、溢流节流阀和分流-集流阀等。

对流量阀的要求是当阀前后的压差发生变化时，通过阀的流量变化要小；当油温变化引起液体黏度变化，通过阀的流量变化要小；节流阀口不易堵塞，使节流阀能获得较低的最小稳定流量；通过阀的压力损失要尽量小。

一、节流阀

节流阀是流量阀中最简单的一种，其基本原理就是在液流通道上设置一个小孔或缝隙以形成“阻尼”，与其并联的溢流阀稳定了进油压力；当负载一定时，调节“阻尼”的大小便可确定通过“阻尼”的流量。“阻尼”不可调的称为固定节流阀，“阻尼”可变的称为可调节流阀，将节流阀和单向阀并联可组合成单向节流阀。

在定量泵供油的调速系统中，节流阀常与溢流阀并联使用来调节执行元件的运动速度。但节流阀没有压力和温度补偿装置，不能补偿由负载或油液黏度变化所造成的速度不稳定，故一般用于负载变化不大或对速度稳定性要求不高的场合。

1. 常见节流口的结构形式

1)针阀式

图 5-46(a)所示为针阀式节流元件。当针阀阀芯做轴向移动时，即可改变环形节流口的通流面积。其优点是结构简单、制造方便，但节流通道较长、水力直径小、易堵塞、温度变化对流量稳定性影响较大，一般用于对性能要求不高的场合。

2)偏心槽式

图 5-46(b)所示阀芯上开有截面为三角形的偏心槽，转动阀芯即可改变通流面积的大小。其节流口的水力直径较针阀式节流口大，因此其防堵性能优于针阀式节流口，其他特点和针阀式节流口基本相同。这种结构形式的阀芯上的径向力不平衡，旋转时比较费劲，一般用于压力较低、对流量稳定性要求不高的场合。

3)轴向三角槽式

图 5-46(c)所示阀芯做轴向移动时，改变了通流面积的大小。这种节流口结构简单，工艺性好，水力直径较大，可得较小的稳定流量，调节范围较大。三角槽沿周围方向均匀分布，径向力平衡，故调节时所需的力也较小。但节流通道有一定长度，油温变化对流量有一定影响，是一种目前应用很广的节流口形式。

4)周向隙缝式

图 5-46(d)所示为周向隙缝式节流口。在阀芯圆周方向上开有一狭缝，旋转阀芯就可改变通流面积的大小。水力直径较大，因此有较小的稳定流量。节流口是薄壁结构，油温变化对流量影响小。但阀芯所受径向力不平衡，这种节流阀应用于低压小流量系统时，能得到较为

满意的性能。

5）轴向隙缝式

图 5-46（e）所示为轴向隙缝式节流口。在阀芯衬套上先铣出一个槽，使该处厚度减薄，然后在其上沿轴向开有节流口。当阀芯轴向移动时，就改变了通流面积的大小。开口很小时通流面积为正方形，水力直径大，不易堵塞，油温变化对流量影响小。这种结构的性能与周向隙缝式节流口的相似。

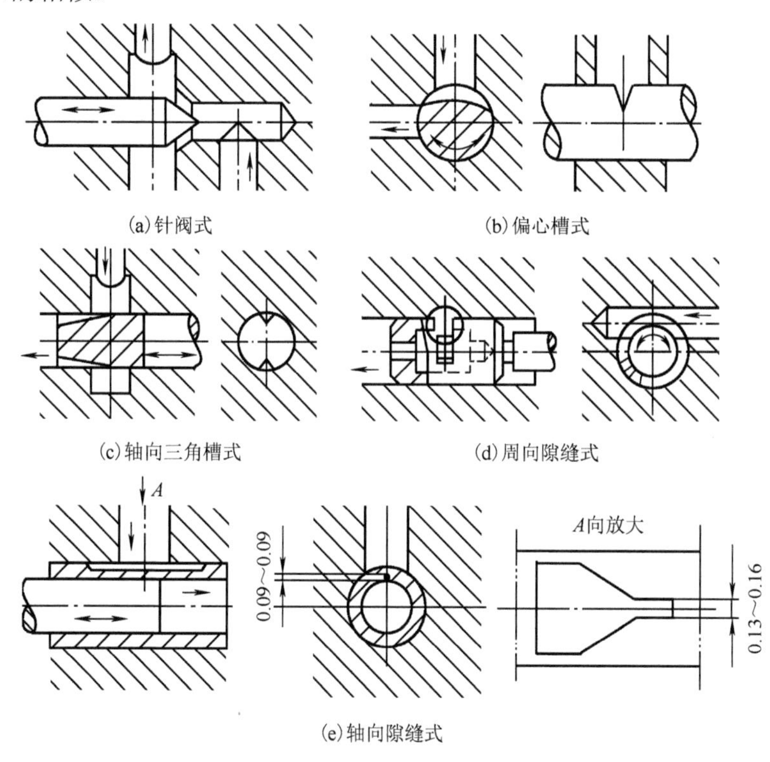

图 5-46　节流口的结构形式

2. 节流阀的结构与工作原理

图 5-47 所示为节流阀的结构与图形符号。当压力油从进口 *A* 流入，经过节流口从出口 *B* 流出。节流阀阀芯的锥面上通常开设两个或四个三角槽（对称布置使径向力平衡），阀芯在底部弹簧力的作用下紧贴调节手轮的推杆以保持阀口开度不变，进口的压力油通过阀体上的斜孔和阀芯弹簧腔的径向孔同时作用在阀芯的上下两端，使阀芯两端的液压力平衡，保证阀即使在高压状态下工作也能轻便地调节阀口的开度。旋转调节手轮，阀芯便在阀体内做轴向移动，进、出油口的过流面积就会发生变化，这样即可控制通过节流阀的流量。这种阀口的调节范围大，流量与阀口前后压力差的关系曲线线性较好，有较小的稳定流量，但流道有一定的长度，流量易受油温变化的影响。

图 5-48 为单向节流阀的结构图和图形符号，它把节流阀阀芯分成了上阀芯和下阀芯两部分。当液流正向流动时，其节流过程与上述节流阀是相同的；当液体反方向流动时，下阀芯起单向阀的作用，单向阀打开，可实现液体反方向自由流动。

图 5-49 所示为常用于管道间连接的流量控制元件，结构紧凑、调节方便。图 5-49（a）所示 MG 型节流阀为双向节流，压力油经侧孔 3 进入阀体 2 和调节套 1 构成的节流口 4，旋转

调节套 1 可以无级调节节流口的过流面积，达到流量调节的目的。图 5-49(b)所示为 MK 型单向节流阀的结构，在阀的节流方向上，压力油和弹簧 6 将阀芯 5 压在阀座上，封闭连通，压力油通过侧孔 3 进入由阀体 2 和调节套 1 构成的节流口 4，可实现对流量的调节。压力油反方向流动时，液压力作用在阀芯 5 的锥面上，克服弹簧力(较小)和摩擦力将阀口打开，压力油无节流地通过单向阀。

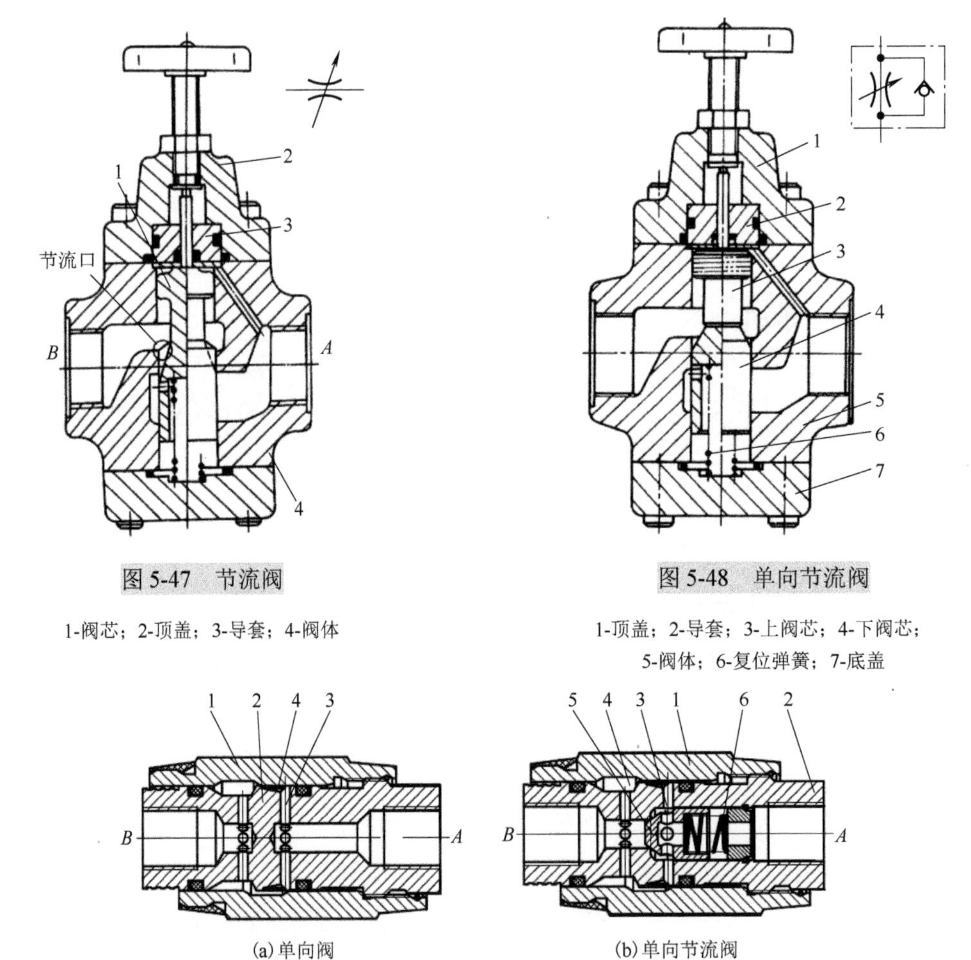

图 5-47　节流阀

1-阀芯；2-顶盖；3-导套；4-阀体

图 5-48　单向节流阀

1-顶盖；2-导套；3-上阀芯；4-下阀芯；5-阀体；6-复位弹簧；7-底盖

图 5-49　螺纹连接节流阀

1-调节套；2-阀体；3-侧孔；4-节流口；5-阀芯；6-弹簧

图 5-50 所示为精密节流阀的结构图。该阀主要由调节套 1、阀体 2、节流口 4 等组成。在节流口 4 处对从 A 至 B 的油液进行节流，转动调节机构带动周向三角槽的筒形阀芯 5 来改变节流口的过流面积。节流口很少受油温变化的影响。

3. 节流孔口的流量特性分析

节流孔口的流量变化规律是分析流量控制阀性能的基础。实际的节流孔口都介于薄壁小孔和细长孔之间，其通用的流量特性方程为 $Q = CA_T\Delta p^{\varphi}$。

通过节流孔口的流量 Q 与节流口前、后的压力差 Δp 之间的关系称为节流孔口流量特性。图 5-51 为节流孔口的特性曲线，曲线 1 为节流阀在某一过流面积的特性曲线，曲线 2 为调速阀在相同过流面积下的特性曲线。

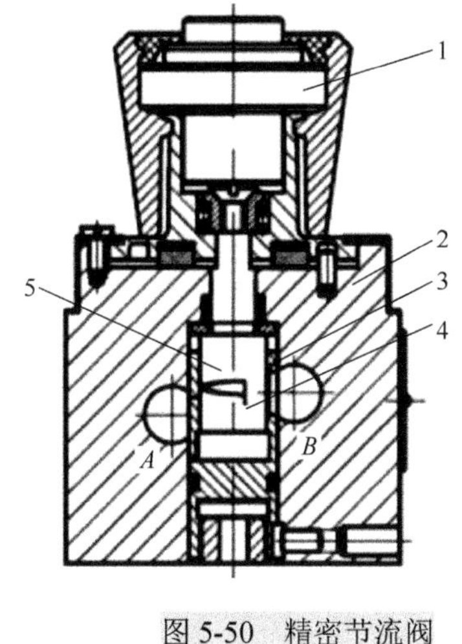

图 5-50　精密节流阀

1-调节套；2-阀体；3-侧孔；4-节流口；5-阀芯

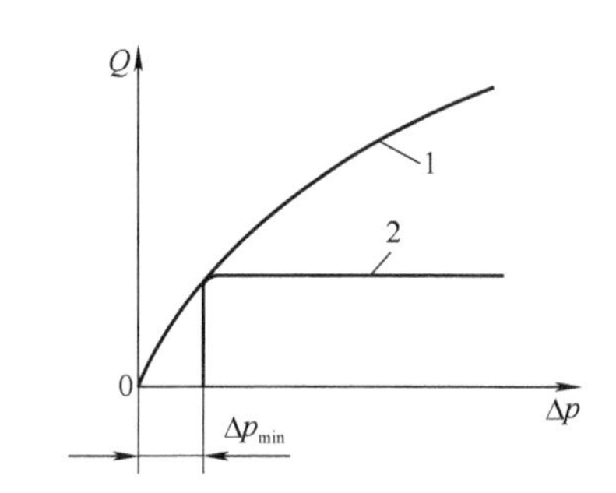

图 5-51　节流孔口的特性曲线

当节流阀调整好后(阀口过流面积调定)，希望通过节流阀的流量较稳定，使执行元件获得一个相对稳定的运动速度，而实际上，由于种种因素的影响，流量是不可能恒定的。影响流量稳定的主要因素有以下几种。

1)刚性

在用节流阀调节执行元件的运动速度时，往往会因负载的波动引起阀前后压力差的变化，此时即便节流阀的过流面积不变，经节流口的流量也会发生变化，即流量不稳定。节流阀的刚性是指阀开口面积一定时，节流阀前后压力差Δp的变化量与流经阀的流量Q变化量之比，用T表示。

$$T=\frac{\partial\Delta P}{\partial Q}=\frac{\Delta p^{1-\varphi}}{CA_T\varphi} \tag{5-6}$$

显然，T值越大，节流阀的刚性就越好，负载变化引起流量的波动就越小，即通过节流阀的流量较稳定。影响刚性T的因素如下。

(1)对同一节流阀，当Δp相同时，节流口的开度越小，通过节流口的流量越小，刚性越好，流量越稳定，即节流阀的刚度与流量成反比。

(2)对于同一个节流阀，阀口开度一定时，压力差Δp越大，T值也越大，流量也越稳定，图 5-51 中曲线Δp越大曲线越平缓。

(3)指数φ越小，T值越大，流量越稳定，在节流小孔中薄壁小孔的指数最小($\varphi=0.5$)，细长孔最大($\varphi=1$)，因此节流口应尽量采用薄壁式。

2)油温变化的影响

油液温度的变化会引起液体黏度的变化，小孔流量通用公式中的系数C值就会发生变化，从而使流量发生变化。对于细长孔温度变化对流量的稳定影响最大，而薄壁小孔对温度变化最不敏感，故节流阀的阀口一般制成接近于薄壁孔式或缝隙形式。

3)节流阀的阻塞和最小稳定流量

试验表明，在压差、油温和黏度等因素不变的情况下，当节流阀的开度很小时，流量会出现不稳定，甚至断流，这种现象称为阻塞。产生阻塞的主要原因是节流口处的高速液流会产生局部高温，致使油液氧化生成胶质沉淀，甚至引起油中碳的燃烧而产生灰烬，这些生成物和油液中原有杂质结合，在节流口表面逐步形成附着层，它不断堆积又不断被高速液流冲掉，流量就不断发生波动，附着层堵死节流口时则出现断流。实践证明，阀口的水力半径越小，则越容易堵塞。

阻塞造成系统执行元件运动速度不均，甚至出现爬行现象，因此节流阀有一个能正常工作(指无断流且流量变化率不大于10%)的最小流量限制值，称为节流阀的最小稳定流量。

在实际应用中，防止节流阀阻塞的措施有以下几种。

(1)油液要精密过滤。实践证明，5～10μm的过滤精度能显著改善阻塞现象。为除去铁质污染，采用带磁性的过滤器效果更好。

(2)节流阀两端的压力差要适当。压差大，节流口能量损失大，温度高；对于同等流量，压差大则对应的过流面积小，易引起堵塞。设计时一般取压差 $\Delta p = 0.2 \sim 0.3\text{MPa}$。

(3)采用大水力半径的薄刃式节流口。一般通流面积越大、节流通道越短以及水力半径越大时，节流口越不易堵塞。

(4)节流口零件的材料应尽量选用电位差较小的金属，以减小吸附层的厚度。

二、调速阀

调速阀是由定差减压阀与节流阀串联而成的组合阀。节流阀用来调节通过的流量，定差减压阀则自动补偿负载变化的影响，使节流阀前后的压差为定值，消除了负载变化对流量的影响。

如图5-52所示，定差减压阀1与节流阀2串联，定差减压阀左右两腔也分别与节流阀前后端沟通。设定差减压阀的进口压力为 p_1，油液经减压后出口压力为 p_2，通过节流阀又降至 p_3 进入液压缸，p_3 的大小由液压缸负载决定；另设减压阀阀芯的有效面积为 A，阀芯右端的弹簧刚度较小且弹簧力为 F_s，不计摩擦力等。在调速阀稳定工作时，减压阀阀芯在弹簧力和液压力的共同作用下处于一种平衡状态，其受力平衡方程式为

$$p_2 A = p_3 A + F_s \tag{5-7}$$

将式(5-7)整理后可得节流阀进出口的压差 Δp 为

$$\Delta p = p_2 - p_3 = \frac{F_s}{A} \tag{5-8}$$

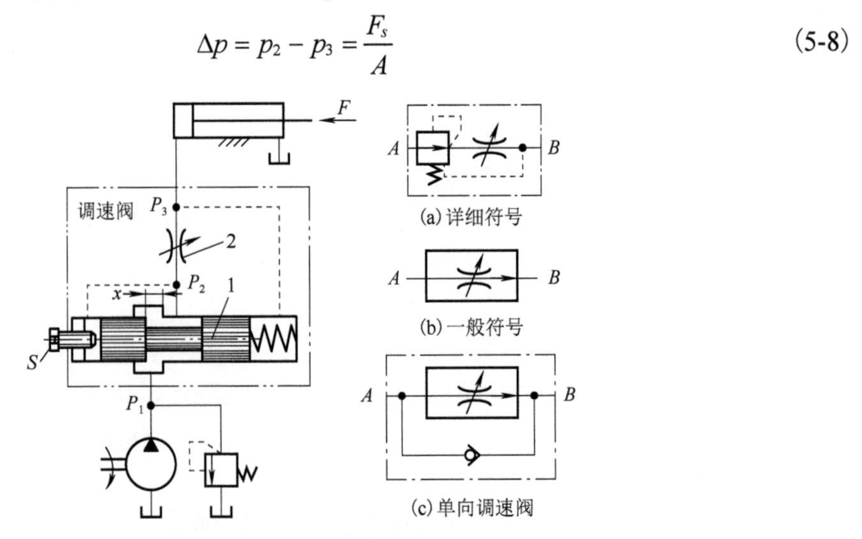

图5-52　调速阀的工作原理

1-定差减压阀；2-节流阀

在式(5-8)中，由于减压阀芯的弹簧刚度较小，工作时阀芯的开口量x也变化不大，因此可认为弹簧力F_s不变，这样即便负载等变化，节流阀进出口的压差Δp也基本不变，通过节流阀的流量就基本稳定。另外，从原理图上分析也可得到同样的结论：负载F增大，即p_3变大，减压阀芯弹簧腔的液压作用力也增大，阀芯左移，减压阀口开度x加大，减压作用减小，使p_2有所增加，结果压差p_2-p_3保持不变；反之亦然，通过调速阀的流量因此就保持了恒定。

下面说明行程限位器S的作用。当调速阀用于机床等进给系统时，在工作进给以外的动作循环和停机阶段，调速阀内无油液通过，两端无压差，减压阀芯被弹簧压在最左端，减压口全开。调速阀重新启动时，油液大量通过，造成节流阀两端有很大的瞬时压差，以致瞬时流量过大使液压缸前冲，这种现象称为启动冲击。启动冲击会降低加工质量，甚至使机件损坏。因此，有的调速阀在减压阀阀体上装有可调的行程限位器，以限制未工作时的减压口开度。新开发的产品中有一种预控(或外控)调速阀，它在减压阀左腔中通入控制油，目的也是使减压口在未工作时不致大开。

调速阀的流量特性和最小压差：调速阀的流量特性曲线如图5-51所示。由图5-51可见，当调速阀前后两端的压力差超过最小值Δp_{min}以后，流量是稳定的。而在Δp_{min}以内，流量随压差的变化而变化，其变化规律与节流阀相一致。因为若调速阀的压差过低，将导致其内的定差减压阀阀口全部打开，即减压阀处于非工作状态，只剩下节流阀起作用，故此段曲线和节流阀曲线一致。调速阀的最小压差约为1MPa(中低压阀约为0.5MPa)。系统设计时，分配给调速阀的压差应略大于此值。

三、溢流节流阀

溢流节流阀又称旁通型调速阀，它是由差压式溢流阀1和节流阀2并联组成的，是靠起定压作用的溢流阀对节流阀进行压力补偿的流量控制阀。

图5-53为溢流节流阀的工作原理图和图形符号。溢流节流阀有一个进口、两个出口，因而有时也称为三通流量控制阀。来自液压泵的压力油p_1，一部分经节流阀进入执行元件，另一部分则经溢流阀回油箱。节流阀的出口压力为p_2，p_1与p_2又分别作用于溢流阀阀芯的右端和左端，节流阀口前后压差为溢流阀阀芯两端的压差，溢流阀阀芯在液压作用力、弹簧力以及稳态液动力的作用下处于某一平衡位置。当溢流阀阀芯受力平衡时，由于压力差(p_1-p_2)被弹簧力确定为基本保持不变，因此经过节流阀的流量基本不变。当执行元件负载增大时，溢流节流阀的出口压力p_2增加，于是作用在溢流阀阀芯左端的液压力增大，使阀芯右移，溢流口减小，溢流阻力增大，导致液压泵出口压力p_1增大，即作用于溢流阀阀芯右端的液压力随之增大，从而使溢流阀阀芯两端受力恢复平衡，节流阀口前后压差(p_1-p_2)基本保持不变。同理，当负载减小时，即p_2减小，阀芯左移，溢流口增大，使压力p_1降低，压差(p_1-p_2)也基本保持不变。因此，无论执行元件负载如何变化，由于与节流阀并联的溢流阀的压力补偿作用，节流阀前后的压差都能近于恒定，即通过溢流节流阀进入执行元件的流量可保持稳定，而不受负载变化的影响。另外，如果由于定量泵因转速变化而引起流量增加，则溢流阻力增加，阀芯右移，溢流口增大，多增加的流量通过溢流口回油箱，阀进口的压力又保持不变，即节流阀两端的压差基本不变。

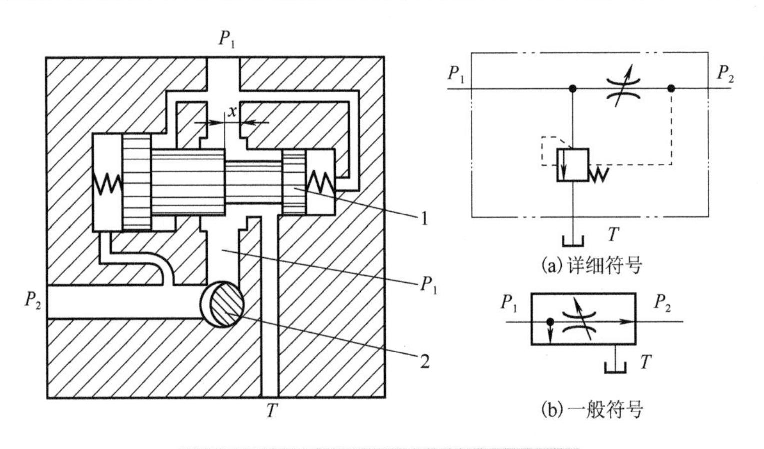

图 5-53　溢流节流阀的原理与图形符号

1-差压式溢流阀；2-节流阀

调速阀和溢流节流阀虽然都是通过压力补偿来保持节流阀前后的压差不变，稳定过流流量，但在性能和应用上不完全相同。调速阀常用于液压泵和溢流阀组成的定压系统的节流调速回路中，可安装在执行元件的进油路、回油路和旁油路上，系统压力要满足执行元件的最大载荷，因此消耗功率较大，系统发热量大。而溢流节流阀只能安装在节流调速回路的进油路上。这时，溢流节流阀的供油压力 p_1 随负载压力 p_2 的变化而变化，属变压系统，其功率利用比较合理，系统发热量小。但溢流节流阀中流过的流量是液压泵的全流量，阀芯运动时的阻力较大，因此溢流阀上的弹簧一般比调速阀的硬一些，这样加大了节流阀前后的压差波动。如果考虑稳态液动力的影响，溢流节流阀入口压力的波动也影响节流阀前后压差的稳定，所以溢流节流阀的速度稳定性稍差，在小流量时尤其如此。故不宜用于有较低稳定流量要求的场合，一般用于对速度稳定性要求不高，功率又较大的节流调速系统中。下面介绍分流阀和分流-集流阀。

四、分流-集流阀

分流-集流阀按其液流方向可分为分流阀、集流阀和分流-集流阀。分流阀是将单一液流按固定比例自动分成两个支流的流量控制阀；集流阀是按固定比例将两股液流自动合成单一液流的流量控制阀；分流-集流阀则是具有分流和集流两种功能的流量控制阀，液流按某一方向流动时，起分流作用，反向流动时起集流作用。

分流-集流阀有时也被称为同步阀，它可使两个或两个以上的执行元件在承受不同负载时仍能获得相等(或成一定比例)的流量，因而主要用于速度同步系统中。

1. 分流阀

图 5-54 所示为分流阀的结构原理图和图形符号。它由两个固定节流孔 1 和 2、阀体 5、阀芯 6、两个对中弹簧 7 等主要零件组成。阀芯的中间台肩将阀分成完全对称的左、右两部分。位于左边的油室 a 通过阀芯上的轴向小孔与阀芯右端弹簧腔相通，位于右边的油室 b 则通过阀芯上的另一轴向小孔与阀芯左端弹簧腔相通。装配时由对中弹簧 7 保证阀芯处于中间位置，阀芯两端台肩与阀体沉割槽组成的两个可变节流口 3、4 的过流面积相等(液阻相等)。将分流阀装入系统后，液压泵的来油 p_0 分成两条并联支路 I 和 II，经过液阻相等的固定节流

孔 1 与 2 分别进入油室 a 和 b(压力分别为 p_1 和 p_2)，然后经可变节流口 3 和 4 至出口(压力分别为 p_3 和 p_4)，通往两个执行元件。在两个执行元件的负载相等时，两出口压力 $p_3 = p_4$，即两条支路的进出口压力差与总液阻(固定节流孔和可变节流口的液阻和)相等，因此两个输出口的流量相等，两执行元件速度同步。若执行元件的负载变化导致支路Ⅰ的出口压力 p_3 大于支路Ⅱ的出口压力 p_4，在阀芯未动作两支路总液阻仍相等时，压力差 $(p_0 - p_3) < (p_0 - p_4)$ 势必导致输出流量 $Q_1 < Q_2$。输出流量的偏差一方面使执行元件的速度出现不同步，另一方面又使固定节流孔 1 的压力损失小于固定节流孔 2 的压力损失，即 $p_1 > p_2$。因两个压力 p_1 与 p_2 被分别反馈作用到阀芯的右端和左端，其压力差将使阀芯向左移动，可变节流口 3 的过流面积增大、液阻减小，可变节流口 4 的过流面积减小、液阻增大。于是支路Ⅰ的总液阻减小，支路Ⅱ的总液阻增大。总液阻的改变反过来使支路Ⅰ的流量 Q_1 增加，支路Ⅱ的流量 Q_2 减小，直至 $Q_1 = Q_2$、$p_1 = p_2$，阀芯受力重新平衡，阀芯稳定在新的位置工作，两执行元件的速度恢复同步。显然，固定节流孔在这里起检测流量的作用，它将流量信号转换为压力信号 p_1 和 p_2；可变节流口在这里起压力补偿作用，它们的过流面积(液阻)通过压力 p_1 和 p_2 的反馈作用进行控制。

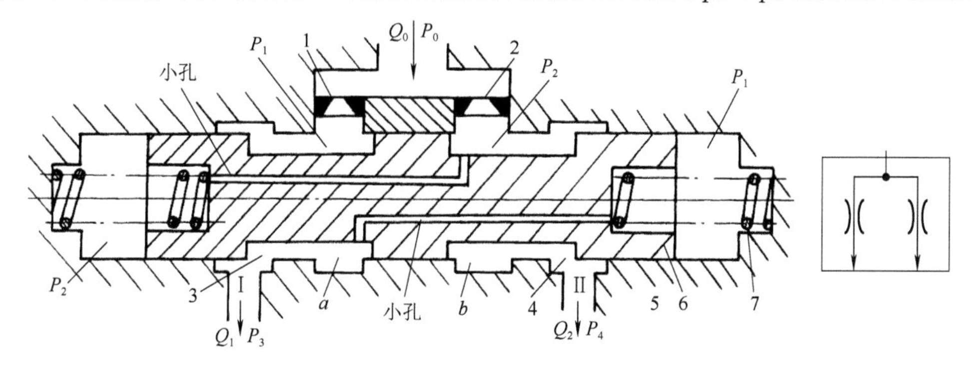

图 5-54 分流阀的结构原理图

1、2-固定节流孔；3、4-可变节流口；5-阀体；6-阀芯；7-对中弹簧

2. 分流-集流阀

按结构和工作原理，分流-集流阀可分为换向活塞式、挂钩式及可调式和自调式。

图 5-55 所示为换向活塞式分流-集流阀，分流时，因 $p > p_a$(或 p_b)，此压力差将换向活塞分开处于分流工况。当外负载相同，即 $p_A = p_B$ 时，$p_a = p_b$，阀芯 6 处于中间位置，因 $p - p_a = p - p_b$，故从两个出口 A 和 B 流出的油液流量相等。当外负载不相同时，假如 p_A 增加，引起 p_a 瞬时增加，这样 $p_a > p_b$，阀芯右移，于是分流可变节流口 1 开大，1′关小，这时 p_a 又减小，而 p_b 增加，直到 $p_a = p_b$ 时，阀芯停在一个新的位置上，使 $p - p_a = p - p_b$，于是通过两口的流量相等。这表明，分流-集流阀是利用负载压力反馈的原理，来补偿因负载变化而引起流量变化的一种流量控制阀，但它只控制流量的分配，而不控制流量的大小。集流时，因 $p < p_a$(或 p_b)，两换向活塞合拢处于集流工况，其等量控制的原理与分流时相似。

综上所述，无论是分流阀还是集流阀，能保证两油口流量不受出口压力(或进口压力)变化的影响，始终保持相等是依靠阀芯的移动来改变可变节流口的开口面积进行压力补偿的。而阀芯的位移将使对中弹簧力的大小发生变化，即使是微小的变化也会使阀芯两端的压力差出现偏差，且两个固定节流口也是很难做到完全相同的。因此，由分流阀和分流-集流阀所控制的同步回路仍然存在一定的误差，一般同步误差为2%～5%。

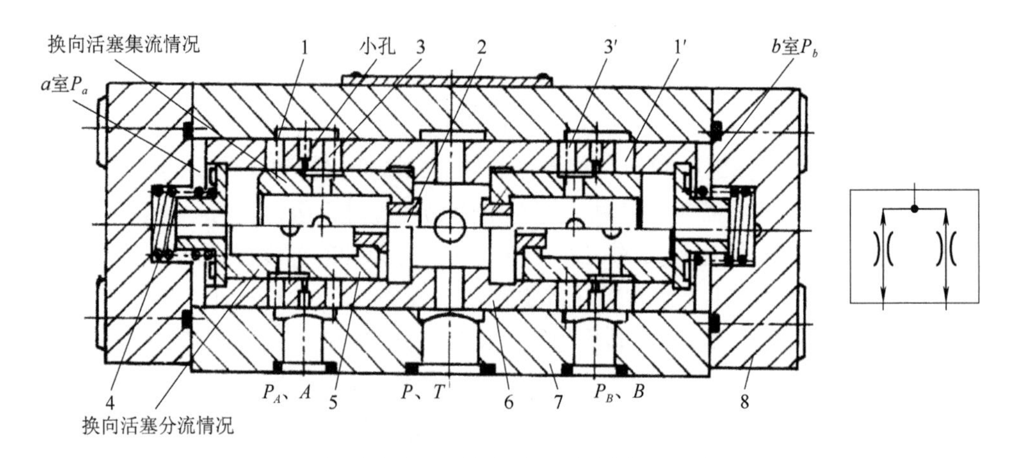

图 5-55　FJL 型换向活塞式分流-集流阀

1、1′-分流可变节流口；2-固定节流口；3、3′-集流可变节流口；4-弹簧；5-活塞；6-阀芯；7-阀体；8-阀盖

在选用分流-集流阀时，应根据流量的大小和所需同步精度来确定阀的型号。要求同步精度高时，可选用阀的公称流量低于或接近于系统实际使用流量的规格；要求压力损失或反向压力损失小，可选用阀的流量接近系统实际使用流量规格。

分流-集流阀在安装时，应保持阀芯轴线为水平方向，切忌阀芯轴线垂直安装，否则将因阀芯自重而影响同步精度。

第五节　多路换向阀

多路换向阀是工程建设机械、冶金工程、特种车辆、农田建设等行走机械中广泛应用的一种集中化结构、多种控制方式的换向阀。它由多个换向阀、单向阀、主安全阀、补油阀及过载阀等组成。换向阀的个数由需要集中控制的执行机构的数量来决定，具有结构紧凑、易于布置、操纵简便等优点。液压机械工作特点的不同，所要求多路阀的形式也不相同，加上制造工艺不断改进，使多路阀的型号繁多。

一、多路换向阀的分类

1. 按外形分

按外形不同，多路阀分为整体式和分片式。一组多路阀往往由几个换向阀组成，每个换向阀称作一联。

1)整体式多路换向阀

将各联换向阀制成一体的称为整体式。整体式多路换向阀结构紧凑、重量轻、压力损失少、加工面少、压力高、适用流量大等特点，但对阀体铸造技术要求较高、通用性差、报废率高，比较适合于联数相对较少、产品批量较大且相对稳定的工作场合，例如，用于装载机工作机构多路换向阀为整体式。

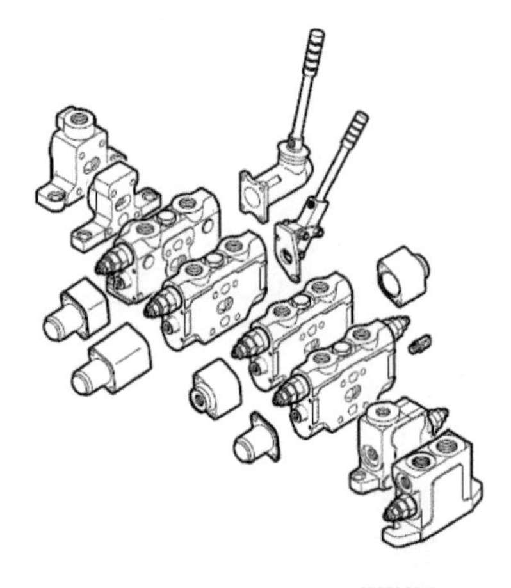

图 5-56　分片式多路换向阀

2)分片式多路换向阀

如图 5-56 所示，将每联换向阀制成一片，用螺栓连成一

体的称为分片式。分片式多路换向阀使用螺栓将进油阀体、各联换向阀、回油阀体组装成一体。分片式多路阀便于制造、维修，可根据工作要求组装成不同联数和功能特点的多路换向阀，通用性强，应用范围广，但体积大，加工面多，各片之间密封困难，出现渗油的可能性大；连接螺栓拧得过紧时，可能使阀体孔失圆而卡紧阀杆，故阀杆与孔的配合间隙要大，但这又增大了内漏。

2. 按中立位置卸荷方式分

当各联换向阀均处于中立位置时，一般应使液压泵处于卸荷状态，根据使液压泵卸荷方式的不同可分为以下两种。

1）中立位置回油道卸荷

图 5-57(a)所示各换向阀都在中立位置时，液压泵输出的液压油经过一条专用油道直接回油箱而卸荷，这条油道称为中立位置油道。当任一联换向阀换向时都会切断该油道，使高压油经换向阀进入执行元件，同时从执行元件回来的油又经换向阀进入回油道。换向阀在移动过程中，中立位置回油道是逐渐减小最后被切断的，所以从此阀口回油箱的流量逐渐减小，并一直减小到零，进入执行元件的流量则从零逐渐增大并一直增大到泵的供油量。因而这种多路阀使执行元件启动平稳无冲击，而且调速性能较好，其缺点是中立位置的压力损失较大，而且换向阀的联数越多，压力损失越大。

2）卸荷阀卸荷

如图 5-57(b)所示，多路换向阀入口的压力油是经卸荷阀 *A* 卸荷的。当各联换向阀均处于中立位置时，卸荷阀的控制通路 *B* 与回油路接通，压力油经卸荷阀的阻尼孔 *C* 时产生压力降，使卸荷阀弹簧腔的油压低于阀的进口油压，卸荷阀便在此两腔压力差的作用下克服不大的弹簧力开启，大部分油便从油道 *D* 回油。这种回油方式的卸荷压力在换向阀的联数增加时变化不大，始终能保持较小的数值。但是卸荷阀的控制通道被切断的瞬时，卸荷阀是突然关闭的，所以换向过程产生液压冲击较大，换向滑阀对速度也丧失了微调性。

目前大部分多路换向阀采用中位回油通道使液压泵卸荷。

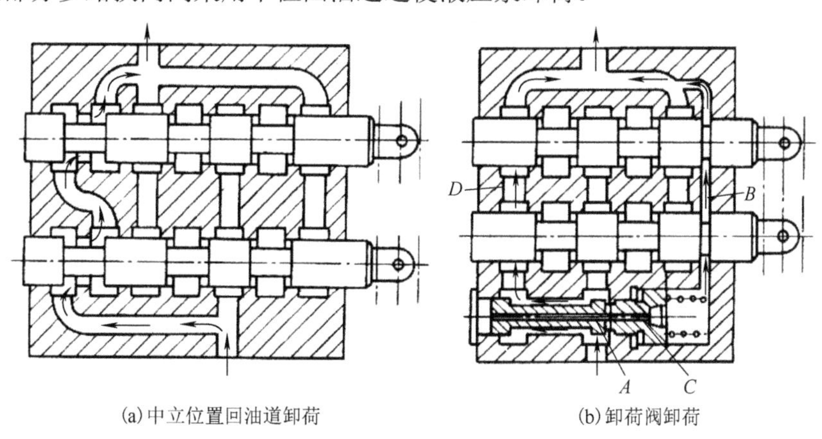

(a) 中立位置回油道卸荷　　(b) 卸荷阀卸荷

图 5-57　多路阀中立位置卸荷方式

3. 按各联换向阀之间的油路连接方式分

按各联换向阀之间的油路连通关系，多路阀分为并联油路、串联油路、串并联油路和复合油路等几种形式。

1)并联油路

图 5-58(a)所示，从进油口的油可直接通到各联换向阀的进油腔，各阀的回油腔又都直接汇集到多路阀的总回油口，这种油路的连通方式为并联油路。若采用这种油路连接方式，当同时操作各换向阀时，尽管每一联换向阀的进口都与压力油接通，但压力油总是首先进入负载小的执行元件使其运动，而负载大的不动作，如果执行元件垂直安装甚至会出现油液倒流(要在油路中增设单向阀防止这种现象)，所以只有各执行元件进油腔的油压相等时，它们才能同时动作。

2)串联油路

图 5-58(b)所示为串联油路多路换向阀的原理图，每一联换向阀的进油腔都和该阀之间的中立位置回油道相通，其回油腔又都和该阀之后的中立位置回油道相通。所以，当某一联换向阀处于换向位置时，其进油是从前一联阀的中立位置回油道而来，而其回油又都经中立位置回油道与后一联的进油腔相通。各执行元件可单独动作，也可同时动作。如果两联阀都处在换向位置，则前一联的回油经中立位置回油道进入下一联控制的执行元件使它们同时工作，条件是液压泵所能提供的油液压力大于所有正在工作的执行元件两腔压差之和。

3)串并联(顺序单动)油路

如图 5-58(c)所示，每一联的进油腔均与该阀之前的中立位置回油道相通，而各联阀的回油腔又都直接与总回油口连接，即各阀的进油是串联的，回油是并联的，故称串并联油路。若采用这种连接方式，当某一联换向时，其后各联换向阀的进油道即被切断，因而一组多路阀的各换向阀不可能有任何两联同时工作，故这种油路也称互锁油路；又由于同时扳动任意两联换向阀，总是前面一联工作，要想使后一联工作，必须把前一联回到中间位置，故又称优先回路，意指排在前面的阀可优先工作，也把这种油路称作“顺序单动油路”。

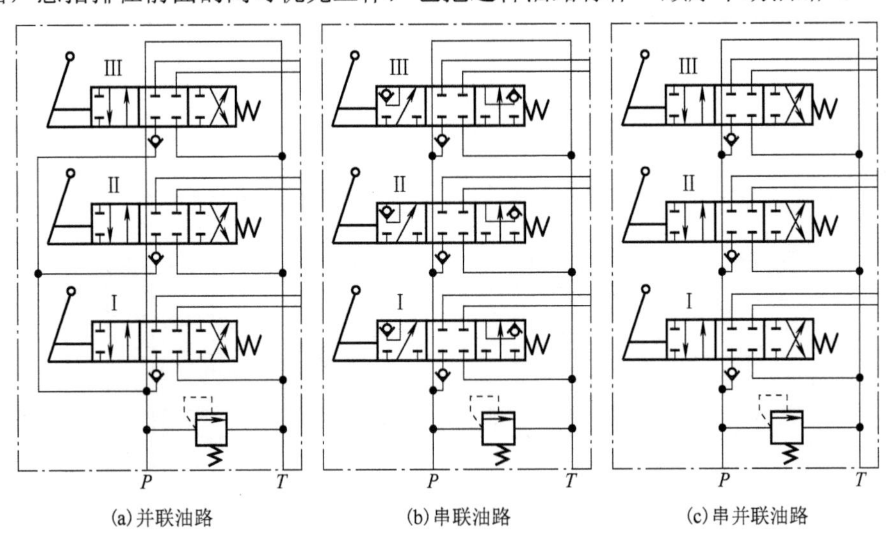

(a)并联油路　(b)串联油路　(c)串并联油路

图 5-58　多路换向阀基本油路形式

4)复合油路

实际上，当多路阀的联数比较多时，还常常采用上述基本油路中的任意两种或三种连接形式的组合，即所谓复合油路。

4. 按油道的加工方式分

换向阀体的油道有机械加工和铸造两种形式。

1)机械加工油道

机械加工油道优点是阀体毛坯易制作，阀体可以锻造，机械强度高，车、铣、刨、磨技术成熟；缺点是在使用中压力损失大，外形尺寸也大。

2)铸造油道

铸造油道优点是在使用中压力损失小，油道便于布置，阀体结构比较紧凑；缺点是阀体结构复杂，铸造工艺难度大，生产中易出废品，且清砂困难。阀体往往由于清砂不彻底，对液压系统工作危害极大；但随着生产工艺的不断改进，现采用树脂型砂、金属铸型等，使产品质量逐步提高，铸造油道逐渐被广泛采用。

5. 按换向阀操纵方式分

换向阀操纵方式有手动、先导控制、电磁控制、电液比例控制等类型。以下介绍手动操纵和先导控制操纵。

1)手动操纵

每一联如单一的手动换向阀，依靠杠杆操纵，优点是系统结构简单，工作可靠，缺点是必须把多路阀布置在操作方便的地方，这就给整机的管路布置带来困难。对于大流量的液压机械，由于换向阀行程大和液动力大，因此操作较费力。

2)先导控制操纵

先导控制操纵通过操纵小流量的先导阀来控制大流量的换向阀(主阀)。其主要优点是操纵省力，主换向阀可布置在任何适当地方，减少管路中的压力损失，提高压力效率。另外还可以大大改善系统的调速性能。由于先导控制的优点明显，因此在大功率工程机械上得到广泛使用。

现在生产的多路阀的操纵控制方式也趋于多样化，使液压系统的控制更加灵活、方便。

二、多路换向阀的结构

1. 结构特点

多路换向阀主要由进油阀体、换向阀和回油阀体三大部分组成，可以将三者采用铸造方法做成一体，而对于分片结构则采用连接螺栓将它们组装在一起。图5-59所示为ZFS型多路换向阀，该阀为分片式结构，它是由进、回油阀体和换向阀体组成并具有多种滑阀机能。换向阀体分为并联和串联两种；滑阀分串联、并联两类。并联阀体配上并联滑阀组成并联油路阀；串联阀体配上串联滑阀可组成串联油路阀；串联阀体配上并联滑阀组成串并联油路阀。

进油阀体上设有总的进油口和回油口，为防止液压泵过载，一般在进、回油口之间装有多路阀主安全阀，作为整个液压系统的总安全阀。

每一联换向阀可根据执行机构的工作要求加设各种功能的控制阀。根据不同的阀体结构，可在阀体进油腔或滑阀内装设单向阀，其作用是当滑阀换向时，避免负载作用下压力油倒流回油箱，从而克服工作过程中的“点头”现象。

当某一机构的液压缸不工作时，相应的滑阀处于中立位置。若两工作油口被封闭，此时其他机构的工作可使该液压缸某腔的压力很高，为防止液压缸及其连接管路过载，可在相应工作油口设置过载阀(结构与原理常与安全阀相同)。

在某些工程机械上(如挖掘机)，工作机构动作的惯性较大，或者负载下降速度超过供油流量所能产生的速度时，可在多路换向阀内设置必要的补油阀，将低压油路的液体引到进油路，以免造成吸空现象。

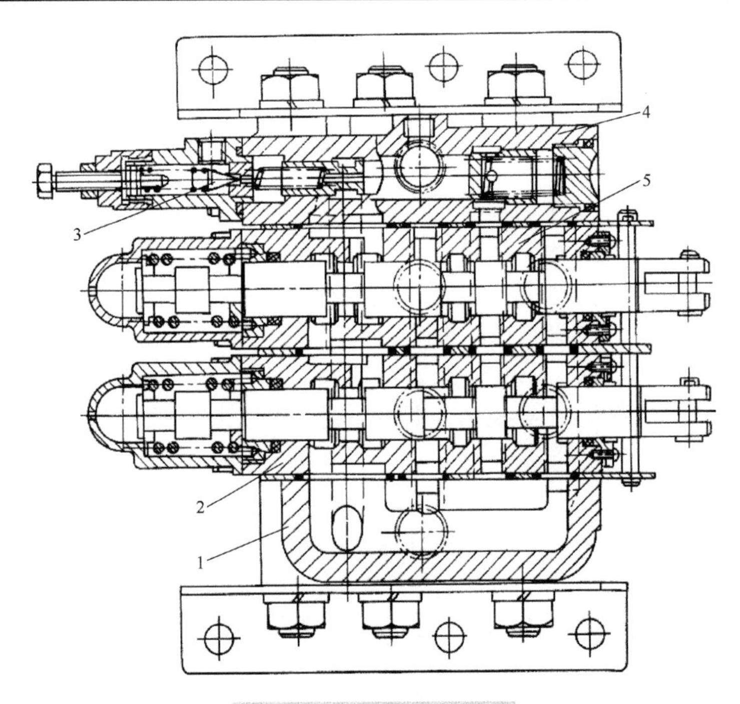

图 5-59　ZFS 型多路换向阀

1-回油阀体；2-第Ⅱ联换向阀；3-主安全阀；4-进油阀体；5-第Ⅰ联

有时两个工作液压系统共用一个液压泵，而其中一个系统只需要泵的部分流量时，可在多路阀内装设分流阀。

在某些液压机构中，要求发动机熄火时，不致因误操作手柄发生设备倾翻和液压缸吸空，或在行走液压系统中为克服在斜坡上的加速运动，需在多路换向阀中设置制动阀。

回油阀体有两种，一种称为一般回油阀体，其作用是将循环后的油引至回油口；另一种称为过桥阀体，其作用是在单泵多阀组系统中将高压油引到后一个液压回路中去，此时该多路阀又相当于一段过油通道。

2. 主安全阀的常见结构

图 5-60 是常用于多路换向阀上的安全阀与过载阀，该阀为环形缝隙阻尼型。

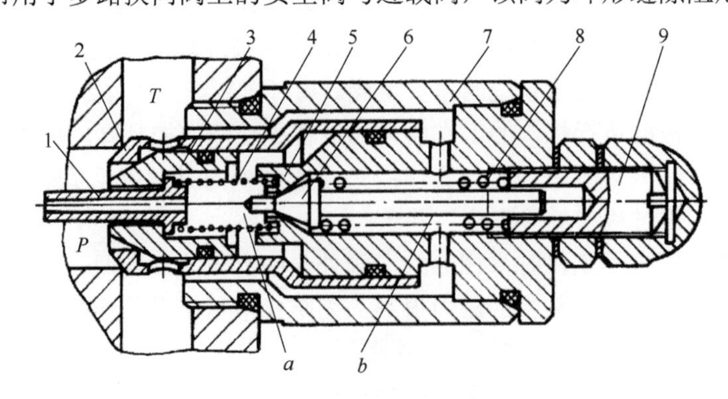

图 5-60　安全阀

1-小滑阀；2-阀套；3-主阀芯；4、8-弹簧；5-阀座；6-先导阀芯；7-阀体；9-调压螺钉

此阀由先导阀芯 6 及阀座 5、弹簧 8、调压螺钉 9、主阀芯 3、小滑阀 1 及弹簧 4、阀体 7、阀套 2 等组成。主阀芯 3 在很弱的弹簧 4 及油压作用下压紧在阀套 2 上，阀套 2 又被压紧在阀座上，它们共同将多路换向阀的 P 油口与回油口 T 隔开。当 P 腔油压超过先导阀芯的调定压力时，先导阀芯开启，油流经小滑阀 1 的中心孔，其较小的阻尼作用，使 a 腔油压略低于 P 腔油压，小滑阀即在此压差作用下克服很弱的弹簧 4 的作用而右移，直到与先导阀芯 6 靠紧，这时 P 腔油压对小滑阀的作用力直接传给了先导阀芯，而使先导阀芯受力进一步增大；另外，由于这时先导阀芯将小滑阀的中心孔堵死，油只能经小滑阀与主阀芯间的环形缝隙流动，此缝隙的阻尼作用远比滑阀中心孔的阻尼作用大，因而此时 a 油压迅速降低，主阀芯便在 P 与 a 压差的作用下迅速开启。

正常工作情况下，P 腔油压高于 T 腔油压，阀套 2 及主阀芯 3、小滑阀 1 等被压紧在阀座上，当 P 腔油压低于 T 腔油压时，阀套及主阀芯、小滑阀等像一个普通单向阀一样，在此压差作用下开启，从而油从 T 腔向 P 腔补充。

多路换向阀的种类繁多，所用的主安全阀的结构形式也多种多样，但它们的工作原理基本相同。

3. 负载敏感多路换向阀

负载敏感或负荷传感中的负载或负荷从含义上是指执行机构的，而传感或敏感是能感知执行机构实时的工作压力和流量的需求，并将这些信息传递到液压阀以及液压泵上。因此，负载敏感一般指系统能自动地将负载(执行机构)所需压力或流量变化的信号传到敏感控制阀或泵变量控制机构的敏感腔，从而调整供油单元的运行状态，使其几乎仅向系统提供负载(执行机构)所需要的液压压力与流量，最大限度地减少压力与流量两项相关损失。由此也可以说，负载敏感是个系统问题，而不是单纯的控制阀问题；其技术主要体现在变量液压泵与控制阀的相互匹配上，控制阀往往是感知执行机构的工况信息和操作者的指令信息，常用在闭环控制系统中，可提高发动机功率的利用效率、减小系统发热，达到使机械设备结构紧凑和节能的目的。

图 5-61 所示为负载传感多路换向阀，该滑阀中位时压力补偿阀的弹簧腔 2 经梭形阀 7 与

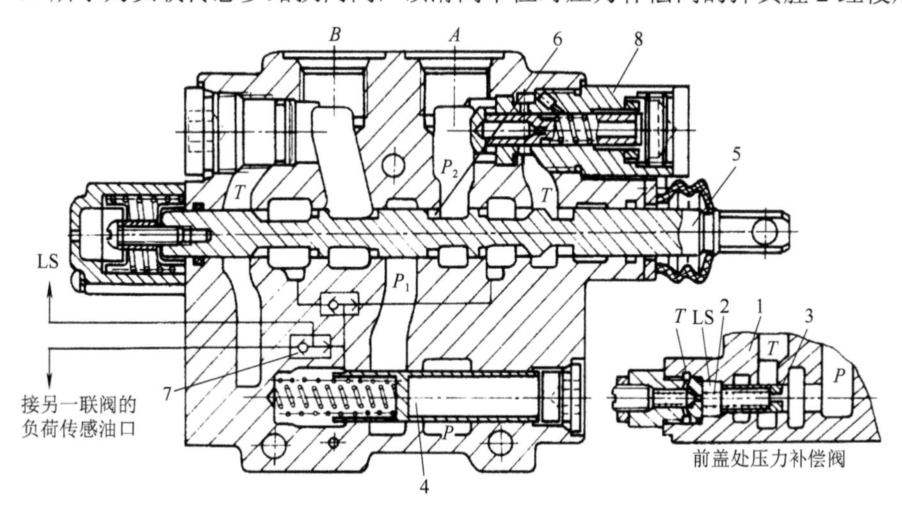

图 5-61　负载传感多路换向阀

1-前盖；2-弹簧腔；3-阀芯；4-流量补偿阀；5-滑阀；6-节流口；7-梭形阀；8-过载阀

多路换向阀阀体内的 T 回油腔相通，压力补偿阀开启，液压泵卸荷。操纵滑阀 5 时，工作油口的压力通过梭形阀与流量补偿阀 4 的弹簧腔和压力补偿阀的弹簧腔 2 相通，阀芯 3 向关闭方向移动，而流量补偿阀向开启方向移动。通过流量补偿阀 4 和节流口 6 之间压差有关的油流由工作油口输出，其流量大小由节流口的过流截面决定，而与负载的压力变化无关。若各联换向阀同时工作时，负载传感回路(LS)仅传递较高压力。主阀芯的操作可采取手动、先导液控、电子控制等多种方式。负载敏感多路换向阀可与定量泵组成开心液压系统，也可与带有压差装置的变量泵组成闭心液压系统。

图 5-62 所示为采用定量泵的开心式负荷传感多路阀系统原理图，其中 a 为末端阀体，b 为Ⅱ联换向阀，c 为Ⅰ联换向阀，d 为进油阀体。该系统多路阀采用了 LUDV 控制，所谓 LUDV 控制表示的是与负载压力无关的流量分配控制。同时操作几联换向阀时，其各自控制的执行元件的速度只取决于本联阀的过流面积，也与各自的负载无关，如果 LUDV 系统内发生流量不足，即液压泵不能提供足够的流量来满足同时操作的各执行元件的速度要求，则各执行元件将按比例减少速度，而不会有某一执行元件停止工作。当各联换向阀都处于中立位置时，旁通阀 5 左侧的压力(LS 压力)等于零，旁通阀处于图 5-62 所示位置，液压泵输出的油液以很低的压力(约 1bar)回油箱，即液压泵卸荷。只要操作任何一联换向阀，梭形阀与油箱之间

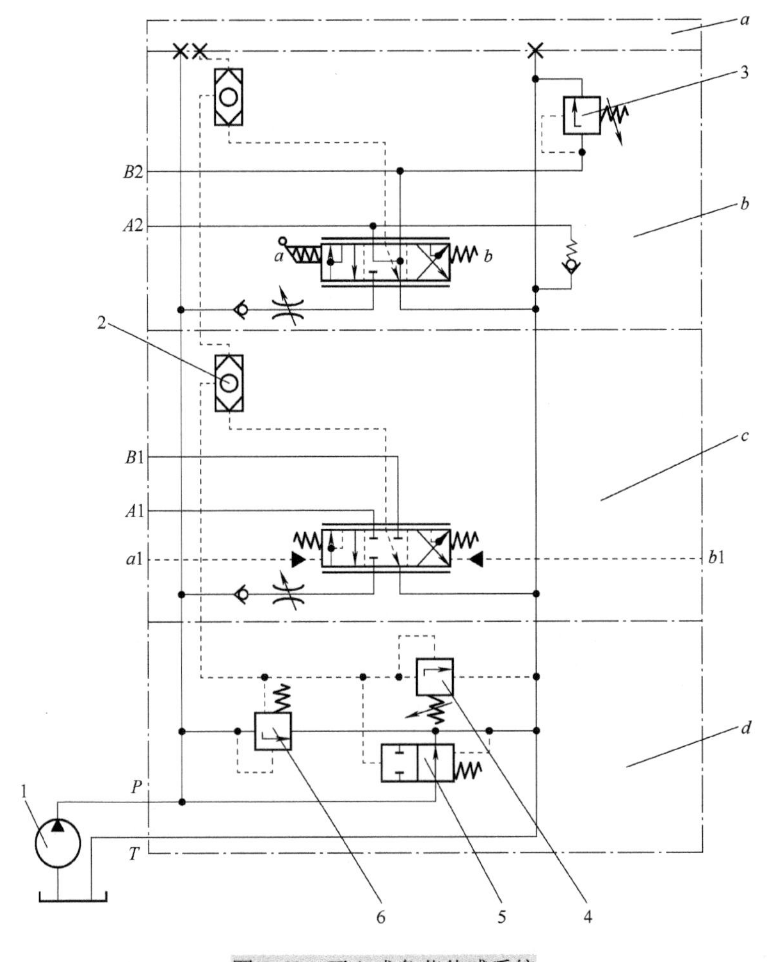

图 5-62　开心式负荷传感系统

1-定量泵；2-梭形阀；3-过载阀；4-LS 溢流阀；5-旁通阀；6-溢流阀

的通路被切断，负载压力作用于旁通阀的左端，旁通阀换向，关闭了液压泵与油箱之间的油路；溢流阀 1 的阀芯受液压泵出口压力和由梭形阀传递来的负载感应压力(LS 压力)的共同作用处于平衡状态。当只操作一联换向阀时，换向阀开度的大小决定了可通过阀的流量，在换向阀开度不变时，如果负载压力升高，则溢流阀 1 的溢流压力也相应升高，液压泵的出口压力升高，换向阀进出阀口的压力差保持不变，通过换向阀的流量不变，即执行元件的运动速度不受负载变化的影响。这样在控制执行元件运动速度的时候，溢流压力总是比负载压力略高一定值，减少了溢流的功率损失。

图 5-63 所示为采用变量泵的闭心式负荷传感多路阀系统原理图，系统中多采用负载敏感变量泵与多路阀相配合。每一联换向阀都具有与负载压力无关的流量输出功能，阀芯的开口面积决定了执行元件的运动速度。闭心式与开心式的主要不同在于系统中无溢流损失，图 5-63 中主安全阀 2 正常工作时处于关闭状态，只对系统起过载保护作用因此称为主安全阀。在工作时，负载压力若降低，则液压泵出口压力也降低，换向阀进出阀口的压力差保持不变，通过的流量也不变。若想让执行元件的速度减慢而将换向阀口面积关小，则通过换向阀的压力差会瞬时增加，此压力差反馈到负载敏感泵使其排量调小，泵输出的流量也相应减少，换向阀进出口的压差又回到设定值，执行元件的速度也得到相应的调整；反之，若阀开口面积增大则液压泵排量调大，执行元件的速度提高。若几联换向阀同时工作液压泵一般根据最大负载压力调整流量。

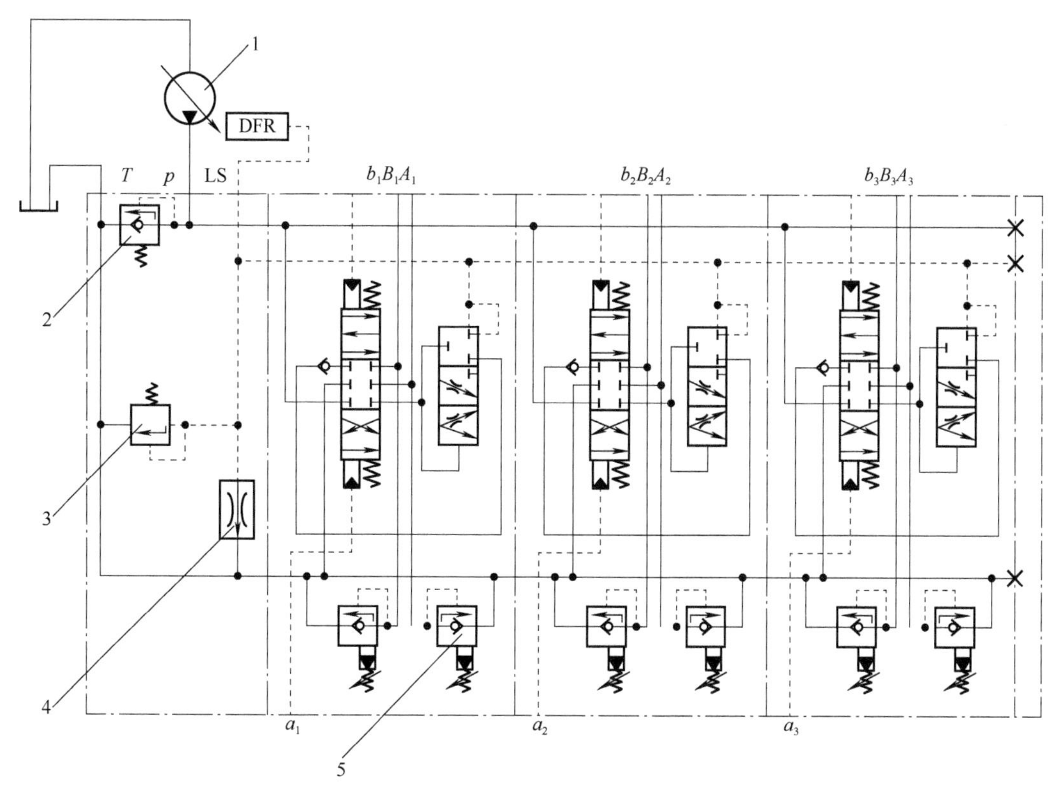

图 5-63　闭心式负荷传感系统

1-变量泵；2-主安全阀(带单向阀)；3-LS 溢流阀；4-流量阀；5-过载补油阀

负载敏感多路换向阀在工程机械电液控制领域的应用越来越广泛，控制液压缸或马达运动方向和速度，且能提高整个系统的效率。其与负载敏感变量泵协同工作还可以提高发动机功率的利用率，达到提高作业效率和燃油经济性的目的。

4. 先导阀

随着液压技术的发展，为提高设备的自动化程度，减小作业人员的劳动强度，先导操纵的多路换向阀已获得广泛的应用。

图 5-64 所示是操纵多路换向阀换向的先导减压阀的结构简图和原理符号图。图 5-64(a)所示是其总体结构图，阀体 7 中装有四个结构完全相同的减压阀，每个减压阀都由阀芯 8、调压弹簧 5、导杆 6、推杆 2 和回位弹簧 9 等组成。导杆 6 上装有滑套 4 和用来限制滑套最高位置的限位螺钉，限位螺钉使调压弹簧有一定的预压缩量。回位弹簧把整个减压阀组件顶在压盘 1 上。控制油是恒压油，它从 *P* 口进入，*T* 口接油箱，四个工作口 *A*、*B*、*C* 和 *D* 分别接两个主换向阀的四个控制腔。

图 5-64(b)所示是单个先导减压阀的工作原理图。压盘处于中位时，阀芯在回位弹簧和调压弹簧作用下处于最高位置，控制压力油从 *P* 口进入，并封闭在 *E* 腔，*A* 口油经油道 *H* 和 *G* 腔到 *T* 口接油箱。当搬动手柄通过压盘使顶杆下移时，调压弹簧克服回位弹簧的作用力将阀芯下推，当阀芯下移量大于 Δh 后，油道 *H* 与 *G* 腔切断而与 *E* 腔沟通，控制压力油经 *E* 腔、油道 *H* 从 *A* 口到主换向阀的控制腔(图 5-64(c))。*A* 口油的压力对阀芯有一个向上的作用力，它和回位弹簧力一起与调压弹簧力相对，使阀芯上移，直到阀芯受力平衡。此时，阀芯使油道 *H* 与 *E* 腔、*G* 腔都切断，保持 *A* 口压力为某一值。很明显，调压弹簧被推杆压缩得越多，*A* 口油压就越大。若手柄保持在某一位置不动，则 *A* 口压力不变，是一个在此位置的定值减压阀。

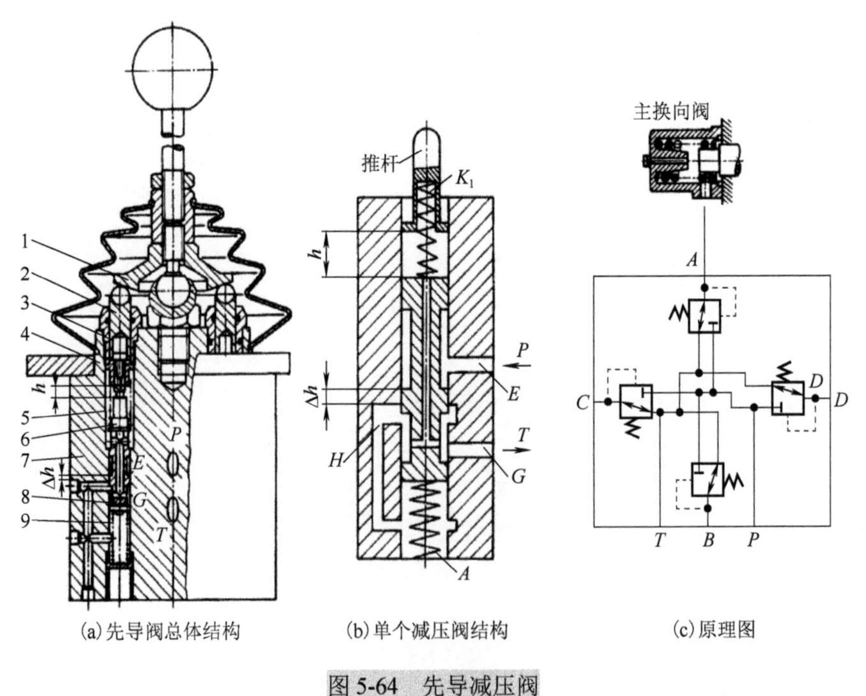

(a)先导阀总体结构　(b)单个减压阀结构　(c)原理图

图 5-64　先导减压阀

1-压盘；2-推杆；3-推杆套；4-滑套；5-调压弹簧；6-导杆；7-阀体；8-阀芯；9-回位弹簧

先导阀芯的受压面积很小，它输出的控制油压力又较低，所以作用在操纵手柄的力很小。先导阀出口的油液压力与对应的操纵手柄位置成比例，因此主换向滑阀的行程也与手柄位置相对应，这样就使主换向滑阀可停留在它行程的任何位置，因而发挥换向阀的调速性能。

第六节　插装阀和叠加阀

前面介绍的液压控制阀按安装连接形式大多属于管式连接、法兰连接等，一般按单个元件组织生产，系统安装时元件间的油路靠管道连接，占用的空间较大、连接复杂、维修不便。插装阀和叠加阀从控制功能上同样能实现压力、方向、流量等控制，便于液压系统集成，使系统安装更加紧凑，因此应用越来越广泛。

一、插装阀

插装阀按控制方式可分为通断式与比例式，按安装方式可分为盖板插装式与螺纹插装式。螺纹插装阀与二通插装阀一起可以涵盖所有液压系统所需的流量范围，并将占据液压控制阀的主导地位。

1. 二通插装阀

滑阀型结构的控制阀，通流能力小，制造精度要求较高，阀芯尺寸大，切换时间长，换向冲击大，阀口关闭时为间隙密封，密封性能不好，内泄漏较大，而且因为具有一定的密封长度，阀口开启时存在死区，阀的灵敏性差。为解决这一问题，首先在压力阀中采用锥阀替代滑阀，然后逐渐发展成一种新型液压控制阀——二通插装阀。二通插装阀把作为主控元件的锥阀插装于油路集成块中，故得名插装阀。因为该类阀具有通断两种状态，可以进行逻辑运算，故过去又称为逻辑阀。继而又出现了锥阀型的逻辑换向阀，最后发展为可以实现压力、流量和方向控制的标准组件，即二通插装阀基本组件。根据液压系统的不同需要，将这些基本组件插装入特定设计加工的阀块，通过盖板和不同先导阀相组合即可组成插装阀系统。由于插装阀组合形式灵活多样，加之密封性好、油液流经阀口压力损失小、通流能力大、动作快、动作灵敏、抗污染能力强等一系列优点，因此目前已在工程机械、冶金、船舶等各行业得到了广泛地运用。特别是一些大流量及介质为非矿物油的场合，优越性更为突出。

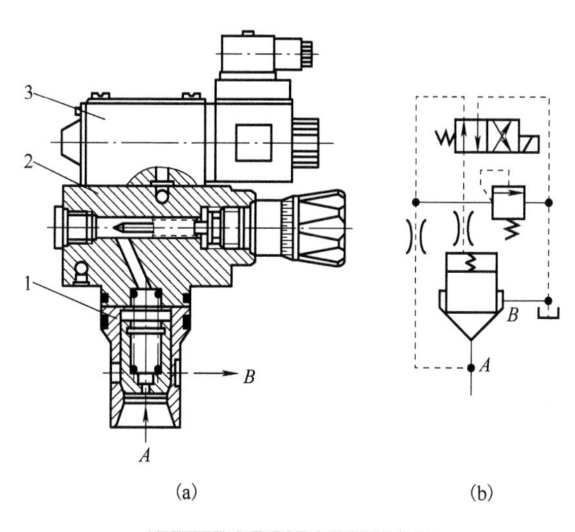

图 5-65　二通插装阀的结构

1-插装件；2-控制盖板；3-先导元件

1) 二通插装阀的组成

典型的二通插装阀由插装件 1、控制盖板 2 和先导元件 3 三部分组成，图 5-65(a)为其结构图，图 5-65(b)为其图形符号。

(1) 插装件。插装件又称主阀组件，由阀芯、阀套、弹簧和密封圈组成。有时根据需要在阀芯内设置节流螺塞或其他控制元件，阀套内也可设置弹簧挡圈等。根据其用途不同分为方向阀组件、压力阀组件和流量阀组件三种。同一通径的三种组件的安装尺寸相同，但阀芯的结构形式和阀套座孔直径不同。图 5-66 所示为三种插装阀组件的结构图及符号图，图 5-66(a)为方向阀组件，图 5-66(b)为压力阀组件，图 5-66(c)为流量阀组件，三种组件均有两个主油口 A、B 和一个控制油口 x。

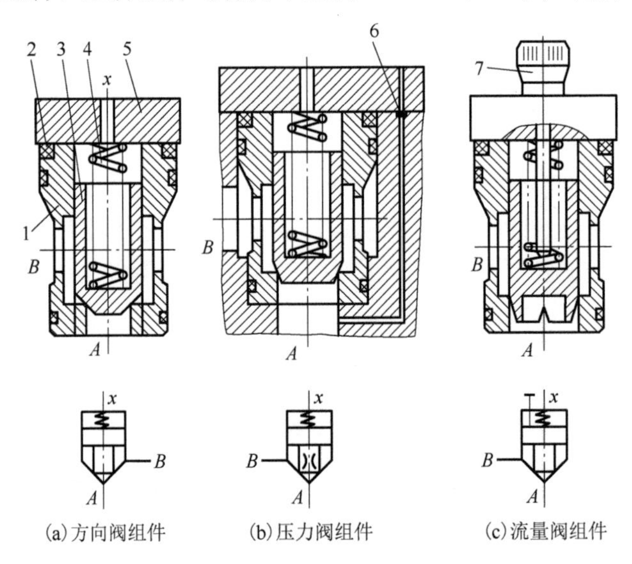

图 5-66　基本插装件

1-阀套；2-密封件；3-阀芯；4-弹簧；5-盖板；6-阻尼孔；7-行程调节杆

(2)控制盖板。控制盖板由盖板体、节流螺塞、先导控制元件及其他附件组成。盖板体的作用是固定主阀组件、安装先导控制元件、沟通阀块体内的控制油路。控制盖板按其功能也可分为方向控制盖板、压力控制盖板和流量控制盖板三类。具有两种以上控制功能的称为复合控制盖板。盖板有方形和圆形两种，方形用在公称通径在 63mm 以下的场合，如图 5-67(a)所示；圆形盖板用在公称通径大于 80mm 的场合，如图 5-67(b)所示。

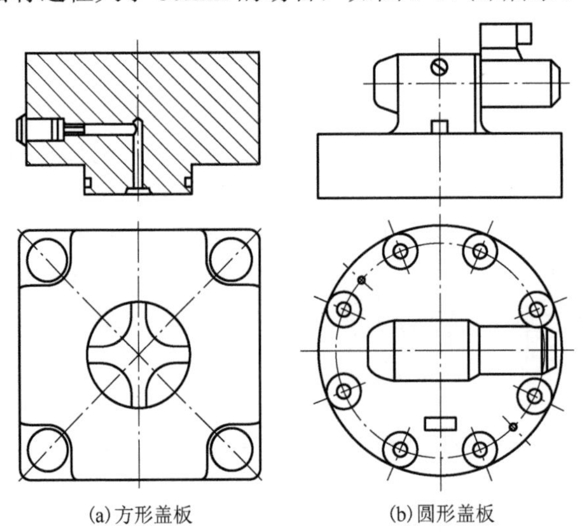

图 5-67　常用控制盖板结构

盖板内嵌元件很多，有梭阀、单向阀、液控单向阀、压力阀等。由于控制盖板内含液阻、网络、内嵌各类控制器、外装控制阀，因此在结构及功能上变化极多，是插装阀中最敏感的部分。常常通过改变控制盖板的结构和功能，就能组合成许多不同功能的组件，也能改变二通插装阀组件的静、动态特性。

(3) 先导元件。插装元件的工作状态是通过各种先导元件控制的，所以先导元件是二通插装阀的控制级。先导元件常以板式连接或叠加式连接安装在控制盖板上，例如，球阀式或滑阀式电磁换向阀都可用作先导元件，另外还以插入式连接方式安装在控制盖板内部，有时也固定在阀块体上。

(4) 阀块体。插装阀块体上加工有插装元件和控制盖板等的安装连接孔口与各种流道。由于二通插装阀主要采用集成式连接方式，一般没有独立的阀块体，在一个阀块体中往往插装有多个插装元件，因此也称为集成块体。

2) 二通插装阀的工作原理

插装阀的工作原理类似于一个受液压力控制的单向阀。其结构与图形符号如图 5-68 所示，压力油从 A 腔进入，从 B 腔流出，x 腔接控制油路，此时阀芯上的力平衡方程为

$$F_A + F_B = F_x + F_y + F_K + F_G \pm F_f \tag{5-9}$$

式中，F_A、F_B、F_x 分别为在 A 腔、B 腔、x 腔的液压力，其有效作用面积分别为 A_A、A_B 和 A_x；F_y 为稳态液动力；F_K 为弹簧力；F_G 为重力；F_f 为摩擦力。

相对来说，F_G、F_f 较小可以忽略，将 $F_A = p_A A_A$，$F_B = p_B A_B$，$F_x = p_x A_x$，$F_y = \rho Q v\cos\theta$ 代入式(5-9)中可得

$$p_A A_A + p_B A_B = K(x_0 + x) + \rho Q v\cos\theta + p_x A_x \tag{5-10}$$

当 $p_x > \dfrac{p_A A_A + p_B A_B - K\left(x_0 + x\right) - pQv\cos\theta}{A_x}$ 时，阀口关闭；当 $p_x < \dfrac{p_A A_A + p_B A_B - K\left(x_0 + x\right) - pQv\cos\theta}{A_x}$ 时，阀口开启。

通过上面的分析可以看出，二通插装阀是依靠控制腔(x 腔)的压力大小来控制阀芯启闭的，控制腔压力大于设定值时，阀口关闭；反之，阀口开启。在图 5-65 所示的位置为阀口关闭，A 腔与 B 腔不通，先导元件 3 通电换向时，控制腔压力降低，阀口开启，A 腔与 B 腔接通。

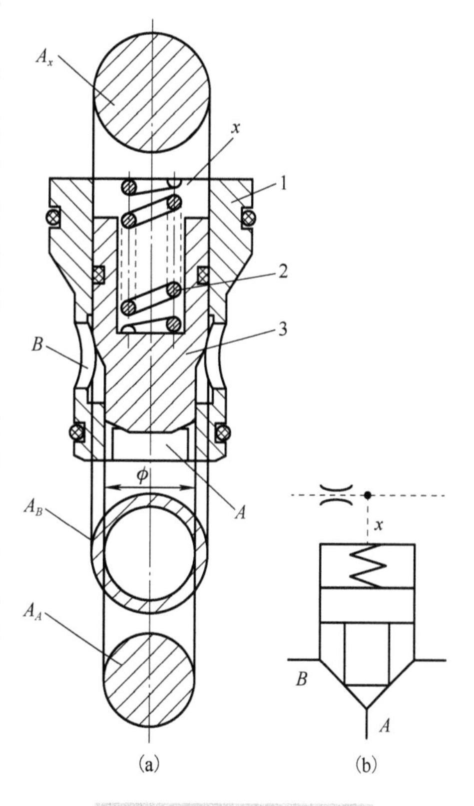

图 5-68　插装阀工作原理图

1-阀套；2-弹簧；3-阀芯

2. 螺纹插装阀

螺纹插装阀是将液压控制阀类元件的安装形式做成螺纹旋入式连接，如图 5-69 所示。在阀块上根据需要加工标准的螺纹插孔，旋入不同功能的螺纹插装阀即可形成各种控制的液压回路。尽管螺纹插装阀只是一种连接方式的变化，然而其技术优势明显，因此对液压元件的发展与液压系统设计概念的更新有很大的推动作用。其主要特点包括以下几方面。

(1) 螺纹插装阀是高压阀的主要发展阀种，目前螺纹插装阀最高压力可达 46MPa 甚至更高。

(2) 密封性能好，可以达到零泄漏，改变液压传动易污染环境的弊端，目前已有将螺纹插装阀作为二通插装阀的先导阀，这样既发挥了螺纹插装阀零泄漏的优

点，又发挥了二通插装阀大流量的长处。

(3) 螺纹插装阀有更强的知识保护性，由螺纹插装阀构成的液压系统及其阀块不像板式阀或叠加阀容易被仿制。

(4) 螺纹插装阀便于集成且集成体积小，安装与维护方便，结构紧凑，适用于 200L/min 以下的液压系统，符合工程机械、特种车辆等液压装置的要求。

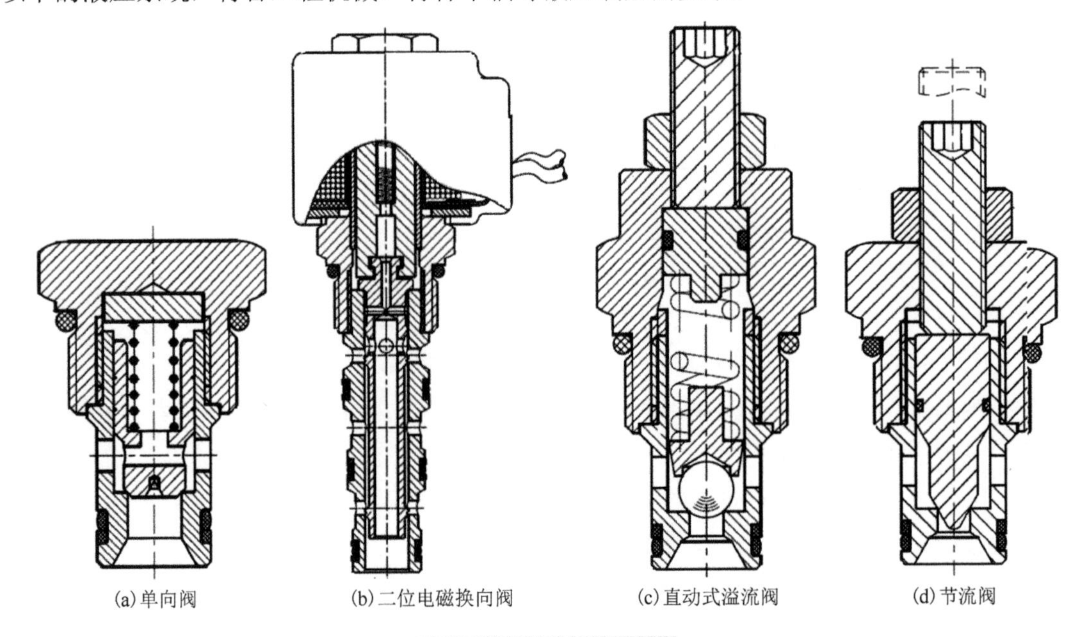

图 5-69　螺纹插装阀实例

(5) 螺纹插装阀中几乎所有零件加工全部数控化，质量不仅有保证，而且成本更低，具有与其他阀种竞争的优势；所配套集成阀块摒弃了铸造阀体，采用数控加工技术，既保证了质量，又降低了生产成本。

(6) 阀孔的规格以及装配过程具有通用性和互换性，使用插装阀可以实现完善的设计配置。

总之，螺纹插装阀从功能上已发展为具有方向、流量和压力控制阀，从控制方式上可实现手动、电磁、比例、伺服、数字等多种控制方式，从规格上也已形成系列，因此被广泛地应用于各种液压设备上。

二、叠加阀

叠加阀是在安装时以叠加的方式连接的一种液压阀，它是在板式连接的液压阀集成化的基础上发展起来的新型液压元件，其安装示意图如图 5-70 所示。叠加阀与一般控制阀在工作原理上没有多大差别，根据功能用途不同也可以分为方向控制阀、压力控制阀及流量控制阀，但在具体结构上和连接方式上有其特点，因而它自成系列。每个叠加阀既起到控制元件的功能，又起油路通道体的作用。相同规格的叠加阀主油路的位置和数量都与相应通径的主换向阀相同。因此，同一通径系列的叠加阀都可以叠加起来组成不同的系统。通常一个子系统(控制一个执行部件)可以叠成一叠，一叠中子系统的主换向阀(主换向阀是标准的板式连接元件，不属于叠加阀系列)安装在最上面，与执行部件连接用的底板块(也称基板)放在最下面；叠加阀均安放在主换向叠和底板块之间，其顺序按系统的动作要求而定。叠加阀的主要优点有以下几方面。

(1)组成回路的各单元叠加阀间不用管路连接，简便了系统的安装，整体结构紧凑，减少了泄漏点，能量损失较小，维护方便。

(2)叠加阀已发展成标准化元件，设计中简化了系统管道布置图，因而设计工作量小，设计周期短。

(3)根据实际工况需要更改设计或增加、减少液压元件。

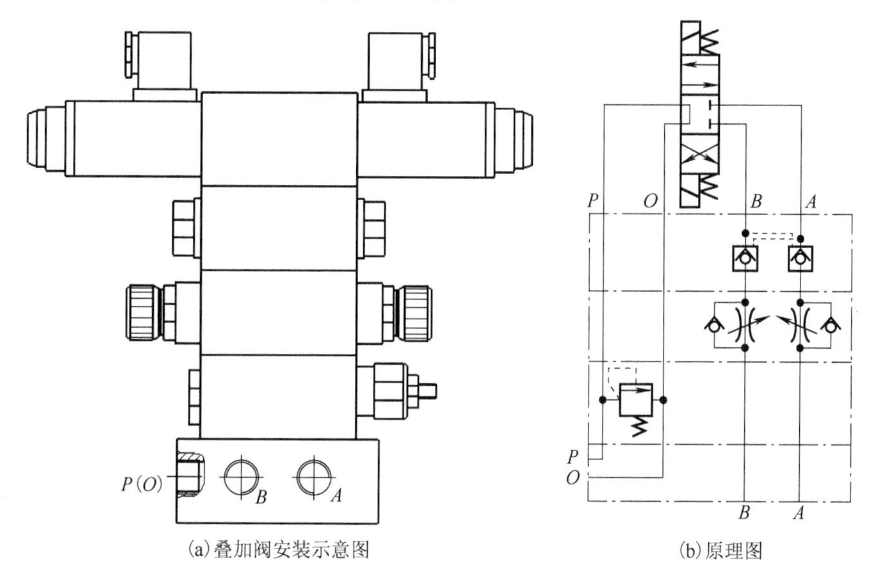

(a)叠加阀安装示意图　(b)原理图

图 5-70　叠加阀安装示意图阀

第七节　电液控制阀

电液伺服阀、电液比例阀和电液数字阀统称为电液控制阀，它是液压技术和电子技术相结合的一类阀。电液控制阀是液压控制系统中的重要元件，在液压控制系统中起到了信号转换、功率放大及控制的作用。电液控制阀融合了液压技术传递功率大、刚性大、响应快的优点与电子控制技术的灵活性，使其应用发展已渗透到经济发展的各个领域之中。电液控制阀的特性直接影响系统的工作特性，因此了解电液控制阀的功能特点、组成及工作原理，为正确分析、设计和使用电液控制系统奠定基础。

一、电液伺服阀

电液伺服阀既是电液转换元件又是功率放大元件，是电液伺服控制系统中的关键元件和重要组成部分。它能将微小的模拟电信号转换为大功率的液压信号(流量和压力)输出，起信号转换、功率放大及反馈控制的作用，具有动态响应快、控制精度高、使用寿命长等优点。

1. 电液伺服阀的组成及分类

1)电液伺服阀的组成

图 5-71 所示为电液伺服阀的组成方框图。电液伺服阀主要由电气-机械转换器(力矩马达或力马达)、前置放大器、功率放大器和检测反馈机构等部分组成。其中电气-机械转换器将电气信号转换为力或力矩信号；前置放大器包括滑阀放大器、喷嘴挡板放大器、射流管放大器；功率放大器即滑阀放大器，其控制输出的液体的流量和压力，驱动执行元件进行工作。

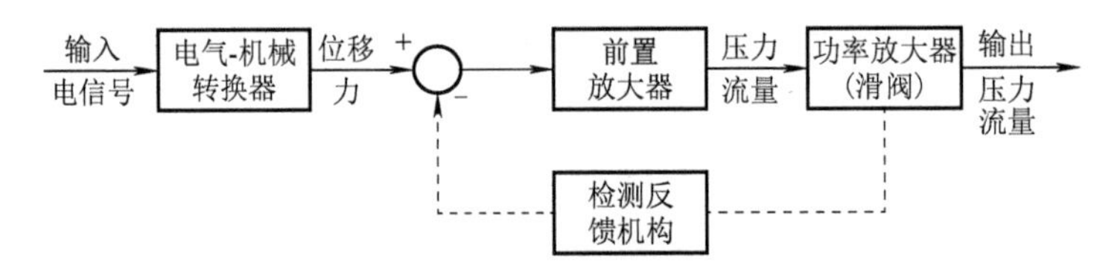

图 5-71　电液伺服阀的组成

2) 电液伺服阀的分类

液压伺服阀的种类很多，从不同的角度可以分为以下几类。

(1) 按液压放大器的放大级数分类，可分为单级、两级和三级伺服阀。

(2) 按电气-机械转换器分类，可以分为动铁式和动圈式伺服阀。

(3) 按先导级阀的结构分类，可以分为喷嘴挡板式、滑阀式和射流管式伺服阀。

(4) 按反馈形式分类，可以分为位移反馈、力反馈、压力反馈和电反馈伺服阀。

(5) 按输出量分类，可以分为流量伺服阀、压力伺服阀和压力流量伺服阀。

(6) 按输入信号形式可分为连续控制式和脉宽调制式。

(7) 按力矩马达是否浸泡在油液中分类，可以分为湿式和干式伺服阀。

2. 电液伺服阀的结构与原理

1) 力反馈式电液伺服阀

图 5-72 所示为力反馈式电液伺服阀的结构与工作原理图，该阀由电磁和液压两部分组成。电磁部分是永磁式力矩马达，由永久磁铁 1、轭铁(导磁体)9、衔铁 2、控制线圈 8 和弹簧片 5 组成；液压部分是结构对称的两级液压放大器，前置级是双喷嘴挡板阀(喷嘴 4 和挡板弹簧片 5 组成)，功率级是四通滑阀 7。弹簧片 5 的端部为一小球头，嵌放在滑阀的凹槽内构成反馈机构。

力矩马达无信号电流时，衔铁由弹簧支承在左右导磁体的中间位置，通过导磁体和衔铁间隙处的磁通大小与方向相同，力矩马达无力矩输出，挡板处于两个喷嘴的中间位置，喷嘴挡板输出的控制压力 p_a 等于 p_b，滑阀在反馈杆小球的约束下也处于中间位置，滑阀无液压信号输出。输入电流信号时，控制线圈产生控制磁通 ϕ_k，其大小和方向由信号电流的大小与方向决定。如果通入的电流方向使衔铁左端为 N 极，右端为 S 极，如图 5-73 所示，在右边气隙中，ϕ_d 与 ϕ_k 同向，而在左边气隙中，ϕ_d 与 ϕ_k 反向，因此右边气隙合成磁通大于左边的合成磁通，于是在衔铁上产生顺时针方向的磁力矩，使衔铁顺时针方向偏转 θ，带动挡板向左偏移，喷嘴挡板的左侧间隙减小而右侧间隙增大，控制压力 p_a 大于 p_b，推动滑阀右移。这时，反馈杆产生弹性变形，对衔铁挡板组件产生一个逆时针方向的反力矩，当作用在衔铁挡板组件上的磁力矩、反馈杆上的反力矩等诸力矩达到平衡时，滑阀在离开零位一段距离的位置上定位，取得一个平衡位置，并有相应的流量输出。这种依靠力矩平衡来决定滑阀位置的方式称为力反馈式。由于力矩马达的电磁力矩和输入电流成正比，因此滑阀的位移与输入的电流成正比，当负载压差一定时，也就保证阀的输出流量与信号电流成比例。当输入信号电流反向时，阀的输出流量也反向，这样就满足了对电液伺服阀换向功能的要求。

采用了衔铁式力矩马达和喷嘴挡板式伺服阀结构紧凑，且动特性好，但工艺要求严格，造价高，对于油液过滤精度的要求也较高。

2) 位置反馈两级滑阀式伺服阀

图 5-74 所示为直接位置反馈两级滑阀式伺服阀的结构与工作原理图，该阀由动圈式力马达和两级滑阀式液压放大器组成。前置级采用带两个固定节流口的滑阀(一级滑阀)，功率级是零开口四边滑阀，动圈 6 靠弹簧定位。

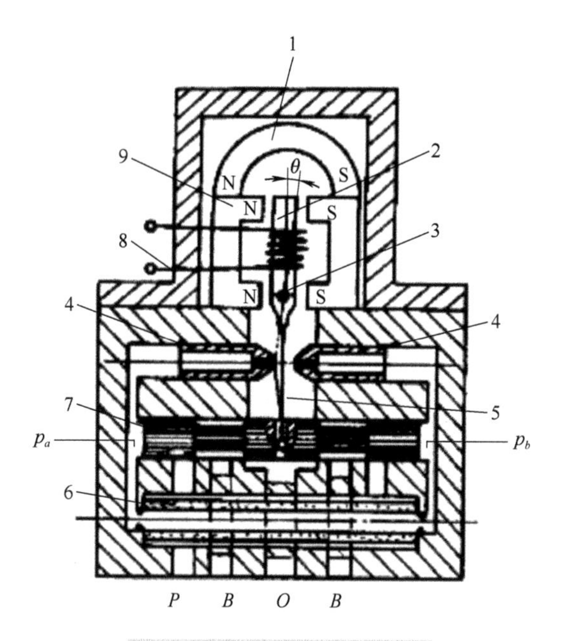

图 5-72　力反馈式电液伺服阀

1-永久磁铁；2-衔铁；3-扭轴；4-喷嘴；5-弹簧片；6-过滤器；7-滑阀；8-控制线圈；9-轭铁(导磁体)

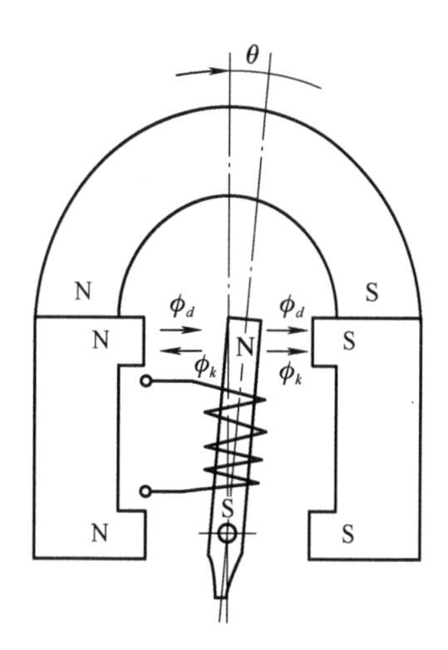

图 5-73　力矩马达磁通变化图

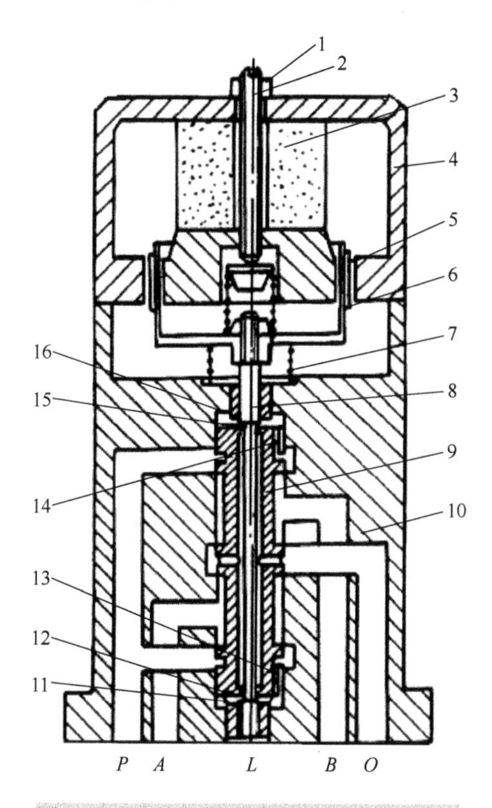

图 5-74　直接位置反馈两级滑阀式伺服阀

1-锁紧螺母；2-调零螺钉；3-磁铁；4-导磁体；5-气隙；6-动圈；7-弹簧；8-一级阀芯；9-二级阀芯；10-阀体；11、16-下、上控制腔；12、15-下、上节流口；13、14-下、上固定节流口

在平衡位置(零位)时，压力油从 P 口进入，分别通过阀套窗口由上、下固定节流孔 14 和 13 到达上、下控制腔 16 和 11，然后再通过主阀的回油口 O 回油箱。当向力马达线圈输入正向信号电流时，线圈上产生电磁力，动圈 6 推动一级阀芯 8 向下移动，此时上节流口 15 的过流面积减小，下节流口 12 的过流面积增大，于是上控制腔 16 的压力升高而下控制腔 11 的压力降低，使作用在主阀芯(二级阀芯 9)两端的液压力失去平衡，主阀芯在这一不平衡液压力作用下向下移动；主阀芯下移，使上节流口的过流面积逐渐增大，下节流口的过流面积逐渐缩小，当主阀芯移动到上、下节流口过流面积重新相等的位置时，作用于主阀芯两端的液压力重新平衡，主阀芯即可停留在新的平衡位置上，形成一定的开口，这时压力油由 P 口通过主阀芯的工作边到 A 口而供给负载，回油则从 B 口通过主阀芯的工作边到 O 口回油箱。当输入反向信号电流时，阀的动作过程与此相反。在该伺服阀的工作过程中，动圈的位移量、一级阀芯的位移量与主阀芯的位移量均相等，而动圈的位移量与输入的信号电流成正比，所以功率级滑阀输出的流量和输入信号电流成正比；另外，功率级的一级阀芯也是前置级二级阀芯的阀套，因此在一级阀芯移动时构成了直接位置反馈。

3)射流管式两级电液伺服阀

图 5-75 所示为射流管式两级电液伺服阀。射流管 3 与衔铁焊接并由薄壁弹簧片支承，力矩马达可带动射流管实现偏转。压力油通过柔性供压管 2 进入射流管 3，从射流管喷嘴射出的液流通过射流接收器 4 的两个小孔与主阀芯 6 的两控制腔相通，射流管的侧面装有弹簧板和反馈弹簧 5，反馈弹簧的末端插入阀芯中间的小槽，构成对力矩马达的力反馈，力矩马达借助于薄壁弹簧片实现对液压部分的密封隔离。当力矩马达线圈输入控制信号电流时，衔铁上生成的控制磁通与永磁磁通相互作用，于是在衔铁上产生一个相应大小的力矩，使衔铁、射流管以及喷嘴组件偏转一个正比于力矩的小角度，经过喷嘴的高速射流的发生偏转，使得与射流接收器两小孔相通的一个控制腔压力升高，另一腔压力降低，在阀芯两端形成压差，于是阀芯开始移动，当阀芯运动到反馈组件产生的力矩与力矩马达力矩相平衡时，喷嘴又回到两接收器的中间位置，功率滑阀获得相应的开口量。这样阀芯的位移与控制电流的大小成正比，伺服阀的输出流量与控制信号电流成比例且可实现换向。

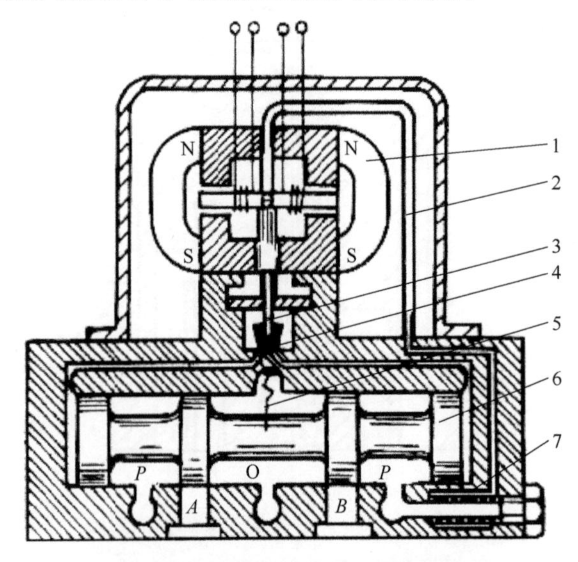

图 5-75　射流管式两级电液伺服阀

1-力矩马达；2-柔性供压管；3-射流管；4-射流接收器；5-反馈弹簧；6-主阀芯；7-过滤器

二、电液比例阀

电液比例控制阀可以按输入的电气信号连续地、按比例地控制油流的压力、流量和方向，从而实现对执行元件的运动(如位移、速度和力)进行控制，是集开关式电液控制元件和伺服式电液控制元件的优点于一体的一种新型液压控制元件。从比例阀的发展看，一类是由电液伺服阀简化结构、降低精度发展起来的；另一类是用比例电磁铁取代普通液压阀的手调装置或电磁铁发展起来的，后者是当今比例阀的主流，与普通液压控制阀可以互换。

电液比例元件控制功能的实现过程为输入一个设定的电压信号，通过比例放大器进行处理和放大，转换成与输入电压成正比的工作电流信号，此电流输入至比例电磁铁，使电磁铁输出一个与输入电流成比例的力或位移，这个力或位移又作为液压阀的输入变量，使后者输出成比例的压力或流量，对液压执行的速度、作用力进行无级调节和控制。

比例阀的种类很多，按照功能和工作特点不同可以分为电液比例压力阀、电液比例方向阀以及电液比例流量阀；按照反馈方式不同可以分为不带位移电反馈型和带位移电反馈型，前者配用普通比例电磁铁，控制简单、成本低，但其控制精度较低，用于精度要求不高的场合；后者控制精度高，动态特性好，适用于各类精度要求较高的控制系统。现在又出现了功能复合化的趋势，即比例阀之间或比例阀与其他元件之间的复合。例如，比例阀与变量泵组成的比例复合泵，能按比例地输出流量；比例方向阀与液压缸组成的比例复合缸，能实现位移或速度的比例控制。

1. 电液比例压力阀

电液比例压力阀的功能是对液压系统中的工作压力进行比例控制，进而实现对执行元件输出力或输出转矩的比例控制。与普通压力控制阀相同，按照结构特点和控制功率大小的不同，电液比例压力阀可分为直控式和先导式，直控式阀其控制功率较小，先导式控制功率较大；按用途不同可分为比例溢流阀、比例减压阀和比例顺序阀。

1) 直控式比例压力阀

图 5-76 所示为直动式比例溢流阀的结构原理图。比例电磁铁 1 通电后产生吸力经推杆和传力弹簧 3 作用在锥阀芯 4 上，随着工作负载的增加，进口压力 P 升高，当锥阀芯左端所受的液压力大于电磁吸力时，锥阀芯被顶开，油溢流从 O 口回油箱。连续地改变控制电流的大小，即可连续按比例地控制锥阀的开启压力。

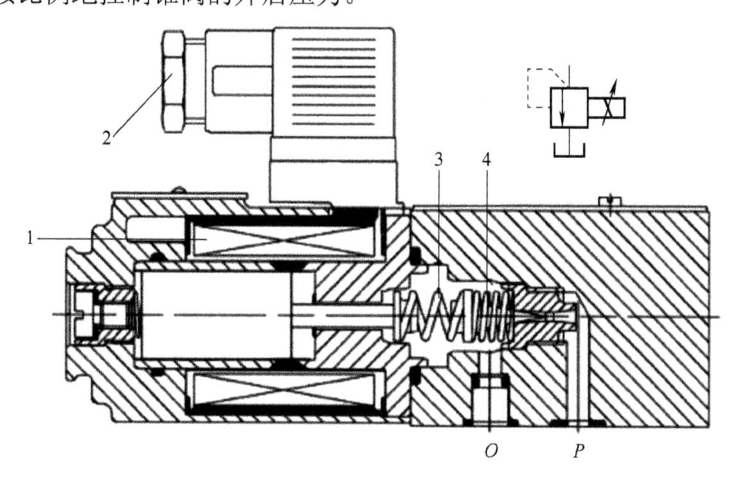

图 5-76　直控式比例溢流阀

1-比例电磁铁；2-插头；3-传力弹簧；4-锥阀芯

直控式压力阀的控制功率较小，通常控制流量为 1～4L/min，低压力等级的最大可达 10L/min。直控式压力阀可用于小流量系统作溢流阀或安全阀，更主要的是作为先导阀，控制功率放大级主阀，构成先导式压力阀。

2）先导式比例溢流阀

图 5-77 所示为先导式比例溢流阀，其主阀芯 1 与普通锥阀式先导溢流阀相同，上部先导阀为直控式比例溢流阀 2，其工作原理与普通先导式溢流阀相同。不同点在于：普通溢流阀的调压多采用手动调节先导阀的调压弹簧，而比例溢流阀的压力是由电流信号输入电磁铁后，产生与电流成比例的电磁力推动推杆，压缩弹簧作用在先导锥阀上。该阀还附有一个手动调整的先导阀 3，用于限制比例溢流阀的最高压力，以避免因电子仪器发生故障使得控制电流过大，系统过载。

如将直控式比例溢流阀和先导阀的泄漏油路单独引回油箱，主阀出油口接压力油路，则比例溢流阀可作比例顺序阀使用。若改变比例溢流阀的主阀结构，就可获得比例减压阀等不同类型的比例压力控制阀。

电液比例压力阀可以很方便地实现调压，因此在多级调压的液压系统中，使用电液比例压力阀可以简化回路、安装方便、降低成本，提高控制性能和控制效率。

2. 电液比例流量阀

电液比例流量阀的功能是对液压系统中的流量进行比例控制，从而实现对执行元件运动速度的比例控制。电液比例流量阀按照功能不同可以分为电液比例节流阀和电液比例调速阀；按控制功率大小不同，分为直动式和先导式。本处以流量力反馈型先导式电液比例节流阀为例介绍其工作原理，如图 5-78 所示。

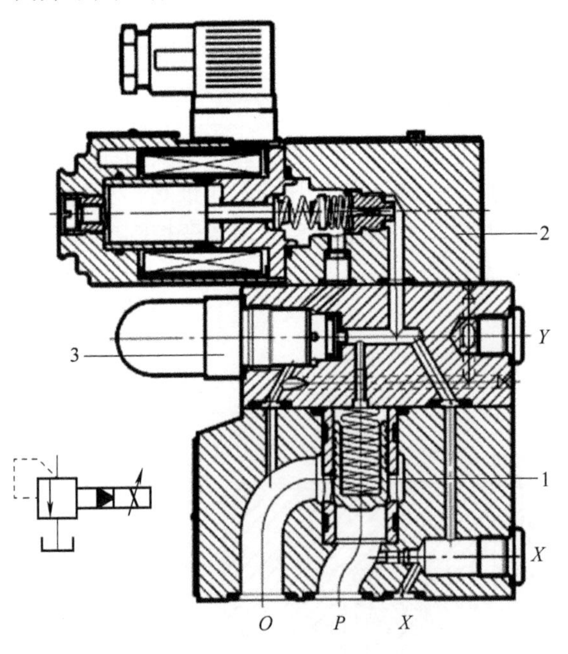

图 5-77　先导式比例溢流阀

1-先导锥阀；2-直控式比例溢流阀；3-先导阀

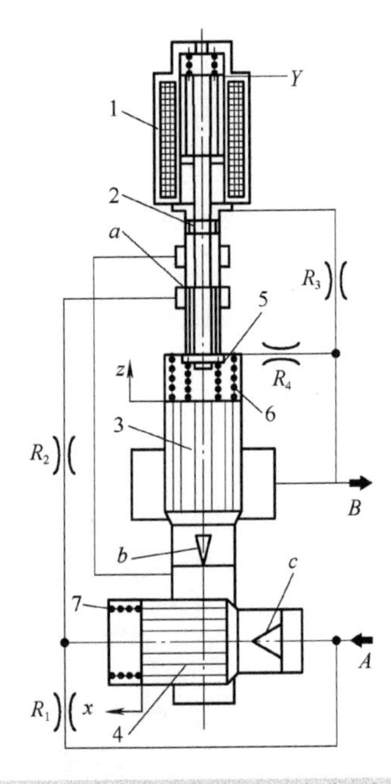

图 5-78　流量力反馈型电液比例节流阀

1-比例电磁铁；2-先导阀；3-流量传感器；4-主节流器；5-反馈弹簧；6、7-复位弹簧；*a*、*b*、*c*-节流口

该阀为内含流量-力反馈的比例流量阀，阀的进油口 A 与恒压油源相连接，出油口 B 口与执行元件的负载腔连接。当比例电磁铁 1 中无电流通过时，先导阀 2 的节流口 a 关闭，流量传感器 3 的阀口 b 在复位弹簧 6 作用下关闭，主节流器 4 在复位弹簧 7 和左右面积压力差作用下关闭。当比例电磁铁 1 通电时，先导阀口 a 开启，控制油从 A 口经阻尼孔 R_1、R_2 先导阀口 a 到达流量传感器 3 的底面，克服复位弹簧 6 和反馈弹簧 5 的作用力使流量传感器 3 的阀口 b 开启。当阻尼孔 R_1 中有油液通过时产生压降，主节流器 4 左右两端产生压差使节流口 c 开启，油液经主节流器 4 的节流口 c 和流量传感器 3 的节流口 b 流向出油口 B，进入执行元件的负载腔。流量传感器的特殊设计的阀口的补偿作用，使通过主节流器 4 的流量与其流量传感器的位移之间呈线性关系。流量传感器的位移经反馈弹簧 5 作用于先导阀 2 在比例电磁铁上形成反馈。这样就形成了流量-位移-力反馈的闭环控制。若忽略先导阀液动力、摩擦力和自重等因素的影响，并假定稳态时比例电磁铁的电磁力与反馈弹簧 5 的弹簧力相平衡，这时所输入的控制电流就能与通过阀的流量成正比，即可实现了流量的比例控制。

3. 电液比例方向阀

电液比例方向阀能根据输入电信号的极性和幅值大小同时对液流的方向与流量进行控制，从而实现对执行器运动方向和速度的控制。电液比例方向阀按照对流量控制的方式不同可以分为比例方向节流阀和比例方向调速阀；按照控制功率大小不同，电液比例方向阀分为直动式和先导式；按照主阀芯的结构形式不同，可以分为滑阀式和插装式；按控制方式有开环控制和阀芯位移反馈闭环控制两类。

图 5-79 所示为闭环控制直控式比例方向节流阀的结构图。该阀由阀芯 4、阀体 3、比例电磁铁 2 和 5、位移传感器 1、比较放大器 6 等组成。阀芯 4 在阀体内的位置是由比例电磁铁 2 或 5 根据所输入的电流信号的大小所决定的。位移传感器 1 可准确地测量阀芯所处的准确位置，当液动力或摩擦力的干扰使阀芯的实际位置与期望达到的位置产生误差时，位移传感器将所测得的误差反馈至比较放大器 6，经比较放大后发出信号，补偿由干扰产生的误差，使阀芯最终达到准确位置，形成一闭环控制，从而使该比例方向节流阀的控制精度得到提高。直控式电液比例方向节流阀的通径一般在 10mm 以下，只能用于较小流量的液压系统。

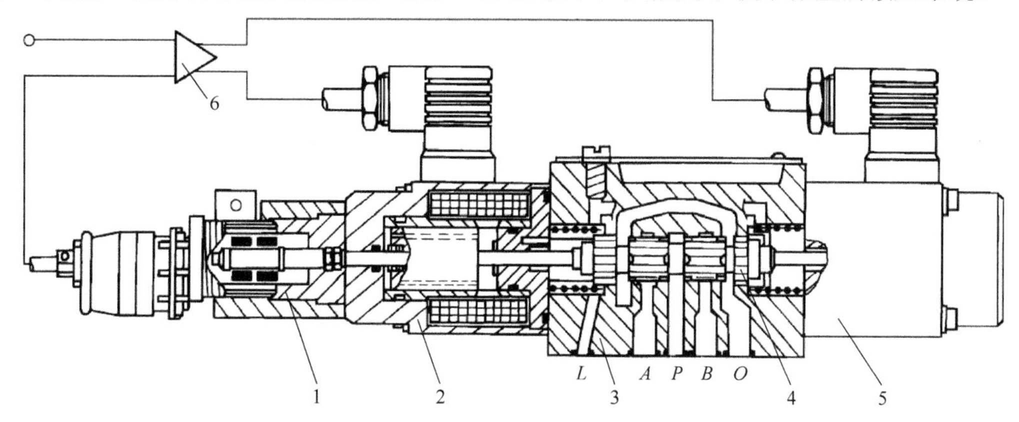

图 5-79　直控式电液比例方向节流阀

1-位移传感器；2、5-比例电磁铁；3-阀体；4-阀芯；6-比较放大器

直控式比例方向节流阀以比例电磁铁取代普通电磁换向阀中的电磁铁，当输入控制电流后，比例电磁铁的输出力与弹簧力平衡，滑阀开口量与输入的电信号成比例。当控制电流输

入另一端的比例电磁铁时，即可实现液流换向。比例方向节流阀既可改变液流方向，也可改变通过阀口流量的大小，兼有节流和换向两种功能。直控式比例方向节流阀只适用于通径为10mm以下的小流量场合。

随着比例阀设计技术的完善，改进了阀内部结构设计，并引入各种内反馈，如压力、流量、位移负反馈、动压反馈等控制方式以及电校正等方法，从而使比例阀的稳态精度、动态响应和稳定性都有了进一步的提高。电液比例控制阀是介于普通液压阀和伺服控制阀之间的一种液压元件，它具有如下特点：能把电的快速、灵活与液压传动功率大等特点结合起来；能实现自动控制、远程控制和程序控制；能连续地、按比例地控制执行元件的力、速度和方向，并能防止压力或速度变化及换向时的冲击现象；流量控制范围较伺服阀大；简化了系统，减少了元件的数量；抗污染性能好；具有优良的静态性能和适宜的动态性能。因此，其应用场合要比伺服阀更为广泛。

三、电液数字阀

电液数字阀(简称数字阀)是用数字信号直接控制液流的压力、流量和方向的阀。该类阀可以直接与计算机接口，不需要D/A转换器。与电液伺服阀和电液比例阀相比，数字阀结构简单，价格低廉，抗污染、抗干扰能力强，工作可靠，可以得到较高的开环控制精度等。目前，在计算机实时控制的电液系统中，数字阀已经部分取代伺服阀或者比例阀。

用数字量进行控制的方法很多，目前常用的是由脉冲调制(PNM)演变而来的增量控制法和脉宽调制(PWM)控制法两种。相应地按控制方式不同，可将数字阀分为增量式数字阀和脉宽调制式数字阀两类。

1. 增量式数字阀

增量式数字阀采用步进电机(作为电-机械转换器)来驱动液压阀芯工作，其工作过程为由计算机发出的脉冲序列经驱动器放大后使步进电机工作；步进电机是一个数字元件，根据增量控制方式工作；增量控制方式是在脉冲数字信号的基础上，使每个采样周期的步数在前一采样周期的步数上，增加或减少一些步数，从而达到需要的幅值，这是由脉冲数字调制法演变而成的一种数字控制方法，所以称增量式数字控制阀。步进电机转角与输入的脉冲数成比例，步进电机每得到一个脉冲信号，便得到与输入脉冲数成比例的转角，每个脉冲使步进电机沿给定方向转动一固定的步距角，再通过机械转换器使转角转换为轴向位移，使阀口获得一相应的开度，从而获得与输入脉冲数成比例的压力、流量输出。步进电机的转速随输入的脉冲频率的不同而变化；当输入脉冲反向时，步进电机就反向转动。按用途分类，增量式数字阀分为数字流量阀、数字压力阀和数字方向流量阀。与步进电机的步距角相对应，阀的输出量有一定的分辨率，它直接决定了阀的最高控制精度。增量式数字阀的突出优点是重复精度和控制精度高，但响应速度较慢。

图5-80所示为直控式(由步进电机直接控制)数字节流阀的结构原理图。步进电机6按计算机的指令而转动，通过滚珠丝杠7变为轴向位移，使节流阀阀芯8做轴向移动，以控制阀口的开度，实现流量调节。阀套3上有两个通流孔口，左边一个为全周向开口，右边为非全周向开口。节流阀阀芯8和阀套3构成两个阀口。节流阀阀芯8移动时，先打开右边的节流阀口2，由于节流阀口2是非全周向开口，故流量较小，继续移动时，则打开左边全周向开口的节流阀口1，流量增大，这类阀的控制流量可达3600L/min。当压力油沿轴向流入，通过节流阀口从与轴线垂直的方向流出时，会产生压力损失，这样，阀开启时所引起的液动力可抵消一部分向右的液压力，并使结构紧凑。阀套3、连杆4和节流阀阀芯8的相对热膨胀，

可起温度补偿作用，减少温度变化引起的流量不稳定。零位移传感器 5 的作用是在每个控制周期结束时，阀芯由零位移传感器检测，回到零位，使每个工作周期都从零位开始，保证阀的重复精度。

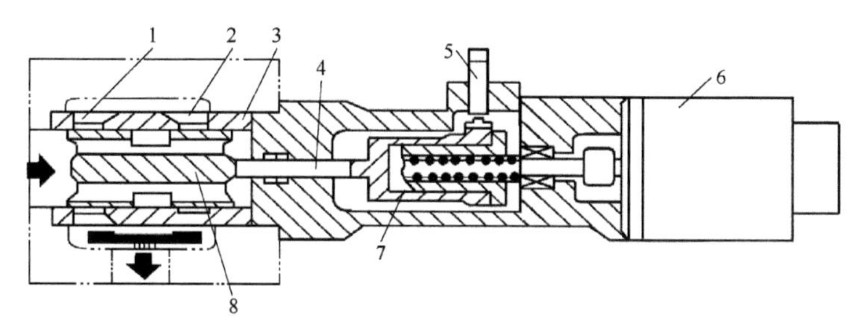

图 5-80　直控式数字节流阀

1、2-节流阀口；3-阀套；4-连杆；5-零位移传感器；6-步进电机；7-滚珠丝杠；8-节流阀阀芯

将普通压力阀的手动调整机构改用步进电机控制，即可构成数字压力阀。用凸轮、螺纹等机构将步进电机的角位移变成直线位移，使调压弹簧压缩，从而控制压力。

2. 脉宽调制式数字阀

脉宽调制式数字阀也称为高速开关式数字阀，该类阀也可以直接用计算机控制。由于计算机是按二进制工作的，最普通的信号可量化为两个量级的信号，即“开”和“关”，阀口也对应全开和全闭两种状态。控制这种阀的开与关以及开和关的时间长度(脉宽)，即可达到控制液流的方向、流量或压力的目的。由于这种阀的阀芯多为锥阀、球阀或喷嘴挡板阀，均可快速切换，而且只有开和关两个位置，故称高速开关式数字阀。这种阀的结构形式多种多样，使用较多的有二位二通和二位三通阀。其阀芯一般采用球阀或锥阀结构，目的是减少泄漏和提高压力。

图 5-81 所示为电磁铁驱动的锥阀式二位二通高速开关数字阀的结构原理图。当螺管电磁铁 4 有脉冲电信号通过时，电磁吸力使衔铁 2 上移，锥阀芯 1 开启，压力油从 P 口经阀体流向 A 口。为避免开启时阀因稳态液动力而关闭和影响电磁力，阀套 6 上有一阻尼孔 5，通过射流对阀芯的作用来补偿液动力。断电时，由弹簧 3 使锥阀关闭。

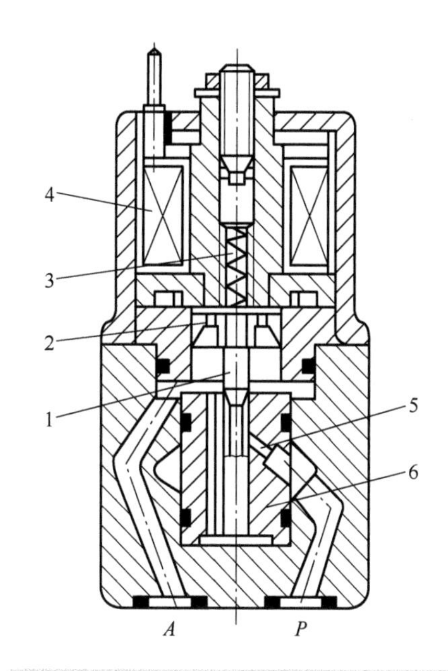

图 5-81　锥阀式二位二通高速开关数字阀

1-锥阀芯；2-衔铁；3-弹簧；4-螺管电磁铁；5-阻尼孔；6-阀套

第六章　液压辅助元件

液压辅助元件是组成液压传动系统必不可少的一部分，它包括蓄能器、过滤器、油箱、管件、密封件、压力表、压力表开关、热交换器等。液压辅助元件中油箱通常需要自行设计，其余皆为标准件或通用件。液压系统是一个有机的整体，不要把辅助元件的作用也视为辅助作用，液压系统的许多故障是由于辅助元件不能正常工作引起的，因此轻视辅助元件是错误的。事实上，它们对系统的性能、效率、温升、噪声和寿命的影响极大。

第一节　蓄　能　器

一、蓄能器的结构与性能

蓄能器是液压系统中的蓄能(液压能)元件，它能储存多余的压力油，并在需要时释放出来供给系统，液压蓄能器的类型如图 6-1 所示。目前常用的是利用气体膨胀和压缩进行工作的充气式蓄能器，根据结构它又可分为重力式、弹簧式、活塞式、气囊式、隔膜式等几种，下面主要介绍活塞式和气囊式蓄能器。

1. 活塞式蓄能器

活塞式蓄能器的结构如图 6-2 所示。活塞 1 的上部为压缩气体(一般为氮气)，下部为压力油，气体由气门 3 充入，压力油经油孔 a 通液压系统，活塞上装有 O 形密封圈，活塞的凹部面向气体，以增加气体室的容积。活塞随下部压力油的储存和释放而在缸筒 2 内滑动。这种蓄能器结构具有如下特点。

(1)通常使用寿命比气囊式蓄能器更长。

(2)活塞式更换密封件成本更低，操作更简便。

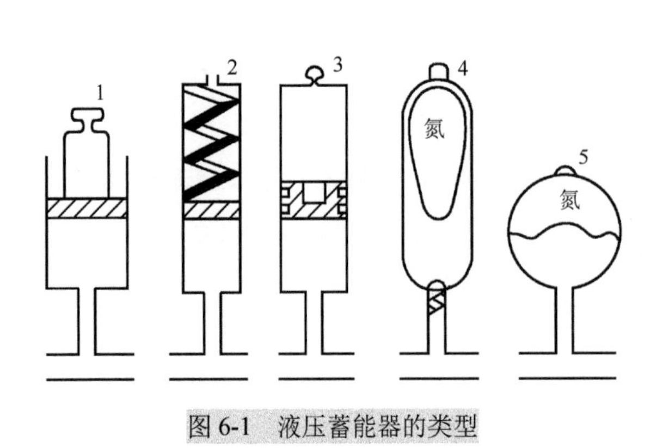

图 6-1　液压蓄能器的类型

1-重力式；2-弹簧式；3-活塞式；4-气囊式；5-隔膜式

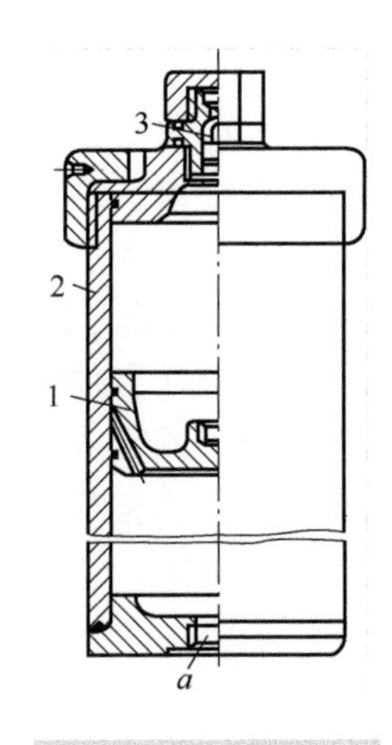

图 6-2　活塞式蓄能器

1-活塞；2-缸筒；3-气门；a-油孔

(3) 安装容易、结构简单、维护方便，充气方便。

(4) 活塞式一般具备多道密封，即使失效也是逐渐、缓慢地失效(泄漏)。

(5) 活塞式蓄能器可以做得很大，单件容积可以达到 760L，非常规型号可以更大。

缺点如下。

(1) 低压情况下活塞因惯性影响大而不适于作高频往复运动，故活塞式蓄能器不适于在低压情形下用于吸收脉动、高频振动。

(2) 对壳体内壁加工精度及密封件等要求很高，否则容易渗漏，会使气液混合，影响系统的工作稳定性。

(3) 活塞式蓄能器的质量一般比气囊式要大一些，价格也较贵。

2. 气囊式蓄能器

气囊式蓄能器结构如图 6-3 所示。气囊 3 用耐油橡胶制成，固定在耐高压的均质无缝壳体 2 的上部。囊内通过充气阀 1 充进一定压力的惰性气体(一般为氮气)。壳体下端的提升阀 4 是一个受弹簧作用的菌形阀，压力油从此通入。当气囊充分膨胀时，使油液全部排出时，迫使菌形阀关闭，防止气囊被挤出油口。气囊式蓄能器具有以下特点。

(1) 气囊(胶囊)惯性小，反应灵敏，适合用作储能和消除压力冲击，工作压力可达 32MPa。

(2) 皮囊将油气隔开，气液密封可靠。

(3) 维护容易、附属设备少、安装容易、充气方便。

缺点如下。

(1) 气囊的使用寿命通常较短(相对活塞式而言)。

(2) 导致气囊寿命缩短而破裂的因素很多，其中包括气囊本身的质量差异、气囊装配各步骤操作不当(如事先未充液润滑)、预充气各步骤操作不当(如未能缓慢充气)、油口流速接近或超过 7m/s、长期横向振动摇晃、流体腐蚀、介质内微小固体杂质惯性冲击等。

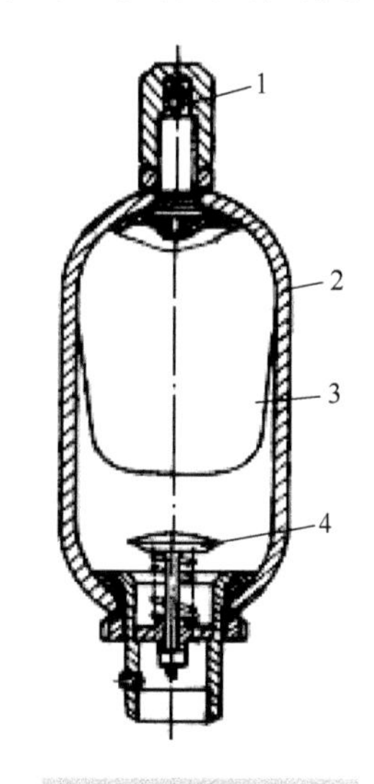

图 6-3　气囊式蓄能器

1-充气阀；2-壳体；3-气囊；4-提升阀

(3) 皮囊破裂时，可能会导致蓄能器突然失效，同时油箱喷油、气爆，导致系统事故或维修及停机等损失。

(4) 气囊不能做得太大，否则影响皮囊寿命，一般最大为 60L。

(5) 在快速释放油液时，囊式蓄能器的菌型阀可能会提前关闭，导致蓄能器突然暂时失效。

(6) 因气囊材质为橡胶，强度不高，不能承受很大的压力波动(注意皮囊压缩比)，波动幅度过大会大大降低皮囊寿命。

二、蓄能器的功用

1. 作辅助动力源

对于工作时间较短的间歇工作系统或在一个工作循环内速度差别很大的系统，使用蓄能器作辅助动力源可降低泵的功率、提高效率、降低温升、节省能源。图 6-4 所示为一液压机的液压系统。当液压缸带动模具接触工件慢进和保压时，泵的部分流量进入蓄能器 1 被储存起来，达到设定压力后，卸荷阀 2 打开，泵卸荷，单向阀 3 使压力油路密封保压。当液压缸

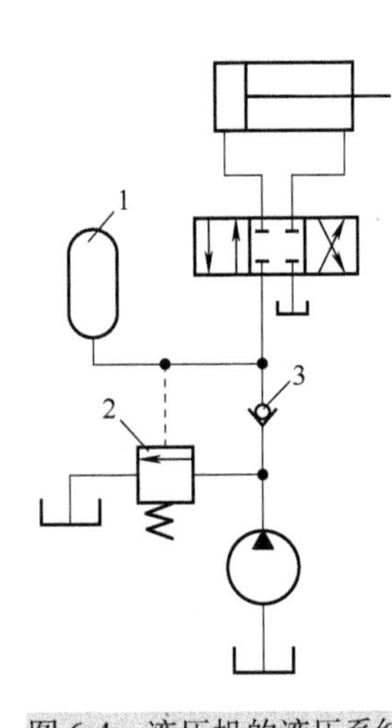

图 6-4　液压机的液压系统

1-蓄能器；2-卸荷阀；3-单向阀

快进快退时，蓄能器与泵一起向液压缸供油，使液压缸得到快速运动。故系统设计时，只需按平均流量选用泵，使泵的选用和功率利用比较合理。

2. 保压补漏

若液压缸需要在相当长的一段时间内保压而无动作，例如，图 6-4 所示液压机系统处于压制工件阶段(或机床液压夹具夹紧工件阶段)，这时可令泵卸荷，用蓄能器保压并补充系统泄漏。

3. 作应急动力源

例如，在静压轴承供油系统中，若泵损坏或停电不能正常供油时，可能会发生事故；或有的系统要求供油突然中断时，执行元件应继续完成一些必要的动作。为了安全起见，挖掘机在突然停机时应将铲斗落下，此时可利用蓄能器内的压力油通过先导阀操纵主阀换向，靠重力使大臂下降。因此应该在系统中增设蓄能器作应急动力源，以便在短时间内维持一定压力。

4. 消除脉动降低噪声

齿轮泵、柱塞泵和溢流阀等均会产生流量与压力脉动，若在脉动源处设置蓄能器，则可使脉动降低到很小的程度，从而使对振动敏感的仪表、管接头以及阀的损坏事故大为减少，噪声也会显著降低。

5. 吸收液压冲击

系统在启动、停止、换向以及人为的紧急制动时易引起液压冲击。虽然系统中设有安全阀，但因其响应较慢，因而避免不了压力的增高，其值可高达正常压力的几倍以上，由此往往引起系统中的仪表、元件、密封装置等发生故障甚至损坏，同时还会使系统产生强烈振动。若在控制阀或液压缸冲击源之前设置蓄能器，可吸收和缓冲液压冲击。作这些方面应用的蓄能器要求惯性小，灵敏度高。

三、蓄能器的容量计算

容量是选用蓄能器的依据，蓄能器容量的大小视用途而异，现以气囊式蓄能器为例加以说明。

1. 作蓄能使用时的容量计算

蓄能器存储和释放的压力油容量与气囊中气体体积的变化量相等，而气体状态的变化应符合玻意耳气体定律，即

$$p_0V_0^n = p_1V_1^n = p_2V_2^n \tag{6-1}$$

式中，p_0 为气囊工作前的充气压力(绝对压力)；V_0 为气囊工作前所充气体的体积，因为此时气囊充满壳体内腔，所以 V_0 即蓄能器容量；p_1 为系统最高工作压力(绝对压力)，即泵对蓄能器储油结束时的压力；V_1 为气囊被压缩后对应于 p_1 时的气体体积；p_2 为系统最低工作压力(绝对压力)，即蓄能器向系统供油结束时的压力；V_2 为气囊膨胀后对应于 p_2 时的气体体积；n 为气体多变指数。

当蓄能器用于保压和补漏时，气体压缩过程缓慢，与外界热交换可以充分进行，可认为是等温变化过程，取 $n=1$；当蓄能器作辅助或应急动力源时，排油时间小于 1min，气体快速

膨胀，热交换不充分，可视为绝热过程，取$n=1.4$。

体积差$\Delta V=V_2-V_1$为供给系统的油液体积，代入式(6-1)，便可求得蓄能器容量V_0，即

$$V_0=\left(\frac{p_2}{p_0}\right)^{\frac{1}{n}}V_2=\left(\frac{p_2}{p_0}\right)^{\frac{1}{n}}(V_1+\Delta V)=\left(\frac{p_2}{p_0}\right)^{\frac{1}{n}}\left[\left(\frac{p_0}{p_1}\right)^{\frac{1}{n}}V_0+\Delta V\right]$$

由此可得出

$$V_0=\frac{\Delta V\left(\frac{p_2}{p_0}\right)^{\frac{1}{n}}}{1-\left(\frac{p_2}{p_1}\right)^{\frac{1}{n}}} \tag{6-2}$$

若已知V_0，也可反求出蓄能器的有效供油体积ΔV：

$$\Delta V=p_0^{\frac{1}{n}}V_0\left[\left(\frac{1}{p_2}\right)^{\frac{1}{n}}-\left(\frac{1}{p_1}\right)^{\frac{1}{n}}\right] \tag{6-3}$$

关于充气压力p_0的确定：充气压力p_0在理论上可与p_2相等，但为保证在p_2时蓄能器仍有能力补偿系统泄漏，应使$p_0<p_2$；为了延长气囊的使用寿命，应使$p_0>0.25p_1$。一般取$p_0=(0.8\sim0.85)p_2$或$0.9p_2>p_0>0.25p_1$。

2. 作缓和液压冲击时的容量计算

此时准确计算较为困难，因其与管路布置、液体流态、阻尼情况及泄漏大小等因素有关。一般按经验公式计算缓和最大冲击压力p_1时所需的蓄能器的最小容量，即

$$V_0=\frac{0.004Q_V p_1(0.164L-t)}{p_1-p_2} \tag{6-4}$$

式中，V_0为蓄能器容量，L；Q_V为阀口关闭前管内流量，L/min；p_2为阀口关闭前管内压力(绝对压力)，MPa；p_1为系统允许的最大冲击压力(绝对压力)，MPa；L为发生冲击的管长，即压力油源到阀口的管道长度，m；t为阀口关闭时间，s，突然关闭时，取$t=0$。

只有当计算结果V_0为正值时，才有安装蓄能器的必要。

四、蓄能器的使用注意事项

(1)气囊式蓄能器应垂直安装，油口向下。

(2)用作降低噪声、吸收脉动和液压冲击的蓄能器应尽可能地靠近振动源处。

(3)蓄能器和泵之间应安装单向阀，以免泵停止工作时，蓄能器储存的压力油倒流而使泵反转。

(4)必须将蓄能器牢固地固定在托架或基础上，以防蓄能器从固定部位脱开时发生飞起，出现伤人事故。

(5)蓄能器必须安装于便于检查、维修的位置，铭牌应置于醒目的位置，并远离热源。

(6)不能在蓄能器上进行焊接、铆焊或机械加工。

(7)不能拆卸在充油状态下的蓄能器。在安装拆卸之前应把内部的气、液安全放掉。

(8)在正常工作情况下，每隔6个月要检查一次压力，使其经常保持规定的压力。

第二节　过　滤　器

一、过滤器的功用

保持液压油的清洁，是保障液压系统正常工作的重要条件。统计资料表明，液压系统的故障中约有 75%以上是由于油液污染造成的。由于外界尘埃、脏物、装配时元件内的残留物(砂子、铁屑、氧化皮等)以及油液氧化变质的生成物的混入，会划伤液压元件运动副的结合面，严重磨损或卡死运动件，堵塞元件内部细小通道，从而使内部泄漏、效率降低、发热量增加、加剧油液的变质、造成元件动作失灵等，使系统工作可靠性大为降低。在适当的部位上安装过滤器(也称滤油器)可以清除油液中的固体杂质，使油液保持清洁，延长液压元件使用寿命，保证液压系统工作的可靠性。因此，过滤器对于液压系统是必不可少的辅助元件，具有十分重要的地位。

二、过滤器的主要性能指标

过滤器的主要性能指标有过滤精度、压降特性、纳垢容量、工作压力和温度等。下面对过滤器的常用性能作简单说明。

1. 通流能力

滤油器的通流能力一般用额定流量(也用公称流量，L/min)表示，它与滤油器滤芯的过滤面积成正比。

2. 过滤精度

过滤精度表示过滤器对各种不同尺寸污染颗粒的滤除能力，常用绝对过滤精度和过滤比等指标来评定。

绝对过滤精度是选用过滤器时要考虑的最重要的性能指标。绝对过滤精度是指能通过滤芯元件的坚硬球状颗粒的最大尺寸，它反映了滤芯的最大通孔尺寸。原则上讲，大于该尺寸的污染物就不能通过滤芯。一般要求系统绝对过滤精度小于元件运动副间隙的一半。通常工作压力越高，对绝对过滤精度的要求也越高，其推荐值见表 6-1。

表 6-1　过滤精度与压力的关系

系统类别	一般传动系统			伺服系统
压力/ MPa	<7	7～35	>35	≤21
过滤精度/ μm	25～50	≤25	≤10	≤5

通常，根据过滤器的过滤精度的不同将过滤器分为：粗过滤器(≥100μm)、普通过滤器(10～100μm)、精过滤器(5～10μm)和特精过滤器(1～5μm)。

不同类别的液压系统，对油液的清洁度(或污染度)要求不同，必然对过滤器的过滤精度也提出不同的要求。对于各类液压系统，推荐的清洁度和过滤精度如表 6-2 所示。

3. 压降特性

当液体流经滤油器时，由于过滤介质对液体流动的阻力会产生一定的压力差，因而在滤芯的两端出现一定的压差即为压降。此外，液体流过过滤器的内部通道时也会产生一定的压力损失。滤芯的过滤精度越高，所产生的压力降越大；滤芯的有效过滤面积越大，通过单位面积的流量越小，其压力降就越小。

表 6-2　推荐的清洁度和过滤精度

系统类别	举例	油液清洁度		过滤精度/μm
		ISO4406	NAS1638	(β_x >75)
极关键	高性能伺服阀、航空航天实验室、导弹、飞船	12/9 13/10	3 4	3
关键	工业伺服阀、飞机、数控机床、液压舵机	14/11 15/12	5 6	5
很重要	比例阀、柱塞泵、注塑机、潜水艇	16/13	7	10
重要	叶片泵、齿轮泵、普通控制阀、机床、液压机等	17/14 18/15	8 9	15
一般	车辆、土方机械、物料搬运	19/16	10	25
大致保护	重型设备、水压机、低压系统	20/17 21/18	11 12	40

4. 纳垢容量

纳垢容量是指过滤器在压力降达到规定值以前，可以滤除并容纳的污染物数量。纳垢容量越大，过滤器使用寿命就越长。最佳的过滤器应同时具有过滤效率高和纳垢容量大的特性，以兼顾效率和经济两个方面。一般来说，滤芯元件的尺寸越大，即过滤面积越大，其纳垢容量就越大。

三、过滤器的主要类型

按滤芯材料和结构形式的不同，过滤器可分为网式、线隙式、纸芯式、烧结式、磁性过滤器和复式过滤器等。

1. 网式过滤器

图 6-5 所示为网式过滤器，它的结构是在周围开有很多窗孔的塑料或金属内筒 2 骨架上包着一层或两层铜丝网(滤材 3)。过滤精度由网孔大小和层数决定，一般过滤精度为 80～180μm。网式过滤器结构简单，通流能力大，清洗方便，压力降小(一般为 0.025MPa)，但过滤精度低，常用于液压系统的吸油管路，用来滤除混入油液中较大颗粒的杂质，保护液压泵免遭损坏。因为需要经常清洗，安装时要注意便于拆装。

2. 线隙式过滤器

如图 6-6 所示为线隙式过滤器。它用铜线或铝线 2 密绕在筒形芯架 1 的外部组成滤芯，

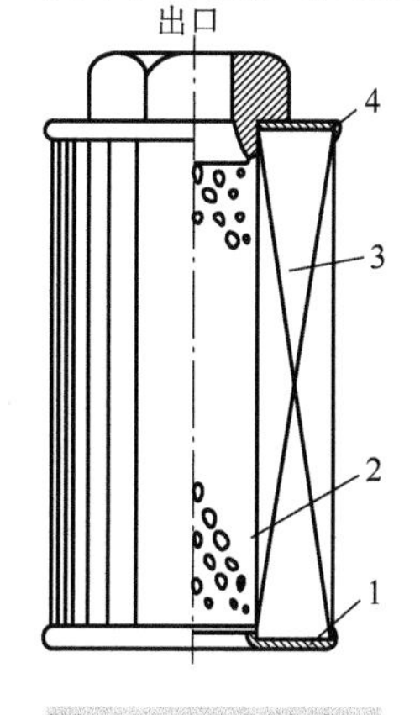

图 6-5　网式过滤器

1-端板；2-内筒；3-滤材；4-出口挡板

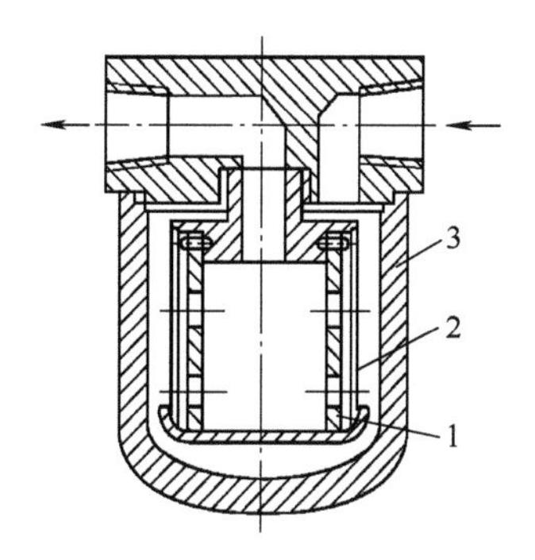

图 6-6　线隙式过滤器

1-芯架；2-线圈；3-壳体

并装在壳体 3 内(用于吸油管路上的过滤器则无壳体)。线隙式过滤器依靠铜(或铝)丝间的微小间隙来滤除固体颗粒，油液经线间缝隙和芯架槽孔流入过滤器内，再从上部孔道流出。这种过滤器的过滤精度为 30～100μm。线隙式过滤器结构简单，通流能力大，过滤精度比网式过滤器高，但不易清洗。过滤器可附设压差发信装置，当压差达到一定值时发出信号，以便清洗或更换。一般用于回油路、泵的吸油口或辅助回路。

3. 纸芯式过滤器

纸芯式过滤器又称为纸质过滤器，其结构类同于线隙式，只是滤芯为滤纸。图 6-7 所示为纸芯过滤器的结构。油液经过滤芯时，通过滤纸的微孔滤去固体颗粒。为了增大滤芯的强度，一般滤芯由三层组成：外层 2 为粗眼钢板网，中间层 3 为折叠成 W 形的滤纸，里层 4 由金属丝网与滤纸一并折叠而成。滤芯中央还装有支承弹簧 5。纸质过滤器的过滤精度高(5～30μm)，可滤除油液中的细微杂质，并可在高压(38MPa)下工作(有高压和低压两种)，结构紧凑、重量轻、通流能力大、但易堵塞、无法清洗，滤芯需经常更换。一般用于要求过滤质量高的液压系统。

4. 烧结式过滤器

烧结式过滤器是由烧结青铜滤芯作为过滤元件，加上钢质壳体而成的。图 6-8 所示为金属烧结式过滤器，滤芯可按需要制成不同的形状。选择不同粒度的粉末烧结成不同厚度的滤芯，可以获得不同的过滤精度(10～100μm)。油液从侧孔进入，依靠滤心颗粒之间的微孔滤去油液中的杂质，再从中间孔流出。烧结式过滤器的过滤精度高、滤芯的强度高、抗冲击性能好，能在较高温度、较高压力下工作，有良好的抗腐蚀性，且制造简单。缺点是易堵塞，难清洗，使用中烧结颗粒可能会因脱落而影响过滤精度。一般用于要求过滤质量较高的液压系统中。

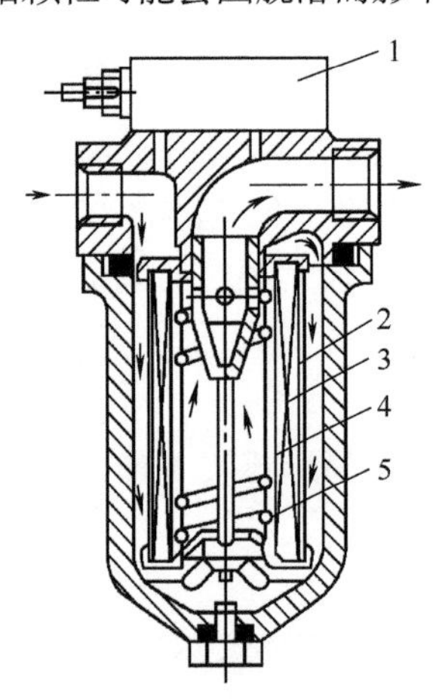

图 6-7　纸芯式过滤器

1-污染指示器；2-外层；3-中间层；4-里层；5-支承弹簧

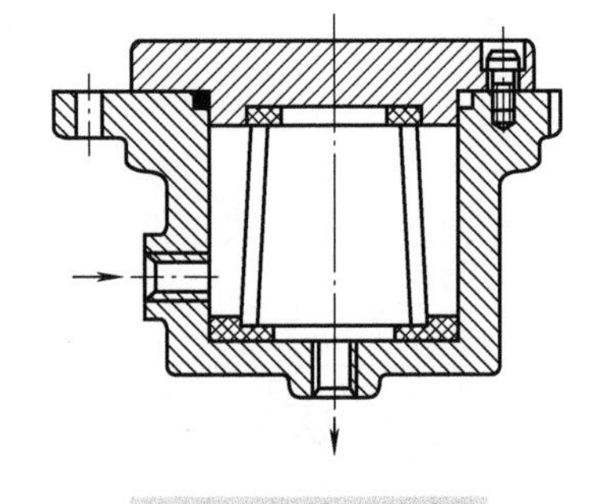

图 6-8　烧结式过滤器

5. 磁性过滤器

磁性过滤器的工作原理是利用磁铁吸附油液中的铁质微粒。但一般结构的磁性过滤器对其他污染物不起作用，所以常把它用作复式过滤器的一部分。

6. 复式过滤器

复式过滤器是上述几类过滤器的组合。例如，图 6-8 所示的滤芯中间再套入一组磁环，即成为磁性烧结式过滤器。复合式过滤器性能更为完善，一般皆设有某种结构原理的污染指示器，有的还设有安全阀(旁通阀)。当过滤杂质逐渐将滤芯堵塞时，滤芯上下游的压力差增大，若超过所调定的发信压力，污染指示器便会发出堵塞信号。如果不及时清洗或更换滤芯，当压差达到所调定的安全压力时，类似于直动式溢流阀的安全阀便会打开，油液从旁路绕过滤芯，以保护滤芯免遭损坏。

图 6-9 所示为适用于回油路上的纸质磁性过滤器，过滤精度为 13～36μm。拉杆 8 上装有许多磁环 6 和尼龙隔套 7 组成的磁性滤芯。内、外筒 5 和 3 以及粘接于其间的 W 形滤纸 4 组成纸质滤芯。内、外筒由薄钢板卷成，板上冲有许多通油圆孔。需过滤的液压油首先经过磁性滤芯滤除铁质微粒，然后由里向外经滤纸滤除其他污染物。如果污染指示器 1 发信后未及时更换滤芯，过滤器滤芯上下游的压力差进一步升高，于是压缩弹簧 9，滤芯下移，滤芯和滤芯座之间的通路打开，油液即经此通路及壳体 10 的下端油口流往油箱，起安全保护作用。这种过滤器用于对铁质微粒要求去除干净的液压传动系统。

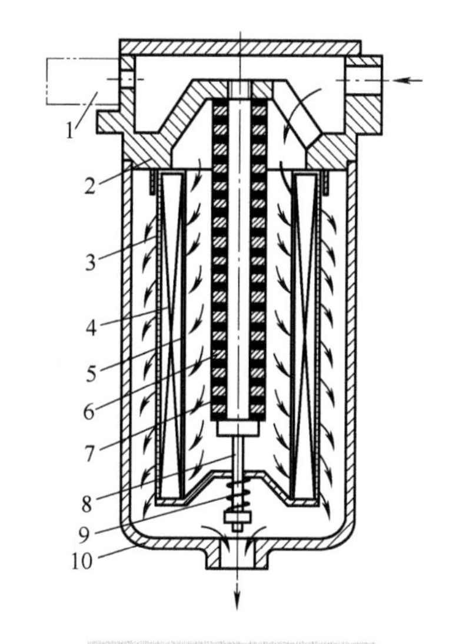

图 6-9 纸质磁性过滤器

1-污染指示器；2-滤芯座；3-外筒；4-滤纸；5-内筒；6-磁环；7-尼龙隔套；8-拉杆；9-弹簧；10-壳体

四、过滤器的选择

选择过滤器应考虑以下几点。

(1)具有足够的通油能力，压力损失小，一般所选过滤器的公称流量应大于液压系统管路最大流量的两倍。

(2)过滤精度要满足系统中主要元件良好的工作要求。

(3)滤芯有足够的强度。

(4)滤芯抗腐蚀性好，能在规定温度下长期工作。

(5)滤芯的更换、清洗及维护方便。

近年来有一种推广使用高精度滤油器的观点。研究表明，液压元件相对运动表面的间隙大多在 1～5μm 内。因而工作中首先是这个尺寸范围内的污染颗粒进入运动间隙，引起磨损，扩大间隙，进而更大颗粒进入，造成表面磨损的一系列反应。因此，若能有效地控制 1～5μm 的污染颗粒，则这种系列反应就不会发生，试验和严格的检测证实了这种观点。实践证明，采用高精度滤油器，液压泵和液压马达的寿命可延长 4～10 倍，可基本消除阀的污染、卡紧和堵塞故障，并可延长液压油和滤油器本身的使用寿命。

五、过滤器的安装位置

(1)安装在液压泵的吸油管路中(图 6-10 中过滤器 1)。这种安装主要用来保护泵不致吸入较大颗粒的杂质，一般要求过滤器有较大的通油能力和较小的阻力，视泵的要求可选用粗的或普通精度的过滤器。为了不影响泵的吸油性能，防止发生气穴现象，过滤器的过滤能力应为泵流量的两倍以上，压力损失不得超过 0.02MPa。故一般在吸油口处安装精度较低的网式过滤器。

(2)安装在泵的出口油路上(图 6-10 中过滤器 2)。这种安装主要用来保护液压系统中除了液压泵和溢流阀的所有元件。一般采用 10～15μm 过滤精度的精密过滤器。由于过滤器在高

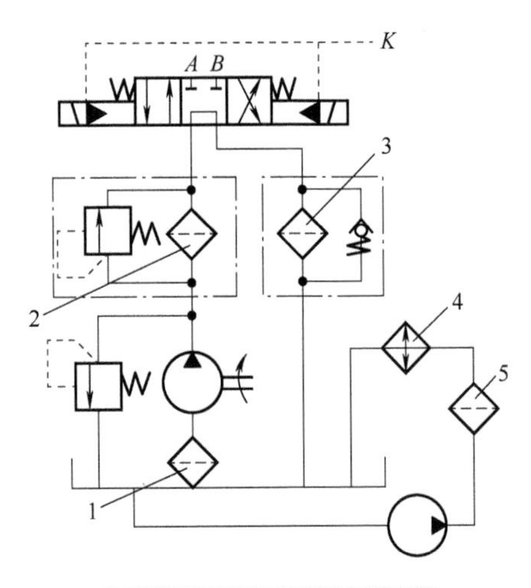

图 6-10　过滤器的安装位置

1-吸油过滤器；2-泵出口过滤器；3-回油过滤器；4-旁路过滤器；5-系统外的过滤器

压下工作，它应能承受油路上的工作压力和液压冲击，因此要有足够的强度，其过滤阻力应小于 0.35MPa，过滤能力应不小于压油管路的最大流量。为了避免因滤芯堵塞而使滤芯击穿，应在过滤器旁并联一安全阀(旁通阀)和污染指示器，安全阀的压力应略低于过滤器的最大允许压力降。为了保护液压泵不致过载，过滤器应安装在溢流阀油路之后。

(3) 安装在系统的回油路上(图 6-10 中过滤器 3)。这种安装可滤去油液流入油箱前的污染物，间接地保护整个液压系统。因回油路压力较低，可采用滤芯强度不高的精过滤器。为了防止滤芯因堵塞导致过滤器前后的压力差超过允许值，常并联一单向阀作为安全阀，也可附设污染指示或警示装置。另外，为防止因堵塞或低温启动时高黏度油液流过所引起的系统压力的升高，安全阀的开启压力应略低于滤芯允许的最大压力降。过滤器的过滤能力应不小于回油管路的最大流量。

(4) 安装在系统的分支油路上。当泵流量较大时，若仍采用上述各种油路的过滤器，过滤器规格可能过大。为此可在只有泵流量 20%～30%的支路上安装一小规格过滤器，对油液起滤清作用。这种过滤方法在工作时，只有系统流量的一部分通过过滤器，因而其缺点是不能完全保证液压元件的安全。

(5) 安装在系统外的过滤回路上(图 6-10 中过滤器 5)。大型液压系统可专设一液压泵和过滤器来滤除油液中的杂质，以保护主系统，滤油车即可视为这种单独过滤系统。研究表明：在压力和流量波动下，一般过滤器的功能会大幅度降低。显然，前述安装都会受压力和流量波动的影响，而系统外的单独过滤回路却不会，故过滤效果较好。

安装过滤器时应当注意，一般过滤器都只能单向使用，即进、出油口不可反接，以利于滤芯的清洗和安全，因此过滤器不要安装在液流方向可能变换的油路上。为保证双向过滤，作为过滤器的新产品，双向过滤器已问世。

第三节　压力表开关和压力表

一、压力表开关

图 6-11 为单点式压力表开关结构原理图。压力表开关可视为小型的截止阀或节流截止阀，用于切断或接通压力表和油路的通道，也可调节通道过流面积的大小。压力表开关的通道很小，有阻尼作用，测压时可减轻压力表的急剧跳动，防止压力表损坏。在无须测压时，用它切断油路，也保护了压力表。压力表开关按其所能测量的测点数目分为单点的和多点的若干种。多点压力表开关，可使用一个压力表分别和几个

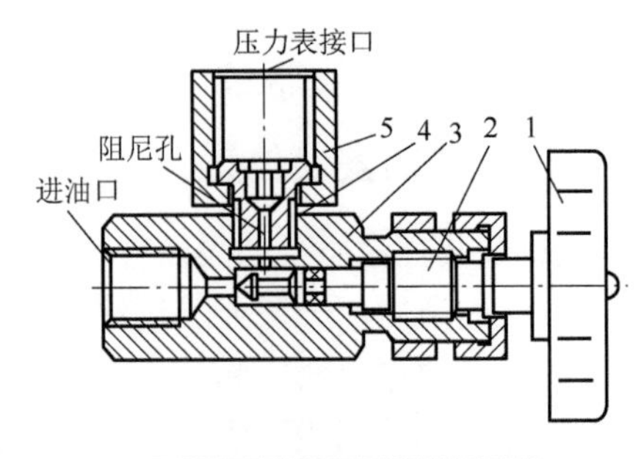

图 6-11　单点式压力表开关

1-手轮；2-阀杆；3-阀体；4-中间接头；5-接头螺母

被测油路相接通，以测量几部分油路的压力。

二、压力表

压力是液压系统中重要的参数之一。压力表可观测液压系统中各工作点的压力，随时监测液压系统的工作状况、控制和调整系统压力。因此，压力参数的测量(还可通过压力传感器来监测压力)极为重要。压力表的品种规格很多，液压中最常用的压力表是弹簧弯管式压力表，其结构原理如图 6-12 所示。弹簧管 1 是一根弯成 C 字形、其横截面呈扁圆形的空心金属管，它的封闭端通过传动机构与指针 9 相连，另一端与进油管接头相连。测量压力时，压力油进入弹簧管的内腔，使弹簧管膨胀产生弹性变形，导致它的封闭端向外扩张偏移，拉动杠杆 3 使扇形齿轮 2 摆动，与其配合的小齿轮 8 转动便带动指针偏转，即可从刻度盘 6 上读出压力值。

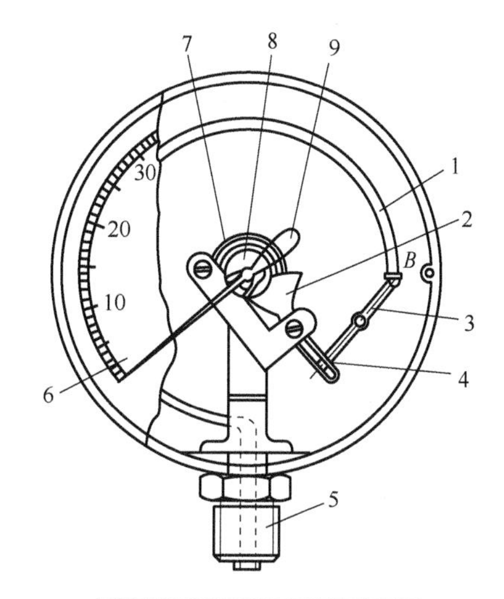

图 6-12 弹簧弯管式压力表

1-弹簧管；2-扇形齿轮；3-杠杆；4-调节槽；5-进油接头；6-刻度盘；7-游丝；8-小齿轮；9-指针

压力表的精度用精度等级来衡量，即压力表的最大误差占整个量程的百分数。如 1.5 级精度等级的量程 10MPa 的压力表，其最大误差为 10MPa × 1.5% =0.15MPa。压力表最大误差占满量程的百分比越小，压力表精度越高。一般机械设备液压系统采用 1.5～4 级精度等级的压力表。选用压力表时，系统最高压力约为其量程的 3/4，此外还应根据系统压力的高低和波动情况来选择普通压力表或耐振压力表。

第四节 液 压 油 箱

一、油箱的功用与分类

油箱的主要功用是储存液压系统工作所需的油液，散发系统工作中产生的热量，促进油液中的空气分离及消除泡沫，为系统中的一些元件提供安装位置等。油箱中安装有许多附件，如过滤器、加热器、空气滤清器、液位计等。

按油箱液面是否与大气相通，可分为开式油箱和闭式油箱。

开式油箱广泛用于通用设备、工程机械等液压系统；闭式油箱则用于水下和高空无稳定气压或对工作稳定性与噪声有严格要求处，可分为隔离式和充气式(有压式)。

二、油箱的结构特点

1. 开式油箱

图 6-13 所示为液压油箱的结构简图。设计该类油箱时应考虑以下几点。

(1)油箱必须有足够大的容积，以满足散热要求；停车时能容纳液压系统中所有回油，而在工作中最大可能充满油时又不低于最低限度油位。油箱的容量通常为液压泵每分钟排出液体体积值的 α 倍，α 取值可参考表 6-3。待液压系统设计完成后，再按散热的要求进行校核。对于行走机械和设置冷却装置的液压系统可选择较小值。

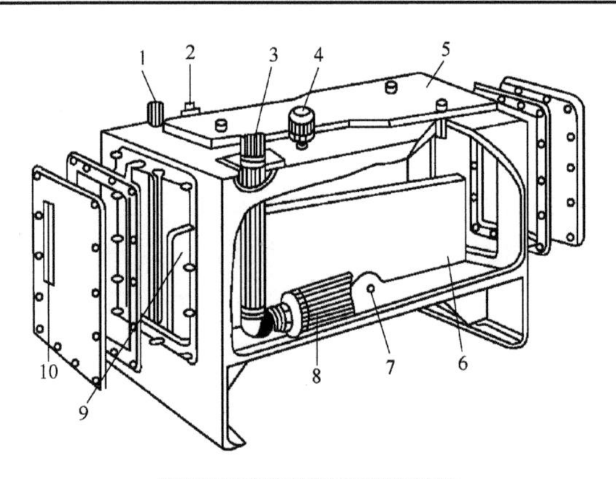

图 6-13　油箱结构示意图

1-回油管；2-泄油管；3-吸油管；4-空气滤清器；5-安装板；6-隔板；
7-放油口；8-滤油器；9-清洗窗；10-液位计

表 6-3　经验系数 α 值

系统类型	行走机械	低压系统	中压系统
α	1～2	2～4	5～7

(2) 吸油管和回油管应插入最低油位以下，以防止吸油管吸入空气，回油管回油飞溅产生气泡。管口一般与油箱底和箱壁的距离不小于管径的 3 倍。吸油管路应安装 80μm 或 100μm 的网式或线隙式过滤器，安装位置要便于装卸或清洗过滤器。回油管口斜切 45° 角并面向箱壁，以防回油冲击油箱底部的沉积物。控制阀的泄漏油管一般单独接回油箱，管口在液面以上。

(3) 吸油管和回油管的距离应尽可能得远，中间要设置隔板，隔板的数量视油箱容量而定，隔板高度一般为油位高度的 2/3 左右(不能高于最低液位)，隔板与油箱底之间应设计通油槽。设置隔板的目的是使油液在油箱中流动速度缓慢一点，时间延长一点，这样有利于散热和分离空气。

(4) 为了保持油液的清洁，油箱要有密封的顶盖，在顶盖容易接近处应设有带滤油网的注油口和带有空气滤清器的通气孔。目前生产的空气过滤器同时兼有加油和通气的作用，是标准件，可按需选用。

(5) 为在相同的容量下得到最大的散热面积，油箱外形以立方体或长六面体为宜。为使油箱能够承受安装其上的物体重量、机器运转时的转矩及冲击等，油箱应有足够的刚度，顶盖要适当加厚并用螺钉通过焊在箱体上的角钢加以固定。油箱上要设置吊耳，以便起吊装运。

(6) 液位计用于监测油面高度，故其窗口尺寸应能满足对最高与最低液位的观察，并应安装在易于观察的地方。液位计是标准件，可按需选用。

(7) 油箱底面做成双斜面，也可做成向回油侧倾斜的单斜面，在最低处设放油口，平时用螺塞或放油阀堵住，换油时将其打开放走污油。换油时为便于清洗油箱，大容量的油箱一般均在侧壁设清洗窗，其位置安排应便于吸油过滤器的装拆，清洗窗口平时用侧板密封。

(8) 油箱盖板和窗口连接处均需加密封垫，各进、出油管通过的孔也均需装密封圈，以防止外部污染物的入侵。

(9) 液压系统正常工作的油温应控制在 30～65℃。因此在油箱上应设置温度计，现在常用的液位计上一般带有温度计，如果系统发热量大而油箱散热不能满足要求时应设热交换器。

(10)新制作油箱的内壁应进行喷丸、酸洗和表面清洗，四壁可涂一层与工作液相容的塑料薄膜或耐油清漆。

2. 闭式油箱

压力油箱的工作原理如图 6-14 所示。它是将油箱完全封闭，通入经过滤清的压缩空气，使箱内压力高于外面大气压力，有利于液压泵的吸油。充气工具一般是压力为 0.7～0.8MPa 的小型空压机或气源。压缩空气应经过滤清、干燥、减压(0.05～0.15MPa)后通到油箱液面之上。充气油箱的气压不宜过高，以免油液中溶入过量的空气，一般以 0.05～0.07MPa 为佳。为防止压力过大，充气油箱要设置气动安全阀。为避免压力不足，还需配备电接点压力表和报警器。这种油箱一般用在水下作业的液压设备上。

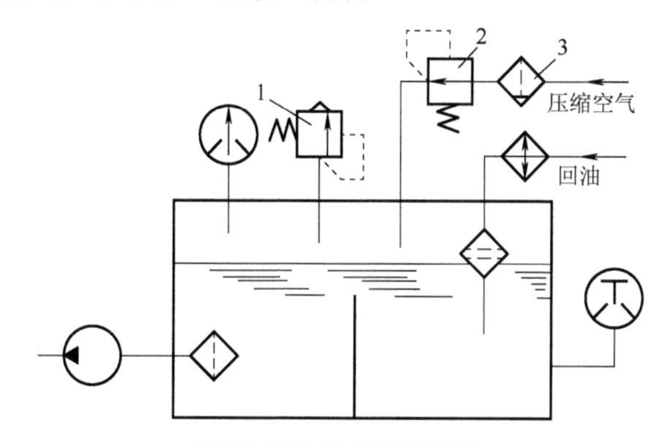

图 6-14　充气油箱原理图

1-空气安全阀；2-空气减压阀；3-空气过滤器

第五节　液压管件

液压管件包括管道和管接头。液压系统用管道来传送工作液体，用管接头把油管与油管以及液压元件连接起来。

用于液压系统中的管路，主要有金属硬管和耐压软管。液压系统对管路的基本要求是要有足够的强度，能承受系统的最高冲击压力和工作压力；管路与各元件及装置的各连接处要密封可靠、不泄漏、不能松动；在系统中不同的部位，应选用适当规格的管径；管路在安装前必须清洗干净，管内不允许有锈蚀、杂质、粉尘、水及其他液体或胶质等污物；管路安装要固定坚实，布局合理，排列整齐，方便维修和更换元器件。在液压系统中尽量使用硬管，它比用软管安全可靠，而且经济。

一、管道直径的确定

1. 管内油液的推荐流速

对吸油管道取 $v\leqslant 0.6\sim 1.3$m/s(一般取 1m/s 以下)。

对压油管道取 $v\leqslant 2.5\sim 7.6$m/s，压力高时取大值，反之取小值；管道较长时取小值，反之取大值；油液黏度大时取小值，反之取大值。

对短管道及局部收缩处，可取 $v\leqslant 5\sim 7.62$m/s。

对回油管道，可取 $v\leqslant 1.7\sim 4.5$m/s。

2. 管子内径的计算

根据液压系统的流量，计算管道的内径 d，一般计算公式为

$$d=\sqrt{\frac{Q}{\pi v}} \tag{6-5}$$

式中，d 为管子内径，mm；Q 为管道内油液的最大流量，L/min；v 为管道内油液允许流速，可按推荐值选取。

3. 硬管壁厚的计算

在选择硬管的壁厚时可采用

$$\delta=\frac{pd}{2[\sigma]} \tag{6-6}$$

式中，$[\sigma]$为管材的许用应力。对钢管：$[\sigma]=\sigma_b/n$，σ_b 为管材的抗拉强度，可由材料手册查出，n 为安全系数。当 p＜7 MPa 时取 $n=8$，当 7 MPa＜ p ≤17.5 MPa 时取 $n=6$，当 p＞17.5 MPa 时取 $n=4$。p 为管内的工作压力。计算出的管道内径 d 和壁厚 δ，应圆整成标准系列值(可查液压手册)。

二、常用管道

1. 硬管

液压系统主要用冷拔和冷轧精密无缝钢管。钢管是液压系统的主要用管，其强度高，适合各种液压设备和高压系统。硬管在安装时应注意以下几点。

(1) 管子长度要尽量短，管径要适当，流速过高会造成较大的能量损失。

(2) 两固定点之间的直管连接，应避免紧拉直管，要有一个松弯部分。直管会因热胀冷缩的影响，造成严重的拉应力。

(3) 管子的弯曲半径应尽可能大，其最小弯曲半径约为管道外径的 2.5 倍。

(4) 管端处不宜有弯管半径，应当留出部分直管，其距离为管接头螺母高度的 2 倍以上。

(5) 对系统的管路安装连接必须牢固坚实。当管路较长时，需按要求加支撑管夹。在与软管连接时，应在硬管端加管夹支撑。

2. 软管

软管通常用于两个有相对运动的部件之间的连接，或经常需要装卸的部件之间的连接。软管本身还起吸振和降噪声的作用。

液压系统中用的软管，主要是耐压软管。它是由耐热耐油合成橡胶制成的内管，在其外以合成纤维或钢丝等材料作加强层，覆盖在加强层外的通常是耐油合成橡胶保护层。加强层有编织的和缠绕的两种。编织的有 1、2 或 3 层，缠绕的有 2、4 或 6 层等，现在还有缠绕层外加编织层的。层数的确定根据系统压力、流量、液压冲击等工况需要进行选择，通常层数越多耐压越高，但管外径相对增大，且柔软性差，弯曲半径也要加大。缠绕的比编织的高压软管更适用高压系统中有高频冲击的场合。正确选用液压软管需要考虑以下几个因素。

(1) 根据流量选取软管通径。注意流速不能过高，否则能量损失就增大。

(2) 选用软管必须能承受系统的工作压力，通常系统工作压力不超过软管的最低爆破压力的 25%。尤其对有冲击压力的液压系统更为重要。

(3) 系统工作温度不应超出软管的规定。若超出规定的温度范围，则每上升 10℃，会使

软管老化速度加快 1 倍。同样环境温度过高或过低，也会影响蒙皮和加固材料的寿命。

(4) 根据使用的介质选用相应的软管，例如，磷酸酯类抗燃性液压油，内管应选用以丁基橡胶或乙丙橡胶等制成的高压软管。

(5) 由于各软管制造厂的生产条件不同，故在选用时应按制造厂的规定条件使用或与厂家协商，以确保安全。

高压软管在安装使用时应注意以下几点。

(1) 软管连接两端不应把软管拉直，应有些松弛。因在压力作用下或环境温度的变化，软管长度会有变化，其变化幅度一般在-4%～+2%。

(2) 安装软管不能扭曲连接。因在高压作用下有扭直趋势，会使接头螺母旋松，严重时软管会在应变点破裂。

(3) 软管的安装连接，无论在自然状态下，还是在运动状态中，其弯曲半径均不能小于软管制造厂规定的最小弯曲半径。

(4) 软管的弯曲半径，应远离软管接头处，其最短距离应大于其外径的 1.5 倍。

(5) 软管连接时应留合适的长度，要使其弯曲部位有比较大的弯曲半径。

(6) 选择合适的软管接头和正确使用管夹，以减少软管的弯度和扭曲，避免软管的附加应力。

(7) 尽可能地避免软管之间或与相邻物体之间的接触摩擦，在接触部位可加装螺旋钢丝套。

三、管道连接

在液压系统中，管路旋入端常用连接螺纹，我国主要采用国家标准米制螺纹(M)和米制锥螺纹(ZM)，以及牙形角为 55° 非螺纹密封的管螺纹(G)和用螺纹密封的管螺纹(R)，此外还有 60° 圆锥螺纹(Z)。

连接件使管路与元件、部件或管路之间相互接通。它主要有各类硬管接头、软管接头和法兰等。

1. 卡套式管接头

卡套式管接头(图 6-15)的基本结构是有 24° 锥形孔的接头体 1，带有尖锐内刃的卡套 3 和接头螺母 2 三件组成。当卡套和螺母套在连接管 4 上插入接头体后，旋紧螺母，接头体的内锥孔和螺母倒锥的作用，使卡套后部卡在管壁上起止退作用，同时卡套前刃口切入管子外壁内，起到了密封和防拔脱的作用，如图 6-15 所示。这种管接头结构简单，使用很方便，耐高压，抗振防松效果好。

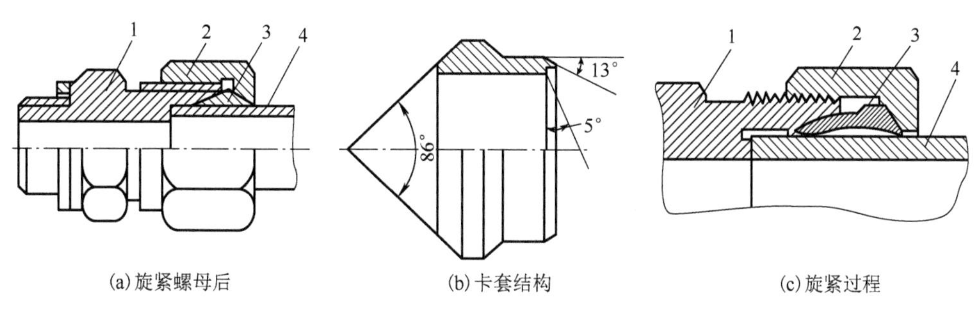

(a) 旋紧螺母后　(b) 卡套结构　(c) 旋紧过程

图 6-15　卡套式管接头

1-接头体；2-接头螺母；3-卡套；4-连接管

2. 焊接式管接头

焊接式管接头(图 6-16)的基本结构是由接头体 1、O 形密封圈 2、螺母 3 和接管 4 四件组成。接管与系统管路中的钢管焊接连接，如图 6-16 所示。对于平面加 O 形圈密封，当拧紧螺母时，使接管端面把 O 形密封圈紧压在接头体端平面间，起密封作用；也可采用锥面加 O 形圈密封。焊接式管接头广泛应用于高压系统。

焊接式管接头的接头体与元件本体连接时若用非密封螺纹，在接头体与元件之间要用组合垫圈或 O 型圈密封。

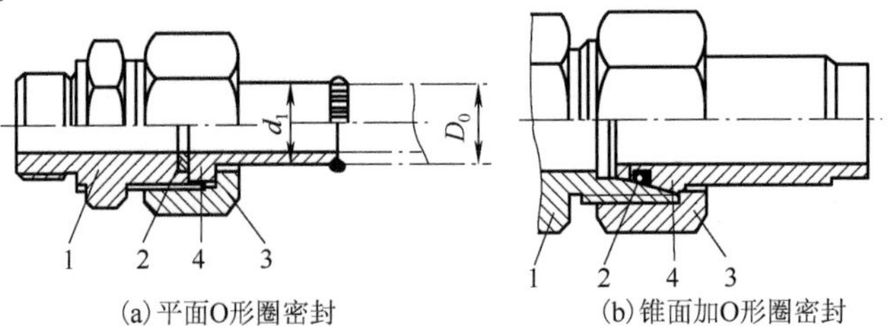

图 6-16　焊接式管接头

1-接头体；2-O 形密封圈；3-接头螺母；4-接管

3. 软管接头

软管接头是专用于软管与其他管路连接的一种连接件。它的基本结构是由接头芯、接头外套和接头螺母三件组成。与不同管接头的连接，只要改变接头芯的形式即可。基本上分成扩口式、卡套式、焊接式(或快换式)三种形式的软管接头。根据接头芯与接头外套和耐压软管安装方式不同,又可分成扣压式和可拆式接头两种。扣压式接头的接头芯与接头外套和耐压胶管一起用扣压设备(专用设备)扣压而成。其密封可靠，胶管不脱落，质量容易保证，应用较为广泛。随着国际交往的增加，软管接头有米制细牙螺纹、英制螺纹接头、美制螺纹接头等。扣压式软管接头又可分为 A 型扣压、B 型扣压和 C 型扣压三种，A 型扣压(焊接式)软管连接如图 6-17 所示。软管接头芯与接头体之间的密封方式有锥面接触密封(接头芯可附带 O 形密封圈)或平面加 O 形圈端面密封两种。

4. 快速接头

快速接头的全称为快速装拆管接头，它的装拆无需工具，适用于需经常装拆处。图 6-18 所示为油路接通的工作位置。需要断开油路时，可用力把外套 6 向左推，再拉出接头体 10，钢球 8(有 6～8 粒)即从接头体 10 的槽中退出；与此同时，单向阀 4、11 的锥形阀芯，分别在弹簧 3、12 的作用下将两个阀口关闭，油路即断开。

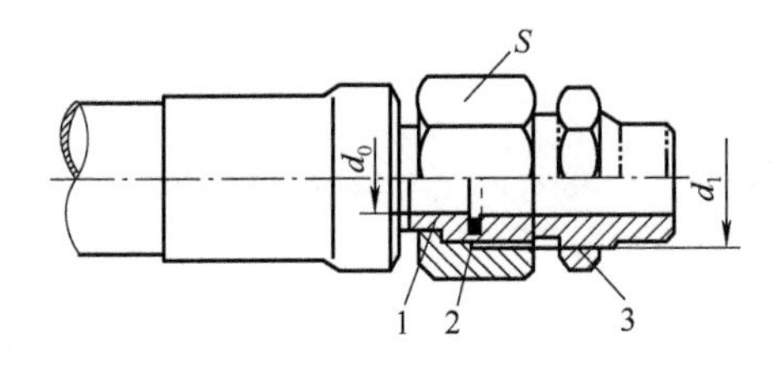

图 6-17　A 型扣压软管连接

1-A 型扣压软管；2-O 形密封圈；3-接头体

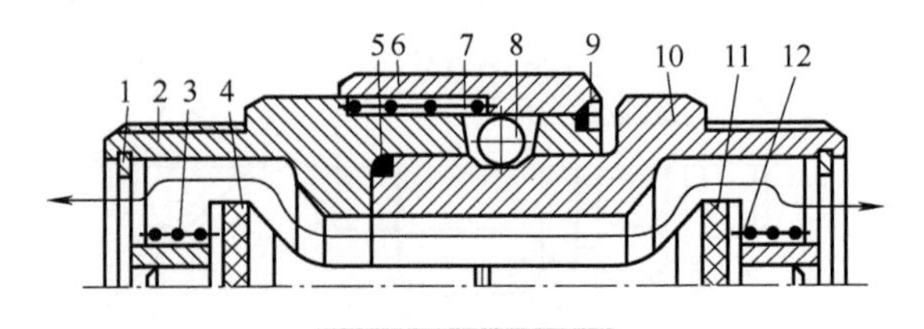

图 6-18　快速接头

1-卡环；2-插座；3、7、12-弹簧；4、11-单向阀；5-密封圈；6-外套；8-钢球；9-卡环；10-接头体

第七章　液压基本回路

现代机械设备的液压系统虽然越来越复杂，但是一个复杂的液压系统往往是由一些基本回路组成的。液压基本回路是由有关液压元件组成的，能完成某一特定功能的基本油路。液压基本回路按不同的功能分为方向控制回路、压力控制回路、速度控制回路等，本章按功能讲述机械设备中常见的液压回路。

第一节　方向控制回路

在液压系统中，执行元件的启动、停止以及运动方向的改变，是利用控制进入执行元件液流的通、断和改变流向来实现的，这些控制回路称为方向控制回路，它包括换向回路和锁紧回路、制动回路等。

一、换向回路

换向回路可以由换向阀(图 7-1)改变液流的通断及流向来实现，也可由双向变量泵改变输出液流的方向来控制执行元件的运动方向以及停止。

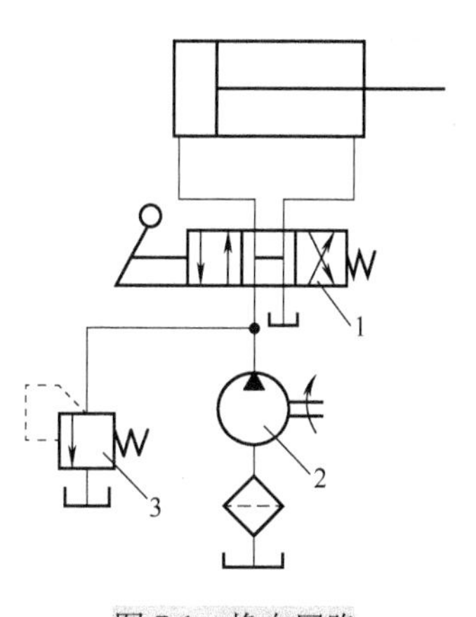

图 7-1　换向回路

1-换向阀；2-液压泵；3-溢流阀

用换向阀组成的换向回路由于换向阀的不同对回路的控制性能也有所不同，例如，换向阀的中位机能不同会对回路的性能产生不同的影响；用电磁换向阀控制换向时，操作省力，易实现自动化，当阀本身或电气系统出现故障回路就会失去换向功能，或者说一旦回路出现故障，不但要检查阀还要检查电气部分；用手动换向阀控制执行元件换向时，操作简单，可以通过控制换向阀阀芯位移量来调节执行元件的运动速度，出现故障时容易检查，当频繁换向或用于大流量控制时操作者易疲劳。用电磁换向阀和手动换向阀可以方便地实现执行元件的往复运动，但对流量较大和换向平稳性要求较高的场合，电磁换向阀的换向回路已不能适应，往往采用以手动换向阀或机动换向阀作先导阀而以液动换向阀为主阀的换向回路，或者采用电液动换向阀的换向回路。

二、锁紧回路

图 7-2 所示是使用双向液压锁组成的锁紧控制回路。当换向阀 2 处于左位时，液压泵 3 输出的压力油正向通过左侧液控单向阀进入液压缸有杆腔，压力油同时打开右侧液控单向阀，使液压缸无杆腔的油可以反向通过此阀，再经换向阀流回油箱，液压缸活塞杆缩回；当换向阀处于右位时，控制原理同上；当换向阀处于中位时，由于换向阀的中位机能为 H 型，液压泵处于卸荷状态，换向阀 *A*、*B* 口的液压力接近于零，故液压锁内两液控单向阀的控制压力消失，液控单向阀关闭，不允许液体反方向流动，即液压缸两腔的油液被封闭，而液体可认为

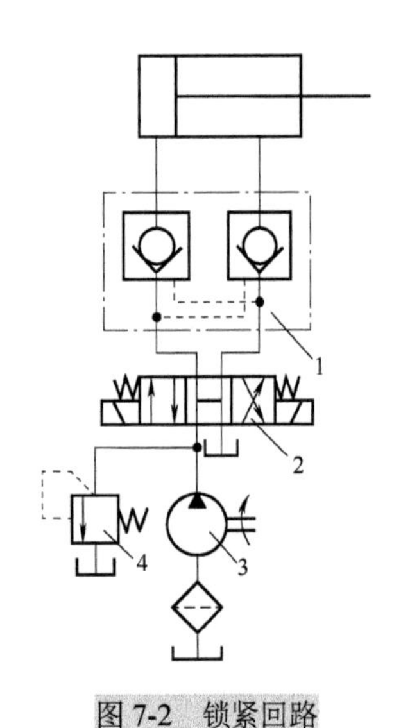

图 7-2　锁紧回路

1-双向液压锁；2-换向阀；3-液压泵；4-溢流阀

不可压缩，因此即便液压缸受外力的作用(推力或拉力)活塞杆也不能移动，这样就可把液压缸的活塞杆锁定在任意位置。使用液控单向阀(或双向液压锁)的锁紧回路，其换向阀的中位机能不宜采用 O 或 M 型，而应采用 H 或 Y 型机能换向阀，以便在中位时液控单向阀的控制压力能立即释放，单向阀即刻关闭，活塞停止。该回路锁紧可靠、持久，能经受负载变化的干扰。

利用换向阀 O 或 M 型中位机能也可让油缸活塞杆停留在某一位置，但由于换向阀本身的内泄漏，无法保证活塞杆长时间固定在该位置，起不到“锁止”的作用。此方法可用在活塞杆停留时间不长、停留位置要求不严格的场合，如装载机的动臂油缸和翻斗油缸的停止即可采用由换向阀的中位机能来完成。另外平衡回路在换向阀处于中位时也有锁紧功能。

三、制动回路

在用液压马达作执行元件的场合，切断液压马达进出口后，马达理应停止转动，但因马达在重力负载力矩及其惯性的作用下会变成泵工况，其出口油液将经过载阀与油箱接通，马达出现滑转。因此，在切断马达进出口的同时，需通过液压制动器来保证马达可靠地停转，另外利用制动器锁紧可解决因执行元件内泄漏对锁紧的影响，实现安全可靠的锁紧目的。为防止突然发生的事故，制动器一般都采用弹簧上闸制动，液压松闸的结构如图 7-3 所示。当两位电磁阀 1 不通电时，制动缸 2 右腔的油液与油箱接通，制动缸在弹簧力的作用下将马达 3 制动锁紧；当需要解除制动时给两位电磁阀 1 通电，制动缸 2 右腔与控制压力油 K 接通，制动缸的弹簧被压缩后将马达制动解除。

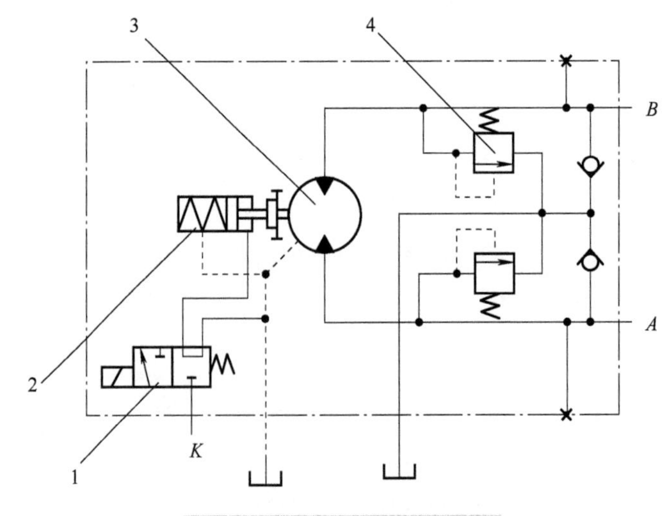

图 7-3　电磁阀控制的制动回路

1-电磁阀；2-制动缸；3-液压马达；4-过载阀

在图 7-4 所示的制动回路中，制动缸 2 通过梭形阀 3 与液压马达的进出油路相连接。当液压马达工作时，不论是负载起升或下降，压力油都会经梭形阀进入二位液动换向阀 5，液动换向阀换向，压力油通过换向阀后经单向节流阀 6 的节流阀与制动液压缸有杆腔相通，液压力克服弹簧力使制动器松闸；当电磁换向阀 4 回到中位时，液动换向阀 5 也回到初始位置，制动液压缸有杆腔的油液经单向阀、液动换向阀与油箱接通，制动器在弹簧力的作用下处于制动状态。制动回路中单向节流阀的作用是制动时快速，松闸时滞后，以防止开始起升时负载因松闸过快而造成负载先下滑，再上升的现象。为了使马达不工作时制动器油缸的油与油箱相通而使制动器上闸锁紧，回路中的换向阀宜选用 H 型中位机能的换向阀。因此，如果液压系统有多个执行元件支路制动回路也必须置于串联于油路的末端。

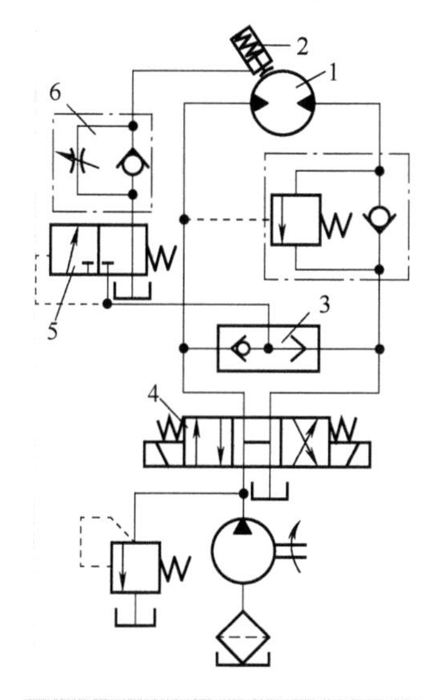

图 7-4　梭形阀控制的制动回路

1-马达；2-制动缸；3-梭形阀；
4-电磁换向阀；5-液动换向阀；6-单向节流阀

第二节　压力控制回路

压力控制回路是利用压力控制阀等来控制整个液压系统或局部的工作压力，以满足执行元件对力或力矩的要求，或使液压系统实现减压、增压、卸荷、保压、平衡等。

一、调压回路

为使系统的压力与负载相适应并保持稳定，或为了安全而限定系统的最高压力，都要用到调压回路。

1. 基本调压回路

在液压系统中，一般用溢流阀来调定或限制系统的最高工作压力。图 7-1 也可看成最基本的调压回路。系统在正常工作过程中溢流阀关闭，当负载压力超过溢流阀的调定压力时，溢流阀开启，对系统起安全保护作用，此时溢流阀又称安全阀。安全阀的调定压力必须比执行元件的最大工作压力大 10%～20%。另外，溢流阀还可实现溢流稳压和远程调压的作用。

2. 双向调压回路

若执行元件往返行程需不同的供油压力时，可采用双向调压回路，如图 7-5 所示双向调压回路可由两种方式实现。图 7-5(a)中在液压缸回程油路上并联一个溢流阀 3，当电磁换向阀处于左位时，液压泵输出的压力油经换向阀进入无杆腔，活塞伸出运动，系统需要较高的工作压力，此压力由主溢流阀 1 调定，油缸有杆腔的油液经换向阀流回油箱，溢流阀 3 不起作用；当换向阀处于右位时，油缸轻载返回，泵出口由溢流阀 3 调定为较低压力，主溢流阀 1 不起作用，油缸活塞运动到终点后，溢流阀 3 在较低的压力下打开，液压泵输出的液压油经溢流阀 3 回油箱，功率损耗较小。

图 7-5(b)所示的液压回路为第二种双向调压回路。当电磁换向阀处于左位时，远程调压阀 4 的出口被高压油封闭，即主溢流阀 1 的遥控口被堵塞，故泵的压力由主溢流阀 1 调定为较高压力；当换向阀在右位工作时，液压缸无杆腔通油箱，压力为零，阀 4 为远程调压阀，相当于主溢流阀 1 的先导调压阀，泵的压力由阀 4 调定为较低压力。

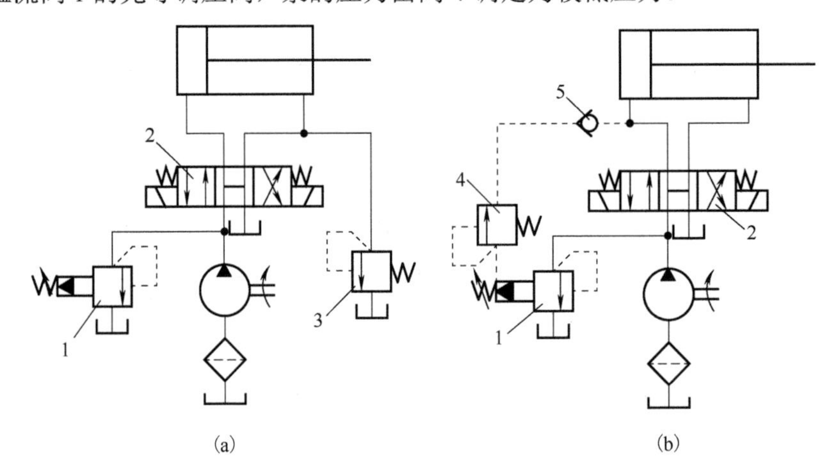

图 7-5　双向调压回路

1-主溢流阀；2-电磁换向阀；3-溢流阀；4-远程调压阀；5-单向阀

3. 多级调压回路

当液压系统在不同的工作阶段需要不同的压力时，采用多级调压回路。

图 7-6 所示为二级调压回路，又称为远程调压回路，在图示状态，泵出口的压力由主溢流阀 1 的先导阀调定为较高的压力，远程调压阀不起作用；二位二通电磁阀通电后，则由远程调压阀 2 调定为较低压力。该回路可获得两个不同的调定压力，故称为二级调压回路。二级调压回路中远程调压阀 2 调压范围要小于或等于先导式溢流阀 1。

图 7-7 所示为三级调压回路，三位四通电磁阀处于中位时，泵出口的压力由先导式溢流阀 1 调定，电磁换向阀左右电磁铁分别通电时，分别由远程调压阀 2 和 3 调定为两个不同的较低的压力。

4. 无级调压回路

无线调压回路如图 7-8 所示，可通过改变比例溢流阀的输入电流来实现无级调压，这种调压方式容易实现远距离控制和计算机控制，而且压力切换平稳。

5. 升压功能回路

现代生产的挖掘机一般具有一种“升压功能”，也可视为二级调压，其工作原理(图 7-9)

如下：挖掘机在正常工作状态下，控制油路二位二通电磁阀 3 断电，控制活塞 2 下腔压力为零，主安全阀有一个调定压力；作业时如果遇到大的载荷会使挖掘力不足，可按下操作手柄上的“增压”按钮，电磁阀换向后控制油 K 进入主安全阀的调压弹簧端部的控制活塞下腔，控制活塞移动将调压弹簧进一步压缩，溢流阀的调定压力得以升高；松开手柄上的按钮，主安全阀回到原来的压力调定值。采取这种措施可使其液压系统获得两个压力调定值。

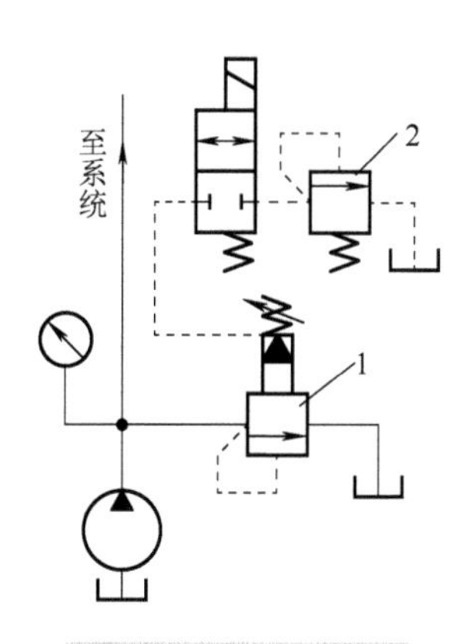

图 7-6　二级调压回路

1-主溢流阀；2-远程调压阀

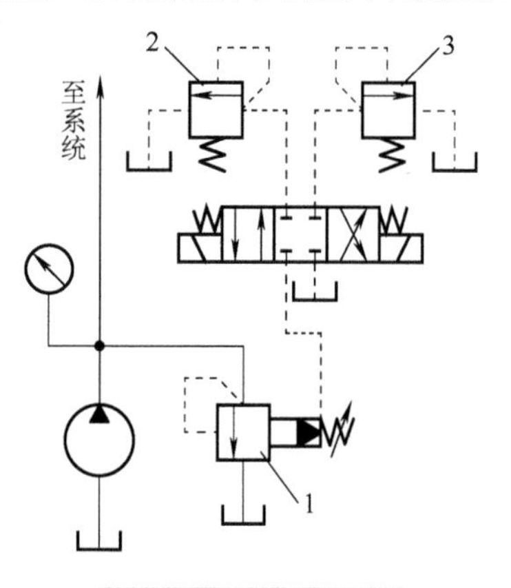

图 7-7　三级调压回路

1-主溢流阀；2、3-远程调压阀

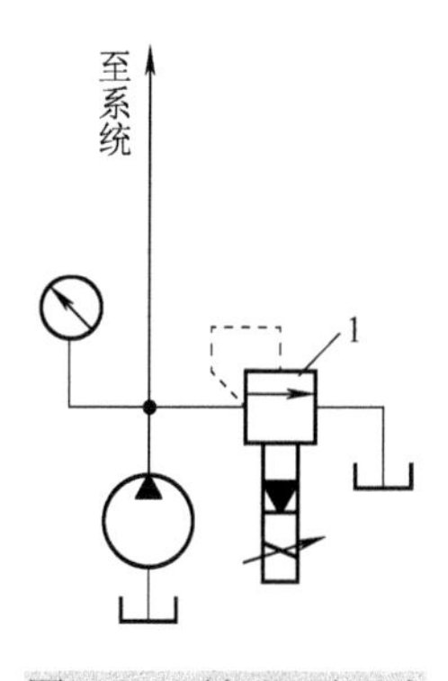

图 7-8　无级调压回路

1-电控比例溢流阀

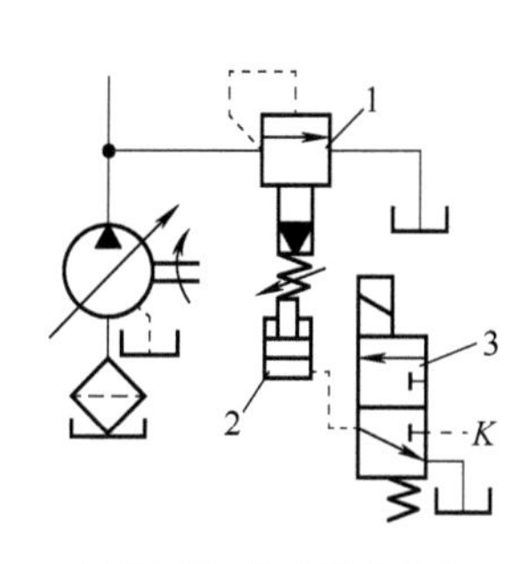

图 7-9　升压功能回路

1-主安全阀；2-活塞；3-电磁阀

二、卸荷回路

当液压系统中的执行元件短时间停止工作(如测量工件或装卸工件)时，应使液压泵卸荷空载运转，以减少功率损失、减少油液发热，延长泵的使用寿命而又不必经常启闭原动机。功率较大的液压泵应尽可能在卸荷状态下使原动机轻载启动。所谓卸荷，就是让液压泵处在较小功率消耗(接近于零)下运转。液压功率为液体流量和液压力的乘积，两者中的任一参数近似为零，功率损耗即接近为零，故卸荷可采用压力卸荷、流量卸荷、压力和流量都较小的综合卸荷。

1. 压力卸荷

1)用主换向阀的卸荷回路

主换向阀卸荷是利用三位换向阀的中位机能使泵和油箱连通进行卸荷。此时换向阀滑阀的中位机能必须采用 M 型、H 型或 K 型等。图 7-10 是采用 M 型中位机能的三位四通换向阀的卸荷回路，这种卸荷回路结构简单，但当压力较高、流量大时容易产生冲击，故一般适用于压力较低和小流量的场合。当流量较大时，可使用液动或电液换向阀来卸荷，但应在回路上安装单向阀(图 7-11)，使泵在卸荷时，仍能保持 0.3～0.5MPa 的压力，以保证控制油路能获得必要的启动压力。

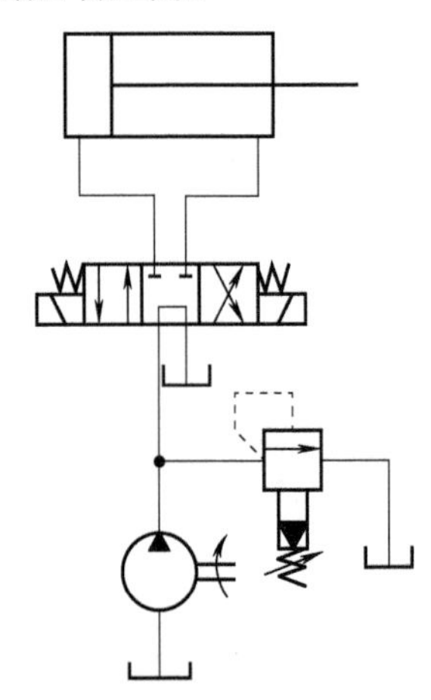

图 7-10　利用换向阀的卸荷回路

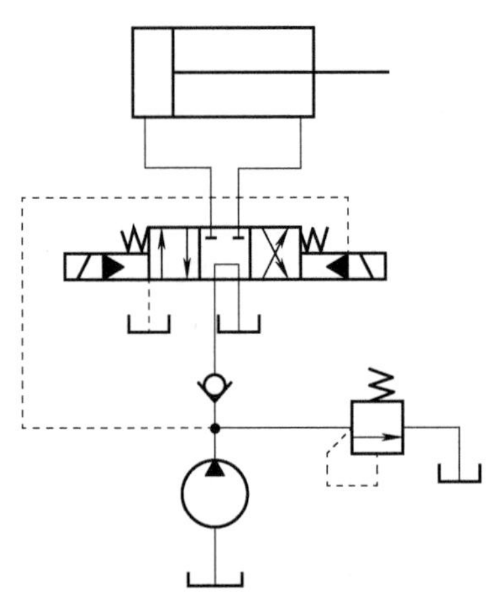

图 7-11　利用电液换向阀的卸荷回路

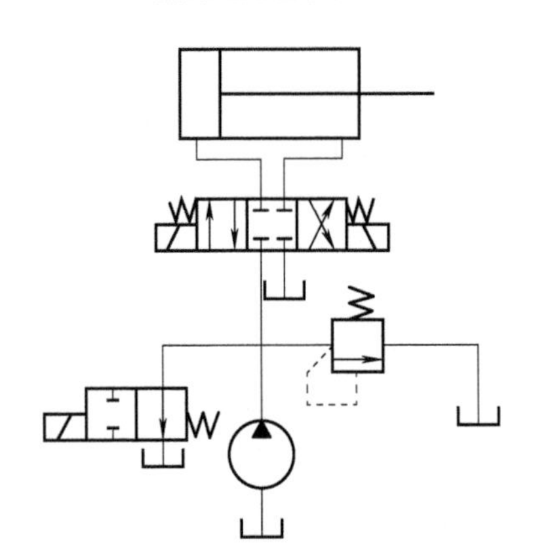

图 7-12　利用二位二通阀的卸荷回路

2)用二位二通阀的卸荷回路

图 7-12 所示是用二位二通电磁阀的卸荷回路。当系统工作时，二位二通电磁阀通电，切断液压泵出口与油箱之间的通道，泵输出的压力油进入系统。当工作部件停止运动时，二位二通电磁阀断电，泵输出的油液经二位二通阀直接流回油箱，液压泵卸荷。在这种回路中，二位二通电磁阀应通过泵的全部流量，选用的规格应与泵的公称流量相适应。

3)用溢流阀和二位二通阀组成的卸荷回路

图 7-13 所示是采用二位二通电磁阀与先导式溢流阀构成的卸荷回路。二位二通电磁阀通过管路和先导式溢流阀的远程控制口相连接。当工作部件停止运动时，二位二通阀的电磁铁 3DT 通电，使溢流阀远程控制口接通油箱，此时溢流阀主阀芯的阀口全开，液压泵输出的油液以很低的压力经溢流阀流回油箱，液压泵卸荷。这种卸荷回路便于远距离控制，同时二位二通阀可选用小流量规格，且比直接用二位二通电磁阀的卸荷方式平稳些。另外可选用将先导式溢流阀和电磁阀组合在一起的电磁溢流阀，简化回路。

4)用蓄能器的保压卸荷回路

在上述回路中，加接蓄能器和压力继电器后，即可实现保压、卸荷，如图 7-14 所示。在工作时，电磁铁 1DT 通电，泵向蓄能器和液压缸左腔供油，并推动活塞右移。接触工件后，系统压力升高，当压力升至压力继电器的调定值时，表示工件已经夹紧，压力继电器发出信号，3DT 通电，油液通过先导式溢流阀使泵卸荷。此时，液压缸所需压力由蓄能器保持，单向阀关闭。在蓄能器向系统补油的过程中，若系统压力从压力继电器区间的最大值下降到最小值，压力继电器复位，3DT 断电，使液压泵重新向系统及蓄能器供油。

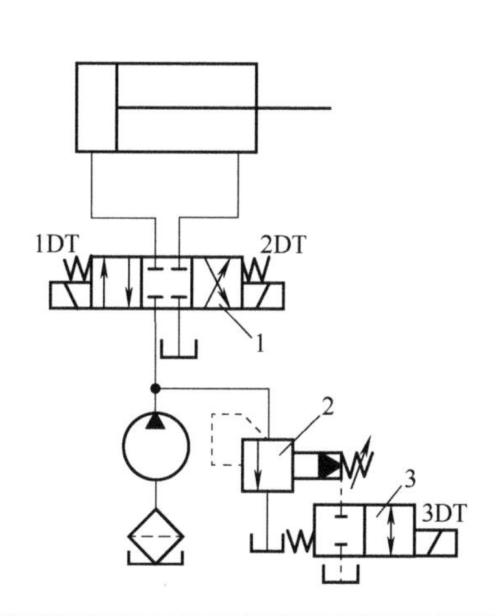

图 7-13　利用先导式溢流阀的卸荷回路

1-三位电磁阀；2-溢流阀；3-二位电磁阀

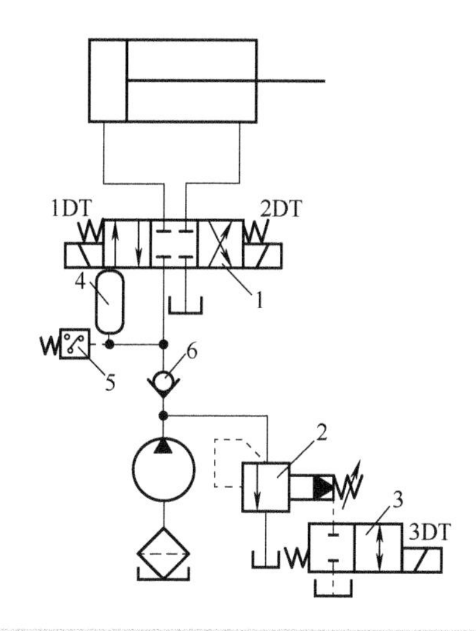

图 7-14　溢流阀和蓄能器的保压卸荷回路

1-三位电磁阀；2-溢流阀；3-二位电磁阀；4-蓄能器；5-压力继电器；6-单向阀

2. 流量卸荷

在液压系统中也有采用双向变量柱塞泵的斜盘处于中立位置时，零排量状态使泵卸荷，如果系统此时压力较高不宜使泵长时间处于卸荷状态。

3. 综合卸荷

挖掘机在工作间歇阶段，其液压系统的卸荷常采用综合卸荷。在挖掘机处于非作业状态，液压泵输出的液压油通过多路换向阀 6 的中央通道经阻尼孔 5 回油箱，泵出口压力较低；同时利用阻尼孔前的较小压力作为控制压力作用于泵的调节器控制活塞 4 上，进而推动伺服阀 3 换向，变量缸 2 差动连接向右运动，使泵的斜盘倾角减小，泵处于小排量状态；另外通过控制系统还可以使发动机自动进入怠速工作模式，液压泵的流量进一步减小。这样，液压泵消耗的功率将很小，降低了发动机的燃油消耗量。综合卸荷回路如图 7-15 所示。

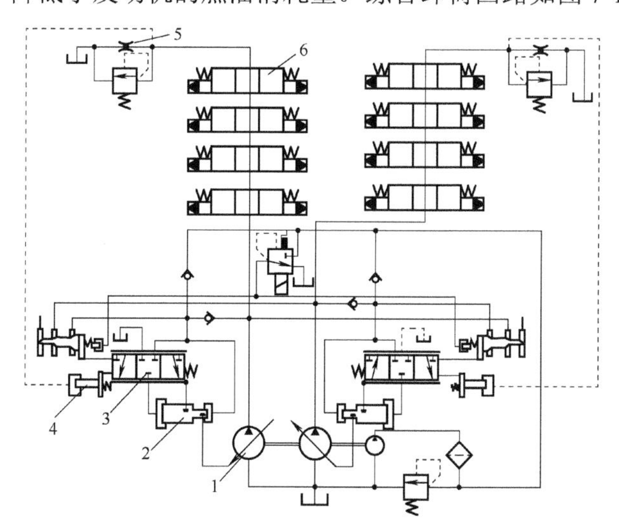

图 7-15　综合卸荷回路

1-变量泵；2-变量缸；3-伺服阀；4-控制活塞；5-阻尼孔；6-多路换向阀

三、平衡回路

为保证受重力作用下的执行元件(垂直安装的液压缸受重力作用，驱动绞盘的液压马达在起重作业时的工况)在换向阀处于中位时具有锁止功能，在重物下降时能保证平稳下落，此工况要求需设置平衡回路，该回路的功用在于使执行元件的回油腔保持一定的背压力，以便与重力负载相平衡。

1. 采用单向顺序阀的平衡回路

图 7-16(a)所示为采用单向顺序阀组成的平衡回路。单向顺序阀(也称平衡阀)的调定压力应稍大于由工作部件自重在液压缸下腔中形成的压力。这样当液压缸不工作时，单向顺序阀关闭，而工作部件不会自行下滑；液压缸上腔通压力油，当其下腔背压力大于顺序阀的调定压力时，顺序阀开启。由于自重得到平衡，故不会产生超速现象。当压力油经单向阀进入液压缸下腔时，活塞上行。这种回路，停止时会由于顺序阀的泄漏而使运动部件缓慢下降，所以要求顺序阀的泄漏量要小。由于回油腔有背压，因此功率损失较大。

2. 采用平衡阀的平衡回路

在工程机械上常用外控平衡阀组成平衡回路如图 7-16(b)所示，它适用于所平衡的重量有变化的场合，如起重机的起重等。换向阀处于右位时，压力油经平衡阀内的单向阀进入油缸下腔，上腔回油，液压缸活塞上行；换向阀处于中位时，平衡阀把液压缸下腔油路切断，液压缸活塞被锁止；当换向阀处于左位时，压力油进入液压缸上腔，同时进入平衡阀控制油口，当该压力达到一定值时，平衡阀被打开，液压缸下腔的油液经平衡阀、换向阀回油箱，液压缸下行，若因某一因素使液压缸下行出现超速，液压泵供油相对不足，进油压力下降，平衡阀控制口压力也下降，平衡阀阀口开度减小，对油缸回油节流作用加强，活塞下行速度减慢而回到规定值，反之平衡阀则进行反方向调节。这样即可保证油缸以比较平稳速度向下运动，故平衡阀也称限速阀。

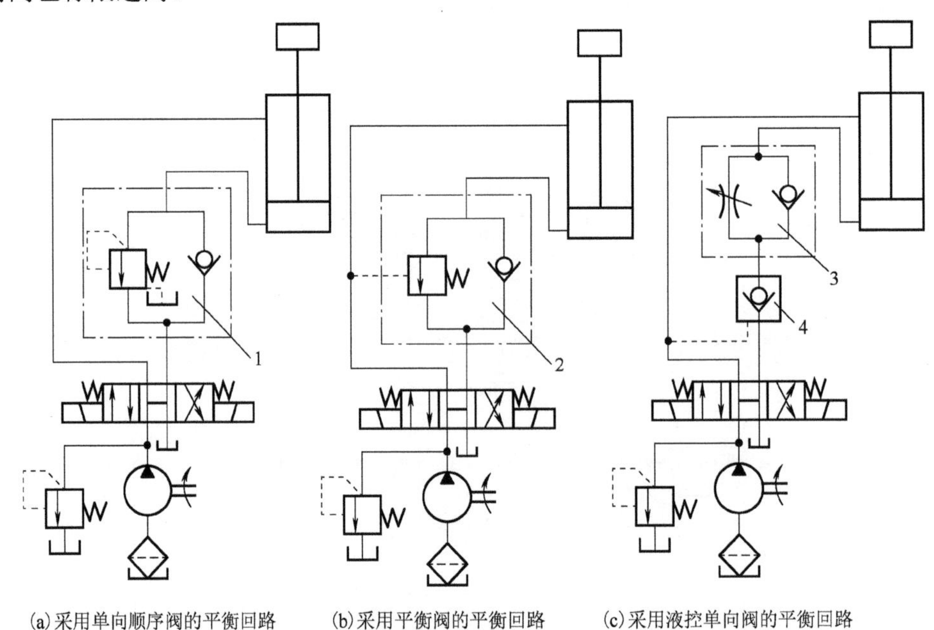

(a)采用单向顺序阀的平衡回路　(b)采用平衡阀的平衡回路　(c)采用液控单向阀的平衡回路

图 7-16　平衡回路

1-单向顺序阀；2-平衡阀；3-单向节流阀；4-液控单向阀

3. 采用液控单向阀和单向节流阀的平衡回路

图 7-16(c)是采用液控单向阀和单向节流阀的平衡回路。当换向阀切换至右位时，压力油通过液控单向阀、单向节流阀中的单向阀进入液压缸的下腔，上腔回油直通油箱，使活塞上升顶起重物；当换向阀切换至左位时，压力油进入液压缸上腔，并进入液控单向阀的控制口，打开液控单向阀，使液压缸下腔回油经单向节流阀中的节流阀、液控单向阀回油箱，于是活塞下行放下重物。采用液控单向阀的平衡回路，液控单向阀是锥面密封，故闭锁性能好，可以将重物锁止在规定位置上；回油路上串联单向节流阀用于保证活塞下行时在回油路上产生足够的液流阻力，使油缸运行平稳。

四、减压回路

减压回路的功用是从已调定压力的液压源处获得一级或多级较低的恒定工作压力。

图 7-17 所示是机床夹紧机构中常用的减压回路。在通向夹紧缸的油路中，串接一个减压阀 2，使夹紧缸能获得较低而又稳定的夹紧力。减压阀的出口压力可以根据需要调整但不应低于 0.5MPa，而最高压力应比溢流阀 1 的调定压力低 0.5MPa，当系统压力有波动或负载有变化时，减压阀出口压力可以稳定不变。图中单向阀 3 的作用是当主油路压力下降到低于减压阀调定压力(如主油路中液压缸快速运动)时，起到短时间的保压作用，使夹紧缸的夹紧力在短时间内保持不变。为了确保安全，在夹紧回路中往往采用带定位的二位四通电磁换向阀，或采用失电夹紧的换向回路，防止在电气发生故障时，松开工件。

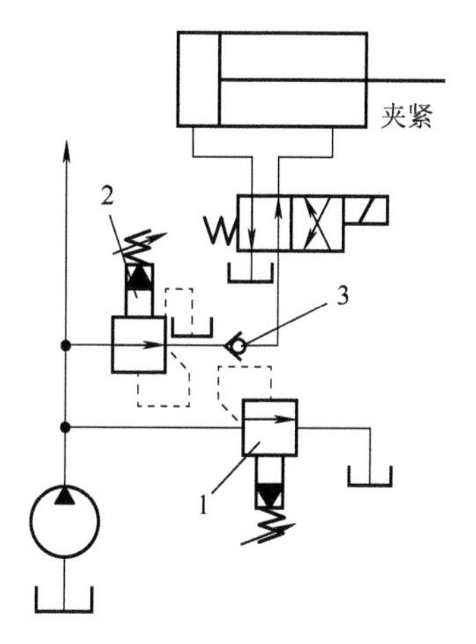

图 7-17　减压回路

1-溢流阀；2-减压阀；3-单向阀

五、增压回路

增压回路是用来提高系统中某一支路压力的。采用增压回路可以用较低压力的液压泵来获得较高的工作压力，以节省能源的消耗。

1. 用增压缸的增压回路

图 7-18 所示为用增压缸的增压回路。电磁换向阀 3 处于图 7-18 所示位置时，液压泵输出的油液进入增压缸 4 的有杆腔，活塞向左移动，a 腔油液回油箱，单作用液压缸在弹簧力的作用下向上移动，为补偿增压缸 b 腔和单作用缸的泄漏，增设了由单向阀和副油箱组成的补油装置；当电磁换向阀 3 通电换向时，液压泵输出的压力油进入增压缸的 a 腔，单向阀关闭，b 腔油液进入单作用缸，此过程实现增压，其增压比为 a 腔与 b 腔的面积比。这种回路不能得到连续的高压，适用于行程较短的单作用液压缸。

2. 用复合缸的增压回路

图 7-19 所示为用于压力机上的一种增压缸形式，它由一个增压缸和一个工作缸组合而成。在增压活塞 1 的头部装有单向阀 2，活塞内的通道 3 使油腔 I 和油腔III相通。在增压缸端盖上设有顶杆 4，其作用是当增压活塞退至最左端位置时，顶开单向阀 2。增压缸的工作原理如下：当电磁换向阀 7 切换到左位，压力油经增压缸左腔 I 、单向阀 2、通道 3 进入工作缸左腔III，推动工作活塞 5 向右运动。这时由于系统工作压力低于单向顺序阀 6 的调定压力，单

向顺序阀 6 关闭，增压缸Ⅱ腔的油液被封闭，增压活塞 1 停止不动。当工作活塞阻力增大，系统工作压力升高，超过外控顺序阀的调定压力时，单向顺序阀 6 开启，腔Ⅱ的油排出，增压活塞向右移动，单向阀 2 自行关闭，阻止腔Ⅲ中的高压油回流，于是，腔Ⅲ中压力 p_2 升高，其增压后的压力为

$$p_2 = p_p \frac{A_1}{A_2} \tag{7-1}$$

式中，A_1、A_2 分别为增压活塞大端和小端的面积；p_p 为系统供油压力，这时候工作活塞的推力也随之增大。当换向阀切换到右位时，腔Ⅱ和腔Ⅳ进油，腔Ⅰ排油，增压活塞快速退回，工作活塞移动较慢，当增压活塞Ⅰ退至最后位置时，顶杆 4 将单向阀 2 顶开，工作活塞 5 快速退至最后位置。

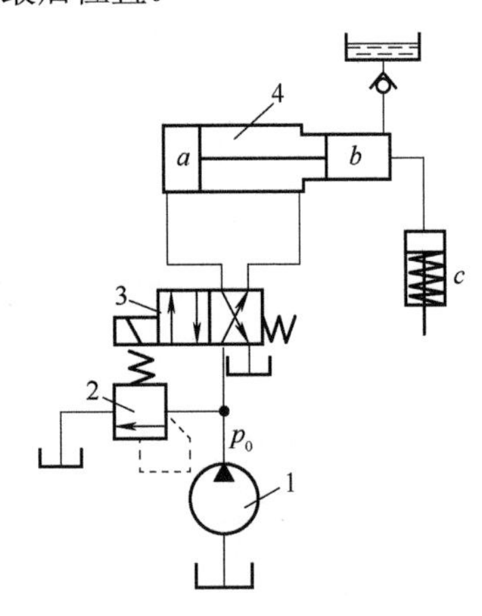

图 7-18　用增压缸的增压回路

1-液压泵；2-溢流阀；3-电磁换向阀；4-增压缸

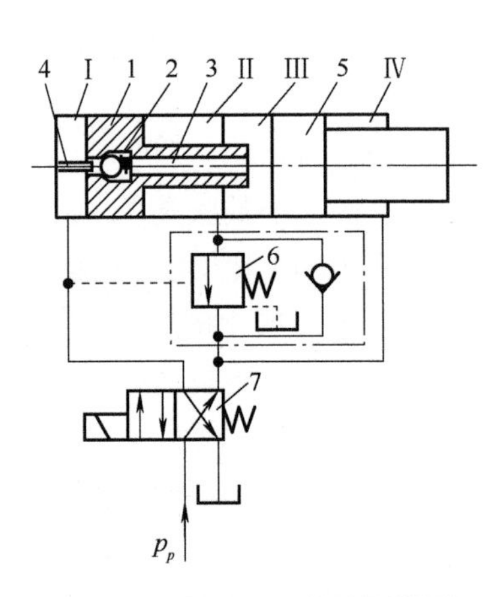

图 7-19　用复合缸的增压回路

1-增压活塞；2-单向阀；3-通道；4-顶杆；5-工作活塞；6-单向顺序阀；7-电磁换向阀

六、保压回路

执行元件在工作循环中的某一阶段内，若需要保持规定的压力，应采用保压回路。

1. 利用蓄能器保压的回路

图 7-14 中的卸荷回路同时可视为用蓄能器保压的回路。系统工作时，压紧工件后，通过先导式溢流阀使泵卸荷，单向阀关闭，液压缸则由蓄能器保压。保压时间的长短取决于蓄能器的容量，调节压力继电器的通断区间即可调节缸中压力的最大值和最小值。这种回路既能满足保压工作需要，又能节省功率，减少系统发热。

2. 用高压补油泵的保压回路

用高压补油泵的保压回路如图 7-20 所示，在回路中增设一台小排量高压补油泵 5。当液压缸加压完毕要求保压时，由压力继电器 4 发出信号，三位电液换向阀 2 处于中位，主液压泵 1 卸荷，同时二位二通电磁换向阀 8 通电使其处于左位，由高压补油泵 5 向封闭的保压系统 a 点供油，维持系统压力稳定。液压缸回程时电液阀 2 处于左位，液控单向阀 3 被反向打开，活塞向上移动，同时二位电磁阀 8 断电，高压补油泵 5 卸荷。由于高压补油泵只需补偿系统的泄漏量，可选用小排量泵，这样功率损失小。压力稳定性取决于溢流阀 7 的稳压精度。也可采用限压式变量泵来保压，它在保压期间仅输出少量足以补偿系统泄漏的液体，效率较高。

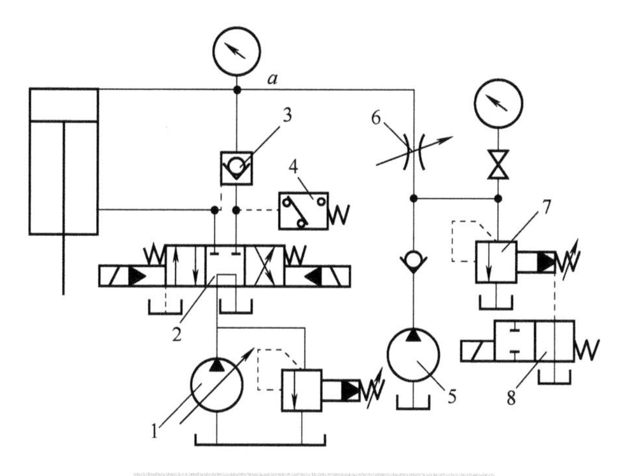

图 7-20　用高压补油泵的保压回路

1-主液压泵；2-三位电磁换向阀；3-液控单向阀；4-压力继电器；
5-高压补油泵；6-节流阀；7-溢流阀；8-二位电磁阀

第三节　速度控制回路

速度控制回路研究的是液压系统的速度调节和变换问题，常用的速度控制回路包括调整工作行程的调速回路、空行程的快速运动回路和实现快慢速切换的速度换接回路等。

一、调速回路

1. 调速方式

速度调节回路的功用在于调节执行元件的运动速度以满足工作要求。从液压马达的工作原理可知，液压马达的转速 n_m 由输入流量 Q 和液压马达的排量 q_m 决定，即 $n_m = Q / q_m$；液压缸的运动速度 v 由输入流量和液压缸的有效作用面积 A 决定，即 $v = Q / A$。

通过上面的关系可知，要想调节液压马达的转速 n_m，可通过改变输入流量 Q 或改变液压马达的排量 q_m 的方法来实现。而由于液压缸的有效面积 A 是定值，只有改变流量 Q 的大小来调速，而改变输入流量 Q，可以通过采用流量控制阀或变量泵来实现。因此，调速回路主要有以下三种方式。

(1) 节流调速回路：由定量泵供油，用流量阀调节进入或流出执行机构的流量来实现调速。

(2) 容积调速回路：通过调节液压泵或液压马达的有效工作容积即改变排量来实现调速，常采用变量泵或变量马达实现。

(3) 容积节流调速回路：用限压变量泵供油，由流量阀调节进入执行机构的流量，并使变量泵的流量与调节阀的调节流量相适应来实现调速。

若驱动液压泵的原动机为内燃机时，还可通过调节油门的大小改变泵的转速来改变输入执行元件的流量。

2. 调速回路的基本特性

调速回路的基本特性主要包括调速特性、机械特性和功率特性，这些特性实际上就是系统的静态特性，它们基本上决定了系统的性能、特点和用途。

1）调速特性

回路的调速特性用回路的调速范围来表征。所谓调速范围是指执行元件在某负载下可能得到的最高工作速度与最低工作速度之比 i，即

$$i = \frac{v_{\max}}{v_{\min}} \tag{7-2}$$

各种调速回路可实现的调速范围是不同的，人们希望能在较大的范围内调节执行元件的速度，在调速范围内能灵敏、平稳地实现无级调速。

2）机械特性

机械特性即速度负载特性，它是调速回路中执行元件运动速度随负载而变化的性能。一般来说，执行元件运动速度随负载增大而降低。图 7-21 所示为某种调速回路中执行元件的速度负载特性曲线。速度受负载影响的程度，常用速度刚度 k_v 来描述。速度刚度定义为负载对速度的变化率的负值，即

$$k_v = \frac{\partial F}{\partial v} = -\frac{1}{\tan\alpha} \tag{7-3}$$

速度刚度的物理意义是：负载变化时，调速回路抵抗速度变化的能力，即引起单位速度变化时负载力的变化量。从图 7-21 可以看出，速度刚度是速度负载特性曲线上某点处斜率的倒数。在特性曲线上某处的斜率越小，速度刚度就越大，即机械特性就硬，执行元件工作速度受负载变化的影响就越小，运动平稳性越好。

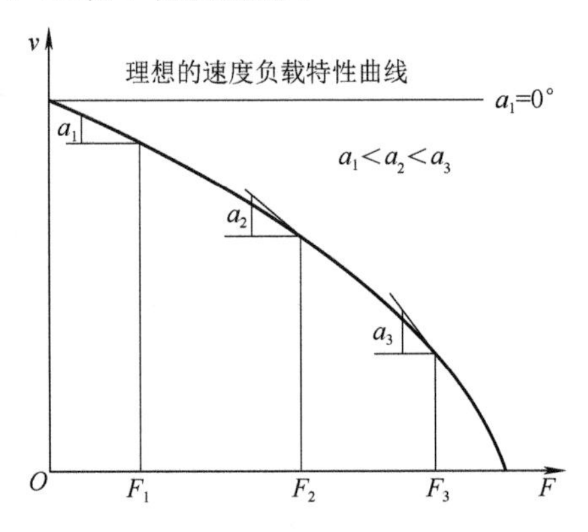

图 7-21 速度负载特性曲线

3）功率特性

调速回路的功率特性包括回路的输入功率、输出功率、功率损失和回路效率，一般不考虑执行元件和管路中的功率损失。这样便于从理论上对各种调速回路进行比较。功率特性好，即能量损失小、效率高、发热少。

对调速的要求是调速范围大、调定的速度稳定性好、效率高等。

3. 节流调速回路

用定量泵供油，用节流阀或调速阀改变进入执行元件的流量而实现调速的回路。根据流量阀在回路中的位置不同可分为进油节流调速回路、回油节流调速回路和旁路节流调流回路三种。进油节流调速回路、回油节流调速回路由于泵出口的压力由溢流阀实现稳压，因此也称它们为定压式调速回路；旁路节流调流回路泵出口的压力随负载变化而变化，所以称此种调速为变压式调速回路。

1) 节流阀进油节流调速回路

在执行元件的进油路串接一个流量阀即构成进油节流调速回路。图 7-22 所示为用节流阀实现的进油节流调速回路。泵的供油压力由溢流阀调定，改变节流阀节流口的开度即可改变进入液压缸的流量，从而实现调速。调节过程中溢流阀阀口处于常开状态，回路内泵输出多余的油液经溢流阀回油箱，故无溢流阀不能实现调速。

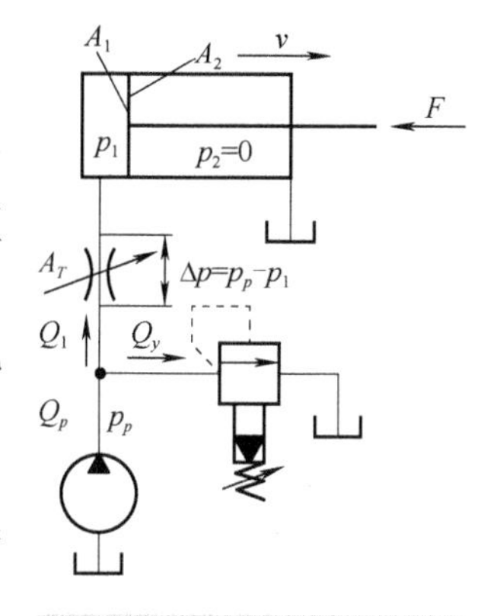

图 7-22　进油节流调速回路

(1) 速度负载特性。

液压缸在稳定工作时，即活塞以稳定速度运动，其受力平衡方程式是

$$p_1A_1 = p_2A_2 + F \tag{7-4}$$

式中，p_1、p_2 分别为油缸的进油腔和回油腔压力，由于回油腔通油箱，p_2 可视为零；F、A_1 分别为油缸的负载力和有效工作面积。所以

$$p_1 = \frac{F}{A_1} \tag{7-5}$$

液压泵的供油压力 p_p 由溢流阀调定为恒值，故节流阀两端的压差为

$$\Delta p = p_p - p_1 = p_p - \frac{F}{A_1} \tag{7-6}$$

根据流量的连续性方程，进入液压缸的流量等于通过节流阀的流量，由节流口的流量公式可得进入油缸的流量为

$$Q_1 = CA_T\left(p_p - \frac{F}{A_1}\right)^{\varphi} \tag{7-7}$$

式中，C 为节流口的流量系数；A_T 为节流阀的通流面积；φ 为不同节流口形状决定的系数(取值在 1/2～1)。

则活塞的运动速度为

$$v = \frac{Q_1}{A_1} = \frac{CA_T}{A_1}\left(p_p - \frac{F}{A_1}\right)^{\varphi} \tag{7-8}$$

式(7-8)为进油节流调速回路的速度负载特性方程，它反映了液压缸的速度 v 与负载 F 的关系。若以活塞运动速度 v 为纵坐标，负载 F 为横坐标，将式(7-8)按节流阀不同过流面积 A_T 作图，可得一组抛物线，称为进油节流调速回路的速度负载特性曲线，如图 7-23 所示。

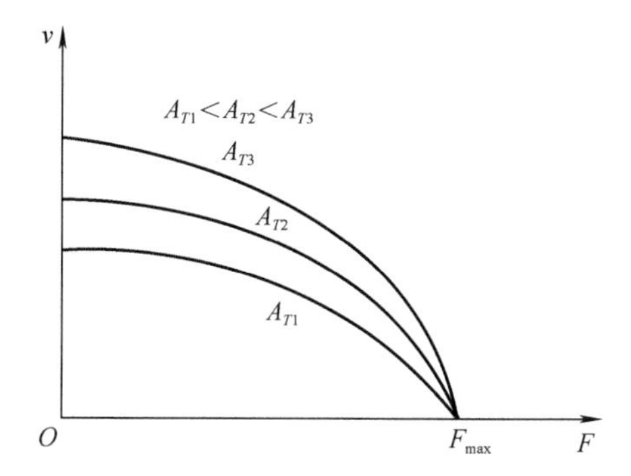

图 7-23　进油节流调速回路速度负载特性

结合式(7-8)和图 7-23 可以看出：

① 液压缸的运动速度 v 和节流阀的通流面积 A_T 成正比，调节 A_T 可实现无级调速，这种回路的调度范围较大(最高速度与最低速度之比可高达 100)。

② 当 A_T 调定后，速度随负载的增大而减小，故这种调速回路的速度负载特性软，即速度刚性差。其重载区域比轻载区域的速度刚度差。

③ 在相同的负载条件下，节流阀通流面积大的比小的速度刚性差，即速度高时的速度刚性差。

根据以上分析，这种调速回路在轻载、低速时有较高的速度刚度，故适用于低速、轻载的场合，但在这种情况下功率损失较大。

(2) 最大承载能力。

由式(7-8)可知，无论 A_T 为何值，当 $F = p_p A_1$ 时，节流阀两端压差 Δp 为零，活塞运动也就停止，此时液压泵输出的流量全部经溢流阀回油箱。所以此时 F 值为该回路的最大承载值，即 $F_{\max} = p_p A_1$ 。

(3) 功率和效率。

液压泵的输出功率： $P_p = p_p Q_p =$ 常量。

液压缸输出的有效功率： $P_1 = Fv = F\dfrac{Q_1}{A_1} = p_1 Q_1$ 。

因此回路的功率损失为

$$\Delta P = P_p - p_1 Q_1 = p_p\left(Q_1 + Q_y\right) - \left(p_p - \Delta p\right)Q_1 = p_p Q_y + \Delta p Q_1 \tag{7-9}$$

式中， Q_y 为溢流阀的溢流量， $Q_y = Q_p - Q_1$ 。

由式(7-9)可知，这种调速回路的功率损失包括溢流损失 $p_p Q_y$ 和节流损失 $\Delta p Q_1$ 两部分。

回路的输出功率与回路的输入功率之比定义为回路的效率，则进油节流调速回路的效率为

$$\eta = \frac{P_p - \Delta P}{P_p} = \frac{p_1 Q_1}{p_p Q_p} \tag{7-10}$$

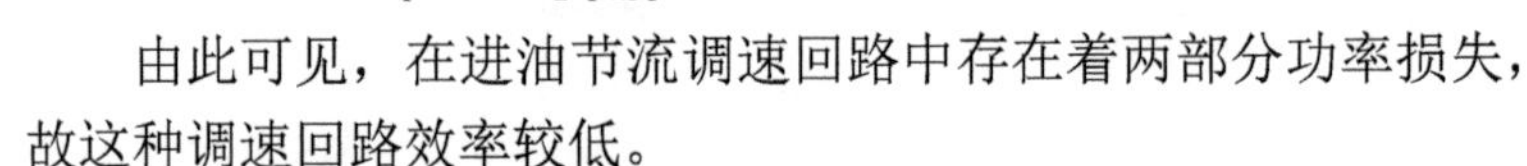

由此可见，在进油节流调速回路中存在着两部分功率损失，故这种调速回路效率较低。

2) 节流阀回油节流调速回路

图7-24所示将流量阀装在执行元件的回油路上称为回油节流调速回路，节流阀串接在液压缸与油箱之间。利用节流阀控制液压缸的排量 Q_2 来实现速度调节。由于进入液压缸的流量 Q_1 受到回油路上 Q_2 的限制，因此调节 Q_2 ，也就调节了进油量 Q_1 ，定量泵输出的多余油液仍经溢流阀流回油箱，溢流阀调整压力 p_p 基本保持稳定。

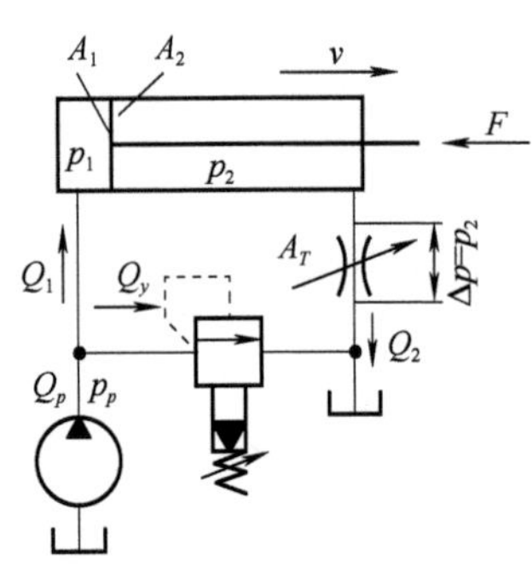

图 7-24　回油节流调速回路

(1) 速度负载特性。

根据式(7-7)的推导过程，由液压缸的力平衡方程可导出液压缸出口的压力 p_2 为

$$p_2 = \frac{A_1}{A_2}p_1 - \frac{F}{A_2}$$

因为节流阀出口接油箱，所以节流阀进出口的压差为 $\Delta p = p_2$ ， $p_1 = p_p$ 根据流量阀的流量方程，进而可得液压缸的速度负载特性方程为

$$v = \frac{Q_2}{A_2} = \frac{CA_T}{A_2}\left(\frac{A_1}{A_2}p_p - \frac{F}{A_2}\right)^{\varphi} \tag{7-11}$$

式中符号意义同上。

比较式(7-11)和式(7-8)可以发现，回油节流调速和进油节流调速的速度负载特性以及速度刚性基本相同，若液压缸两腔有效面积相同，那么两种节流调速回路的速度负载特性和速

度刚度就完全一样。因此对进油节流调速回路的一些分析完全适用于回油节流调速回路。

(2)最大承载能力。

回油节流调速的最大承载能力与进油节流调速相同，即 $F_{max} = p_p A_1$。

(3)功率和效率。

液压泵的输出功率： $P_p = p_p Q_p$=常量。

液压缸的输出功率： $P_1 = Fv = (p_p A_1 - p_2 A_2)v = p_p Q_1 - p_2 Q_2$。

则回路的功率损失为

$$\Delta P = P_p - P_1 = p_p Q_p - p_p Q_1 + p_2 Q_2 = p_p (Q_p - Q_1) + p_2 Q_2 = p_p Q_y + \Delta p Q_2 \tag{7-12}$$

式中， $p_p Q_y$ 为溢流损失功率，而 $\Delta p Q_2$ 为节流损失功率。所以它与进油节流调速回路的功率损失相似。

回路的效率为

$$\eta = \frac{Fv}{p_p Q_p} = \frac{p_p Q_1 - p_2 Q_2}{p_p Q_p} = \frac{\left(p_p - p_2 \dfrac{A_2}{A_1}\right) Q_1}{p_p Q_p} \tag{7-13}$$

通过分析可以看出回油节流调速回路也具备前面进油路节流调速回路的一些特点。但是，这两种调速回路仍有其不同之处。

① 承受负值负载的能力不同。所谓负值负载就是与活塞运动方向相同的负载。如起重机向下运动时的重力，铣床上与工作台运动方向相同的铣削(逆铣)等。很显然，回油路节流调速回路可以承受负值负载，而进油节流调速则不能，需要在回油路上加背压阀才能承受负值负载，但需提高调定压力，功率损耗大。

② 回油路节流调速回路中油液通过节流阀时油液温度升高，但所产生的热量直接返回油箱时将散掉；而进油节流调速回路中，节流损失产生的热量则进入执行机构中，对执行元件的泄漏、密封件的寿命等会产生影响。

③ 实现压力控制的方便性不同。进油节流调速回路中，进油腔的压力将随着负载的变化而变化，当工作部件碰到死挡块而停止后，其压力将升到溢流阀的调定压力，利用这一压力的变化来实现压力控制是很方便的。但在回油节流调速回路中，只有回油腔的压力才会随负载变化，当工作部件碰到死挡块后，其压力降至零，利用这一压力变化来实现压力控制比较麻烦，故一般较少采用。

④ 当两种回路结构尺寸相同时，若速度相等，则进油节流调速回路的节流阀开口面积要大，因而，可获得更低的稳定速度。

⑤ 长期停车后液压缸内的油液会流回油箱，当液压泵重新向缸供油时，在回油节流阀调速回路中，由于进油路上没有节流阀控制流量，活塞会出现前冲现象；而在进油节流阀调速回路中，活塞前冲很小，甚至没有前冲。

为了提高回路的综合性能，一般常采用进油节流调速，并在回油路上加背压阀的回路，使其具有两种回路的优点。

3)节流阀旁路节流调速回路

图 7-25 所示将流量阀装在与执行元件并联的支路上，称为旁路节流调速回路。这种回路用节流阀来调节流回油箱的流量，以

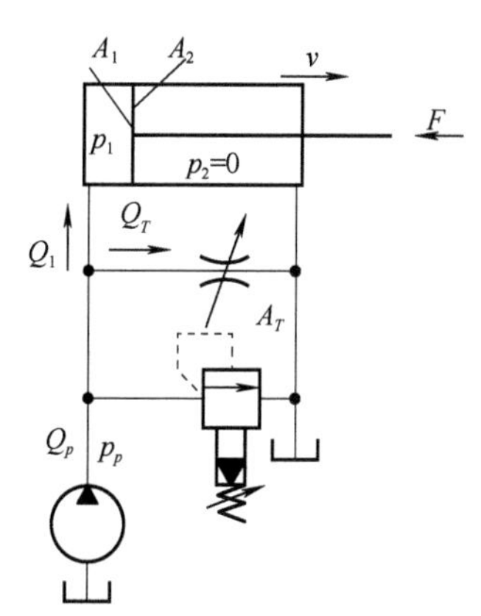

图 7-25　旁油路节流调速回路

控制进入液压缸的流量来达到节流调速的目的。在这种回路中溢流阀作安全阀用，起过载保护作用。安全阀的调整压力是最大工作压力的 1.1～1.2 倍。

在旁路节流调速回路中，活塞的受力平衡方程为 $p_1A_1 = p_2A_2 + F$ 。式中，$p_1 = p_p$ ，$p_2 = 0$ ，所以节流阀两端的压力差为

$$\Delta p = p_p = \frac{F}{A_1} \tag{7-14}$$

通过节流阀的流量为

$$Q_T = CA_T\Delta p^{\varphi} = CA_T\left(\frac{F}{A_1}\right)^{\varphi} \tag{7-15}$$

进入液压缸的流量 Q_1 为泵输出的流量 Q_p 减去通过节流阀的流量，即

$$Q_1 = Q_p - Q_T = Q_p - CA_T\left(\frac{F}{A_1}\right)^{\varphi} \tag{7-16}$$

活塞的运动速度为

$$v = \frac{Q_1}{A_1} = \frac{Q_p - CA_T\left(\frac{F}{A_1}\right)^{\varphi}}{A_1} \tag{7-17}$$

(1) 速度负载特性。

按节流阀的不同通流面积画出旁路节流调速的速度负载特性曲线，如图 7-26 所示。

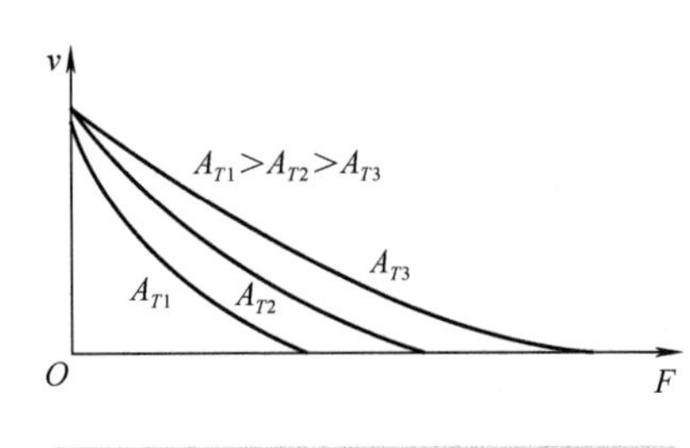

图 7-26　旁路节流调速速度负载特性

从图 7-26 可知，当节流阀通流面积一定而负载增加时，速度下降较前两种回路更为严重，即特性很软，速度稳定性很差；液压缸负载 F 越大时，其速度稳定性越好；节流阀开口面积越小(速度较高)时，其速度稳定性越好。因此，旁油节流调速回路适合于功率、负载较大的条件。例如，牛头刨床的主运动传动系统，有时也可用在随着负载增大要求进给速度自动减小的场合。

(2) 最大承载能力。

由图 7-26 可知，速度负载特性曲线在横坐标上并不汇交，其最大承载能力随 A_T 的增大而减小，即旁路节流调速回路的低速承载能力很差，调速范围小。

(3) 功率与效率。

旁路节流调速回路只有节流损失而无溢流损失，泵的输出压力随负载而变化，即节流损失和输入功率随负载而变化，所以比前两种调速回路效率高。

由于旁路节流调速回路负载特性软，低速承载能力又差，故其应用比前两种回路少，只用于高速、负载变化较小、对速度平稳性要求不高而要求功率损失较小的系统中。

4) 用调速阀的节流调速回路

前面分析的用节流阀调速的三种节流调速回路，有一个共同的缺点，就是执行元件的速度都随负载增加而减小。这主要是由于负载变化引起了节流阀前后压差的变化，从而改变了通过节流阀流量的缘故。如果用调速阀代替节流阀，就能提高回路的速度稳定性。但所有性能上的改进都是以加大流量控制阀的工作压差，即增加系统的能量损失为代价的，调速阀的工作压差一般最小需 0.5MPa，高压调速阀需 1.0MPa 左右。

4. 容积调速回路

容积调速回路主要利用改变液压泵的排量或改变液压马达的排量来实现调节执行机构速度的目的。根据液压泵和液压马达(或液压缸)的组合不同，容积调速回路有三种形式：①变量泵和定量液压马达(或液压缸)组成的调速回路；②定量泵和变量液压马达组成的调速回路；③变量泵和变量液压马达组成的调速回路。

就容积调速回路中油液的循环方式而言，容积式调速回路分为开式回路和闭式回路两种。在开式回路中，液压泵从油箱吸油，执行元件的回油直接回油箱，油液能得到较好的冷却，便于沉淀杂质和析出气体，但油箱体积大，空气和污染物侵入油液的机会增加，侵入液压系统后影响系统正常工作；在闭式回路中，液压泵输出的压力油直接进入执行元件(如液压马达)，执行元件的回油再流进泵的吸油口，结构紧凑，只需较小的补油箱，空气和脏物不易混入回路，但油液的散热条件差，为了补偿回路中的泄漏、并进行换油和冷却，需附设补油泵。

容积调速回路的主要性能有速度-负载特性、转速特性、转矩特性和功率特性。下面分析三种容积调速回路的调速方法和特性。

1)变量泵和定量液压马达(或液压缸)组成的容积调速回路

图 7-27 所示为不同类型执行元件的容积调速回路。图 7-27(a)为变量泵和定量液压马达组成的闭式容积调速回路，定量泵 4 是补油用的辅助泵，它的流量为变量泵最大输出流量的10%～15%，辅助泵供油压力由低压溢流阀 5 调定，使变量泵的吸油口有一较低的压力，这样可以避免产生空穴，防止空气侵入，改善了泵的吸油性能；正常工作时系统主溢流阀 2 关闭，作安全阀用，以防止系统过载。图 7-27(b)为变量泵和液压缸组成的开式容积调速回路，这种调速回路是采用改变变量泵的输出流量来调速的。工作时溢流阀 2 关闭，作安全阀用。

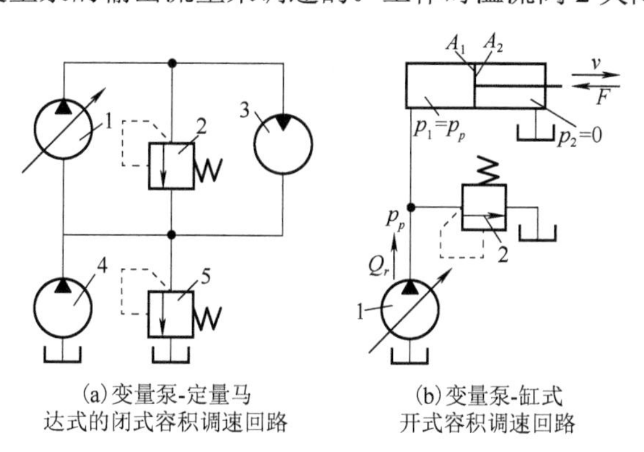

图 7-27　不同容积调速回路

1-单向变量泵；2-主溢流阀；3-定量马达；4-定量泵；5-低压溢流阀

在上述回路中，泵的输出流量全部进入液压缸(或液压马达)，在不考虑泄漏影响时，液压缸活塞的运动速度为

$$v=\frac{Q_p}{A_1}=\frac{q_p n_p}{A_1} \tag{7-18}$$

而液压马达的转速为

$$n_M=\frac{Q_p}{q_M}=\frac{q_p n_p}{q_M} \tag{7-19}$$

式中，Q_p 为变量泵的流量；q_p、q_M 为变量泵和液压马达的排量；n_p、n_M 为变量泵和液压

马达的转速；A_1 为液压缸的有效工作面积。

这种速度控制回路有以下特性。

(1) 调节变量泵的排量 q_p 便可控制液压缸（或液压马达）的速度，由于变量泵能将流量调得很小，故可以获得较低的工作速度，因此调速范围较大。

(2) 若不计系统损失，从液压马达的扭矩公式 $T = p_p q_M / 2\pi$ 和液压缸的推力公式 $F = p_p A_1$ 来看，因为变量泵的输出压力 p_p 由安全阀限定，而液压马达排量 q_M 和液压缸面积 A_1 均固定不变，因此在用变量泵的调速系统中，液压马达（液压缸）能输出的扭矩（推力）不变，故这种调速称为恒扭矩（恒推力）调速。

(3) 若不计系统损失，液压马达（液压缸）的输出功率 P_z 等于液压液压泵的功率 P_p，即 $P_z = P_p = pn_M q_M = pn_P q_p$。式中泵的转速 n_p 和马达的排量 q_M 为常量，因此回路的输出功率是与回路工作压力 p、液压泵的转速 n_p 和液压泵的排量 q_p 成正比。

2) 泵和变量液压马达组成的容积调速回路

定量泵-变量马达容积调速回路如图 7-28 所示。定量泵的输出流量不变，调节变量液压马达的排量 q_M，便可改变其转速。

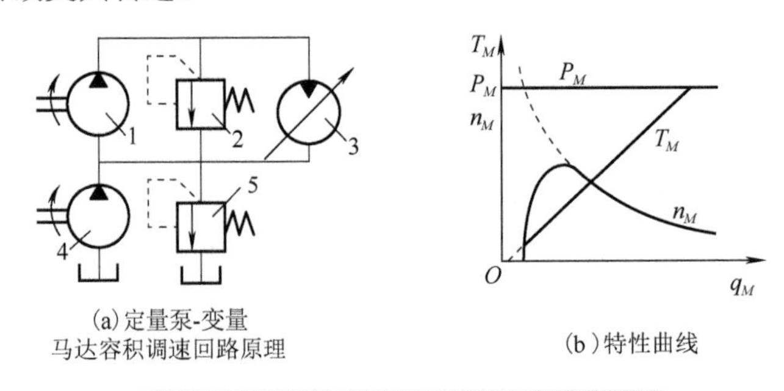

图 7-28　定量泵-变量马达式容积调速回路

1-定量泵；2-主安全阀；3-单向变量马达；4-辅助泵；5-低压溢流阀

这种调速回路具有以下特性。

(1) 若不计泵和马达的内泄漏，则 $n_M = q_p / q_M$，马达的输出转速 n_M 与排量 q_M 成反比，调节 q_M 即可改变马达的转速 n_M，但 q_M 不能调得过小（这时输出转矩将减小，甚至不能带动负载），故限制了转速的提高。这种调速回路的调速范围较小。

(2) 液压马达的扭矩公式为 $T_M = p_p q_M / 2\pi$，式中 p_p 为定量泵的限定压力，若减小变量马达的排量 q_M，则液压马达的输出扭矩 T_M 将减小。由于 q_M 与 n_M 成反比，当 n_M 增大时，扭矩 T_M 将逐渐减小，故这种回路的输出扭矩为变值。

(3) 定量泵的输出流量 Q_p 是不变的，泵的供油压力 p_p 由安全阀限定。若不计系统损失，则马达输出功率为：$P_M = P_p = p_p Q_p$，即液压马达的输出最大功率不变，故这种调速称为恒功率调速。

这种调速回路能适应机床主运动所要求的恒功率调速的特点，但调速范围小。同时，若用液压马达来换向，要经过排量很小的区域，这时候转速很高，换向易出故障。因此，这种调速回路目前较少单独应用。

3) 变量泵和变量马达组成的容积调速回路

图 7-29 (a) 所示为采用双向变量泵和双向变量马达的容积调速回路。在此图中，单向阀 6

和8使辅助泵4能双向补油，而单向阀7和9使主安全阀3在两个方向都能起过载保护作用。在此调速回路中，液压马达的转速可以通过改变变量泵的排量q_p或改变液压马达的排量q_M来进行调节。因此扩大了回路的调速范围，也扩大了液压马达的扭矩和功率输出特性的可选择性。

这种回路的调速特性曲线(图7-29(b))是恒扭矩调速和恒功率调速的组合。由于许多设备在低速时要求有较大的扭矩，在高速时又希望输出功率能基本不变。所以当变量液压马达的输出转速n_M由低向高调节时，分为两个阶段。

第一阶段，应先将变量液压马达的排量q_M固定在最大值上，然后调节变量泵的排量q_p使其流量Q_p逐渐增加，变量液压马达的转速便从最小值$n_{M\min}$逐渐升高到n'_M，此阶段属于恒扭矩调速，其调速范围$R_p = n'_M / n_{M\min}$。

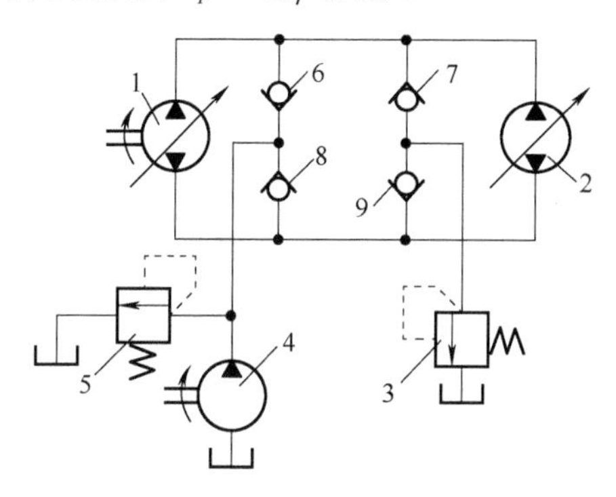

(a)变量泵-变量马达容积调速回路原理　　(b)特性曲线

图7-29　变量泵-变量马达容积调速回路

1-双向变量泵；2-双向变量马达；3-主安全阀；4-辅助泵；5-低压溢流阀；6～9-单向阀

第二阶段，将变量泵的排量q_p固定在最大值上，然后调节变量液压马达，使它的排量q_M由最大逐渐减小，变量液压马达的转速自n'_M处逐渐升高，直至达到其允许最高转速$n_{M\max}$处。此阶段属于恒功率调速，它的调速范围为$R_M = n_{M\max} / n'_M$。

因此，回路总的调速范围为$R = R_p R_M = n_{M\max} / n_{M\min}$，其值可达100以上。这种回路的调速范围大，并且有较大的工作效率，适用于机床主运动等大功率液压系统中。

在工程机械行走液压系统中常采取这种变量泵和变量马达组成的容积调速回路，以实现前进、停止、倒退以及无级调速，但其变量马达往往采用大排量和小排量两档，即行走可以实现两档无级调速。设备在正常作业时马达处于大排量状态，满足低速大扭矩的工作状况；而在转场时，马达处于小排量，满足设备在小扭矩工况下可以高速行走。

在容积调速回路中，泵的工作压力是随负载而变化的，而液压泵和执行元件的泄漏量随着工作压力的增加而增加，泄漏的影响，使液压马达的转速随着负载的增加而有所下降。

5. 容积节流调速(联合调速)回路

容积节流调速回路就是容积调速回路与节流调速回路的组合，一般是采用压力补偿变量泵供油，而在液压缸的进油或回油路上安装有流量调节元件来调节进入或流出液压缸的流量，并使变量泵的输出流量自动与液压缸所需流量相匹配，由于这种调速回路没有溢流损失，其效率较高，速度稳定性也比节流调速回路好。适用于速度变化范围大，中小功率的场合。

1)限压式变量泵与调速阀组成的容积节流调速回路

图7-30所示为限压式变量泵与调速阀组成的容积节流调速回路。在这种回路中，由限压

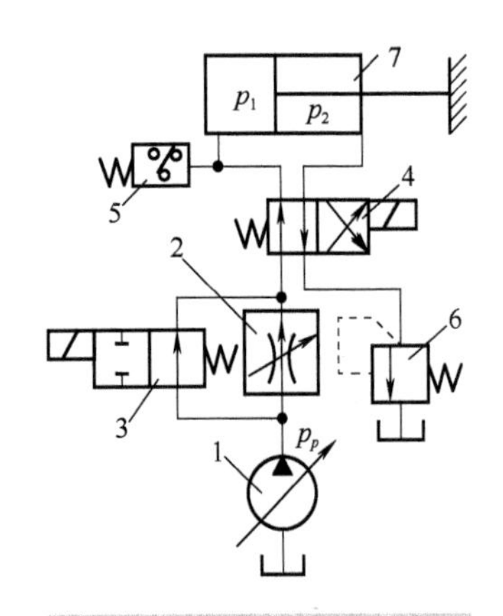

图 7-30　容积节流调速回路 1

1-限压式变量泵；2-调速阀；3、4-电磁阀；5-压力继电器；6-背压阀；7-液压缸

式变量泵供油，为获得更低的稳定速度，一般将调速阀安装在进油路中，回油路中装有背压阀。如图 7-30 所示，该回路由限压式变量泵 1 供油，快进时，液压系统可认为空载，电磁阀 3 不通电，泵以最大流量进入液压缸，实现快速运动；进入工作进给(简称工进)时，电磁阀 3 通电使其所在油路断开，压力油经调速阀 2 进入液压缸内；工进结束后，压力继电器 5 发出信号，使电磁阀 3 断电、电磁阀 4 通电而换向，调速阀再被短接，缸快退。回油经背压阀 6 返回油箱。调速阀 2 也可放在回油路上，但对于单杆缸，为获得更低的稳定速度，应放在进油路上。当回路处于工进阶段时，液压缸的运动速度由调速阀中节流阀的通流面积 A_T 来控制。变量泵的输出流量 Q_p 和供油压力 p_p 自动保持相应的恒定值。由于调速阀中的减压阀具有压力补偿机能，当负载变化时，通过调速阀的流量不变。

这种回路具有自动调节流量的功能。当系统处于稳定工作状态时，泵的输出流量与进入液压缸的流量相适应，若关小调速阀的开口，通过调速阀的流量减小，此时，泵的输出流量大于通过调速阀的流量，多余的流量迫使泵的输出压力升高，根据限压式变量泵的特性可知，变量泵将自动减小输出流量，直到与通过调速阀的流量相等；反之亦然。所以又称这种回路为流量匹配回路。

2)差压式变量泵和节流阀的容积节流调速回路

图 7-31 所示为差压式变量泵与节流阀的容积节流调速回路。在这种回路中，由差压式变量泵供油，当电磁阀 4 的电磁铁通电时，节流阀 5 控制进入液压缸 6 的流量 Q_1，并使变量泵 3 输出的流量 Q_p 自动和通过节流阀的流量 Q_1 相适应，液压缸出口油通过背压阀 7 回油箱，安全阀 9 防止系统压力过高，阻尼孔 8 用于增加变量泵定子移动阻尼，改善动态特性，避免定子发生振荡。泵的变量机构由定子两侧的控制缸 1、2 组成，定子的移动(即偏心量的调节)靠控制缸两腔的液压力之差与弹簧力的平衡来实现。压力差增大时，偏心量减小，排量减小，输出液体流量减小；压力差一定时，输油量也一定。用节流阀来调节进入液压缸的流量，在节流阀的开口量变化时，节流阀进出口的压力差就会发生相应的改变，泵的偏心量也随之改变，使其输油量与通过节流阀进入液压缸的流量相适应。设 p_p 和 p_1 分别为节流阀 5 前后的压力，F_s 为控制缸 2 中的弹簧力，A 为控制缸 2 活塞右端面积，A_1 为控制缸 1 和控制缸 2 的柱塞面积，则作用在泵定子上的力平衡方程式为

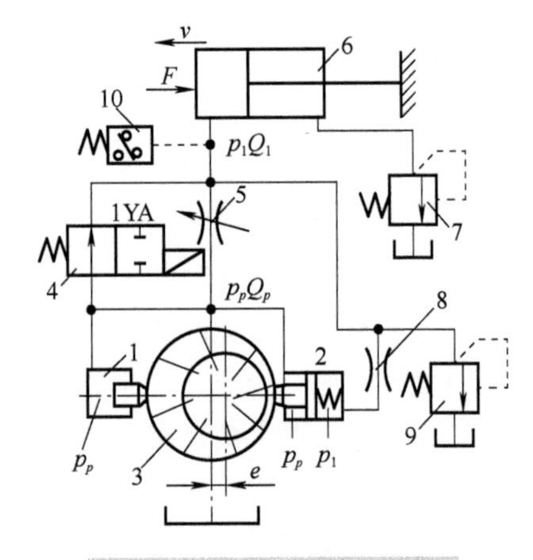

图 7-31　容积节流调速回路 2

1、2-控制缸；3-变量泵；4-电磁阀；5-节流阀；6-液压缸；7-背压阀；8-阻尼孔；9-安全阀；10-压力继电器

$$p_pA_1 + p_p(A - A_1) = p_1A + F_s$$

因此节流阀前后的压差为

$$\Delta p = p_p - p_1 = F_s / A \tag{7-20}$$

由式(7-20)可看出，节流阀前后的压差基本是由泵右边柱塞控制缸上的弹簧力来调定的，由于弹簧刚度较小，工作中的伸缩量也较小，因此基本是恒定值，作用于节流阀两端的压差也基本恒定，所以通过节流阀进入液压缸的流量基本不随负载的变化而变化。由于该回路泵的输出压力是随负载的变化而变化的，因此这种回路也称为变压式容积节流调速回路。

这种调速回路没有溢流损失，而且泵的出口压力是随着负载的变化而变化的，因此，它的效率较高，发热较少。这种回路适合于负载变化较大、速度较低的中小功率场合，如组合机床的进给系统等。

二、快速运动回路

快速运动回路又称为增速回路，其功用就是提高执行元件的空载运行速度，缩短空行程运行时间，以提高系统的工作效率。下面介绍几种常见的快速运动回路。

1. 液压缸差动连接的快速回路

图 7-32 就是一种差动连接的回路，二位四通电磁阀 3 通电时，液压缸活塞杆伸出，此时若二位三通电磁阀 5 通电，则形成差动连接，液压缸快速进给。这种回路的优点是在不增加任何液压元件的基础上提高工作速度，因此应用较广泛。但是要注意，泵的流量和有杆腔排出的流量汇合在一起，通过管道进入无杆腔。因此，应按差动时的流量来选择阀和管道，否则会使液体流动的阻力太大，泵的供油压力也随之增大，致使泵的部分压力油从溢流阀溢流回油箱，速度减慢而达不到差动快进的目的。

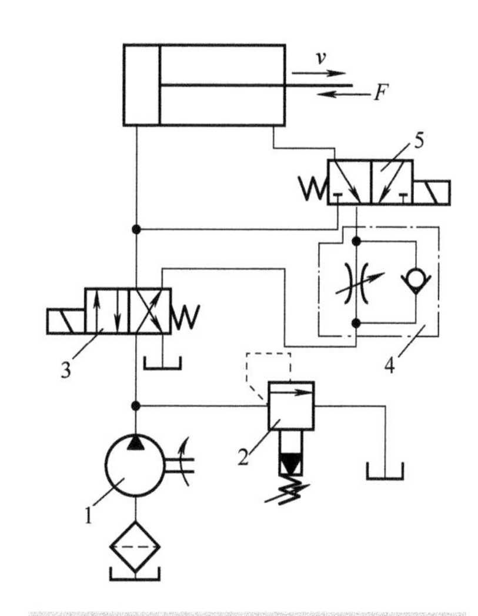

图 7-32　液压缸差动连接的快速回路

1-液压泵；2-溢流阀；3、5-电磁阀；4-单向节流阀

2. 采用蓄能器的快速回路

图 7-33 所示是采用蓄能器的快速运动回路。在这种回路中，系统工作时，首先给二位电磁阀 8 通电，如果三位电磁阀 5 处于中位，蓄能器储存能量，达到调定压力时，控制卸荷阀 2 打开，使泵卸荷。当三位阀换向使液压缸运动时，蓄能器储存的高压油和液压泵输出的油合流共同为液压缸 4 供油，达到快速运动的目的；在液压泵启动或非作业状态可使二位电磁阀 8 断电，使液压泵卸荷。这种回路换向只能用于需要短时间快速运动场合，行程不易过长，且快速运动的速度是渐变的。

3. 采用双泵供油系统的快速运动回路

图 7-34 所示为双泵供油快速运动回路。液压泵 1 为低压大排量泵，液压泵 10 为高压小排量泵，溢流阀 8，用于调定系统工作压力。当执行机构需要快速运动时，系统负载较小，双泵同时供油；当执行机构转为工作进给时，系统压力升高，打开卸荷阀 2，大流量泵 1 卸荷，小流量泵 10 单独供油。这种回路的功率损耗小，系统效率高，使用较广泛，但系统稍微复杂一些。

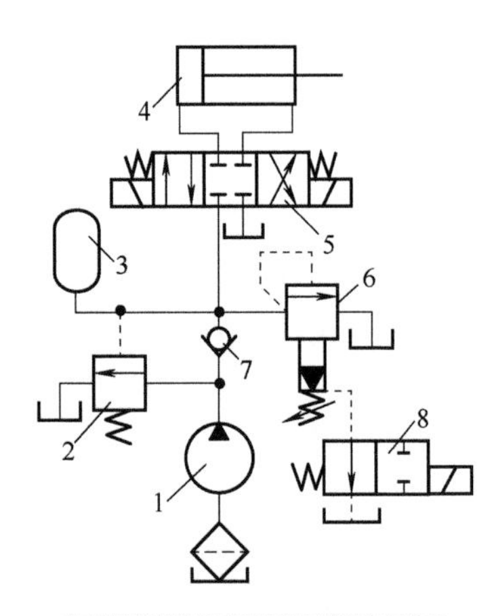

图 7-33　蓄能器的快速回路

1-液压泵；2-卸荷阀；3-蓄能器；4-液压缸；5-三位电磁阀；6-溢流阀；7-单向阀；8-二位电磁阀

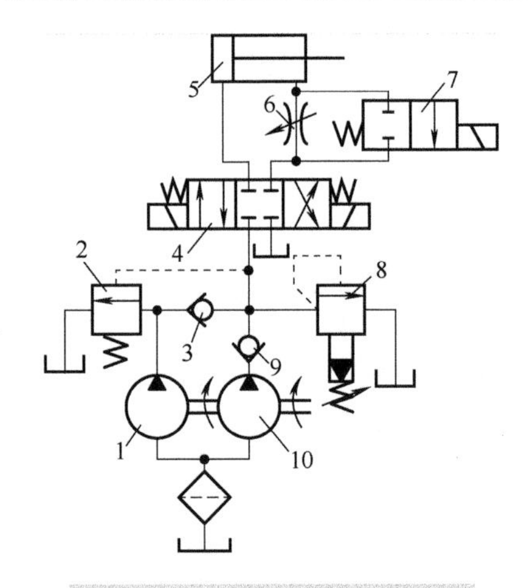

图 7-34　双泵供油快速运动回路

1、10-液压泵；2-卸荷阀；3、9-单向阀；4-三位电磁阀；5-液压缸；6-节流阀；7-二位电磁阀；8-溢流阀

三、速度切换回路

速度换接回路的功用是在液压系统工作时，使液压执行元件在一个工作循环中从一种运动速度转换为另一种工作速度。这个转换不仅包括液压执行元件快速到慢速的转换，而且也包括两个慢速之间的转换。该回路在速度切换过程中，尽可能不出现前冲现象，使切换平稳。

1. 快进转为工作进给运动的速度换接回路

图 7-35 所示的为最常见的一种快速运动转为工作进给运动的速度换接回路，由行程阀 2、节流阀 3 和单向阀 4 并联而成。当二位四通电磁换向阀 1 右位接通时，液压缸快速进给，此时溢流阀处于关闭状态；当活塞杆上的挡块碰到行程阀 2 并压下行程阀时，行程阀油路切断(处在上位工作)，构成回油节流调速回路，液压缸的回油只能通过节流阀 3 回油箱，转为工作进给，此时溢流阀处于溢流稳压状态；当二位四通电磁换向阀 1 通电左位接通时，液压油经单向阀 4 进入液压缸有杆腔，液压缸无杆腔的油液直接流回油箱，活塞反向快速退回。这种回路的快速与慢速的换接过程比较平稳，换接点的位置比较准确；缺点是行程阀必须安装在装备上，管路连接较复杂。

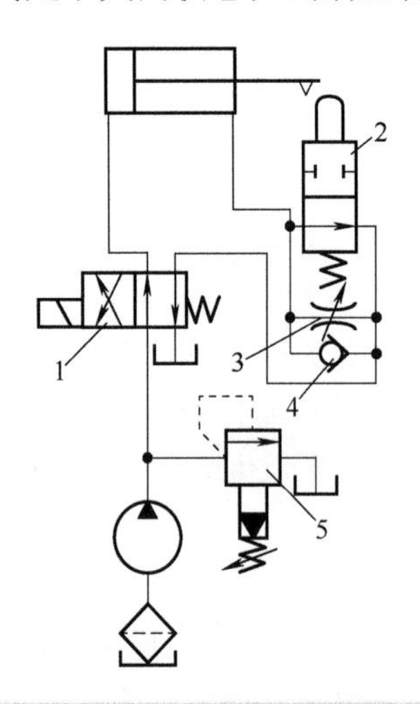

图 7-35　快进转为工进的速度换接回路

1-电磁换向阀；2-行程阀；3-节流阀；4-单向阀；5-溢流阀

若将行程阀改为电磁换向阀，安装比较方便，除了行程开关需装在机械设备上，其他液压元件可集中安装在液压站中，但速度换接时平稳性以及换向精度较差。在这种回路中，当快进速度与工进速度相差很大时，回路效率很低。

2. 两种不同工作进给速度的速度换接回路

两种不同工作进给速度的速度换接回路一般采用两个调速阀串联或并联而成。

图 7-36 所示为两个调速阀并联实现两种工作进给速度的换接回路。液压泵输出的压力油

经三位电磁阀1左位、调速阀2和电磁阀3进入液压缸，液压缸得到由调速阀2所控制的第一种工作速度；当需要第二种工作速度时，电磁阀3通电后换向，调速阀2油路断开，使调速阀4接入回路，压力油经调速阀4和电磁阀3的右位进入液压缸，这时活塞就得到调速阀4所控制的工作速度。这种回路中，两个调速阀分别调节两种工作进给速度，互不干扰。但在这种调速回路中，一个阀处于工作状态，另一个阀则无油通过，使其定差减压阀处于最大开口位置，速度换接时，由于减压阀瞬时来不及响应，调速阀瞬时通过过大的流量，造成执行元件出现突然前冲的现象，速度换接不平稳。因此，该回路不适于在工作过程中的速度换接。

图7-37所示为两个调速阀串联的速度换接回路。若电磁阀1处于左位，电磁阀4处在图示位置，压力油经电磁换向阀1、调速阀2和电磁换向阀4进入液压缸，执行元件的运动速度由调速阀2控制；当电磁换向阀4通电切换时，调速阀3接入回路，由于调速阀3的开口量调得比调速阀2小，压力油经电磁换向阀1、调速阀2和调速阀3进入液压缸，执行元件的运动速度由调速阀3控制。这种回路在调速阀3没起作用之前，调速阀2一直处于工作状态，在速度换接的瞬间，它可限制进入调速阀2的流量突然增加，所以速度换接比较平稳。但由于油液经过两个调速阀，因此能量损失比两调速阀并联时大。

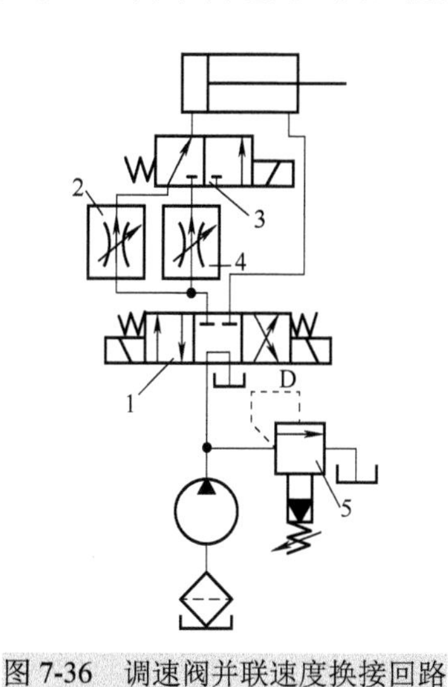

图7-36　调速阀并联速度换接回路

1、3-电磁阀；2、4-调速阀；5-溢流阀

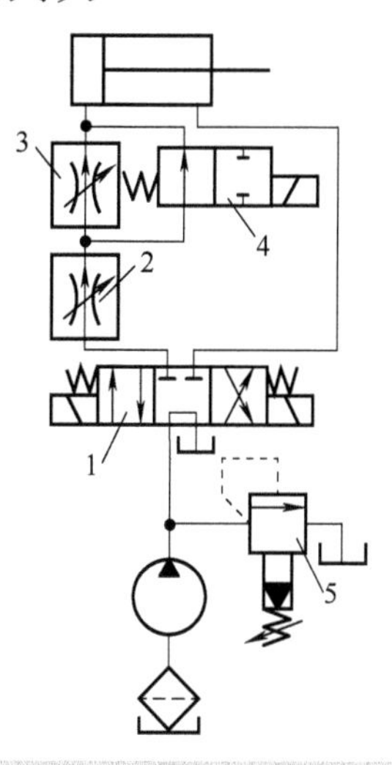

图7-37　调速阀串联速度换接回路

1、4-电磁换向阀；2、3-调速阀；5-溢流阀

第八章　典型液压系统分析

液压传动系统是指用管路将有关的液压元件合理地连接起来形成一个整体，用于实现机械运动和动力的传递。液压系统应根据设备的要求，选用适当的基本回路，其工作原理一般用液压系统图来表示。在系统图中各个液压元件及其之间的连接与控制方式，均按标准图形符号(或半结构式符号)画出。

分析液压系统，主要是读液压系统图，其方法和步骤如下。

(1)了解液压系统的任务、工作循环、应具备的性能和需要满足的要求；分析液压系统的设计者是如何保证负载对这些工况要求的。

(2)查阅系统图中所用液压元件及其连接关系，分析它们的作用及其所组成的回路的功能，回路之间是如何融合成一体的等。

(3)认识每个液压元件，这里有两个含意，一是要确认每个元件的功能和对液压系统的适应性，即每个元件必须满足液压系统的要求；二是要认识液压元件本身的结构、原理及其质量指标。

(4)分析油路，了解系统的工作原理和特点。

通过学习和分析，加深理解液压元件的功用和基本回路的合理组合，熟悉阅读液压系统图的方法，为分析和设计液压传动系统奠定必要的基础。

第一节　装载机液压系统

随着工程建设规模的不断扩大，作为土石方施工机械的装载机在社会上的保有量日益增多，相应的维护与修理也变得越来越重要。装载机(图 8-1)主要用来对散装物料进行铲装、搬运、卸载及平整场地等作业，也可用来进行轻度铲掘作业等。目前在施工现场所用装载机种类繁多，在此仅以国内常见的轮式装载机为例介绍。液体传动在装载机上的应用体现于以下三个方面：工作装置液压系统、液压转向系统和变矩变速液压系统。

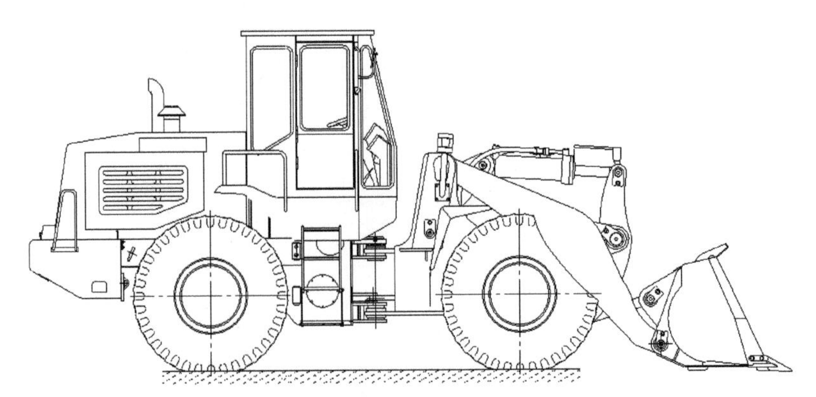

图 8-1　装载机外形图

一、工作装置液压系统

装载机的主要工作装置是动臂和铲斗，故一般装载机工作装置液压系统多用两联多路换向阀，对回转式装载机还设有回转油路。装载机在作业过程中，铲斗须上翻、下翻和停止，故控制铲斗的换向阀一般为三位阀；动臂的动作有上升、下降、停止和浮动，故控制动臂的换向阀应是四位阀。

1. ZL 系列装载机工作装置液压系统

国内不同生产厂家的 ZL30 或 ZL50 等装载机的工作装置液压系统的工作原理基本相同，只是所选用液压件的规格型号有差异，其液压系统的工作原理如图 8-2 所示。

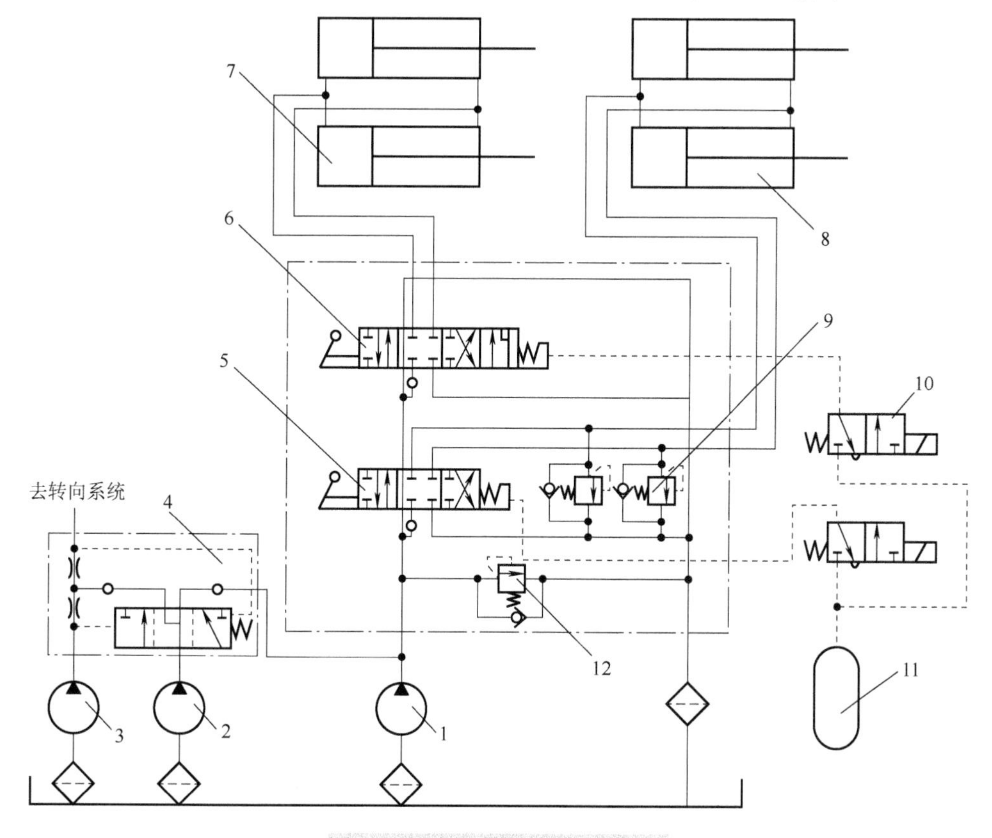

图 8-2　工作机构液压系统原理图

1-主液压泵；2-辅助液压泵；3-转向液压泵；4-稳流阀；5-铲斗换向阀；6-动臂换向阀；7-动臂液压缸；8-铲斗液压缸；9-过载阀；10-电磁气阀；11-储气筒；12-主安全阀

图 8-2 所示为 ZL50 装载机工作装置液压系统原理图。该系统主要由主液压泵 1、辅助液压泵 2、多路换向阀、液压缸 7 和 8 等元件组成。当发动机转速较高时，通过稳流阀 4 在满足转向系统流量要求的前提下辅助液压泵 2 多余的流量与主液压泵 1 合流，以提高作业速度。多路换向阀由两联组成，油路连接为顺序单动式，铲斗换向阀 5 控制铲斗液压缸 8；动臂换向阀 6 是四位换向阀，控制动臂液压缸 7 实现四个动作。在多路换向阀的进油口设有主安全阀 12，在铲斗液压缸进回油腔设有过载补油阀(过载阀 9 与单向阀联合工作)。液压泵从油箱经滤油器吸油，其排出的油进入多路换向阀，在工作装置都不工作时，液压泵输出的油液经多路换向阀的中央回油通道，再经回油细滤油器流回油箱，液压泵卸荷。

1) 液压泵

装载机的工作装置液压泵大多采用 CBG 系列齿轮泵。该系列泵的特点：其一为采用固定侧板，为防止侧板挠曲，将侧板的钢背改成厚钢板，使齿轮端面与侧板之间保持均匀的轴向间隙；其二，为了减少泵的内部泄漏，在主动齿轮轴的两端分别装有一个金属(铜合金)密封环，形成二次密封；另外为了降低噪声，并提高轴承的承载能力，有些泵将滚针轴承改为 DU 滑动轴承。采取以上改进措施后，齿轮泵的容积效率可提高到 92%，其耐久性和可靠性也显著提高。该类泵的公称压力为 16MPa，最高压力可达 20MPa；公称转速为 2000r/min，最高可达 3000r/min。

2) 动臂滑阀

动臂滑阀为四位滑阀，采用钢球定位，中位相当于 M 型中位机能，可控制动臂油缸上升、停止、下降和浮动。滑阀的入口设有单向阀，目的是避免换向时压力油向油箱倒流而设置，以克服工作过程中的“点头”现象(即动臂操纵手柄板到动臂提升位置时，动臂并不是立即提升，而是先下降然后再提升的现象，称为“点头”现象)。操纵换向阀处于最右位时，动臂液压缸处于浮动状态，此时动臂能随地面状态自由浮动，提高作业效能。此外，还能实现空斗迅速下降，并且在发动机熄火的情况下也能降下铲斗。动臂滑杆与阀体的配合间隙以 0.02～0.03mm 为妥，如果超过 0.035mm，内漏将会明显增加，影响动臂的提升能力。

3) 铲斗滑阀

转斗滑阀为三位滑阀，中位也相当于 M 型中位机能，可控制铲斗油缸收斗、停止和外翻斗。单向阀常设置在转斗阀杆内，一般为两个，单向阀可减少进入铲斗缸高压油的冲击，滑阀换向时又可避免压力油倒流回油箱，而在回油时还可产生一定的背压使系统工作稳定。在转斗液压缸的工作油路上还设有两组过载阀和单向阀，习惯上将它们称为过载补油阀。在动臂升降过程中，铲斗装置的“四连杆机构”由于动作不协调而受到某种程度的干涉，即在提升动臂时转斗液压缸的活塞杆有被拉出的趋势，而在动臂下降时活塞杆又被强制顶回；这时换向阀处于中位，油路不通，为了防止液压缸过载或产生真空，过载补油阀可起到缓冲补油作用，例如，当铲斗缸活塞杆被拉出时，缸有杆腔压力超过调定值时，连接在有杆腔油路上的过载阀 9 打开便可释放部分压力油回油箱，使液压缸得到缓冲，同时无杆腔会产生真空，于是连接在无杆腔油路上的单向阀开启，油箱的油液通过单向阀补充到无杆腔；当活塞杆被强行压回时工作原理同上。另外，转斗在收斗和外翻时，由于工况变化无常，随时可能受到较大外力作用，造成转斗缸某一腔的压力超限，这时也需靠过载补油阀起安全保护作用。转斗阀杆和阀体的配合间隙要求与动臂滑阀相同，间隙过大时内漏严重，转斗翻转无力。由于转斗阀杆两端是空心的，杆壁较薄，在拧紧两端阀座和塞头时不能过紧，否则滑杆右端会发生肿粗变形，影响滑杆左右移动。

4) 自动限位装置

为了提高生产率并避免液压缸活塞杆伸缩到极限位置造成安全阀频繁启闭，在工作装置和换向阀上装有自动回位装置，以实现工作中铲斗自动放平、动臂提升自动限位动作。在动臂后铰点和转斗液压缸上装有自动限位行程开关，当动臂举升到最高位置或铲斗随动臂下降到与停机面正好水平的位置时，行程开关碰到触点，电磁气阀 10 通电，气压系统接通气路，储气筒内的压缩空气进入换向阀的端部松开弹跳定位钢球，阀杆便在弹簧作用下回至中位，液压缸停止动作。当行程开关脱开触点，电磁阀断电复位，关闭进气通道，换向阀体的压缩空气从放气孔排出。

2. CAT966D 装载机工作装置液压系统

CAT966D 装载机工作装置液压系统(图 8-3)主要有以下特点。

(1)多路换向阀的操纵采用先导控制，减轻了操作人员的劳动强度。

(2)辅助泵 8 除了可向转向油路供补充油，主要是向减压阀式先导操纵阀油路供油。

(3)当发动机突然熄火时，动臂工作液压缸无杆腔由于工作机构的自重会产生一定的液压力，利用此压力油通过单向阀 2 可作为先导油紧急供应先导操纵阀，以控制多路换向阀的主阀换向使工作装置在重力的作用下放至安全位置。

(4)动臂液压缸快速下降时可通过多路阀内的液控单向阀向有杆腔补充油液，以防产生真空。

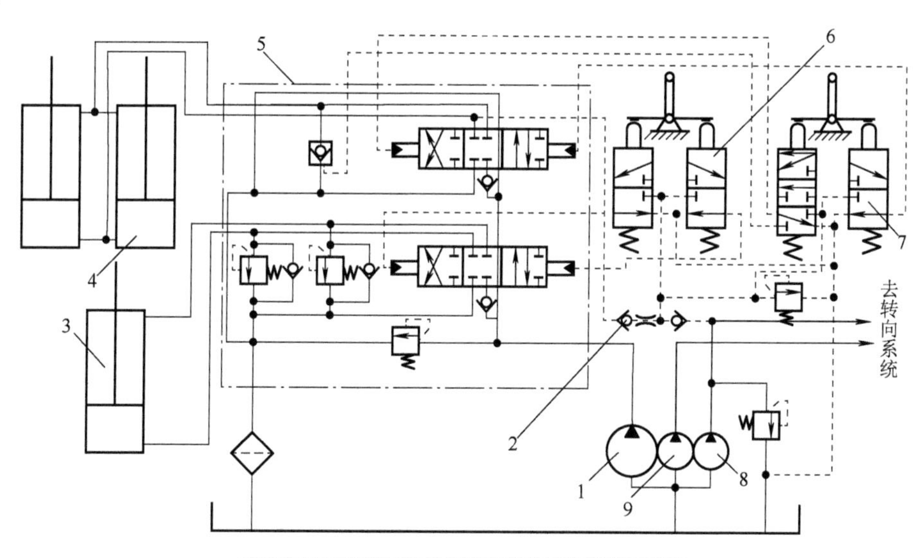

图 8-3　CAT966D 装载机工作装置液压系统

1-工作装置液压泵；2-单向阀；3-铲斗液压缸；4-动臂液压缸；5-多路换向阀；6-铲斗先导操纵阀；7-动臂先导操纵阀；8-辅助泵；9-转向液压泵

装载机工作装置液压泵一般采用定量泵，当液压缸需要较高运动速度时可适当提高发动机转速。当进行精细作业需要调速时上述两种液压系统可通过调整多路换向阀的阀口开度来实现。但此时系统多余的液压油会在系统调定的较高压力下溢流，因而会产生较大的能量损失，发热量也会大幅度增加。为减少系统能量损失，现在有些装载机已采用定量泵供油的开心式负载敏感系统，这样在调速时系统的溢流压力略高于负载压力，使溢流损失得以减少，达到了节能的目的。

二、液压转向系统

轮式装载机的转向目前常见的结构形式为铰接式转向，这种转向形式具有结构简单、维修方便、转弯半径小、机动性能好等优点。铰接式装载机的转向系统目前普遍采用了液压转向。

液压转向系统不同于以前讲过的一般液压传动回路，这是因为工程机械转向系统的工作情况与工作装置的工作情况区别较大，因此对转向系统有一些特殊的要求。从机械转向性能出发，对液压转向系统的基本要求可分为下面两个方面。

一是在工作可靠性方面，具体要求有下面几条。

(1) 操纵性能要好，转向轮的偏转角容易精确可靠地控制。

(2) 灵敏度要高，转动方向盘时车轮动作要迅速，反应要快。

(3) 工作稳定，当方向盘停止转动时，车轮不来回振摆。

(4) 发动机熄火时，能实现手动转向。

二是在操纵轻便方面，具体要求有以下几条。

(1) 转向时，方向盘上的操纵力不应过大，并控制转角在一定范围内。

(2) 在转向轮的稳定力矩作用下，车轮能自动回正。

(3) 道路冲击给方向盘上的力要小，但驾驶员最好还能有适当的道路感觉。

(4) 驾驶员以可能的最大转速(90 r/min)转动方向盘时，液压泵能保证对转向液压缸提供足够的流量。

从上述对转向液压系统的具体要求看，一般液压传动系统的换向阀是不能用作转向液压系统的。因为在液压转向装置中，转向轮是靠液压缸活塞杆的伸缩而产生转角的，控制转向轮的转角就要控制液压缸活塞杆位移的大小，且活塞杆的位置精度要求较高，普通的换向阀要想在各种工况下都能准确地控制液压缸在某一位置停止几乎是不可能的，因此转向液压系统必须采用专用的液压元件才能满足要求。工程机械上常见的液压转向有以下两种：液压助力转向系统和全液压转向系统。

1. 液压助力转向系统

1) 液压助力转向系统的工作原理

图 8-4 所示为液压助力转向系统。该系统主要由转向齿轮泵 3、稳流阀 5、随动阀 9、转向液压缸 7、反馈杆 8 等部件组成。

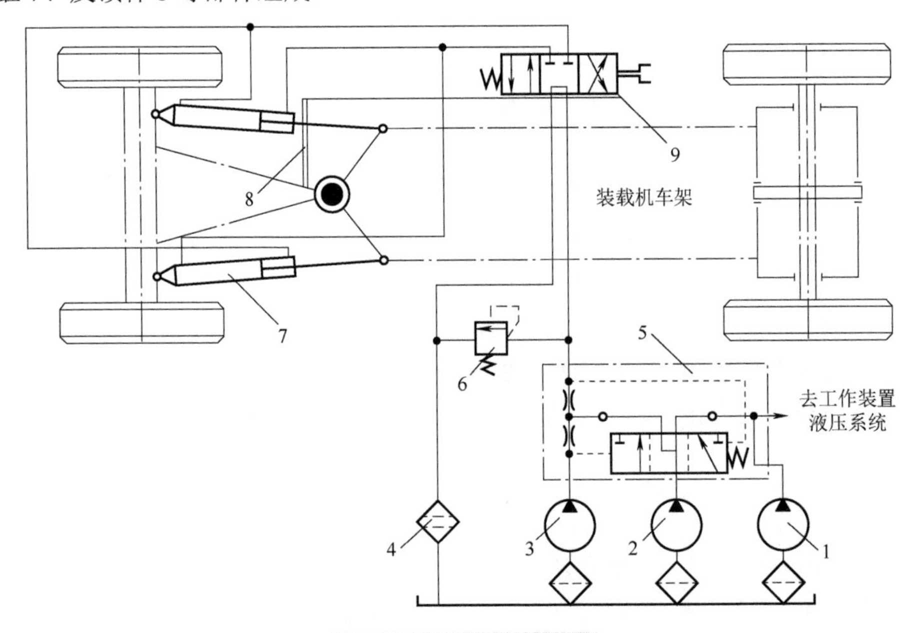

图 8-4　液压助力转向系统

1-工作装置泵；2-辅助泵；3-转向齿轮泵；4-滤油器；5-稳流阀；6-安全阀；7-转向液压缸；8-反馈杆；9-随动阀

方向盘不转动时，转向随动阀处于中位，而转向随动阀的中位相当于M型中位机能，齿轮泵输出的液压油经转向随动阀回油箱，转向液压缸的两个工作腔油口被封闭，转向液压缸活塞杆被锁定，前、后车架保持在一定的相对角度位置上，机械直线行驶或以某转弯半径转向行驶，这时反馈杆不动。方向盘转动时，带动随动阀的阀芯克服弹簧力一起移动(方向轴作上下移动，移动距离大约3mm)，随动阀换向，转向泵输出的油经随动阀进入转向液压缸的某一工作腔，转向缸另一腔油液通过随动阀回油箱，转向缸活塞杆伸出或缩回，使车身屈折而转向。由于前车架相对后车架转动，与前车架相连的反馈杆也随之移动，消除阀芯与阀体的相对移动误差，从而使随动阀芯又回到中间位置，随动阀不能向液压缸通油，转向液压缸运动停止，前后车架保持一定的转向角度；若想加大转向角度，只有继续转动方向盘，使随动阀的阀芯与阀体继续保持相对位移误差(使随动阀打开)，直到最大转向角。

2)稳流阀

转向油路要求供给流量比较恒定，但转向系统常采用定量泵，其流量随发动机转速而变化，当发动机低速转动时，进入转向油路的流量将减少，使转向速度迟缓甚至沉重，容易发生事故。如果采用大流量泵满足发动机低速时的需求，在发动机高转速时，多余的油液将以溢流的形式排回油箱，功率损失大，油液容易发热，于是选用辅助泵和稳流阀共同工作的方式。辅助泵的压力油通过稳流阀的控制，随发动机转速的变化，全部或一部分进入转向回路，首先保证转向油路流量，多余的油液流向工作装置液压系统。稳流阀的工作过程可叙述如下。

(1)当发动机转速较低时，进入转向系统油路的流量较小，流经稳流阀内两个固定节流孔所产生小的压力损失较小，三位液动换向阀左右两端的压差较小，于是换向阀阀芯在弹簧力的作用下移动，换向阀处于右位工作，辅助泵和转向泵的流量合流全部进入转向油路。

(2)当发动机转速逐渐增加时(约1320r/min)，通过两个固定节流孔流量增加，使两个节流孔前后的压差增加，三位液动阀两端的压差增加，阀芯克服弹簧力略向右移动，相当于换向阀处于中间位置，此时辅助泵的油液分为两部分，分别向转向和工作装置液压系统供油。

(3)随着发功机的转速进一步增加，此时转向泵输出油液可以满足转向的要求，换向阀两端的压差会进一步增大，使阀芯移向极限位置，换向阀处于左位，则辅助泵输出的压力油液全部进入工作装置液压系统，可使工作装置作业速度得以提高。

3)恒流阀

有些装载机采用一个较大规格的转向泵，同时在转向器上连接一个恒流阀，结构图如图8-5所示。恒流阀有两个作用：其一是当发动机转速高于一定值之后，保证进入转向阀的液压油流量一定，多余的油液回油箱，使转向平稳；其二是防止转向液压系统过载，对系统起安全保护作用。

2. 全液压转向系统

1)工作原理

如图8-6所示，全液压转向系统主要由液压泵、转向器、组合阀块、转向液压缸等液压元件组成。

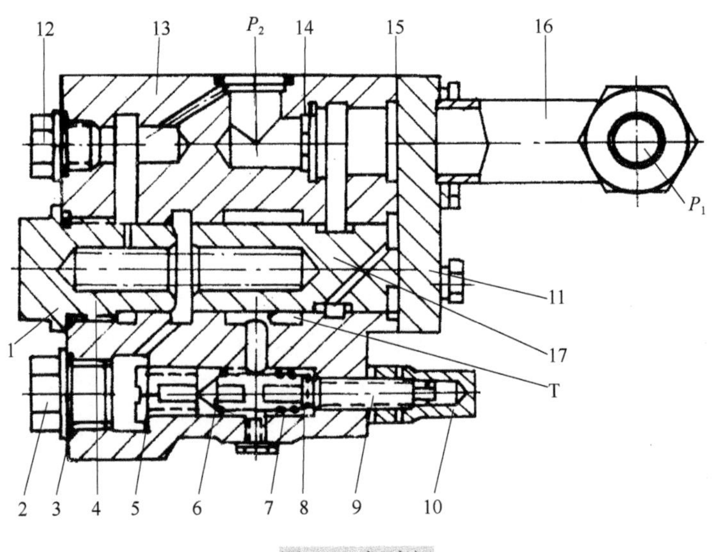

图 8-5　恒流阀

1、2、12-螺塞；3、15-O 形密封圈；4-主阀弹簧；5-先导阀座；6-先导阀芯；7-导阀弹簧；8-弹簧座；9-调压丝杆；10-锁紧螺母；11-阀盖；13-阀体；14-节流孔板；16-接头；17-恒流阀芯

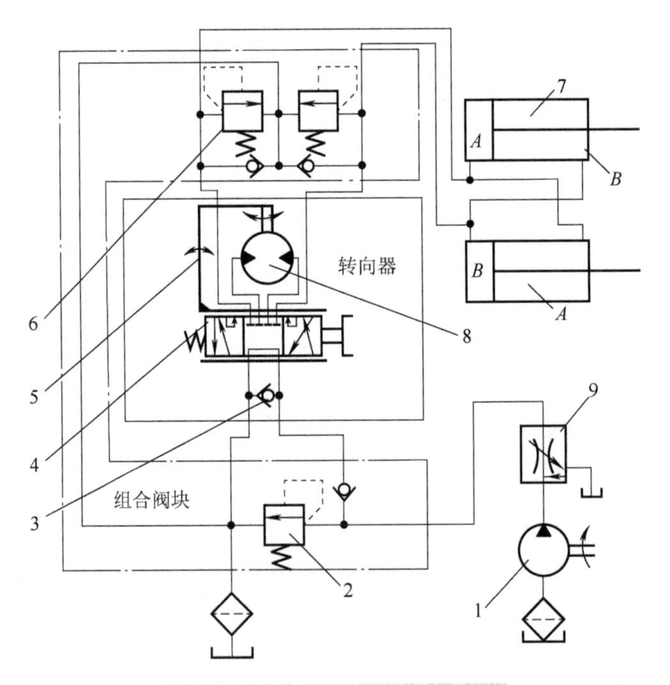

图 8-6　全液压转向系统工作原理

1-转向泵；2-安全阀；3-单向阀；4-随动阀；5-反馈机构；6-过载阀；7-转向液压缸；8-计量马达；9-稳流阀

当方向盘不动时，转向器中的随动阀处于图示位置(中立)，计量马达的两出口和转向油缸的两油口均被封闭，转向液压缸两腔油液被困后由于液体的不可压缩性，活塞杆被相对固定，转向轮不能随便偏摆，液压泵排出的液压油经随动阀 4 回油箱，液压泵卸荷，机械保持直线行驶；当方向盘转动一个角度时，随动阀阀芯相对阀套也转动一定角度，相当于在图 8-6 中随动阀换向。如随动阀处于右位工作，液压泵排出的液压油进入计量马达，计量马达旋转，

其出油口(为压力油)排出的油液经随动阀进入转向液压缸 7 的 *A* 腔，转向缸 *B* 腔的低压油经随动阀回油箱，上面的转向缸活塞杆向外伸出产生推力，下面的转向缸产生拉力，转向轮转动，计量马达在旋转的同时通过反馈机构 5 带动随动阀套与阀芯同方向运动，将随动阀的开口逐渐关闭，直至随动阀回到中立位置，转向油缸的两腔再次被封闭，转向轮停止转向，这样车轮的转向角跟随方向盘的转动角度成比例的变化；当方向盘反方向转动时，转向也反方向，工作原理同上。

在转向过程中，若外负荷过大，系统压力升高，组合阀块内安全阀被打开呈溢流状态，对系统起保护作用。

当发动机不工作时，液压泵不再提供压力油，转动方向盘通过阀芯带动摆线马达转子转动，此时摆线马达即成为手动摆线泵(内啮合齿轮泵)，其输出的油液进入转向油缸，实现手动转向。

2)组合阀块

转向器阀体上一般装有一个 FKA 型组合阀块，阀块内装有单向阀、安全阀、双向过载缓冲阀等，其结构如图 8-7 所示。

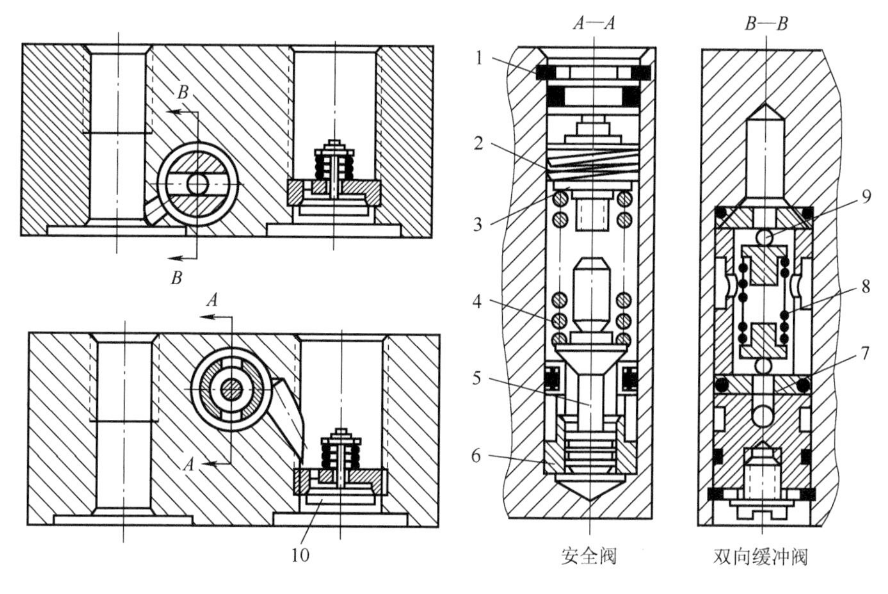

图 8-7　组合阀块

1-螺钉；2-扭簧；3-螺母；4-调压弹簧；5-阀芯；6-阀座；7-球阀座；8-弹簧；9-钢球；10-单向阀

单向阀装在阀块的进油口内，液压泵输出的高压油经此单向阀到转向器进油口。其作用为防止油液倒流，致使方向盘自动偏转，造成转向失灵，开启压力一般为 0.1MPa 左右。

安全阀为可调差压直动式溢流阀，装在阀块的进、回油道之间，以防止系统过载。其调定压力一般为 9.8MPa 左右。

双向缓冲阀由两个定压的直动式安全阀组成，其定压值为 11.8MPa 左右。双向缓冲阀常与双向补油阀(两个单向阀)配合使用，装在阀块的 *A*、*B* 油口即转向油缸的两工作腔之间，并和回油口相通。装载机在坑洼不平的场地上行走时，转向车轮的摆动，将造成左、右转工作容腔产生过高的压力冲击，此时双向缓冲、补油阀能保护液压转向系统免受过高压力冲击，确保系统安全。

三、变矩-变速液压系统

装载机行走驱动的动力传递路线为：发动机→液力变矩器→动力换挡变速箱→前、后驱动桥→轮边减速器等。在动力传递过程中，液力变矩器和动力换挡变速箱占有极其重要的位置，一旦发生故障，将直接影响到整机的性能，甚至不能进行正常工作，因此需要熟悉变矩-变速液压系统的控制原理。

图 8-8 所示为 ZL50 装载机变矩-变速液压控制系统原理图。

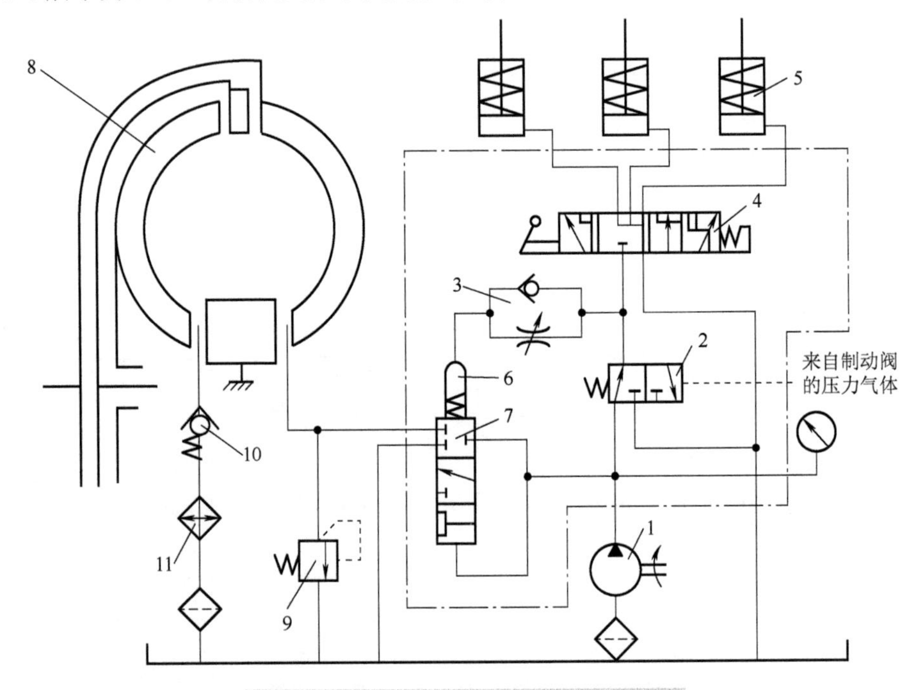

图 8-8 装载机变矩-变速液压控制系统原理

1-液压泵；2-气动制动切断阀；3-单向节流阀；4-变速换挡阀；5-换挡离合器；6-蓄能器；7-压力流量控制阀；8-液力变矩器；9-安全阀；10-背压阀；11-冷却器

变速系统液压泵 1 从变速箱油底壳(该系统的油箱)经过滤器吸油，其输出的压力油进入变速操纵阀。在变速操纵阀内分成两条流动路线，一条去往液力变矩器 8，另一条去往换挡离合器 5，下面分别叙述。

在该系统中用一个泵分别向两个子系统供油，换挡子系统所需压力为 1.1～1.5MPa，而变矩子系统的供油压力约为 0.5MPa，因此整个系统需含有减压功能。去往变矩器的油首先经过变速操纵阀入口处的压力流量控制阀 7。此阀有两个主要功能，一是减压，把泵输出油液的较高压力通过液体流经该阀产生的压力损失减为变矩器所需压力；另一个作用可理解为，当发动机转速较高而使液压泵输出流量较大时，流经压力流量控制阀 7 的压力损失增加，液压泵出口压力也随之增加，压力流量控制阀 7 处于最下面位置工作，使多余的油液溢流回油箱，同时保证系统的压力不超过规定值，可实现安全保护。经过压力控制流量阀减压后的油液进入变矩器进口，为保证进入变矩器的油液压力不超过规定值，在变矩器入口处并联一个安全阀 9(调定值约为 0.5MPa)。从变矩器出来的油经背压阀 10(调定值约为 0.3MPa)、冷却器 11 冷却、回油滤油器过滤后回油箱，也可分出一路接变速箱润滑油路，图中未画出。

在去往换挡离合器的油路中，先经过一个气动制动切断阀 2，设置制动切断阀的目的是在踩下制动踏板时，与进入制动总成并联的压力气体推动切断阀 2 换向，切断去往换挡离合器的压力油，同时将换挡离合器 5 的油接通油箱，使换挡离合器自动分离而实现脱挡。变速换挡阀 4 是一个四位换向阀，靠钢球定位，变速阀在不同位置可使某一个换挡离合器通高压油而其他离合器接油箱，实现换挡或脱挡。换挡离合器可看成单作用液压缸，有液压力时接合实现动力传递，无压力时在弹簧力作用下活塞回位，离合器分离，切断动力。压力流量控制阀 7 的弹簧腔实为一弹簧蓄能器 6，经单向节流阀 3 与变速阀进油路并联，其作用是在不换挡时，压力油经节流阀进入蓄能器储备一定量的压力油，在换挡时为使离合器快速接合，蓄能器的压力油经单向阀后与液压泵输出的油一起以瞬时大流量进入离合器(油液的压力已降低)，但此时离合器还不能传递较大扭矩，液压泵继续供油，压力油反过来经节流孔进入蓄能器，进入换挡离合器的液体压力不断升高，主、被动磨擦片逐渐被压紧，使离合器所能传递的扭矩逐渐增大，从而实现平稳完全结合。

第二节　挖掘机液压系统

挖掘机(图 8-9)是利用铲斗挖掘物料，并装入运输车辆或卸至堆料场的土方机械，还可进行土地整平，更换工作装置实现起重、抓取等多种作业。近年来液压挖掘机的发展非常迅速，目前广泛采用电子控制系统，将液压、电子和机械系统紧密结合为一体。单斗液压挖掘机工作过程由动臂升降、斗杆收放、铲斗转动、平台回转、整机行走等动作组成，为了提高作业效率，在一个循环作业中可以组成复合动作。由于具有先进的智能技术，司机在操纵挖掘机时，可根据作业工况选择合适的功能模式，使之可自动进行合适的作业方式，大大提高生产效率和燃油经济性，减轻操作人员的劳动强度，并具有极高的可靠性。

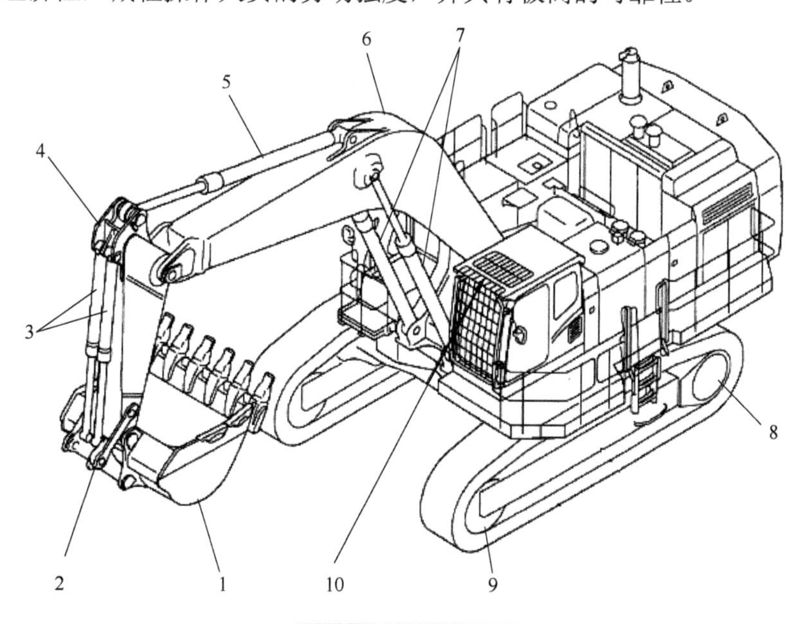

图 8-9　挖掘机外形图

1-铲斗；2-铲斗连杆；3-铲斗缸；4-斗杆；5-斗杆缸；6-动臂；7-动臂缸；8-驱动轮；9-引导轮；10-护罩

液压挖掘机具有液压元件数量多，要求实现的动作很复杂，因此对液压系统提出很高的要求，主要包括以下几点。

(1)挖掘机操纵控制性能要求高，精细作业要求微动，高生产率要求快速动作，调速范围要求广，不同作业工况下的调速性要好。

(2)挖掘机作业经常要求实现复合动作，例如，动臂、斗杆、铲斗、回转和行走之间几乎都要复合动作，且复合动作范围广、形式复杂多样，因此要求复合动作时有良好的复合操纵性能，能合理地分配共同动作时各液压元件的流量和功率。

(3)挖掘机往往工作时间长、能量消耗大，要求液压系统效率高、降低能耗，使总发热量小，液压油温不要太高，对各液压元件和管路都要求降低能耗，因此在液压系统中要充分考虑节能措施。

(4)挖掘机的作业效率要高，液压系统要与发动机良好匹配，充分利用发动机的功率。

(5)挖掘机工作条件恶劣、载荷变化剧烈、冲击振动大，对各液压元件的可靠性和耐久性有很高的要求。

由于挖掘机液压系统较为复杂，机电液一体化控制功能较强，不同生产厂家、不同斗容量挖掘机的液压控制系统也有较大的区别，因此本节仅对施工中常用斗容量(约为 1 m^3)的挖掘机液压系统进行介绍。

一、液压泵的控制原理

1. 大宇挖掘机液压泵

大宇挖掘机(DH220 型)所用液压泵为 K3V 系列斜盘式轴向柱塞泵，其结构为通轴型的双联柱塞泵，后接齿轮泵用作辅助泵为远程控制等提供动力，其工作原理如图 8-10 所示。主泵由变量柱塞泵和控制排量的调节器组成，前后主泵各配置一个调节器，分别控制前、后泵排量的变化，通过调节器可实现流量控制、恒功率控制和功率设定。

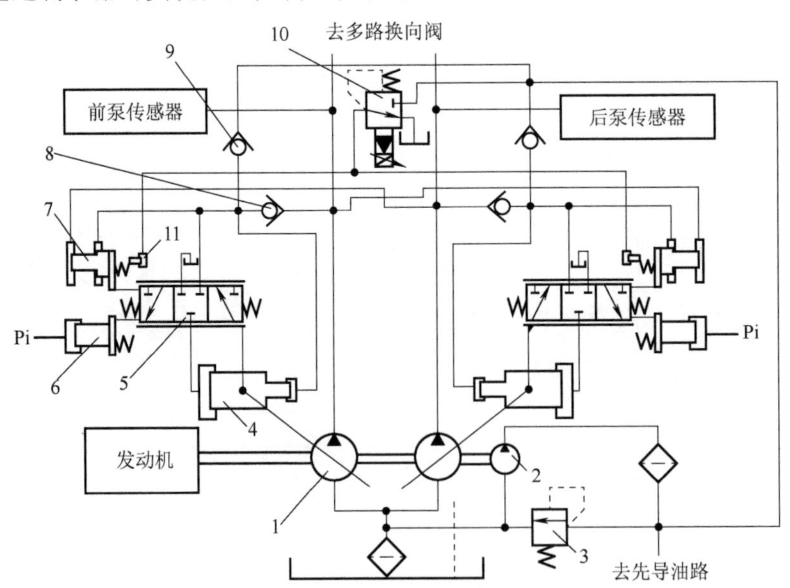

图 8-10　大宇挖掘机液压泵控制原理

1-主液压泵；2-先导液压泵；3-先导溢流阀；4-变量差动缸；5-伺服阀；6-流量控制活塞；7-功率控制活塞；8、9-单向阀；10-电磁比例减压阀；11-功率设定活塞

1)流量控制

用于供给变量差动缸 4 的控制压力油可以通过单向阀 8 来自于主液压泵 1，也可通过单向阀 9 来自于先导液压泵 2，先导液压泵的压力由先导溢流阀 3 调定(约为 4MPa)，在主泵输出油液压力大于先导泵输出压力时，由主泵为差动缸小腔供油；如果主泵输出压力低于先导泵(如在主泵处于卸荷工况)则由先导泵为变量差动缸供油以控制斜盘倾角。变量差动缸大腔通过伺服阀 5 可与控制压力油接通、断开或与油箱接通。在非作业状态，多路换向阀处于中位，主泵输出的油由中央回油通道经背压阀回油箱，背压阀前产生一定的背压力 p_i，将背压力 p_i 引至流量控制活塞 6，由此液产生的液压力克服流量控制活塞右端的弹簧力，流量控制活塞向右移动的同时推动伺服阀换向，伺服阀处于左位工作，控制压力油进入变量差动缸大腔，差动缸向右移动，斜盘倾角减至最少(但不为零)，反馈机构也同时将伺服阀拨回中位，此时主泵输出压力较低为 p_i，排量较小，主泵处于卸荷状态，而发动机又可进入自动怠速状态，故节约了燃油消耗；当多路换向阀换向时(发动机会由自动怠速提升为设定运转速度)，多路阀中央回油通道被切断，没有油液通过背压阀，背压阀前压力 p_i 变为零，流量控制活塞又会在弹簧力的作用下向左移动，带动伺服阀处在右位工作，差动缸大腔油液通油箱，差动缸向右运动，斜盘倾角变大，当斜盘角最大时通过反馈机构使伺服阀回到中位，而后便可根据负载情况由功率控制机构进行功率调节。

2)恒功率控制

为提高发动机功率的利用率和设备的作业效率挖掘机液压系统往往可根据负载变化而自动改变泵的排量，实现恒功率控制。变量系统按其对发动机功率利用情况的不同，可分为分功率变量系统和总(全)功率变量。分功率调节系统中(图 8-11)的两个主泵，各有一个恒功率调节器，每一个泵的流量只受该泵所在回路负载压力的影响，而不受另一回路负载的影响，不能保证相应的同步关系，每一回路所利用的发动机功率最多不超过 50%。总功率调节变量系统如图 8-10 所示，该系统为液压联动总功率调节变量系统，两台泵相同，每台泵各自有调节器且相同，它们的斜盘倾角是按两台泵工作压力之和来调节的，而实现双泵同步变量，两台泵输出的流量相等，但是压力可以不同，那么两台泵的输出功率也就可以不同，有时一台泵功率很大，而另一台泵功率很小，但两台泵的功率总和始终保持恒定，不超过发动机的设定功率。

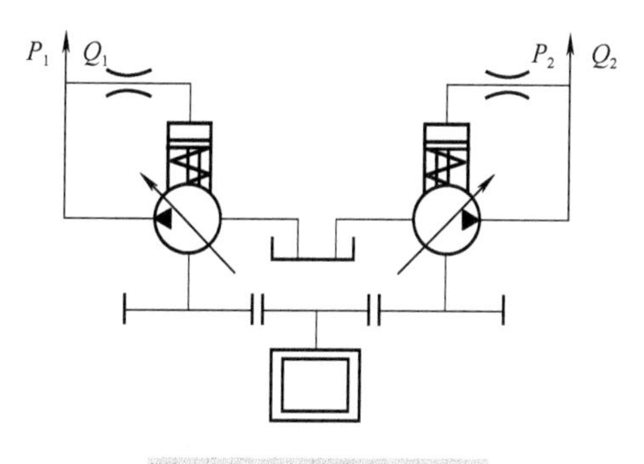

图 8-11　分功率控制系统

图 8-10 中功率控制活塞 7 所受向右的液压力是前、后主液压泵输出压力油作用于活塞左侧台阶面积的液压力之和，而向左的力为弹簧力和功率设定活塞 11 的液压力之和，功率控制活塞在上述各力的共同作用下处于受力平衡状态。当泵自身的排油压力或者后泵排油压力有一个或同时上升时，功率控制活塞所受向右的力增加，平衡被破坏，功率控制活塞向右移动，弹簧的压缩量加大后建立新的平衡，主液压泵的压力越高控制活塞的位移量越大。控制活塞向右移动会带动伺服阀芯向右移动，差动缸大腔通主泵输出压力油，差动缸向右移动使泵的斜盘倾角减小，泵的排量也随之减小，把泵的输入扭矩控制在规定值以下，在斜盘倾角减小的过程中反馈结构使伺服阀阀口逐渐关闭，使泵在该压力状态下所需功率与发动机的输出功率相匹配，不使发动机过载。这样前、后主液压

泵不同的输出压力值便对应着不同的排量。同理，当主液压泵输出压力减小时，泵的排量向大的方向调节，增加作业速度。总之，通过恒功率控制，可实现工作机构的轻载高速、重载低速的控制，充分利用发动机输出功率，提高作业效率。

泵调节器是一种液压伺服控制机构，它至少要有两根弹簧，构成两条直线段，其负载压力与泵输出流量的曲线图(图 8-12)上形成近似的恒功率曲线。调节弹簧的预紧力可以调节泵的起始调定点压力 p_0(简称起调压力)，调节起调压力就可以调节泵的功率。起调压力高，泵的功率大；起调压力低，泵的功率小。只有当系统压力大于泵的起调压力时才能进入恒功率调节区段，发动机的功率才能得到充分利用。如果降低发动机转速，则压力-流量曲线向下平移，发动机的输出功率也相应减小。

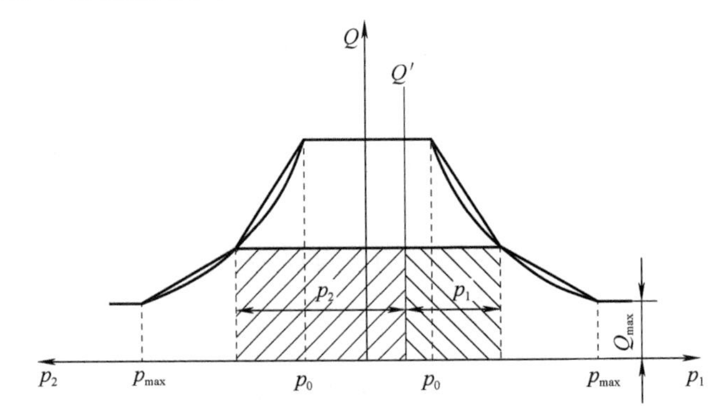

图 8-12　液压泵压力流量特性曲线

3) 功率设定

调节器上设置了电磁比例减压阀 10，改变比例减压阀输入电流值指令，可改变液压泵输入功率的设定值。电磁比例减压阀出口的二次压力油被引至调节器的功率控制活塞，相当于在功率控制活塞的弹簧侧又增加了一个液压力，如果改变比例阀的二次压力值，使功率控制活塞开始移动时的液压泵的起调定压力 p_0 发生变化，即泵的功率设定值发生变化，这样可以根据作业条件、操作指令使发动机获得最佳运转状态(设定了发动机在不同作业条件下的功率输出值)，工作机构获得最佳作业速度。

2. 小松挖掘机液压泵变量原理

小松挖掘机(PC200 型)所用液压泵为通轴型的双联斜盘式轴向柱塞泵，配合多路换向阀组成闭心式负荷传感系统，依靠起不同作用的负载敏感阀——LS 阀、功率控制阀——PC 阀、电磁比例减压阀(LS-EPC 阀及 PC-EPC 阀)来完成对两个主液压泵的控制，可实现不同作业条件下的流量控制、压力交叉控制的恒功率变量、功率设定等，其主要功能及控制原理如下。

图 8-13 所示为液压泵的控制原理图，图中 p_{AF} 为前泵压力油输出口，p_{AR} 为后泵压力油输出口，p_{AF} 为前泵油路多路阀入口处控制压力油，p_{LSF} 为前泵油路多路阀出口处控制压力油，p_{EPC} 为经系统自减压阀后的先导控制压力油，p_{LSR} 为后泵油路多路阀出口处控制压力油。

1) LS 阀的控制功能

LS 阀的功能是感知多路换向阀的开口量，通过控制液压泵的排量达到调节执行元件运动速度的目的，同时使执行元件的速度不受外负载变化的影响。LS 阀的结构如图 8-14 所示，图中 p_P 为泵口输出压力，p_{DP} 为通油箱的泄油口，p_{LP} 为与差动变量缸大腔相通的 LS 控制压力输出口，p_{LS}为多路阀出口处LS压力的输入口，p_{PL}为PC控制压力输入口，p_{SIG}为LS模式选择先导油口(电磁比例减压阀的输出控制油)。LS阀在弹簧力、多路阀出口p_{LSF}压力、液压泵出口压力以及LS-EPC比例减压阀输出压力的共同作用下处于平衡状态，根据LS压Δp_{LS}($\Delta p_{LS}=p_p-p_{LS}$)来控制液压泵的排量。

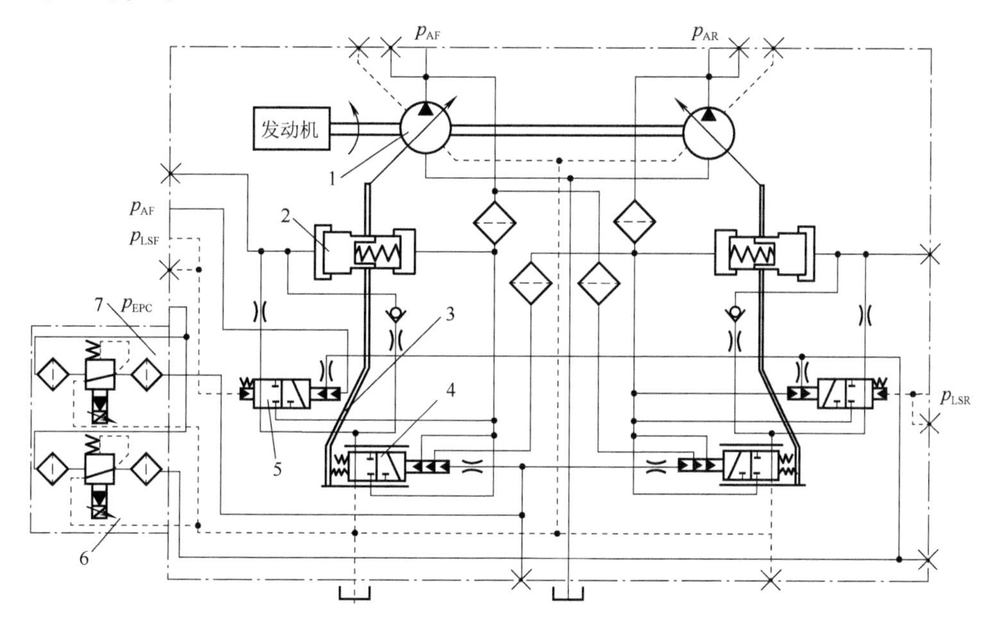

图8-13　小松挖掘机液压泵控制原理

1-主液压泵；2-变量差动缸；3-反馈机构；4-PC阀；5-LS阀；6-LS-EPC阀；7-PC-EPC阀

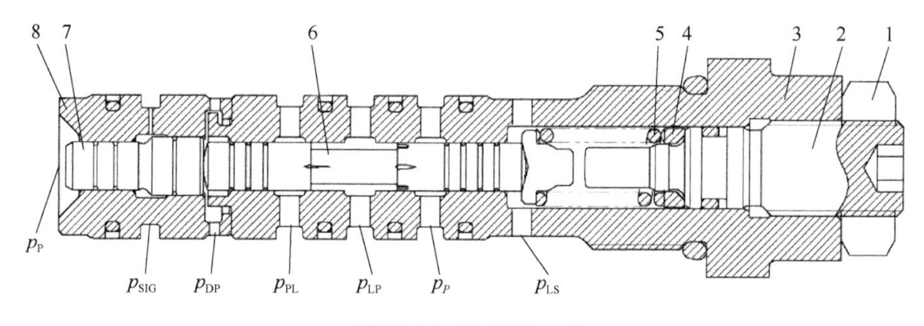

图8-14　LS阀结构图

1-锁紧螺母；2-螺塞；3-阀体；4-弹簧座；5-弹簧；6-阀芯；7-柱塞；8-阀体

(1)如图8-13所示，当启动发动机时，或者各工作机构控制手柄处于中立位置时，来自多路换向阀的p_{LSF}控制压力等于零，此时受压差控制的溢流阀(设置在多路换向上)在较低的压力下打开，液压泵输出油液在较低的压力下回油箱；同时，LS阀5换向处于右位工作，变量差动缸2大腔端接通压力油，液压泵斜盘倾角调至最小，液压泵处于卸荷状态。

(2)液压系统在单一动作的过程中，假如操作人员要获得一个较小的运动速度(如进行精细作业)，多路换向阀在先导阀(PPC阀)的控制下将阀开口量调小，液压泵输出的压力油通过主阀的压力损失要增加，p_{LSF}压力减小，LS阀两端压差增大而换向，变量差动缸2大腔端接通压力油，液压泵斜盘倾角减小，且不受负载的影响。

(3) 在换向阀开口面积增大时，压力油通过主阀的压力损失要减小，p_{LSF} 压力相对增加，LS 阀两端压差减小而换向，变量差动缸 2 大腔端接通油箱，液压泵斜盘倾角增大，液压泵输出流量也相应增加，执行元件的速度加快。

(4) 复合动作时，通过多路换向阀上的压力补偿阀，不同负载的执行机构只受多路阀开口(即操作指令)的控制，但液压泵出口压力由较大的负载决定。

(5) 在 LS 阀阀芯处于平衡状态时，差动变量缸大腔端油路被切断，差动变量缸活塞不能移动，液压泵斜盘倾角也保持不变。

如果液压泵的输出流量较大，当负载压力增大到某一设定值时，液压泵的排量会受到 PC 阀的控制，随负载的增加而减小泵的排量。

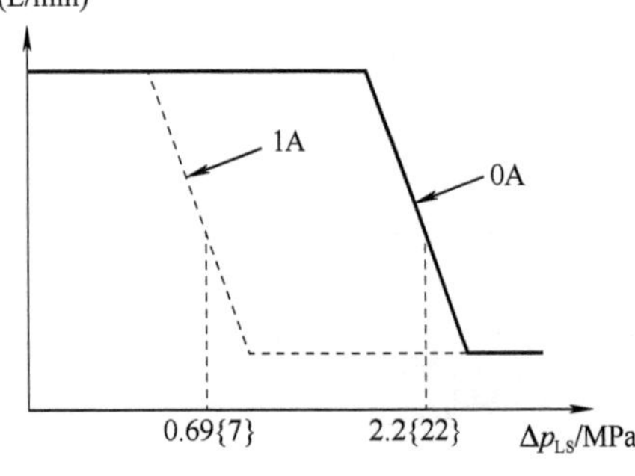

图 8-15　液压泵的 LS 压差与流量曲线

2) LS-EPC 阀

LS-EPC 阀为电磁比例减压阀，可根据驾驶员发出的操作命令，由控制器发出指令产生与之成比例的控制油压力，该控制压力油作用于弹簧腔一侧参与 LS 阀的工作，能根据不同的作业模式使液压泵的流量得到更精确的控制。LS-EPC 阀的 LS 压力切换电流不同，LS 阀的流量曲线拐点不同，如图 8-15 所示。

3) PC 阀的控制功能

PC 阀的功能是当系统的压力升高到设定值时，不管控制阀的开口量如何增大，控制两个液压泵的输出流量与负载压力成一定的对应关系，以实现恒功率控制，使泵吸收的功率不超过发动机功率。换句话说，如果工作时负荷增大，泵输出压力升高，泵的流量就会减少；如果泵输出压力下降，泵流量就增大。

PC 阀的阀芯在自身泵的输出压力 p_{AF}、另泵压力 p_{AR} 以及 PC-EPC 阀的控制压力的共同作用下与功率设定弹簧力相平衡(图 8-13)，当 p_{AF}、p_{AR} 单独升高或它们同时升高产生的液压作用力大于弹簧力时，PC 阀换向，变量差动缸 2 大腔端接通压力油，液压泵斜盘倾角减小，液压泵输出流量也相应减小，由于反馈机构的作用在泵排量变化时阀口在逐渐关闭，在液压泵的吸收功率与发动机的输出功率相适应时保持在此负载压力状态下的流量输出值；如果负载压力继续升高泵的流量则继续减小；反之，如果负载压力下降，则液压泵的斜盘倾角相应被调大。

4) PC-EPC 阀

来自控制器的指令电流被送到 PC-EPC 电磁线圈后，这个指令电流作用在 PC-EPC 阀上并产生一个成比例的压力信号输出，该压力控制信号与泵出口的压力共同作用于 PC 阀上。由于工况变化，发动机的转速也会变化，安装于发动机飞轮壳上转速传感器传给计算机，计算机会根据实际工况向 PC-EPC 阀发出改变泵流量的命令。例如，当负荷增大造成发动机转速下降时，计算机就会向 PC-EPC 阀发出指令，使流向 PC-EPC 阀的指令电流按照发动机转速的下降量而增大，以减小泵的斜盘角度，降低泵的流量，从而使发动机转速恢复。此外，当选择不同的工作模式等工况时，通过监控器将指令传至计算机，计算机则发出指令控制 PC-EPC 的电流大小，进而控制主泵的输出流量，不同 PC-EPC 阀输入电流下液压泵的压力流量曲线如图 8-16 所示。

3. 卡特挖掘机液压泵变量原理

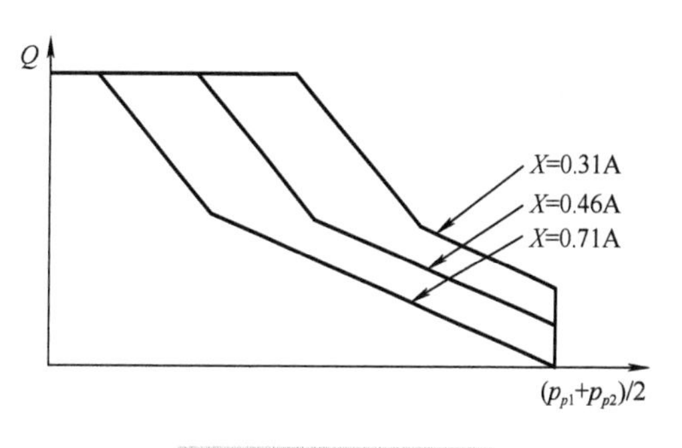

图 8-16　压力流量曲线

CAT320B 挖掘机左、右两个液压泵的性能相同，均是可变量柱塞泵，其工作原理如图 8-17 所示。右主液压泵 1 通过一个挠性联轴器直接与发动机相连，左泵通过齿轮与右泵以机械方式连接。左右泵各有一个调节器作为泵控制系统的主要组成部分，控制输入调节器的油压可以控制泵的输出流量，两个泵的控制系统相同。调节动力换挡压力的电磁比例减压阀 7 位于右泵调节器内，比例减压阀的输入信号由系统中央控制器控制，控制左右泵的动力换挡压力信号，比例减压阀的入口压力油来自于先导液压泵 6。

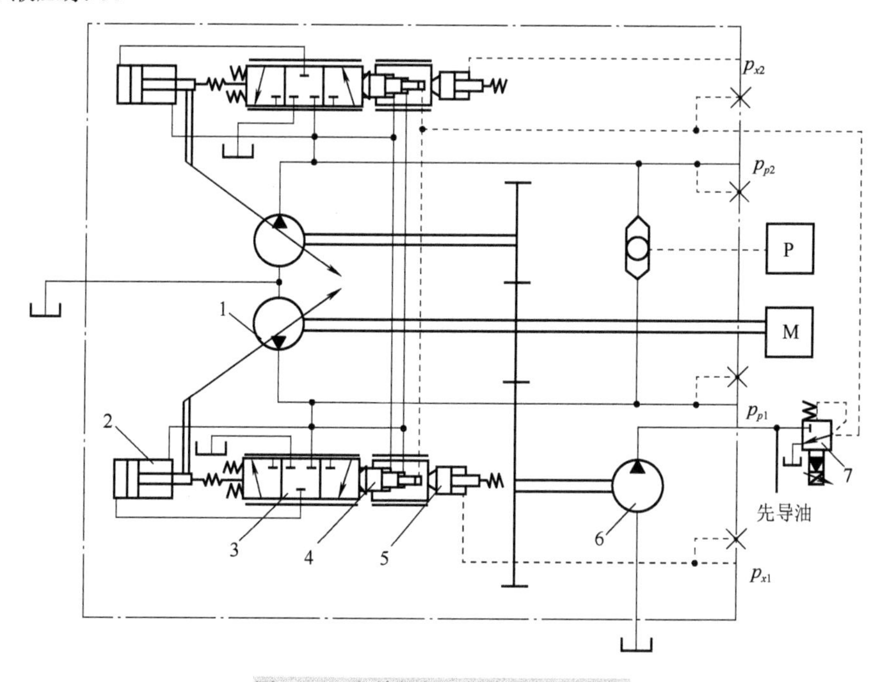

图 8-17　卡特挖掘机液压泵控制原理

1-主液压泵；2-变量差动缸；3-伺服阀；4-功率控制活塞；5-流量控制活塞；6-先导液压泵；7-电磁比例减压阀

主液压泵调节器主要有以下控制功能。

1)反向流量控制

在挖掘机处于非作业状态时，主液压泵输出的全部油液经多路控制阀的旁通回油通道流回液压油箱，在此油路上设置一回油阻尼而产生一个较大的压力信号，即反向流量控制压力信号。主液压泵调节器接收来自对应多路控制阀的反向流量控制压力 p_{x1}（或 p_{x2}），流量控制活塞 5 推动伺服阀 3 换向，变量差动缸 2 大腔接通压力油，使泵的斜盘倾角调至最小位置，液压泵的输出流量也降至最小(液压泵卸荷)。当操纵杆或踏板慢慢操作离开中位使多路控制阀换向时，通过主控制阀内中位旁通油道的油流量会根据主控制阀内各滑阀移动的距离成比例减少，反向流量控制压力也与滑阀的移动量成比例减小，流量控制活塞 5 所受液压力减弱，伺服阀 3 换向到左位工作，变量差动缸 2 大腔与油箱接通，斜盘的倾斜角度增大，泵的输出流量也就逐渐增大。由于泵的输出流量与操纵杆或踏板的移动量成比例，因此可以对挖掘机进行微量操作。微量操作时，泵的输出流量由反向流量控制压力（p_x）控制。

2）两泵输出压力交叉传感控制

为了保持发动机输出给泵的功率恒定，泵调节器通过左泵和右泵输出的油液平均压力交替传感控制泵的输出功率。

来自两个主液压泵的平均输出压力 p_{p1} 和 p_{p2} 作用于功率控制活塞 4 的两个台肩上，来自比例减压电磁阀的动力换挡压力也作用于该活塞的右端。两泵平均输出压力与动力换挡压力的合力共同作用，与功率设定弹簧力相平衡。当泵输出压力与动力换挡压力的合力小于功率设定弹簧的弹力时，伺服阀 3 处于左位，变量差动缸 2 的大腔通油箱，斜盘被推向最大倾角位置，泵的输出流量最大。当泵输出压力与动力换挡压力的合力大于功率设定弹簧的弹力时，液压泵进入恒功率控制阶段，负载压力升高，伺服阀 3 换至右位，液压泵输出流量减小；而当负载力减小时则泵的输出流量调大，使液压泵的输入功率与发动机设定的输出功率相适应。

3）动力换挡压力控制

操作人员可以根据不同作业要求通过监控器向中央控制器发出指令，控制器发出信号改变电磁比例减压阀的输入电流，比例减压阀的输出压力(动力换挡压力)也得到相应改变，液压泵的压力流量曲线的拐点也发生改变，这样可改变对液压泵的设定功率。另外，电子控制系统适时监测控制液压泵调节器，系统控制器连续检测发动机的转速和发动机的负荷，然后把电信号发送至比例减压电磁阀以调节动力换挡压力，来辅助控制泵的输出流量，如当检测到发动机转速因负荷较大而降低时，液压泵的输出流量就会减小，液压泵所需功率减小，发动机的转速得以恢复。

二、主控制阀

挖掘机的主控制阀是液压系统的控制中枢，承担满足各执行机构的方向、克服负载的能力、运动速度以及各自的特殊要求，同时还为主液压泵排量的改变提供控制压力信号，因此主控制阀上集结了多种功能的方向控制阀、压力控制阀、流量控制阀等。

1. 基本功能

挖掘机主控制阀的基本功能是完成对动臂、斗杆、铲斗、回转、行走等动作的方向控制，一般采用先导液压力控制的多路换向阀；每一联换向阀一般采用三位滑阀，以控制相应工作机构两个方向的运动和停止；根据各自工作机构的特定要求在相关换向阀上插装一些不同功能的控制阀。

2. 中位卸荷控制

挖掘机在启动时主液压泵应处于卸荷状态，另外为达到节能降耗、延长液压泵寿命、减少发热等多方面的目的，也要求在工作机构停止工作时即多路换向阀的每一联都处于中位时主液压泵卸荷。挖掘机上一般采用使液压泵输出的压力和流量都较小的方法使液压系统卸荷，即综合卸荷。如果工作间歇时间过长(一般大于 3～5s)还常同时采取降低发动机转速，以进一步降低液压系统的功率消耗。

1）卡特挖掘机的卸荷方式

卡特、大宇、山东临工等许多机型挖掘机常采用在多路换向阀的中央回油通道上串联一个背压阀 3，其工作原理如图 8-18 所示(详细控制原理见图 7-15 所示)。换向阀中位回油道上设置有阻尼孔用作背压阀，当所有的多路换向阀 2 都处于中立位置时，主液压泵输出的油液通过这个阻尼孔产生压差，即在阻尼孔前面将产生一个液压力(一般不大于 3MPa 左右)，利用此压力作为控制信号引到泵变量机构，使液压泵的排量调至最小。这样，主液压泵输出液压力较低，且排量也很小，所以液压系统卸荷。为防止阻尼孔堵塞后影响系统正常工作在回路中设置了旁通溢流阀 4。

2)小松挖掘机的卸荷方式

图 8-19 所示为小松挖掘机液压系统采用的卸荷方式原理简图。在主液压泵 1 的出口压力油路上并联着主溢流阀 2 和受压差控制的卸荷阀 3，卸荷阀的阀芯所受弹簧力与泵出口力 p_A 和 LS 压力 p_{LS} 之差相平衡，当所有的多路换向阀都处于中立位置时，负载传感压力 p_{LS} 为零，卸荷阀 3 的开启压力约为 2.9MPa，此时主液压泵的排量也调至最小，因此可以实现液压泵卸荷。

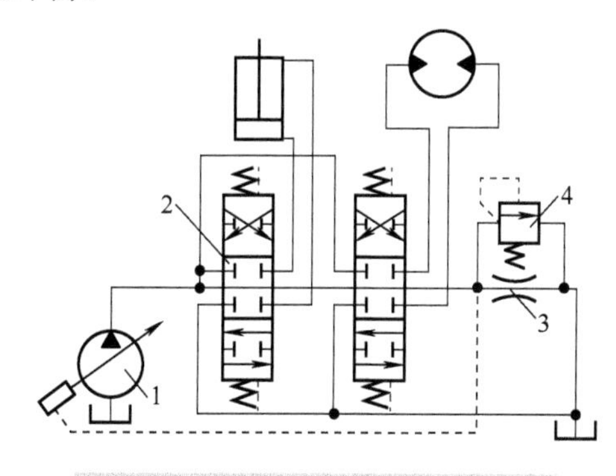

图 8-18　卡特挖掘机液压泵卸荷方式

1-主液压泵；2-多路换向阀；3-背压阀；4-旁通溢流阀

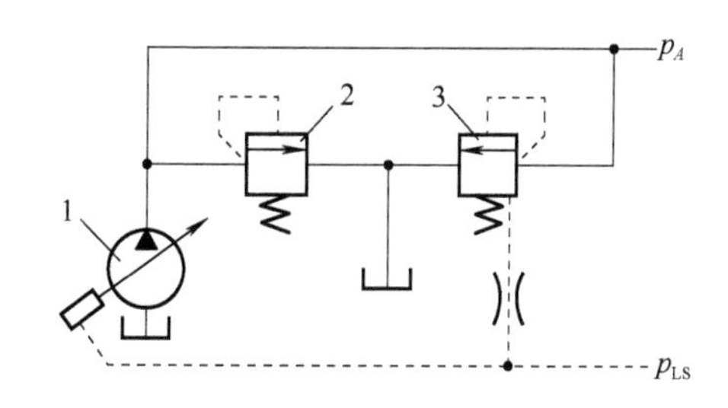

图 8-19　小松挖掘机液压泵卸荷方式

1-主液压泵；2-主溢流阀；3-卸荷阀

3. 对液压泵的排量控制

1)利用中央回油通道产生的液控压力控制

该种对液压泵排量的控制方式是通过多路换向阀的换向阀芯行程变化，进而在中央回油通道上产生液控压力大小的变化来自动控制泵的流量。即阀芯位于中立位置时通过控制阀中央回油通道后再经阻尼孔的流量最大(参照图 8-18)，阀芯行程最大时中央回油通道流量为最小，这样便产生不同的液控压力，这个液控压力被传至液压泵的调节器。当液控压力高时(阀芯处于中立位置)减小液压泵的斜盘倾角，排量减小；当液控压力下降时(阀芯行程加大)增大泵的排量，这样即可实现对泵的排量控制。

2)负载传感系统对液压泵排量的控制

图 8-20 所示为采用负载传感系统对液压泵排量进行控制，图中换向阀 3 和 4 的开口面积(s_1 和 s_2)与先导控制压力(p_{x1} 和 p_{x2})成正比，换向阀的出口压力经 LS 压力梭阀分别作用于主液压泵的变量控制机构与压力补偿阀 5 和 6，主控制阀出口侧的压力补偿阀用来平衡负载。当进行单一操纵动作时，液压泵的排量根据换向阀的开口面积自动调整，即阀开口面积增大时 LS 压力差 Δp 减小，液压泵的排量增大，通过换向阀的流量增大后 Δp 恢复；而负载变化时液压泵的出口压力也发生相应的变化，但换向阀的进出口压力差 Δp 不变，则通过换向阀的流量不变，执行元件的速度只受操作指令的控制而不受负载变化的影响，实现精确控制，使挖掘更平稳。在复合操作时(两个执行元件一起动作)，通过压力补偿阀使每个滑阀入口压力和出口压力的压差相等，保证泵的流量按照每个阀的开口面积成比例分配而不受不同负载的影

响，此时液压泵的出口压力由执行元件中较大负载力决定。如图 8-20 所示，换向阀 3 和 4 的开口面积为 s_1 与 s_2，液压缸 8 产生的负载压力大于液压缸 7，这时压力补偿阀 5 的通流面积减小，液流通过后产生一个压力损失来补偿两个执行元件的负载压力之差，相当于在回路中串联了减压阀。

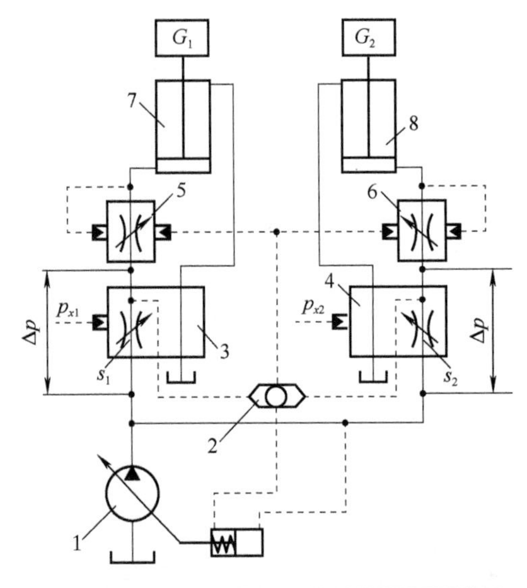

图 8-20　负载传感系统对液压泵排量的控制

1-主液压泵；2-LS 压力梭阀；3、4-换向阀；5、6-压力补偿阀；7、8-液压缸

4. 主溢流阀

挖掘机液压系统的主溢流阀大多具有加压功能，相当于二级调压，主要用于行走和加力挖掘的工况，可以使液压系统的设定压力临时提高，以增加执行元件克服负载的能力。不同品牌挖掘机的加压原理略有不同，常见的主溢流阀结构有以下两种。

1) 改变调压弹簧的预压缩量

图 8-21 所示为先导式溢流阀的结构简图，其中 HP 口为主液压系统的压力油入口，LP 口为回油口，SG 口为先导压力油入口。当需要使用加压功能时，按下操作手柄上的增力按钮(或在行走时压力开关处于 ON)，先导压力油被送至 SG 油口，柱塞 9 向左移动，先导阀弹簧 7 被进一步压缩，先导阀弹簧的压缩力增加，先导阀的开启压力随之增加，主液压系统的设定压力也相应增加。

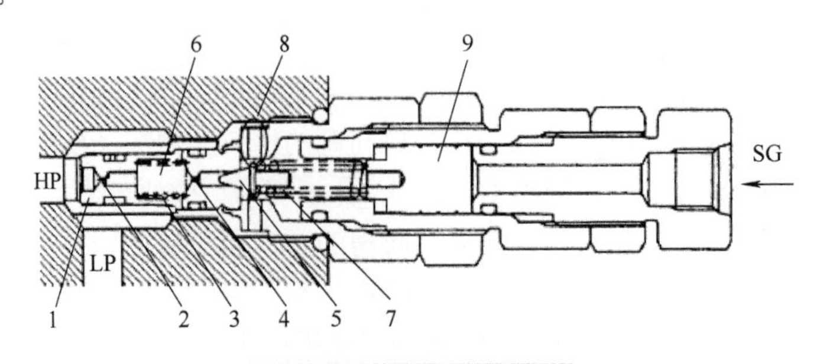

图 8-21　主溢流阀结构(1)

1-主阀芯；2-节流孔；3-主阀弹簧；4-节流孔；
5-先导阀芯；6-弹簧腔；7-先导阀弹簧；8-先导泄油道；9-柱塞

2)先导压力作用于先导阀芯

如图 8-22 所示，液压系统正常的工作压力由先导阀弹簧 1 调定，系统需要加压时，先导压力油从 p_x 口进入作用到先导阀芯 2 的直径 d_1 上，提高了系统的设定压力，液压缸(或马达)克服负载的能力变得更高。

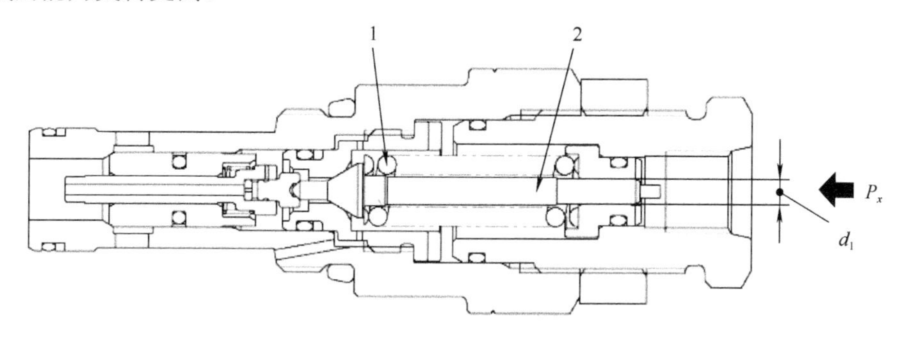

图 8-22　主溢流阀结构(2)

1-先导阀弹簧；2-先导阀芯

5. 直线行走

当挖掘机陷入坑中或其他特殊工况时，要求挖掘机能在行走的同时操作其他工作装置(如动臂、斗杆、铲斗、回转等)完成相应的动作，以实现挖掘机的自救或其他功能。正常行走时，前、后主液压泵分别给左右驱动轮液压马达供油，由于两个主液压泵和两侧的液压马达的规格相同，液压泵排量的变化也相同，因此基本上可以保证两侧液压马达的旋转速度相同，即可实现挖掘机直线行走。当操作行走的同时还需要操作其他动作时，直线行走阀获得控制压力油信号 p_x 而处于右位工作，直线行走阀进行液压油的再分配，前主液压泵给两侧行走液压马达供油，保证挖掘机直线行走，而后主液压泵则可向其他动作执行元件进行供油，其工作原理如图 8-23 所示。

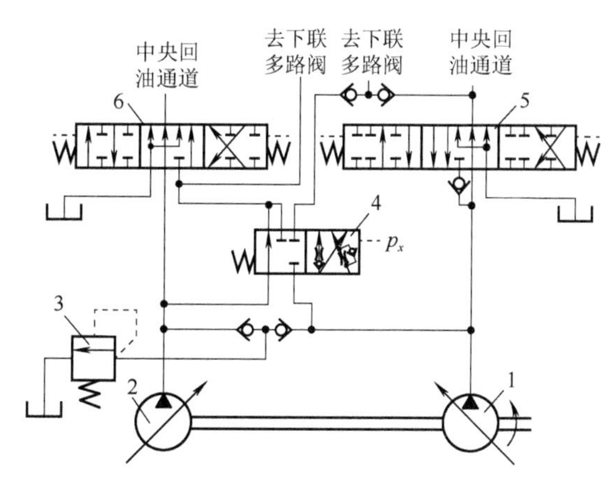

图 8-23　直线行走工作原理

1-前主液压泵；2-后主液压泵；3-主溢流阀；
4-直线行走阀；5-右行走换向阀；6-左行走换向阀

6. 复合动作时动作优先控制

在并联油路中，若需要两个动作同时运动时，则必需使两个动作的负载压力相同，否则，负载压力大的执行元件就不会运动。在挖掘机工作时为提高作业效率，很大一部分时间都要求两个动作同时运动，如动臂提升与斗杆、回转与斗杆，但在这些复合动作时动臂提升的负载及回转启动的负载很大，为了优先保证动臂提升、回转的启动，常在流向斗杆液压缸的油路上增加节流作用。

1) 斗杆与回转的复合动作

图 8-24 所示为斗杆与回转的复合动作工作原理图。当斗杆液压缸单独动作时，优先阀 8 处于图示位置工作，主液压泵 1 输出的压力油在流向斗杆缸的油路上无节流，此压力油可以与另一主液压泵(图中未画出)的压力油合流，使斗杆液压缸运动；当回转与斗杆同时动作时，优先阀 8 得到控制信号 p_x 而换向，此时压力油在通往斗杆液压缸的油路上增加了节流阻力(甚至完全断开，仅靠另一主液压泵供油)，这样就可保证回转动作按要求工作。

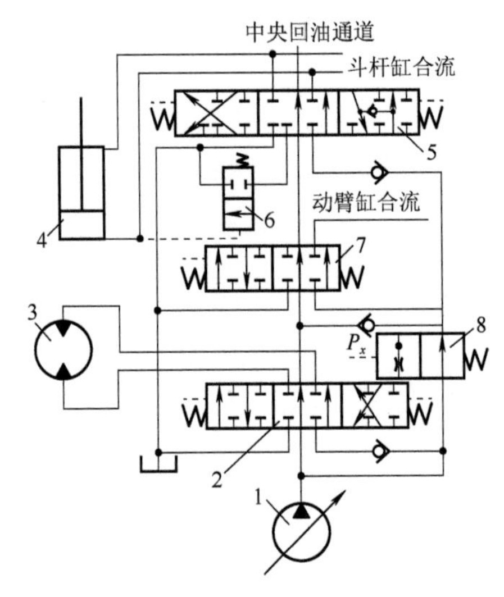

图 8-24 斗杆与回转的复合动作工作原理

1-主液压泵；2-回转换向阀；3-回转马达；4-斗杆液压缸；5-斗杆换向阀 I；6-切断阀；7-动臂换向阀 II；8-优先阀

2) 斗杆与动臂的复合动作

图 8-25 所示为斗杆与动臂的复合动作工作原理图。当单独操纵斗杆液压缸动作时，主液压泵的高压油经过动臂换向阀 I 的中央回油通道后再通过单向阀 3 到达斗杆缸换向阀 II 的进口，节流阀 4 不起作用，该泵高压油经过斗杆换向阀后与另一主泵的高压油合流，使斗杆液压缸获得一较快的速度，提高作业效率；同时操作动臂和斗杆动作时，动臂换向阀 I 的中央油道被切断，液压泵的压力油必须要经过节流阀 4 才能进入斗杆换向阀 II，这样即可保证动臂液压缸的动作优先。

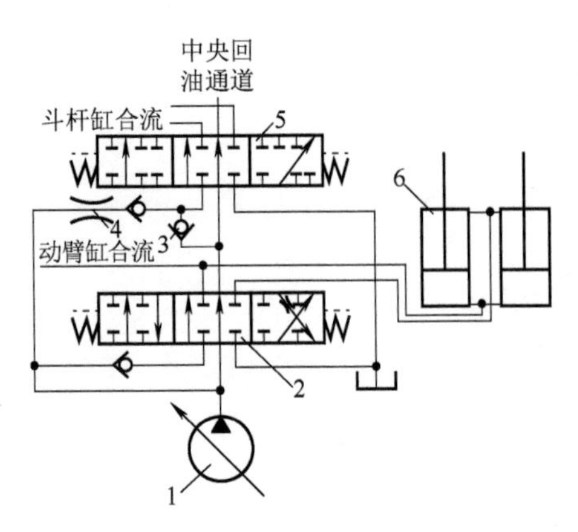

图 8-25 斗杆与动臂的复合动作工作原理

1-主液压泵；2-动臂换向阀 I；3-单向阀；4-节流阀；5-斗杆换向阀 II；6-动臂液压缸

3) 回转与大臂提升的复合动作

某些挖掘机设有回转与大臂提升复合动作的回转优先调节旋钮，用回转调节旋钮可以使回转速度与大臂提升速度得到合理分配，因此作业时(如装车、挖掘甩土方等)可根据需要回转的角度、动臂提升高度等条件，把回转和动臂提升速度分配到最佳状态，使作业效率达到最佳值。

7. 工作机构油路再生控制

所谓工作机构油路再生是指液压缸在重力作用下运动会出现超速现象，此时液压泵供油量不足，在液压缸进油侧就可能产生真空，如果只通过在回油路上增加节流来限速，则会发热量增加，且不利于工作效率的提高，为此，当液压缸运动速度较快而使供油压力较低时，在回油路上通过节流来限制回油量，并且把回油的一部分引至液压缸供油腔与液压泵供油合流，这样即可实现回油路再生控制，达到防止气穴产生且液压缸工作速度提高的目的。

如图 8-24 所示，当斗杆换向阀 5 处于右位工作时，斗杆液压缸 4 活塞杆伸出，此时如果处在挖土作业过程，液压泵需要足够的供油压力才能完成斗杆内收，因此切断阀 6 处于下位工作，斗杆液压缸回油可直接回油箱；如果铲斗处在下落过程而未至地面，斗杆液压缸会在工作机构重力作用下被快速拉出，液压泵的供油压力下降，切断阀 6 在弹簧力作用下换向而处于上位工作，斗杆液压缸的回油路上阻力增加甚至被切断，这样回油可通过斗杆换向阀 5 右位中单向阀与液压泵供油合流后一起进入斗杆液压缸的无杆腔，斗杆液压缸的伸出速度加快。

8. 工作机构锁定控制

挖掘机挖掘过程结束满斗土石提升后，可能会处在等待自卸车的状态，另外挖掘机进行起重作业的场合等，这些工作状态动臂、斗杆和铲斗液压缸会由于换向阀的滑阀间隙泄漏而自行下沉，如果下沉量过大就会影响作业要求。在这三个液压缸中斗杆液压缸的自行下沉量较为严重，因此一般情况下在油路上设置锁止阀实现斗杆锁定，有些挖掘机的动臂液压缸也采取锁止措施，但其工作原理基本相同。

图 8-26 所示为斗杆锁定液压回路工作原理图。为了防止因斗杆换向阀的间隙泄漏而使斗杆液压缸活塞杆被拉出，在换向阀与斗杆液压缸有杆腔油路中间设置一锁止阀，保证斗杆液压缸在重力作用下不被拉出。如果铲斗离开地面，斗杆液压缸 4 的活塞杆将受到一个向外的拉力，于是在斗杆液压缸的有杆腔产生较大的液压力，当斗杆换向阀 3 处于中位时，锁止换向阀 5 处于右位工作，锁止阀 6 的阀芯在弹簧力和斗杆缸有杆腔液压力的共同作用下将阀口关闭，且在一定压力范围内随反向压力的提高而提高密封性，斗杆缸有杆腔的回油路被完全切断，因此斗杆液压缸被锁定；当需要斗杆缸活塞杆外伸，斗杆换向阀处于右位工作，主液压泵输出的压力油通斗杆无杆腔，此时锁止换向阀也得到换向控制信号 p_x 而处于左位工作，锁止阀的弹簧腔与油箱接通，作用在锁止阀芯环形面积上的液压力克服弹簧力和摩擦力等将阀芯推离阀座，斗杆缸有杆腔回油可与油箱接通，所以能实现活塞杆向外伸出。

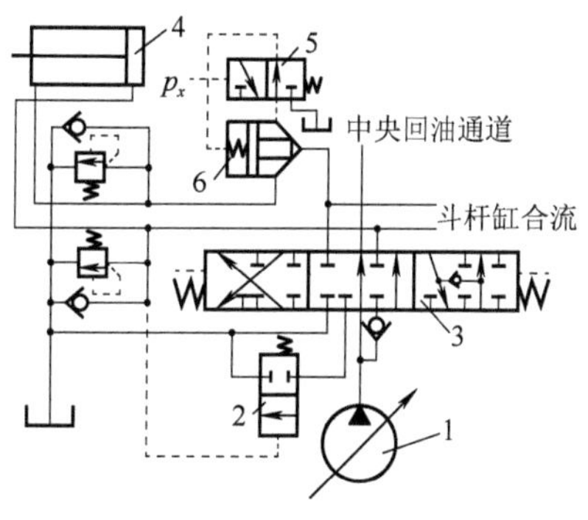

图 8-26　斗杆液压缸锁定工作原理

1-主液压泵；2-切断阀；3-斗杆换向阀；4-斗杆液压缸；5-锁止换向阀；6-锁止阀

三、回转液压回路

1. 回转机构的工作特点及要求

在挖掘机的作业循环中，回转机构的工作频率最高，回转停止时的冲击和发热量较大，且回转机构的性能对整机的稳定性和定位精度起决定性作用，因此回转机构液压系统应满足下列要求。

(1)液压系统对回转机构要有足够大的驱动力，以满足在斜坡上作业的要求，但要小于履带与地面的摩擦力。

(2)回转结束工作时，回转机构会产生很大的惯性力使转台继续转动，液压马达被回转机构拖动继续旋转，此时该马达相当于液压泵工作，因而会产生一个制动扭矩使回转机构减速并在适当位置停止，制动扭矩的大小由过载阀的压力设定值决定。

(3)液压系统应具有防反转功能。回转马达在液压制动下停止转动时，液压马达出口仍然保持较高压力(过载阀开启压力)，此压力会使马达带动回转机构反转，挖掘机会产生摇晃，为保持整机的稳定性常在液压回路上设置防反转阀，起吸收回转停止时液压冲击的作用。

(4)在设备行走或停止其他操作(包括发动机停机)时，回转马达应保持机械制动状态，否则需立即解除机械制动，而制动时采取延迟制动。制动器一般采用湿式多摩擦片式，靠液压力解除，弹簧力制动。

2. 大宇挖掘机回转液压回路

大宇、日立、现代、住友、临工等许多机型挖掘机回转液压回路原理及所用主要液压元件类似，其工作原理如图 8-27 所示。图 8-27 中 p_A 和 p_B 为主控制阀中回转换向阀的两个工作油口，p_{SH} 为逻辑控制信号压力，p_G 为先导控制压力油。

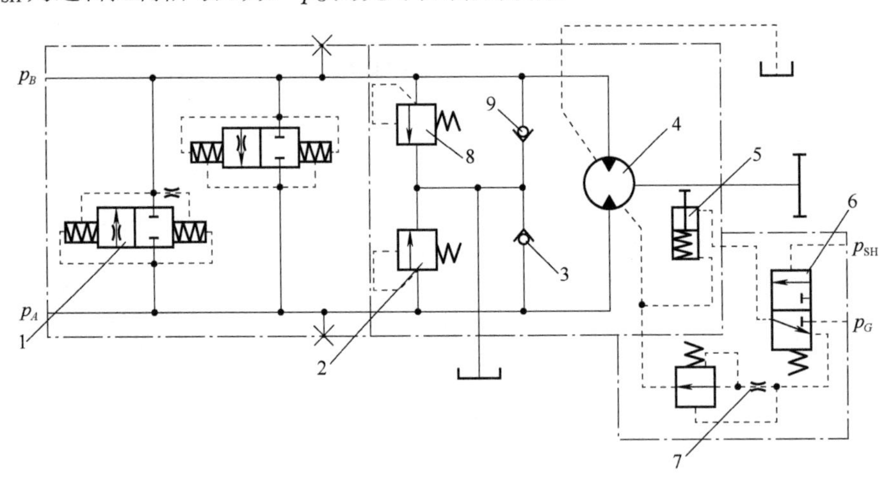

图 8-27　大宇挖掘机回转液压回路原理

1-防反转阀；2、8-过载阀；3、9-单向阀；4-液压马达；5-制动器；6-换向阀；7-流量控制阀

1)停车制动功能

设置在回转液压马达 4 组件内的制动器 5 一般采用湿式多摩擦片结构，依靠弹簧力制动，通过液压作用力解除制动。通常情况下，当操纵除行走换向阀以外的其他换向阀时产生逻辑控制信号，换向阀 6 的 p_{SH} 口得到液压力信号而换向，先控制压力油 p_G 进入制动器 5，液压力将弹簧压缩解除制动；逻辑控制信号也可以是电信号，换向阀 6 则换成二位三通电磁换向阀即可。根据回转制动的特点和要求，制动时要适当延迟，因此在制动器回油路上串联一流量控制阀 7。

2) 回转动作

当操作回转换向阀换向时，制动器处于解除状态，如果使 p_A 与液压泵输出的压力油接通，p_B 与油箱接通，则液压马达通过减速装置带动挖掘机上装部分旋转；改变马达的进、出油方向，回转方向得到改变；此时过载阀 2 和 8 可限制马达的最大回转扭矩，起安全保护作用。

3) 防反转功能

当松开回转操纵手柄时，回转换向阀回到中立位置，p_A 和 p_B 两个工作油口被切断，由于上装部分在回转时产生相当大的惯性会拖动液压马达继续旋转，此时液压马达同液压泵一样工作，两个工作油口中一个为吸油口，而另一个为排油口，如 p_A 为排油口，但 p_A 油路已被主换向阀切断，因此高压油打开过载阀 2 溢流，低压油可通过单向阀 9 向 p_B 油路补油以免产生过大真空度，这样回转马达起到了液压制动器的作用，消耗回转机构的动能(转化为热能)使回转逐渐停止。在回转机构刚好停止回转时，p_A 油路仍然保持较高的压力，如果不采取措施此压力油会使马达反方向旋转，这样挖掘机会产生晃动，为此在两个主油路之间设置了两个防反转阀 1，防反转阀的功能在于当回转刚停下后 p_A 油路略有降低时，防反转阀换向，通过节流孔将两主油路 p_A 和 p_B 接通，p_A 油路压力迅速降低，使该路压力油无法驱动马达反转。

3. 小松挖掘机回转液压回路

小松挖掘机回转液压回路原理如图 8-28 所示，图中 p_A 和 p_B 为回转换向阀的两个工作油口，p_{EPC} 为先导控制压力油。该回路回转与停车制动等的工作原理与大宇挖掘机相似，不同之处在于：过载阀 5 通过单向阀 6 或 7 可保证主油路 p_A 或 p_B 不出现过载；在回转换向阀回到中位时，回转机构因惯性继续回转，过载阀 5 被打开，为使 p_A 或 p_B 油路不出现真空，通过单向阀 3 或 4 往相关油路中补油。

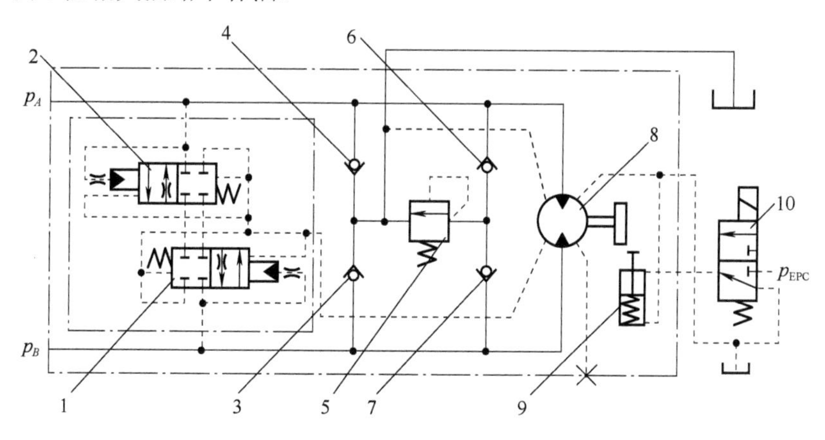

图 8-28　小松挖掘机回转液压回路原理

1、2-晃动防止阀；3、4、6、7-单向阀；5-过载阀；8-液压马达；9-制动器；10-电磁换向阀

晃动防止阀的作用原理：假如回转机构因惯性拖动马达继续转动使 p_A 油路压力通过过载阀 5 溢流，此时晃动防止阀 2 换向而晃动防止阀 1 仍处于图示位置，不接通；在刚进入第一次反转时，p_A 油路压力有所下降但晃动防止阀 2 仍处于换向位置，此时 p_B 油路压力上升，晃动防止阀 1 换向，这样 p_A 和 p_B 油路通过阻尼孔接通，防止第二次反转。

四、行走液压回路

1. 行走机构对液压系统的要求

履带式液压挖掘机的行走机构与其他履带式机械大致相同，多采用两个液压马达各自驱动一条履带。常采用高速小扭矩马达(轴向柱塞马达)加轮边行星减速的传动方式，两个液压马达同方向旋转时挖掘机将直线行驶；若只向一个液压马达供油，并将另一个液压马达制动，挖掘机则绕制动一侧的履带转向；若使左、右两液压马达反向旋转，挖掘机将进行原地转向。为此液压系统应主要满足行走机构的以下要求。

(1) 液压系统对行走机构要有足够大的驱动力，以满足在松软地面行走、爬坡等工况的要求，因此行走时可利用液压系统的主溢流阀实现加压功能，以增加驱动力。

(2) 为避免在停车时因惯性产生冲击和吸空现象，液压系统应设置过载阀和补油单向阀。

(3) 在下坡行走时为避免超速，液压系统能根据区别下坡与其他行走工况，在欲超速时增加回油阻力实现平衡阀的作用。

(4) 液压马达内常设置制动机构实现停车制动，在需要行走时需靠液压力解除制动。

(5) 行走时可根据路况的好坏实现高速或低速行走，因此行走液压马达常采用两挡变量马达，马达处于大排量状态可满足低速大扭矩驱动行驶，路况较好时马达能切换成小排量状态即可实现高速行驶。

2. 大宇挖掘机行走液压回路

大宇、沃尔沃、现代、住友、临工等许多机型挖掘机常采用 GM 系列行走液压马达，该马达为斜盘式轴向柱塞马达，其行走回路工作原理如图 8-29 所示。图 8-29 中 p_A 和 p_B 为主控制阀中左行走(或右行走)换向阀的两个工作油口，p_x 为行走换挡切换控制压力油信号。

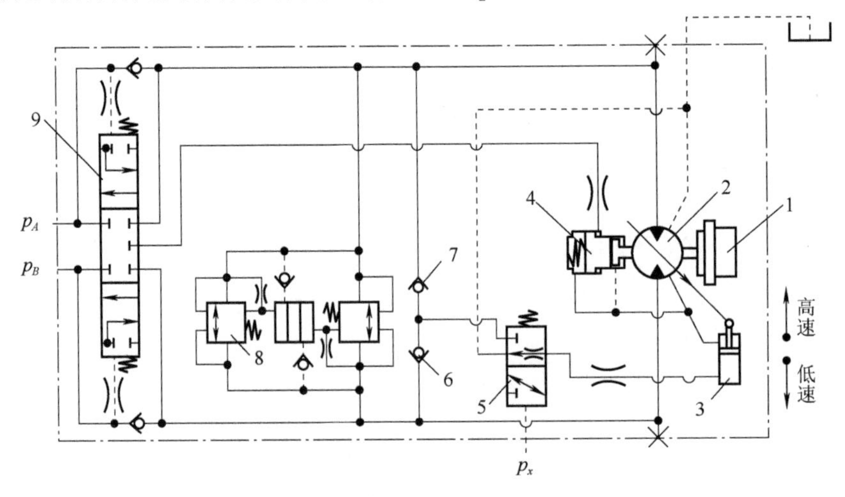

图 8-29　大宇挖掘机行走液压回路工作原理

1-减速器；2-行走马达；3-变量缸；4-制动器；5-换挡阀；6、7-单向阀；8-交叉溢流阀；9-平衡阀

1) 制动解除

在行走换向阀换向后(不论前进或后退)，平衡阀 9 处于图示的上位或下位工作，则主液压泵出口的压力油皆可进入制动器，制动弹簧被压缩，制动解除。

2) 换挡变速

挖掘机在行走过程中，主液压泵的压力油通过单向阀 6 或 7 到达换挡阀 5 的入口处于等待状态，换挡阀 5 处于图 8-29 所示位置时液压马达处于大排量状态，即行走处于低速工况；此时若换挡阀 5 接到控制压力信号 p_x 换向，换挡阀入口处的压力油流入变量缸 3，变量缸推动柱塞马达斜盘倾角变小，马达排量减小，在同样供油量的情况下行走速度加快。

行走速度的控制：操作者选择低速挡时，行走液压马达则处于大排量工作状态，挖掘机低速行走；若操作者选择自动变速挡时，行走时根据行走中负荷的变化自动地切换行走马达的排量，当主液压泵的出口压力达到 300bar 以上，中央控制器发出指令使 p_x 控制压力为零，行走马达大排量工作，当系统压力降低到 210bar 以下时换挡阀获得控制压力信号 p_x，挖掘机切换成高速状态；但当发动机在约 1400r/min 以下运转时，即使选择自动变速，行走马达也将固定在低速状态运行。

3）平衡阀的功用

挖掘机在非下坡工况时，如 p_A 油口与主液压泵出口压力油接通，p_B 油口与油箱接通，平衡阀 9 换向相当于处在图 8-29 所示上位工作，压力油进入行走马达上面油口，马达回油通过平衡阀内油道流向 p_B 口，马达旋转拖动挖掘机行走，行走速度取决于液压泵的供油量；在行走过程如果出现下坡挖掘机行走即将超速时，液压泵供油压力下降，平衡阀阀芯向中位移动，回油道过流面积被关小产生节流阻力，马达回油背压增加，限制马达出现超速的情况。

4）交叉溢流阀

在行走过程中如果突然停车，由于惯性的作用挖掘机会拖动马达继续旋转，而 p_A 和 p_B 口在行走换向阀处已处在截止状态，这时交叉溢流阀可起到过载、补油的作用，同时起到液压制动作用。

3. 卡特挖掘机行走液压回路

图 8-30 所示为卡特挖掘机行走液压回路工作原理，其基本原理与上述大宇挖掘机相似，主要不同包括：在去往制动器的油路上增加了制动阀 4，该阀的功能相当于单向节流阀，解除制动时起单向阀功能，停车制动时节流以延缓制动；排量的切换由电磁阀通过控制器决定换挡阀 6 是否获得控制压力信号 p_x；平衡阀 8 和过载阀 7 集成在一个阀块内，两个过载阀的作用与交叉溢流阀相同。

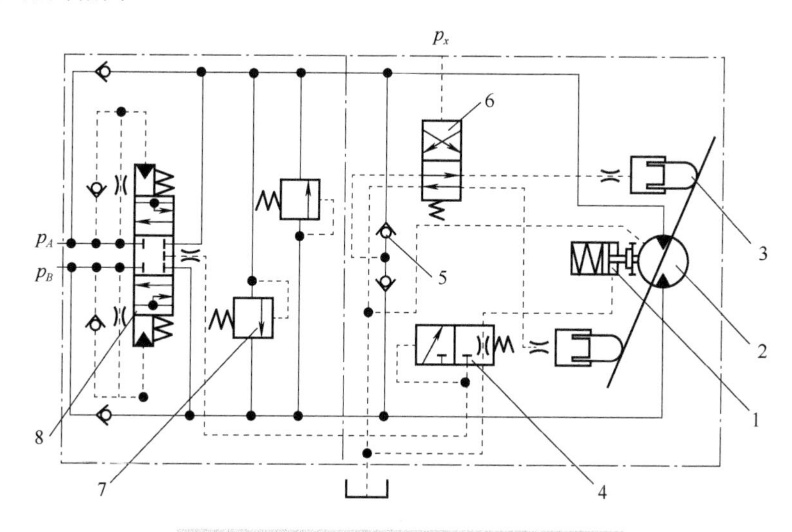

图 8-30　卡特挖掘机行走液压回路工作原理

1-制动器；2-行走马达；3-变量缸；4-制动阀；5-单向阀；6-换挡阀；7-过载阀；8-平衡阀

其他挖掘机的行走液压回路的工作原理和功能也大致相同，只不过个别元件的结构可能不同。

总之，由于挖掘机的作业状况千变万化，对作业效率、作业质量、发动机功率的利用率、操作作者的劳动强度、精细操作等要求较高，因此其液压系统的组成和控制功能较为复杂，机、电、液一体化程度也较高，所以在阅读和理解液压系统原理时，还要充分了解工作装置对液压系统的要求，这样才能更好地理解设计者的意图。

第三节　沥青混凝土摊铺机液压系统

沥青混凝土滩铺机是用于铺筑沥青混凝土路面的施工机械，是路面机械的主要机种之一，该设备可将拌制好的沥青混合料均匀地摊铺在已经平整好的路面基层上，并给以初步的捣实和整平，形成满足一定宽度、厚度、平整度和密实度等要求的路面面层，被广泛应用于公路、城市道路、码头、大型停车场的沥青摊铺作业中。沥青摊铺机的底盘有轮胎式和履带式之分。轮胎式转向灵活且连续，机动性好，摊铺弯道时路面平整，但牵引力小；履带式混凝土摊铺机具有较长的接地长度，接地面积大，接地比压小，对不平整的路面适应性好，牵引性能和通过性能都比轮胎式的好，但转向不灵活，铺弯路时路表易产生波纹，导致平整度欠佳。本节主要以履带式沥青混凝土滩铺机为例介绍其相关的液压控制技术。

沥青混凝土滩铺机工作时要在行驶的同时完成沥青摊铺作业。当装满混合料的自卸车倒退至摊铺机的正前方位置时，汽车后轮顶住摊铺机的两个推辊，自卸车置于空挡位置，让自卸车车厢向摊铺机料斗卸料，摊铺机边摊铺作业边推着自卸车前进，直至自卸车完成卸料空载驶离；料斗中混合料经由刮板输送到摊铺室，两个出料口各有一个闸门(料门)来调整开度以控制送料量，料斗两侧的侧壁可由各自的液压缸顶起内翻收起，将余料卸在刮板输送器上，然后放平等待下一辆自卸车卸料；到达熨平板前面摊铺室的混合料再由两组螺旋分料器向两侧摊开，使混合料横向布满整个摊铺宽度；在螺旋分料器之后并排布置有两套结构相同的振捣装置，随着机械的行驶，这些被摊开的混合料又被振捣器初步捣实；熨平装置布置在振捣装置之后，它通过两侧大臂与机架铰接，其主要作用是将前面螺旋分料器送来的松散、堆积的混合料，按照一定得宽度、拱度和厚度，均匀地摊铺在路基上，并对铺层进行预压实，为适应不同摊铺宽度的要求熨平装置可实现左右液压伸缩，熨平板的仰角可以调整；摊铺机转场时为满足通过性的要求，料斗收起，熨平板缩回，整个熨平装置通过两侧大臂提起。该机种广泛采用机电液一体化技术，液压传动系统相对较为复杂，特点也比较突出，液压传动要完成的动作主要包括：行走驱动、刮板送料、螺旋分料、熨平箱伸缩、料斗、料门、大臂和自动找平等，图 8-31 所示为某型号沥青混凝土摊铺机液压泵布置图。

一、行走液压系统

履带式摊铺机的行走系统常采用变量柱塞式液压泵与变量液压马达组成的闭式液压系统，可有效地在全流量范围内调节，并由微型计算机进行控制，实现摊铺速度恒速自动控制。两侧行走系统独立驱动，控制原理相同，通过速度电位计与转向电位计可精确地预选直线行走速度和转向时两侧行走系统的速度，计算机控制系统可使摊铺机实现精确地直线行走和在弯道上平滑移动。不同生产厂家的摊铺机行走液压系统控制原理基本相同。

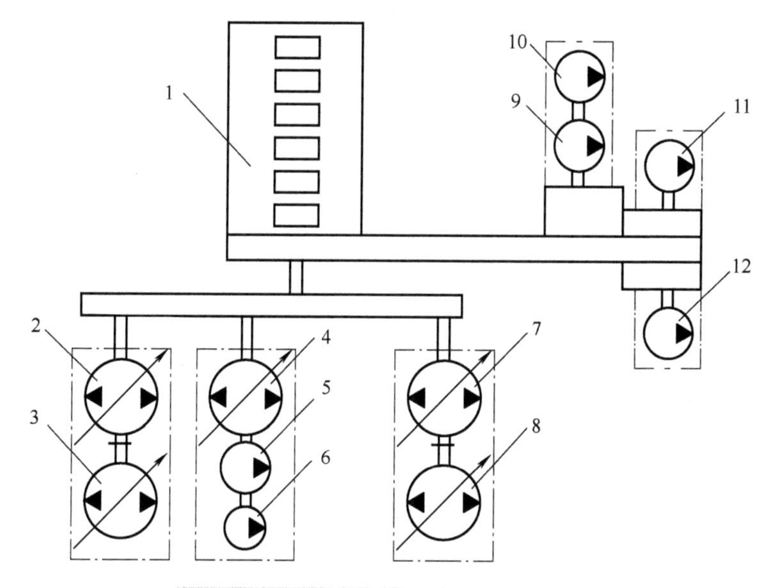

图 8-31　沥青混凝土摊铺机液压泵布置图

1-发动机；2-右行走泵；3-右分料泵；4-振捣泵；5-右刮板泵；6-左刮板泵；7-左行走泵；8-左分料泵；9-振动泵；10-液压缸工作泵；11-风扇泵；12-辅助泵

图 8-32 所示为 ABG 摊铺机行走液压系统原理图。发动机通过分动箱直接驱动行走系统中的双向变量柱塞泵 1，双向变量泵驱动行走变量柱塞马达 12，由此组成一个双变量无级调速的闭式系统，即变量泵和变量马达组成的容积调速系统。液压泵的变量控制方式常为电液比例控制(如 A10VG45EP 型液压泵)，通过行驶比例控制阀 2 实现对行走液压泵排量的无级调节，以及停车和行驶方向的控制；行走系统压力由主安全阀 3 限定，系统的最高工作压力设定为 35MPa，系统过载起安全保护作用，正常工作时无溢流损失；补油泵 8 的作用有两个，其一是为变量柱塞泵 1 的变量机构提供先导控制压力油，其二是补充闭式系统中液压泵和马达的内泄漏以及循环冲洗油液，保证系统中油液清洁和温度适中；补油压力由补油溢流阀 5 设定，一般为 2.5MPa 左右；补油泵的排量一般在 10～15mL/r，通过补油单向阀 4(对称布置两个)可以保证始终向低压油路补油；卸荷阀 6 和梭阀 7 联合工作，在摊铺机前进(或后退)时行走系统高压油作用于卸荷阀 6，当主系统工作压力接近主安全阀的开启压力时，卸荷阀被打开，卸荷阀前压力降低，即柱塞泵变量机构的先导压力油压力很低，柱塞泵的斜盘倾角减小，柱塞泵的输出流量变得很小，这样即便系统过载安全阀打开，通过主安全阀的流量很小，系统因过载而产生发热量大大减小，有利于系统温升的控制，同时也消除了发动机憋车的隐患(此项功能习惯称为压力切断)；冲洗阀 10 为三位液控换向阀，在闭式系统工作时始终将低压油路中一定量的油液通过背压阀 9 回油箱，在此回油路上一般还设置冷却器、过滤器，背压阀的开启压力约在 1.4MPa，通过冲洗阀和背压阀置换出系统内的温度相对较高、也可能含有一定杂质的油液；由速度传感器 11 检测马达的转速，通过摊铺机的控制器控制行驶比例控制阀 2 的输入信号，两套行走系统联动时实现两侧履带同速转动(直线行驶)，分别控制时可按设定的要求转向(两侧行走马达不同转速)；解除制动的控制压力油来自于补油泵 8，当制动电磁阀 16 通电时制动被解除，断电时靠弹簧力制动；变量柱塞马达 12 是一个双排量的变量马达，大排量工作时(速度低、扭矩大)主要面对摊铺作业，小排量时适用于短距离转场，与比例控制变量行走液压泵配合即可实现两挡无级调速，马达排量的改变受换挡电磁阀 13 的

控制，不论前进还是倒车闭式系统的压力油均可通过单向阀进入换挡电磁阀作用于马达的变量机构，马达处于大排量状态，换挡电磁阀 13 得到控制电信号时换向进而控制马达改变排量。

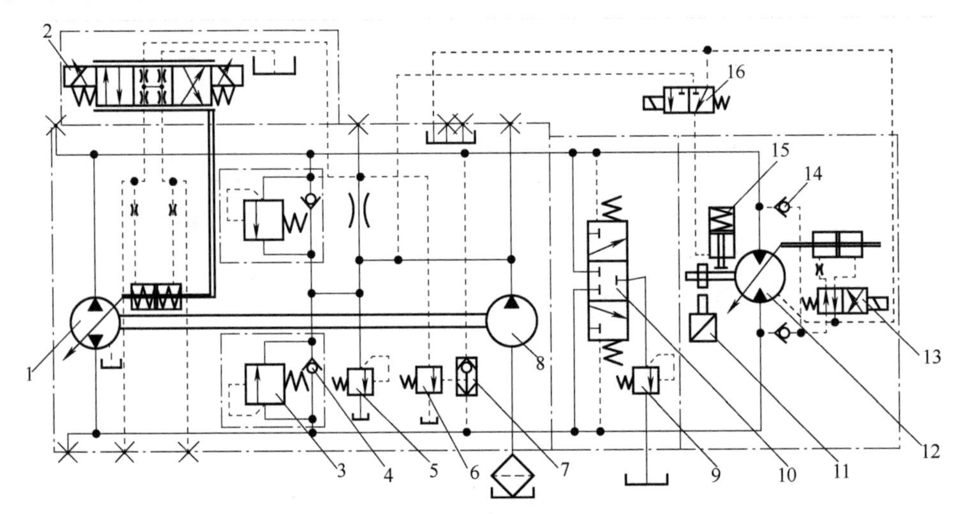

图 8-32　ABG 摊铺机行走液压系统原理图

1-变量柱塞泵；2-行驶比例控制阀；3-主安全阀；4-补油单向阀；5-补油溢流阀；6-卸荷阀；7-梭阀；8-补油泵；9-背压阀；10-冲洗阀；11-速度传感器；12-变量柱塞马达；13-换挡电磁阀；14-单向阀；15-制动器；16-制动电磁阀

图 8-33 所示为福格勒摊铺机的行走液压系统原理图。该系统也采用了闭式液压控制系统，系统中补油溢流阀 14 的调定压力(也是比例减压阀 12 的入口的先导压力)为 19bar，主安全阀的调定压力为 420bar，比例减压阀的输出压力为 2～8bar，压力开关 13(相当于外控顺序阀)的切换压力为 395bar，背压阀 17 的开启压力为 3bar，背压阀 2 的开启压力为 14bar。与图 8-33

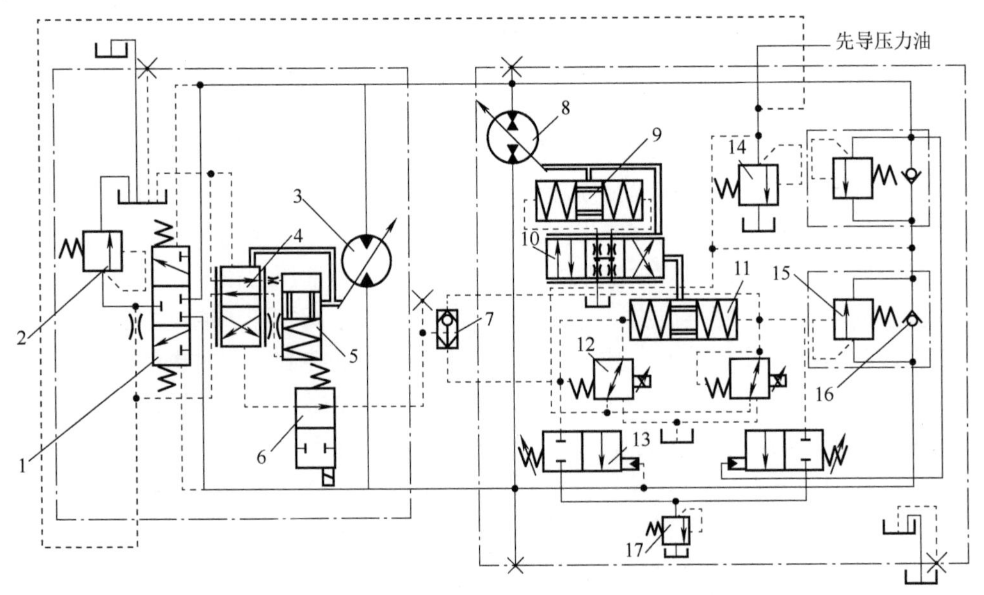

图 8-33　福格勒摊铺机的行走液压系统原理图

1-冲洗阀；2、17-背压阀；3-变量马达；4-马达变量伺服阀；5-马达变量缸；6-换挡电磁阀；7-梭阀；8-变量柱塞泵；9-泵变量缸；10-泵变量伺服阀；11-变量活塞；12-比例减压阀；13-压力开关；14-补油溢流阀；15-主安全阀；16-补油单向阀

所示原理的主要不同之处在于：改变比例减压阀 12 的输入电信号的大小可以控制变量柱塞泵 8 的排量，最终实现对行走速度的控制；比例减压阀 12 的输出压力油通过梭阀 7 作为马达变量伺服阀的控制压力信号，由此决定行走马达 3 的变量；压力开关 13 的切换压力为 395bar，略小于系统主安全阀 15 的设定压力，当系统工作压力接近设定压力时压力开关接通，比例减压阀 12 输出的压力油经背压阀 17 通油箱，而背压阀 17 的开启压力较低，因此变量柱塞泵的斜盘倾角回到较小状态，泵的输出流量较小，此时系统压力即便继续升高致使主安全阀开启，系统的损失功率也大大减小。

上述两液压系统的行走液压泵一般采用斜盘式，而马达可采用斜盘式和斜轴式两种形式，结构紧凑，工作转速和压力较高，系统传动总效率可达 80%以上，常采用比例电磁铁控制液压泵的斜盘角度，换向操纵方便，变量具有连续性，可实现无级调速，并且调速范围大。

二、刮板送料液压系统

刮板输送器装在料斗底部，可在料斗底板上滑移。其作用是将自卸车倒入摊铺机料斗内的混合料输送至摊铺机尾部的摊铺室，是通过带有许多刮板的两根链条的传动来刮送沥青混合料。刮板输送器的驱动有两种形式：一种是机械式，这种刮板输送机速度不能调节，因此必须用料斗后壁的闸门来调节混合料的输送量；另一种是液压式，利用液压马达驱动刮板输送器，对于双排的输送器由两个液压马达分别驱动。国内外不同公司产品的送料液压系统各有特色，主要有下面几种型式：定量泵-定量马达、变量泵-定量高速马达、定量泵-变量高速马达和变量泵-定量低速马达，国外进口摊铺机常为前两种型式，第二种型式组成液压闭式系统，后面两种型式组成开式系统。送料系统的变量方式常采用电子控制，这是摊铺机工作的特殊要求，在摊铺机自动控制工况作业时，熨平装置前面的沥青混合料应由料位控制器自动控制。料多时，减慢或停止供料；料少时，加快供料。另外，除了自动控制供料速度，还应备有手动多挡控制。变量泵-定量马达组成的液压系统的压力一般在 21～25MPa，由系统主安全阀调定；定量泵-变量马达组成的回路系统压力通常为 16～25MPa，定量泵常采用齿轮泵，变量马达常选用柱塞式马达。有些摊铺机的送料和螺旋分料采用一个马达驱动，即送料回路的两个液压马达分别连接两侧的链轮箱，通过行星减速器，再经过链轮链条传动驱动螺旋分料器和刮板送料器。

图 8-34 所示为采用定量泵和定量马达组成的刮板送料液压系统。当两位电磁换向阀 2 处于图示位置时，液压泵 1 输出的油液直接回油箱，液压泵卸荷；当电磁换向阀 2 通电换向后，液压泵输出的压力油进入液压马达 4，刮板送料开始工作，送料液压马达采用内泄漏，系统过载时安全阀 3 打开，限定了系统的最高工作压力，对系统起安全保护作用；送料量的多少可以通过料斗内闸门来调节。

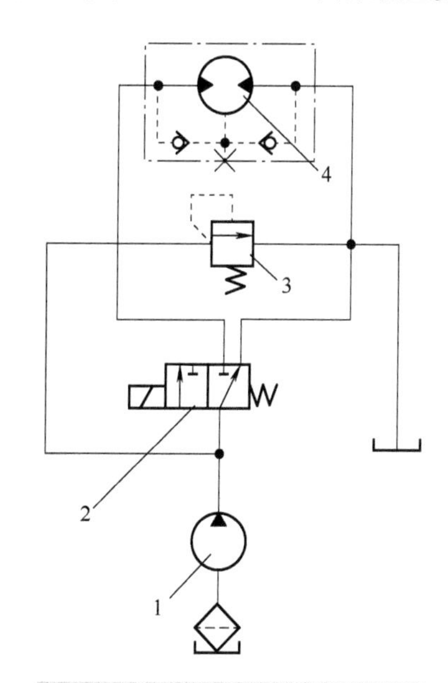

图 8-34　刮板送料液压系统原理图

1-液压泵；2-电磁换向阀；3-安全阀；4-液压马达

图 8-35 所示福格勒摊铺机刮板送料系统中，采用了变量泵和定量马达组成的闭式液压系统，其工作原理与

行走液压系统相似。主液压泵为电控比例变量，图示符号表示该变量泵也可用作液压马达，系统的主安全阀与补油单向阀做成了组合阀，结构紧凑，主安全阀的设定压力为 255bar；用于减少系统在高压下功率损失的卸荷阀(也称压力切断阀)的开启压力为 225bar；液压马达可采用低速大扭矩马达直接驱动刮板机构，也可采用轴向柱塞马达(高速马达)通过行星减速器完成驱动。在送料过程中，可以通过设置在摊铺室内的料位传感器检测混合料的多少，将此信号传递给控制器经判断后实现液压泵排量的自动控制，也可进行手动控制。

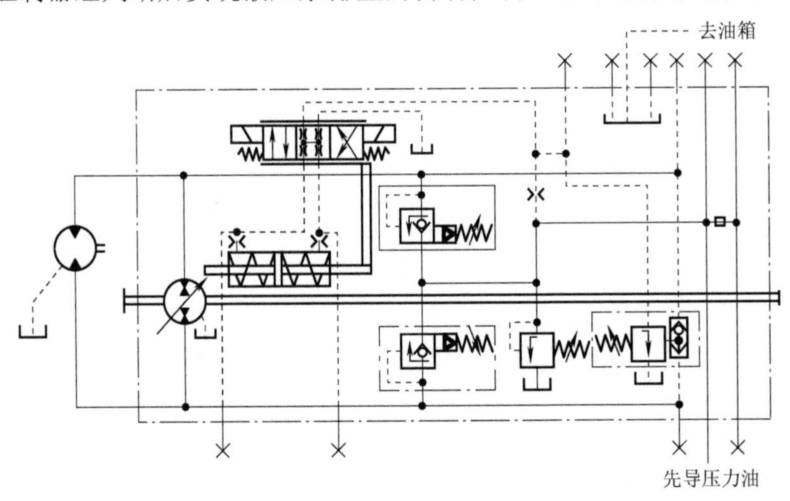

图 8-35　福格勒摊铺机刮板送料液压系统原理图

三、螺旋分料液压系统

螺旋分料器有左右两个，安装在摊铺室内，一般都装在机架的后壁下方，由螺旋输料器轴、螺旋叶片、中间支撑装置以及机械加长螺旋叶片等组成。它的作用是将铺设材料横向输送至熨平板两侧，并沿整个铺筑宽度予以均匀分布。两侧螺旋分料机构由两套独立的液压系统驱动，不同品牌摊铺机所用液压系统的控制原理基本相同，常采用变量柱塞泵、定量马达和减速机组成的驱动系统，图 8-36 所示为 ABG 摊铺机螺旋分料液压系统原理图，螺旋分料器旋转的速度大小采用电子比例调节，以实现转速的比例控制，常采用开环控制，其工作原理与行走液压系统相同。

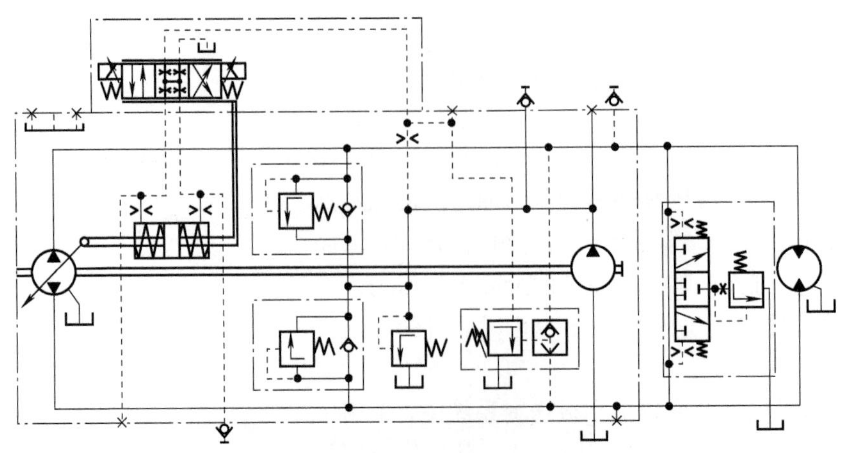

图 8-36　螺旋分料液压系统原理图

四、振动及振捣液压系统

为提高摊铺机摊铺路面的平整度与密实度，摊铺机需设置熨平装置的振动和振动捣固装置，振动和振捣系统为两套独立的液压回路。

1. 振动液压系统

振动装置安装于熨平板上，通常采用液压马达驱动偏心块，依靠高速转动的偏心块产生激振力完成对沥青混凝土的熨平和预压实，振动频率为 0～3600r/min。振动液压回路一般采用由定量泵(常用齿轮泵)和定量马达组成的开式系统。在马达工作油路上并联一流量阀来改变液压马达的转速，采用旁路节流调速来实现激振频率的变化。

图 8-37 所示为振动液压系统的工作原理图。该系统采用了定量液压泵和定量马达，流量阀 5 的面积受比例方向阀 3 进出口压力差的控制。在非作业状态，比例方向阀 3 未获得控制电信号，处于图示的断开状态，流量阀 5 在较低的控制压力下处于接通状态(相当于阀的右位)，液压泵 2 输出的液压油在较低的压力下通过流量阀 5 后回油箱，液压泵卸荷；振动系统工作时，比例方向阀 3 获得控制信号，阀口的开度与控制信号的大小成比例，而阀进出口的压力差比例与阀口的开度成正比，如果比例方向阀的控制信号较大，则阀口的开度也较大，阀进出口的压力差较小，流量阀 5 在左侧弹簧力的作用下其过流面积减小(甚至完全关闭，相当于该阀的图示位置)，通过该阀回油箱的流量减小，马达的转速较高，这样即实现了振动频率的控制。安全阀 4 在液压系统正常工作时关闭，系统过载时起安全保护作用。该系统存在节流损失，振动频率越高功率损失越小。

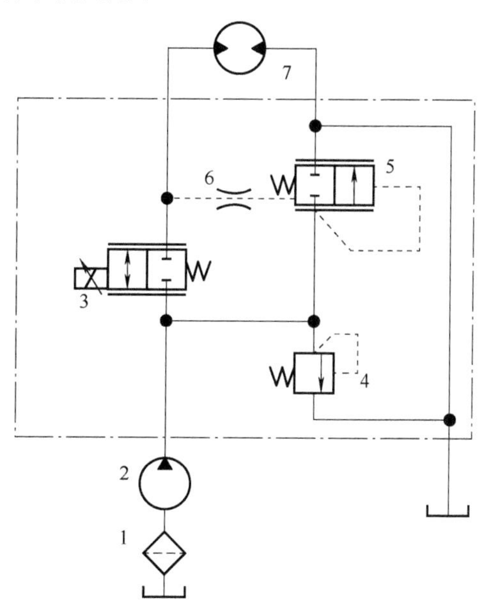

图 8-37　振动液压系统原理图

1-滤油器；2-液压泵；3-比例方向阀；4-安全阀；5-流量阀；6-节流孔；7-振动马达

2. 振捣液压系统

摊铺机的振捣装置布置在螺旋分料器之后、熨平板之前，由偏心轴和铰接在偏心轴上的振捣梁、振捣板组成。振捣装置由偏心轴驱动，振捣行程量由偏心距产生，完成沥青混凝土的预压实，振捣次数通常与摊铺机的前进速度相匹配。一般要求振捣次数为摊铺机每前进 5mm 振捣一次，振捣马达的转速为 500～1800r/min。振捣梁的底面应与熨平板的底面相齐或略有超出但超出底板的量不应大于 0.5 mm，振捣行程根据摊铺厚度进行调节，一般为 2～7mm，工作过程中一般不进行调整。

常见的振捣液压系统有两种组成型式：一种是单向定量泵驱动振捣马达的开式系统，采用旁路节流调速，调速原理类似于振动液压系统；另一种为采用双向变量泵驱动振捣马达的闭式液压系统，依靠电液比例泵(如 ABG 摊铺机采用的是 A4VG45EP 型液压泵)控制马达的转速，其控制原理可参照图 8-37 所示的螺旋分料液压系统的工作原理。

第四节　汽车起重机液压系统

汽车起重机是将起重装置安装在汽车底盘上的一种起重运输设备，其主要液压动作包括上装回转、钓钩的升降、动臂变幅和伸缩、支腿等。对于汽车起重机的液压系统，一般要求输出力大，动作要平稳，耐冲击，操作要灵活、方便、可靠、安全。

一、汽车起重机液压系统工作原理

图 8-38 所示为 Q2-8 型汽车起重机外形图。该起重机的工作机构采用液压传动，最大起重量为 80kN(幅度为 3m 时)，最大起重高度为 11.5m，起重装置可连续回转。该机具有较高的行走速度，当装上附加吊臂后(图中未表示)，可用于建筑工地吊装预制件，吊装的最大高度为 6m。液压起重机执行元件要求完成的动作比较简单，对位置精度的要求较低，因此一般采用手动操作控制，系统对安全性要求较高。

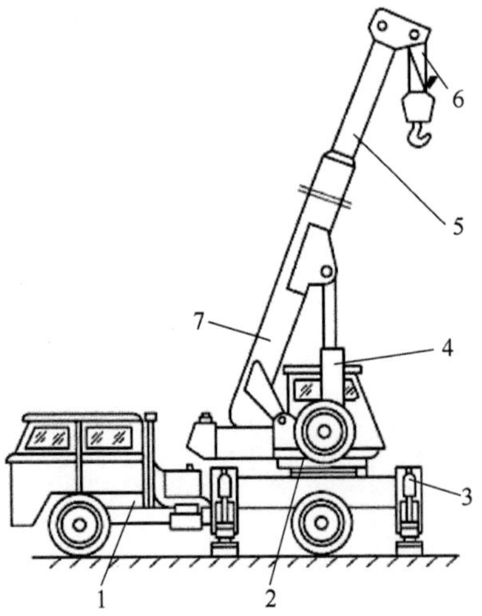

图 8-39 所示为 Q2-8 型汽车起重机液压系统原理图。该系统的液压泵由汽车变速箱上的取力器驱动，常用液压泵额定压力为 21MPa，排量为 40mL/r，额定转速为 1500r/min。液压泵通过中心回转接头从油箱吸油，输出的压力油经手动阀组 *A* 和 *B* 输送到各个执行元件，手动换向阀 3 采用钢球弹跳定位，手动阀组 *A* 工作时换向阀 3 切换至左位，手动阀组 *B* 工作时换向阀 3 切换至右位。溢流阀 12 是 *B* 组换向阀所控制的各回路的安全阀，调整压力为 19MPa，其实际工作压力可由压力表读取；溢流阀 4 是 A 组换向阀所控制的各回路的安全阀。液压系统中除了液压泵、过滤器、溢流阀 4、阀组 A 及支腿部分，其他液压元件都装在可回转的上车部分，油箱也在上车部分，兼作配重。上车和下车部分的油路通过中心回转接头连通。起重机液压系统包含支腿收放、回转机构、起升机构、吊臂变幅等五个部分，各部分都有相对的独立性，是一个单泵、开式、串联(串联式多路阀)液压系统。

图 8-38　Q2-8 型汽车起重机外形简图

1-底盘；2-回转机构；3-支腿；4-吊臂变幅缸；5-伸缩吊臂；6-起升机构；7-基本臂

1. 支腿收放回路

由于汽车轮胎的承载能力有限，且轮胎、钢板弹簧在受力时变形量较大，在起重作业时必须放下液压支腿，使汽车轮胎悬空，形成一个固定的作业基础平台，汽车转场行驶时则必须收起支腿。汽车起重机前后各有两条支腿液压缸，采用了由双向液压锁组成的锁紧回路。工作时，液压泵输出的压力油通过两位三通手动换向阀 3 左位进入支腿收放回路，在三位四通换向阀 5 和 6 都处于中位时液压泵卸荷，两条前支腿液压缸用三位四通手动换向阀 6 控制其收放，而两条后支腿则用另一个三位四通阀 5 控制，换向阀都采用 M 型中位机能，油路上实现串联。每一个液压缸上都配有一个双向液压锁，以保证支腿被可靠地锁止在任意位置，防止在起重作业过程中发生“软腿”现象(液压缸无杆腔油路泄漏引起)或转场行驶过程中液压支腿自行下落。

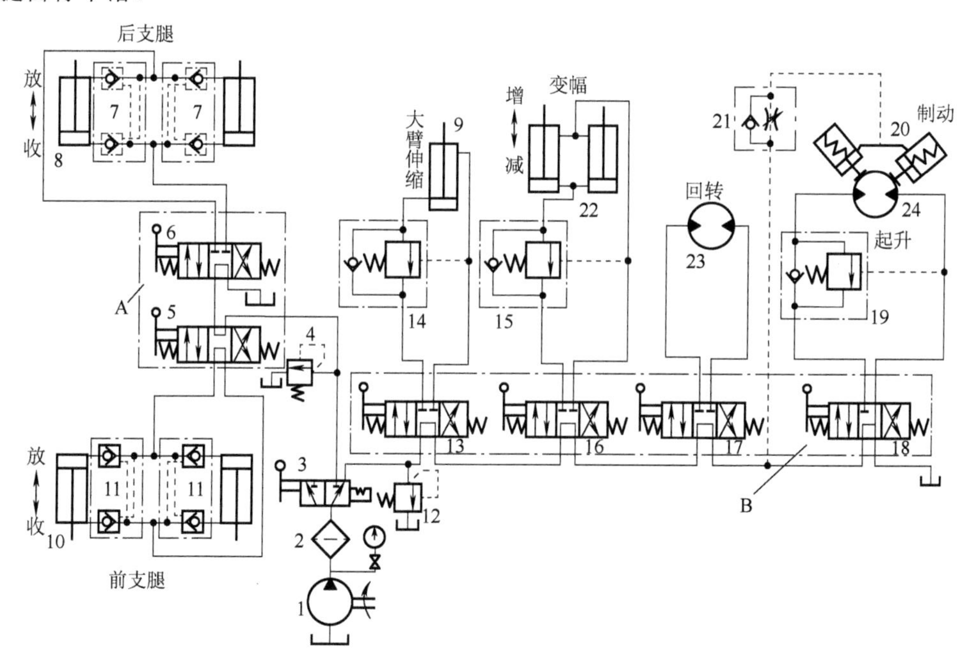

图 8-39　Q2-8 型汽车起重机液压系统原理图

1-液压泵；2-滤油器；3-两位三通手动换向阀；4、12-溢流阀；5、6、13、16、17、18-三位四通手动换向阀；7、11-双向液压锁；8、10-支腿液压缸；9-大臂液压缸；14、15、19-平衡阀；20-制动缸；21-单向节流阀；22-变幅液压缸；23-回转液压马达；24-起升液压马达

2. 起升回路

起升机构采用液压绞盘，工作时要求所吊重物可实现升、降或在空中停留，下降时速度要平稳、变速要方便、冲击要小，启动转矩和制动力要大等。回路中靠柱塞式液压马达 24 带动绞盘旋转，变速是通过改变三位四通手动换向阀 18 的开口量来实现的。当三位四通手动换向阀 18 换向时，不论起升还是下降，三位四通换向阀 18 的进油路首先应建立起液压力，此压力油会经过单向节流阀 21 中节流阀进入制动缸 20 压缩弹簧，逐渐解除制动，起升液压马达 24 可以旋转，保证液压油先进入马达产生一定的转矩后再解除制动，防止重物带动马达旋转而下滑；当停止作业时，三位四通手动换向阀 18 处于中位，三位四通手动换向阀 18 进油路与油箱相通，压力为零，制动缸 20 内油液通过单向节流阀 21 中的单向阀快速回油箱，制动缸 20 在弹簧力作用下使起升液压马达 24 迅速制动。起升重物时，三位四通手动换向阀 18 切换至左位工作，液压泵 1 输出的压力油经滤油器 2、两位三通换向阀 3 的右位、三位四通手动换向阀 13、16 和 17 的中位、三位四通手动换向阀 18 左位、平衡阀 19 中的单向阀进入液压马 24 达左腔，待解除制动后开始正转提起重物；重物下降时，三位四通手动换向阀 18 切换至右位工作，液压马达反转，回油经平衡阀 19 回油箱，由平衡阀 19 保证重物实现平稳

下落；三位四通手动换向阀 18 处于中位时，平衡阀 19 切断了起升液压马达 24 反转的回油路，平衡阀起到液压锁的作用，同时制动缸 20 在弹簧作用下使液压马达制动，因此重物不会在重力作用下自行滑落。

3. 大臂伸缩与变幅回路

大臂伸缩回路与变幅回路均采用了由平衡阀组成的平衡回路。该设备大臂伸缩采用单级长行程液压缸驱动，大臂变幅机构采用两个液压缸并联，提高了变幅机构的承载能力。在作业过程中通过控制三位四通手动换向阀 13 和 16 的开口大小，即可调节大臂伸缩和升降的运动速度；三位四通手动换向阀 13 和 16 处于中位时由平衡阀 14 与 15 将伸缩缸和变幅缸锁止；在大臂缩回或下降时，因液压力与负载力方向一致，平衡阀可防止重力作用下液压缸超速运行，起限速作用，提高了运动的可靠性。

4. 回转回路

回转机构要求大臂能在任意方位起吊，本系统采用 ZMD40 轴向柱塞液压马达，回转速度为 1～3r/min。由于惯性小，一般不设缓冲装置，三位四通操作换向阀 17 可使马达正、反转或停止。

二、汽车起重机液压系统的特点

(1) 重物在下降、大臂收缩和变幅时，负载与液压力方向相同，为防止执行元件失速，在相应的回油路上设置了平衡阀。

(2) 因为作业工况的随机性较大，且动作频繁，所以大多采用手动弹簧复位的多路换向阀来控制各动作。换向阀常用 M 型中位机能，当换向阀处于中位时，各执行元件的工作油路被切断，液压泵输出油液回箱，液压泵处于卸荷状态，减少了功率损失。

第五节　塑料注射成型机液压系统

塑料注射成型机简称注塑机。它是将颗粒状的塑料加热熔化到流动状态后，快速高压注入模腔，并保压一定时间，经冷却后成型为塑料制品。

一、SZ-250 A 型注射机液压系统原理

SZ-250A 型注塑机属中小型注射机，每次最大注射容量为 250mL。该机要求液压系统完成的主要动作有：合模和开模、注射座整体前移和后退、注射、保压及顶出等。根据塑料注射成型工艺，注射机的工作循环如图 8-40 所示。

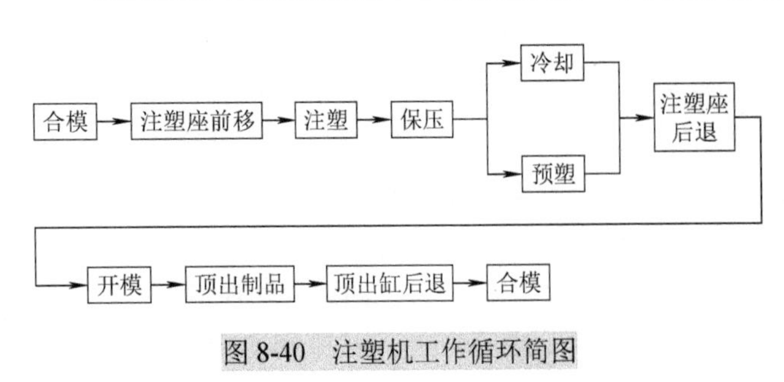

图 8-40　注塑机工作循环简图

如图 8-41 所示为 SZ-250A 型注射机液压系统原理图。表 8-1 是 SZ-250A 型注射机动作环及电磁铁动作顺序表。该液压系统由双联液压泵供油，液压泵 22 为低压大排量液压泵，由电磁溢流阀 1 设定其工作压力，电磁铁 1YA 断电时该泵卸荷；液压泵 21 为高压小排量液压泵，电磁溢流阀 20 为其主溢流阀，设定其最高工作压力或使其卸荷，远程调压阀 16、17、18 可以设定在不同工作状态下的三个不同压力。注射机液压系统的工作过程简述如下。

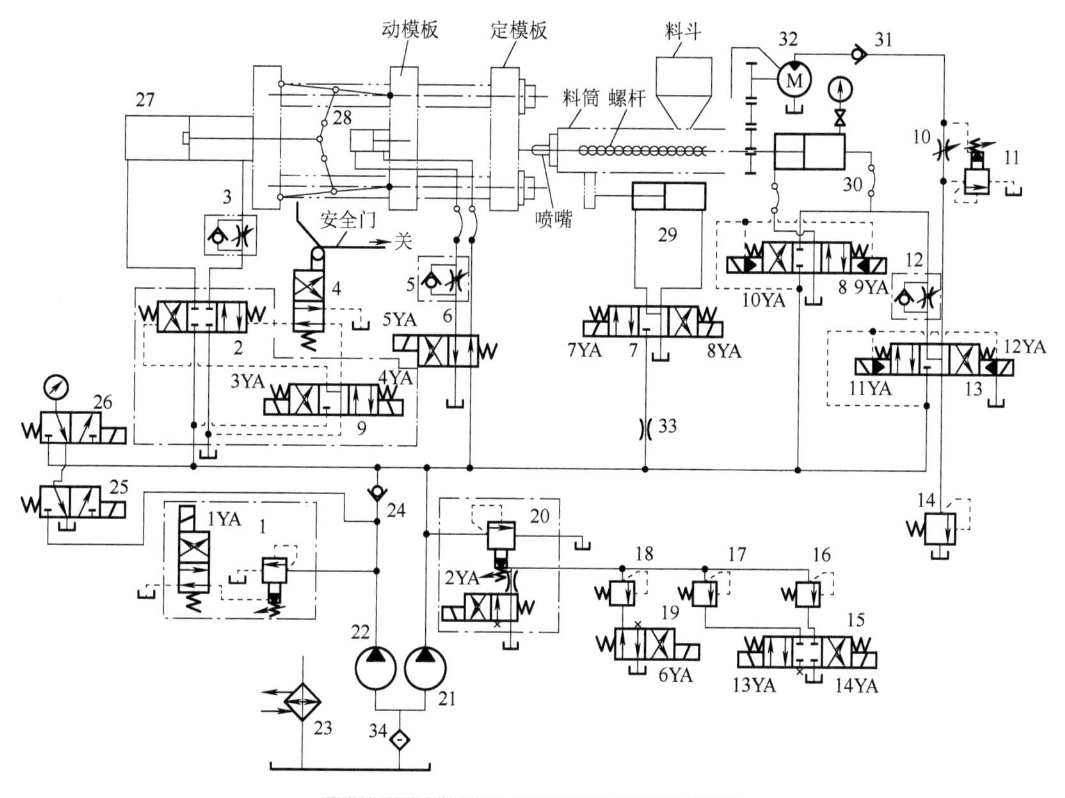

图 8-41　SZ-250A 型注射机液压系统原理

1、20-电磁溢流阀；2-三位四通液动换向阀；3、5、12-单向节流阀；4-行程阀；6、19-二位四通电磁阀；7、15-三位四通电磁换向阀；8、13-三位四通电液换向阀；9-先导电磁阀；10-节流阀；11-差压式溢流阀；14-背压阀；16、17、18-远程调压阀；21、22-液压泵；23-冷却器；24、31-单向阀；25、26-二位三通电磁阀；27-合模缸；28-顶出缸；29-注塑座移动缸；30-注射缸；32-预塑马达；33-节流孔；34-滤油器

表 8-1　SZ-250A 型注射机动作环及电磁铁动作顺序表

动作循环 \ 电磁铁		1YA	2YA	3YA	4YA	5YA	6YA	7YA	8YA	9YA	10YA	11YA	12YA	13YA	14YA
合模	慢速		+	+											
	快速	+	+	+											
	慢速		+	+											
注塑座前移			+						+						
注射	慢速		+				+		+			+			
	快速	+	+				+		+	+		+			
保压			+						+			+			+
预塑		+	+						+				+		
防流涎			+						+		+				
注塑座后退			+					+							
开模	慢速		+		+										
	快速	+	+		+										
	慢速		+		+										

续表

电磁铁 动作循环		1YA	2YA	3YA	4YA	5YA	6YA	7YA	8YA	9YA	10YA	11YA	12YA	13YA	14YA
顶出	前进		+			+									
	后退		+												
螺杆前进			+									+			
螺杆后退			+								+				

1. 合模

合模时首先应将安全门关上，此时行程阀 4 恢复常态位，控制油可以进入三位四通液动换向阀 2 的阀芯右腔，开始整个动作循环。合模过程按“慢→快→慢”三种速度进行。

1) 慢速合模

电磁铁 1YA 断电，液压泵 22 输出的液压油通过电磁溢流阀 1 回油箱，此泵卸荷。电磁铁 2YA、3YA 通电，液压泵 21 的工作压力由高压溢流阀 20 调定，先导电磁阀 9 处于左位工作，液动换向阀 2 处于右位。液压泵 21 输出的压力油经换向阀 2 至合模缸 27 的无杆腔，活塞伸出通过连杆机构实现进行慢速合模。合模缸右腔油液经单向节流阀 3 的单向阀和液动换向阀 2 回油箱(系统所有回油都经过冷却器)。

2) 快速合模

电磁铁 1YA、2YA 和 3YA 通电，液压泵 22 不再卸荷，其输出的压力油通过单向阀 24 与液压泵 21 的输出油液合流，同时向合模液压缸无杆腔供油，实现快速合模，此时系统压力由电磁溢流阀 1 调定。

3) 慢速合模

电磁铁 1YA 断电，大排量液压泵卸荷，合模缸运动速度减慢。该慢速合模分两个过程即低压合模和高压合模。

低压合模时，电磁铁 2YA、3YA 和 13YA 通电，三位四通电磁阀 15 处于左位，远程调压阀 16 出口通油箱，小排量液压泵的压力由电磁溢流阀 20 的低压远程调压阀 16 控制。由于是低压合模，缸的推力较小，所以即使在两个模板间有硬质异物，继续进行合模动作也不会损坏模具表面。

高压合模时，电磁铁 2YA 和 3YA 通电，13YA 断电，系统压力由电磁溢流阀 20 上的主溢流阀控制，为系统设定的最高压力，用小排量泵输出的高压油进行高压合模。模具闭合并使连杆产生弹性变形，牢固地锁紧模具。

2. 注射座整体前移

该阶段大排量液压泵处于卸荷状态，电磁铁 2YA 和 8YA 通电，三位四通电磁换向阀 7 处于右位工作，小排量液压泵输出的压力油的进入注射座移动液压缸 29 的无杆腔，推动注射座整体向前移动，注射座移动缸有杆腔的液压油经电磁换向阀 7 和冷却器而回油箱。

3. 注射

1) 慢速注射

电磁铁 2YA、6YA、8YA 和 11YA 通电，液压泵 21 的压力油经三位四通电液换向阀 13 的左位和单向节流阀 12 的节流阀进入注射缸 30 的无杆腔，注射缸的活塞杆推动注射头螺杆进行慢速注射，注射速度由单向节流阀 12 调节，注射缸有杆腔的油液经三位四通电液换向阀 8 的中位回油箱。

2)快速注射

电磁铁1YA、2YA、6YA、8YA、9YA和11YA通电，液压泵21和22同时供油，压力油经三位四通电液换向阀的右位进入注射缸无杆腔，由于压力油不再经过单向节流阀12，使注射缸活塞快速运动，注射缸有杆腔的回油经三位四通电液换向阀8回油箱。快、慢注射时的系统压力均由远程调压阀18调节。

4. 保压

电磁铁2YA、8YA、11YA和14YA通电，注射缸30对模腔内的熔料实行保压并补塑，由于保压时只需要极少量的油液，所以大排量液压泵22卸荷，仅由小排量液压泵21单独供油，多余油液经溢流阀20溢回油箱，保压压力由远程调压阀17调节。

5. 预塑

电磁铁1YA、2YA、8YA和12YA通电，液压泵21和22输出的压力油经三位四通电液换向阀13的右位、节流阀10和单向阀31驱动预塑液压马达。液压马达通过齿轮减速机构使螺杆旋转，料斗中的塑料颗粒进入料筒，被转动着的螺杆带至前端，进行加热塑化。注射缸30无杆腔的油液在螺杆反推力作用下，经单向节流阀12、三位四通电液换向阀13和背压阀14回油箱，其背压力由背压阀14控制。同时，注射缸有杆腔产生局部真空，油箱的油液在大气压力的作用下，经三位四通电液换向阀8的中位被吸入注射缸有杆腔。液压马达旋转速度可由节流阀10调节，由于差压式溢流阀11的控制作用，使节流阀10两端的压差保持定值，故可得到稳定的转速。

6. 防流涎

电磁铁2YA、8YA和10YA通电，液压泵22卸荷。采用直通开敞式喷嘴时，预塑加料结束后，为防止喷嘴端部物料流出，液压泵21的压力油经三位四通电磁换向阀7使注射座前移，使喷嘴与模具保持接触；同时，压力油经电液换向阀的左位进入注射缸有杆腔，强制使螺杆强制后退一小段距离，防止喷嘴端部流涎。

7. 注射座后退

电磁铁2YA和7YA通电，液压泵22卸荷，液压泵21输出的压力油经三位四通电磁换向阀7的左位进入注射座移动缸29的有杆腔，使注射座后退。

8. 开模

1)慢速开模

电磁铁2YA和4YA通电，液压泵22卸荷。液压泵21输出的压力油经三位四通液动换向阀2的左位和单向节流阀3进入合模缸27的有杆腔，无杆腔的油液则经三位四通液动换向阀2回油箱。

2)快速开模

电磁铁1YA，2YA和4YA通电，液压泵21和22输出的压力油合流后经三位四通液动换向阀2和单向节流阀3进入合模缸有杆腔，开模速度提高。

9. 顶出

1)顶出缸前进

电磁铁2YA和5YA通电，液压泵22卸荷。液压泵21输出的压力油经二位四通电磁阀6和单向节流阀5的节流阀进入顶出缸28无杆腔，活塞杆推动顶出杆顶出制品，顶出速度可由单向节流阀5调节，顶出缸有杆腔的油液则经二位四通电磁阀6回油箱。

2) 顶出缸后退

顶出制品后，5YA 电磁铁断电，液压泵 21 的压力油经二位四通电磁换向阀 6 的常态位、单向节流阀 5 的单向阀进入顶出缸 28 的有杆腔，顶出缸后退。

10. 螺杆前进和后退

为了拆卸和清洗螺杆，有时需要螺杆后退，此时电磁铁 2YA 和 10YA 通电，液压泵 21 的压力油经三位四通电液换向阀 8 使注射缸 30 携带螺杆后退；当电磁铁 10YA 断电、11YA 通电时，注射缸 30 携带螺杆前进。

二、注塑机液压系统的特点

(1) 系统采用液压-机械组合式合模机构，合模液压缸通过具有增力和自锁作用的五连杆机构进行合模和开模，这样可使合模缸压力相应减小，且合模平稳、可靠。最后，合模是依靠合模液压缸的高压使连杆机构产生弹性变形所产生的预紧力来保证所需的合模力，并能把模具牢固的锁紧。这样可确保熔融的塑料以 40～50MPa 的高压注入模腔时，模具闭合严密，不会产生塑料制品的溢边现象。

(2) 系统采用双泵供油回路来实现执行元件的快速运动，满足了启、闭模和注射各阶段速度的不同要求，系统功率利用合理，缩短空行程的时间，提高了生产效率。合模机构在合模与开模过程中可按慢速→快速→慢速的顺序变化，平稳而不损坏模具和制品。

(3) 系统采用了节流调速回路和多级调压回路，可保证在塑料制品的几何形状、品种、模具浇注系统不相同的情况下，压力和速度是可调的；采用节流调速可保证注射速度的稳定。为保证注射座喷嘴与模具浇口紧密接触，注射座移动缸 29 的无杆腔在注射时一直与压力油相通，使注射座移动缸活塞具有足够的推力。

(4) 注射动作完成后，注射缸 30 仍通高压油保压，可使塑料充满容腔而获得精确形状，同时在塑料制品冷却收缩过程中，熔融塑料可不断补充，防止浇料不足而出现残次品。

(5) 当注塑机安全门未关闭时，行程阀切断了电液换向阀的控制油路，这样合模缸不通压力油，合模缸不能合模，保证了操作安全。

该塑机液压系统中所用元件较多，动作循环过程中速度和压力均会发生变化，在完成自动循环时主要依靠行程开关控制；执行元件的速度主要靠节流阀控制；系统压力的变化主要靠电磁阀切换不同的远程调压阀来得到，能量利用不够合理，系统发热较大。近年来，多采用变量液压泵和电液比例阀来改进注塑机液压系统，如采用比例压力阀和比例流量阀后，使系统的元件数量大大减少；以变量泵来代替定量泵和流量阀，可提高系统效率，减少发热量；在控制方式上采用计算机控制其动作循环，可优化其注塑工艺。

第九章　液压系统设计

液压系统设计是液压设备设计的重要组成部分。设计时必须满足设备各工作机构循环所需的全部技术要求，并且静、动态性能好，效率高，结构简单，工作安全可靠、寿命长，操作简便省力，经济性好，使用维护方便等。为了能独立设计出符合使用要求的液压系统，必须掌握前述章节的基本内容。在此基础上熟悉液压系统的设计步骤，明确与液压系统有关的主机参数的确定原则，要与主机的总体设计(包括机械、电气设计)综合考虑；合理使用设计资料，正确地选取设计参数，做到机、电、液相互配合，保证整机的工作性能，这样通过不断的学习和训练就能顺利完成设计任务。

液压系统的设计计算方法不是一成不变的，会因设计人员的经验，对液压技术的理解和认识，以及主机对液压系统的要求等而异。液压系统设计的一般步骤如下。

(1) 明确与液压系统有关的总体参数和主机对液压系统的技术要求。

(2) 设计液压系统的技术方案，拟定液压系统工作原理图。

(3) 确定液压系统的参数，正确选择液压元件，完成非通用液压装置的结构设计。

(4) 完成液压系统的性能验算。

(5) 绘制正式工作图，编制技术文件，并提出电气系统设计要求。

第一节　设计要求与工况分析

一、明确设计要求

设计要求是进行工程设计的主要依据。设计前必须把主机对液压系统的设计要求和与设计相关的情况了解清楚，一般要明确下列主要问题。

(1) 主机的用途、总体布局与结构、主要技术参数与性能要求、工艺流程或工作循环、作业环境与条件等。

(2) 液压系统应完成哪些动作，各个动作的工作循环及循环时间；负载大小及性质、运动形式及速度快慢的要求；各动作的顺序要求及互锁关系，各动作的同步要求及同步精度；液压系统的工作性能要求，如运动平稳性、调速范围、定位精度、转换精度，自动化程度、效率与温升、振动与噪声、安全性与可靠性、操作的方便性等。

(3) 液压系统的工作温度及其变化范围，湿度大小，风沙与粉尘情况，防火与防爆要求，安装空间的大小、外廓尺寸与质量限制等。

(4) 经济性与成本等方面的要求。在满足系统性能要求、工作可靠性、良好的空间布局及造型的前提下，尽量节约成本。

二、进行液压系统工况分析

工况分析的目的是明确在工作循环中执行元件的负载和运动的变化规律，它包括运动分析和负载分析。

1. 运动分析

运动分析就是研究工作机构根据工作要求应以什么样的运动规律完成工作循环、运动速度的大小、加速度是恒定的还是变化的、行程大小及循环时间长短等。为此必须确定执行元件的类型和操作控制方式。液压执行元件的类型可按表 9-1 进行选择。

表 9-1　液压执行元件的类型

名称	特点	应用场合
双杆活塞缸	双向输出力、输出速度一样，杆受力状态一样	双向工作的往复运动
单杆活塞缸	双向输出力、输出速度不一样，杆受力状态不同。差动连接时可实现快速运动	往复不对称直线运动
柱塞缸	结构简单，单作用	长行程、单向工作
摆动缸	单叶片缸转角小于 300°，双叶片缸转角小于 150°	往复摆动
齿轮、叶片马达	结构简单、体积小、惯性小	高速小转矩回转运动
轴向柱塞马达	运动平稳、转矩大、转速范围宽	大转矩回转运动
径向柱塞马达	结构复杂、转矩大、转速低	低速大转矩回转运动

另外，应根据系统流量大小和压力高低、操作的方便性等要求确定操作控制方式，即执行元件的换向采用手动、电控或先导控制，根据执行元件单个作业循环时间的长短来确定换向阀是采用钢球定位还是弹簧复位。

2. 负载分析

负载分析就是通过计算确定各液压执行元件的负载大小和方向，并分析各执行元件运动过程中的振动、冲击及过载能力等情况。

作用在执行元件上的负载有约束性负载和动力性负载两类。约束性负载的特征是其方向与执行元件运动方向永远相反，对执行元件起阻止作用，不会起驱动作用。例如，库仑固体摩擦阻力和黏性摩擦阻力是约束性负载。动力性负载的特征是其方向与执行元件的运动方向无关，其数值由外界规律所决定。

执行元件承受动力性负载时可能会出现两种情况：一种情况是动力性负载方向与执行元件运动方向相反，起着阻止执行元件运动的作用，称为阻力负载(正负载)；另一种情况是动力性负载方向与执行元件运动方向一致，称为超越负载(负负载)。超越负载变成驱动执行元件的驱动力，执行元件要维持匀速运动，其中的流体要产生阻力功，形成足够的阻力来平衡超越负载产生的驱动力，这就要求系统应具有平衡和制动功能。重力是一种动力性负载，重力与执行元件运动方向相反时是阻力负载，与执行元件运动方向一致时是超越负载。对于负载变化规律复杂的系统必须画出负载循环图。不同工作目的的系统，负载分析的着重点不同。例如，对于工程机械的作业机构，着重点为重力在各个位置上的情况，负载图以位置为变量；机床工作台的着重点为负载与各工序的时间关系。下面以液压缸为例对其负载进行分析。

一般情况下，液压缸承受的动力性负载有工作负载 F_W、惯性负载 F_m、重力负载 F_g；约束性负载有摩擦阻力 F_f、背压负载 F_b、液压缸自身的密封阻力 F_{sf}。则作用在液压缸上的总负载为

$$F = \pm F_W \pm F_m \pm F_g + F_f + F_b + F_{sf} \tag{9-1}$$

(1) 工作负载 F_W。工作负载与主机的工作性质有关，它可能是定值，也可能是变值。一般工作负载是时间的函数，需根据具体情况分析决定，有时还要有样机实测确定。工作负载

与液压缸的运动方向相反时取正值，方向相同时为负值。

(2) 惯性负载 F_m。惯性负载是运动部件在启动加速或减速制动过程中产生的惯性力，其值可按牛顿第二定律求出：

$$F_m = ma = m\frac{\Delta v}{\Delta t} \tag{9-2}$$

式中，m 为运动部件的总质量；a 为加速度；Δt 为启动或制动时间。一般机械系统取 0.1～0.5 s；行走机械系统取 0.5～1.5 s；机床运动系统取 0.25～0.5 s；机床进给系统取 0.05～0.2 s。工作部件较轻或运动速度较低时取小值。Δv 为 Δt 时间内速度的变化量。

启动加速时，惯性力方向与液压缸运动方向相反，取正值；反之，减速制动时取负值。

(3) 导向摩擦阻力 F_f。摩擦阻力是指液压缸驱动工作机构所需克服的导轨摩擦阻力，其值与导轨形状、安放位置和工作部件的运动状态有关。

(4) 重力负载 F_g。当工作部件垂直或倾斜放置时，自重也是一种负载，液压缸向上运动时重力取正值，倾斜放置时只计算重力在运动方向上的分力。

(5) 背压负载 F_b。液压缸运动时还必须克服回油路压力形成的背压阻力，其值为

$$F_b = p_b A_2 \tag{9-3}$$

式中，A_2 为液压缸回油腔有效工作面积；p_b 为液压缸背压。在液压缸结构参数尚未确定之前，一般按经验数据估计一个数值。系统背压的一般经验数据为中低压系统或轻载节流调速系统取 0.2～0.5MPa；回油路有调速阀或背压阀的系统取 0.5～1.5MPa；采用补油泵补油的闭式系统取 1.0～1.5MPa；采用多路阀的复杂中高压工程机械系统取 1.2～3.0MPa。

(6) 液压缸自身的密封阻力 F_{sf}。液压缸工作时还必须克服其内部密封装置产生的摩擦阻力 F_{sf}，其值与密封装置的类型、油液工作压力，特别是液压缸的制造、安装质量有关，计算比较烦琐。一般用液压缸的机械效率 η 加以考虑，通常取 $\eta = 0.9$～0.97。

液压马达的负载力矩分析与液压缸的负载分析相同，只需将上述负载力的计算变换为负载力矩即可。

第二节　液压系统的方案设计

在液压系统设计任务明确之后，通过分析设备对液压系统的具体要求，液压系统的方案设计可依据以下步骤进行。

一、回路方式的选择

一般液压系统选用开式回路，即执行元件的排油回油箱，油液经过沉淀、冷却后再进入液压泵的进口。行走机械和航空、航天液压装置等大功率液压系统为减少体积和重量可选用闭式回路，即执行元件的回油直接进入液压泵的进油口。若对执行元件的输出参数要求高精度控制，应对输出量进行检测然后反馈进行控制液压系统的压力和流量，即构成系统的大闭环控制，可采用电液伺服控制、电液比例、数字控制等技术。普通液压系统为开环控制或局部反馈控制回路。

二、调速方式的选择

对于只要求由液压完成规定动作、对运动速度无严格要求的简单液压系统，可通过合理

选择液压泵和执行元件的排量或有效工作面积确定执行元件的速度，同时可通过控制手动换向阀的开度进行粗略的速度控制。

定量泵节流调速回路，因调节方式简单，一次性投资少，在中小型液压设备，特别是机床中得到广泛应用。节流调速回路中的进、回油路调速为恒压系统，系统的刚性较好，但效率较低；而旁路节流调速为变压系统(压力适应系统)，系统刚性差，主要用于对速度稳定性要求不高的行走机械。

若原动机为内燃机，可采用定量泵变速调节流量，同时用手动多路换向阀实现微调，典型设备如液压汽车起重机。对于内燃机的转速只能随主运动(如行走)的动作要求调节，而辅运动又有一定的速度要求时，可设置流量分配阀(如单路稳流阀)优先满足辅运动(如转向系统)的流量要求。

变量泵的容积调速按控制方式可分为手动变量调速和压力(压力差)适应变量调速。前者通过外部信号(手动或比例电磁铁驱动)实现开环或大闭环控制；后者通过泵的出口压力或调节元件的前后压力差反馈控制。选用时应根据系统的调速要求和泵的变量特性综合考虑。

三、压力控制方式的选择

旁接在液压泵出口用于控制系统压力的溢流阀在进、回油路节流调速系统中保证系统压力恒定，在其他场合则为安全阀，限制系统的最高压力。一般系统选用弹簧加载(调压)溢流阀，如需要自动控制应选用电液比例溢流阀。

中低压小型液压系统为获得二次压力油可选用由减压阀完成的减压回路，大型、高压系统宜选用单独的控制油源，以免在减压阀处出现过大的能量损失。减压阀的加载方式也可根据系统的要求选用弹簧加载式或比例电磁铁加载式。

当垂直负载为定值时可采用内控外泄顺序阀作平衡阀平衡负载，若垂直负载为变负载则应选用专用的平衡阀(限速阀)，保证负载平稳下落。

为使系统启动或执行元件不工作时液压泵在很小的输出功率下运行(卸荷)，定量泵系统一般通过换向阀的中位(M 型或 H 型机能)或电磁溢流阀的卸荷位实现低压卸载；变量泵则可实现低压卸荷或零流量卸荷，零流量卸载时换向阀的中位可选 O 型机能。需要指出的是，若换向阀为电液换向阀，采用低压卸荷时，需保证卸荷压力不低于液动阀换向要求的最小控制压力。

四、换向回路的选择

对装载机、起重机、挖掘机等工作环境恶劣的液压系统，考虑安全可靠，一般采用手动换向阀；对于大流量液压系统，为减轻操作者劳动强度可采用先导液控换向。若主机执行元件较多，在结构方案设计时必须保证同时操作的手柄数目不得超过三个。若在某一工作位置停留的时间较长，可选用钢球定位式。因钢球定位式具有记忆功能，因此在方案设计时应采用互锁等保全措施。若需要频繁操作，则最好选用弹簧复位式。由若干个单联手动滑阀及安全溢流阀、单向阀、补油阀等组成的多路换向阀，因具有多种功能(指方向、流量和压力控制)，其中顺序单动型的各滑阀之间动作互锁，各执行元件只能实现单动，因此得到广泛应用。

若液压设备要求的自动化程度较高，应选用电动换向，即小流量时选电磁换向滑阀，大流量时选电液换向阀或二通插装阀。需要计算机控制时选电液比例换向阀或电液数字阀等。采用电动时，各执行元件之间的顺序、互锁、连动等要求可由电气控制系统完成。

手动双向变量泵的换向回路多用于起重卷扬、车辆马达等闭式回路。

另外，当液压系统有多个执行元件时，除分别满足各自的技术要求，还要考虑它们之间的同步、互锁、顺序等要求，结构方案设计时应综合考虑。如同步回路，一般可选用机械同步或分流-集流阀同步的方案，同步精度要求很高时则选用伺服阀的同步回路。

五、液压源的选择

液压系统的工作介质完全由液压源来提供，液压源的核心是液压泵。节流调速系统一般用定量泵供油，在无其他辅助油路的情况下，液压泵的供油量要大于系统的需油量，多余的油液经溢流阀流回油箱，溢流阀同时起到控制并稳定油源压力的作用，系统效率较低。容积调速系统多数采用变量泵供油，用安全阀来限制系统的最高压力，对系统起安全保护作用。

为节省能源提高效率，液压泵的供油量要尽量与系统所需流量相匹配。对在工作循环各阶段中系统所需油量相差较大的情况，一般采用多泵供油或是变量泵供油。对长时间所需流量较小的情况，可增设蓄能器做辅助油源。

油液的净化装置是液压源中不可缺少的。一般泵的入口要装设粗滤油器，进入系统的油液根据被保护元件的要求，增设相应的精滤油器再次过滤。

为防止系统中杂质流回油箱，可在回油路上设置磁过滤器或其他型式的滤油器。根据液压设备所处环境及对温升的要求，还要考虑如加热、冷却等措施。

六、拟定液压系统工作原理图

整机的液压系统图由各自拟定好的控制回路及液压源组合而成。各回路相互组合时要去掉重复多余的元件，在满足设备动作和功能的前提下力求使系统结构尽量简单。要注意各元件间的连锁关系，避免误动作的发生；尽可能使系统保持高效率，减少发热量。系统中各种元件的安放位置应恰当，以便充分发挥其工作性能。为便于液压系统的维护与监测，在系统中的主要管路应装设必要的检测元件(如压力表、温度计等)。对大型设备的关键部位要有备用件，以便意外事件发生时能迅速更换，保证主机连续工作。各液压元件尽量标准化，在图中要按国家标准规定的液压元件职能符号的常态位置绘制；对于自行设计的非标准元件可用结构原理简图绘制；归并组合出来的系统应经济合理，不可盲目追求先进，脱离实际。最后绘制出液压系统工作原理图。

第三节 液压系统参数的确定与元件选择

在液压系统的工作原理设计完成之后，为了正确选择系统中液压元件，应综合考虑设备对液压系统性能的要求、设备价格的定位、系统中各液压回路的特点等因素。

一、确定液压系统的主要参数

液压系统的主要参数、工作压力和流量是选择液压元件的主要依据，而系统的工作压力和流量分别取决于液压执行元件工作压力、回路上压力损失和液压执行元件所需流量、回路泄漏，所以确定液压系统的主要参数实质上是确定液压执行元件的主要参数。

1. 初选系统工作压力

液压系统压力的选择要根据载荷大小和设备类型全面考虑，还要考虑执行元件的装配空间、元件价格及供应情况等。在载荷一定的情况下，工作压力选得低一些，对液压系统工作平稳性、可靠性和降低噪声等都有利，液压元件本身的价格也可能较低，但液压系统和元件的体积、重量就相应增大，从材料消耗角度也不一定经济；反之，工作压力选得过高，虽然液压元件结构紧凑，但对液压元件材质、制造精度和密封要求都相应提高，液压元件的价格也会相应增高。一般来说，对于固定的尺寸不太受限的设备，压力可以选低一些；而对行走机械液压元件的安装空间往往受到限制，同时为减轻整备质量，系统压力要选得高一些。执行元件的工作压力的选择可参考表 9-2，执行元件的回油背压力可参照表 9-3 所示。

表 9-2 各种机械常用的系统工作压力

机械类型	机床				农业机械、小型工程机械、建筑机械、液压凿岩机	液压机、大中型挖掘机、重型机械、起重运输机械
	磨床	组合机床	龙门刨床	拉床		
工作压力/MPa	0.8～2	3～5	2～8	8～10	10～18	20～32

表 9-3 执行元件的回油背压力

系统类型	背压力/MPa
简单系统或轻载节流调速系统	0.2～0.5
回油路带调速阀的系统	0.4～0.6
回油路设置有背压阀的系统	0.5～1.5
用补油泵的闭式回路	0.8～1.5
回油路较复杂的工程机械	1.2～3
回油路较短，且直接回油箱	可忽略不计

2. 确定执行元件的主要结构参数

1）液压缸主要结构参数的确定

在确定液压缸主要结构参数时，首先应根据工作机构的结构特点和要求选择液压缸的结构类型（如活塞式、柱塞式、多级液压缸等）。

根据负载分析得到的最大负载 F_{max} 以及液压系统的工作特点，同时查阅常用液压缸的额定压力等级，初选的液压缸工作压力 p，再设定液压缸回油腔背压 p_b 以及杆径比 d/D，即可由第四章中液压缸的相关公式计算出缸的内径 D、活塞杆直径 d 和缸的有效工作面积 A，其中 D、d 值应圆整为标准值，之后应计算出液压缸工作时的供油压力 p_1。液压缸的杆径比的确定可参照表 9-4 和表 9-5。

表 9-4 按工作压力选取

工作压力/Pa	≤5.0	5.0～7.0	≥7.0
d/D	0.5～0.55	0.62～0.70	0.7

表 9-5 按速比要求确定

v_2/v_1	1.15	1.25	1.33	1.46	1.61	2
d/D	0.3	0.4	0.5	0.55	0.62	0.71

液压缸的缸径和活塞杆直径确定后，按照工作机构的动作要求确定液压缸的行程 s 和往返的运动速度范围，然后确定对液压缸的供油量 Q。

对于工作速度要求较低的液压缸，要校验其有效面积 A，即要满足：

$$A \geqslant Q_{\min} / v_{\min} \tag{9-4}$$

式中，$Q_{\min}$ 为回路中所用流量阀的最小稳定流量，或容积调速回路中变量泵的最小稳定流量；$v_{\min}$ 为液压缸应达到的最低运动速度。

如果有效面积不满足式(9-4)，则必须加大液压缸的有效工作面积 A，然后复算液压缸 D、d。

液压缸的主要结构参数确定后，还要根据工作要求选择液压缸的安装形式(如耳环连接、中间铰轴连接、法兰连接等)，确定液压缸的最小安装尺寸，核对设备机械结构液压缸的安装空间，最后查阅液压缸的产品样本确定液压缸的具体型号。

液压缸的型号确定后，要根据系统的最大工作负载重新计算液压缸所需的供油压力 p_1。

2) 液压马达的确定

根据工作机构的动作要求(扭矩与转速等的要求)选定液压马达的结构类型，是采用高速马达还是采用低速大扭矩马达，马达的工作转速范围应在该类马达的额定转速和最低稳定转速之间，如采用高速马达还应确定马达的具体结构形式(齿轮式、叶片式或柱塞式)。通过马达的相关资料查找所选结构类型马达容积效率、机械效率、额定压力等参数的大约数值，初选系统的工作压力 p (要小于额定压力)，然后设定液压马达回油背压 p_b，再根据马达工作时的最大负载扭矩 T，参照第三章第一节的相关内容即可计算液压马达的排量 q_m'。查阅液压马达产品样本上的排量系列，选定一个与计算值 q_m' 较为接近的马达排量，然后确定液压马达的具体型号。

液压马达的结构参数确定后，再根据转速与负载扭矩的要求复算马达所需的供油量 Q 和供油压力 p_1，如果不符合要求还应适当调整马达的结构参数。

3) 画执行元件的工况图

在执行元件主要结构参数确定后，就可由负载循环图和速度循环图画出执行元件的工况图，即执行元件在一个工作循环中的工作压力 p_1、输入流量 Q、输入功率 P_1 对时间的变化曲线图。当系统中有多个执行元件时，把各个执行件的 Q-t 流量图、P_1-t 功率图按系统总的工作循环综合得到流量图和总功率图。执行元件的工况图显示系统在整个循环回路中压力、流量、功率的分布情况及最大值所在的位置，是选择液压元件、液压基本回路及为均衡功率分布而调整设计参数的依据。

二、液压泵的选择

1. 液压泵结构类型的选择

依据初定的系统压力选择泵的结构型式，一般情况下当工作压力 p <21MPa 时，可选用齿轮泵和双作用叶片；当 p >21MPa 时，可选用柱塞泵，然后通过相关资料设定该类型液压泵的容积效率和机械效率。

2. 液压泵转速的选定

如果由电动机驱动液压泵，则电机的输出转速可做泵的工作转速 n；如果液压泵由内燃机驱动，可根据内燃机正常工作的某一速度设定为泵的工作转速 n，由于内燃机在工作过程中转速可能发生变化，因此会造成液压泵输出流量的变化，同时应注意液压泵的最高转速应与内燃机工作时可能会出现的最高转速相匹配。

3. 液压泵工作压力的计算

液压泵的工作压力是根据执行元件的工作特点来确定的：若执行元件在工作行程终点，运动停止时才需要最大压力，这时液压泵的工作压力就等于执行元件的最大压力；若执行元件是在工作行程过程中需要最大压力，则液压泵的工作压力应满足：

$$p_P \geqslant p_1 + \sum \Delta p \tag{9-5}$$

式中，p_1为执行元件的最大工作压力；$\sum p$为进油路上的压力损失(系统管路未曾画出以前按经验选取，一般节流调速和简单的系统：$\sum p$=0.2～0.5MPa；进油路有调速阀及管路复杂的系统：$\sum p$=0.5～1.5MPa)。

4. 液压泵排量的确定

为了确定液压泵的排量，要先计算液压泵应输出的流量。液压泵的需要输出的流量Q_P按执行元件工况图上最大工作流量与回路的泄漏量之和确定。

单液压泵供给多个同时工作的执行元件供油时：

$$q_P \geqslant K\left(\sum q_i\right)_{\max} \tag{9-6}$$

式中，K为回路泄漏折算系数，K=1.1～1.3；$\left(\sum q_i\right)_{\max}$为同时工作的执行元件流量之和的最大值。

若液压系统有多个执行元件，各工作循环所需的流量相差很大，应选用多泵供油。

根据液压泵的输出流量Q_P、容积效率η_v、转速n应用第三章的相关公式即可计算出液压泵的排量q_b'。

由p_P、q_b'值、旋转方向等要求，按系统中拟定的液压泵的型式，从产品样本或设计手册中选择相应规格的液压泵，记下液压泵的型号和主要性能参数(额定压力、排量、额定转速等)。为使液压泵有一定的压力储备，所选泵的额定压力一般要比最大工作压力大25%～60%。

液压泵的型号确定后还要再次验算执行元件的运动速度是否满足设备要求。如果不能满足要求，则应通过适当调整液压泵或执行元件的某些参数、产品系列、生产厂家等，使设计计算值更好地满足设备的需要。

5. 液压泵驱动功率的计算

在工作循环中，如果液压泵输出的压力和流量比较稳定，则可通过泵工作时的输出流量Q_P、压力p_P和总效率η计算出液压泵的驱动功率(参照第三章)。

液压泵在工作时如果输出压力和流量变化较大，则需分别计算出液压泵在各个循环阶段内所需的功率，然后用式(9-7)求出平均驱动功率：

$$P = \sqrt{\sum_{i=1}^{n} P_i^2 t_i \Big/ \sum_{i=1}^{n} t_i} \tag{9-7}$$

式中，$P_i = P_1, P_2, P_3, \cdots, P_n$，整个循环中每一动作阶段内所需的功率；$t_i = t_1, t_2, t_3, \cdots, t_n$，整个循环中每一动作阶段所占用的时间。

根据上述计算确定原动机(内燃机或电动机)的额定功率，对于功率变化较大的系统还应检查每一阶段内原动机的超载量是否在允许值范围内(电动机一般允许短期超载25%)。

三、液压控制阀的选择

液压控制阀的规格与型号应根据系统工作时的最高压力和通过该阀的最大实际流量在元件的产品样本中选取。在选用过程中详细查阅元件的结构形式、通径、压力等级、工作特性、内泄漏、连接方式、集成方式以及操纵控制方式等。元件选定的额定压力和流量应尽可能与其计算所需之值接近，必要时，应允许通过元件的最大实际流量超过其额定流量的 20%。

选择压力控制阀时，还应考虑压力阀的调压范围、压力稳定性、灵敏度、卸荷压力等。

选择流量控制阀时，还应考虑流量阀的流量调节范围、最小稳定流量、压力补偿或温度补偿要求，对油液过滤精度的要求以及阀进出口压差的要求等。

选择方向控制阀时，还应考虑方向阀的换向时间、操纵方式、定位或复位方式、滑阀机能、允许背压、阀口压力损失等。对于执行元件为单杆双作用活塞式液压缸的液压系统，当有杆腔进油使活塞杆缩回时，无杆腔的回油量会是进油流量的若干倍(两腔有效作用面积的比)，这时应以回油最大流量来选择方向阀。

四、液压辅助元件的选择

液压辅助元件主要包括蓄能器、过滤器、油箱、管件、密封件、压力表、压力表开关、热交换器等，除液压油箱外其他均为标准件或通用件，在选用或设计时参照第六章所述内容。

第四节　液压系统性能的验算

液压系统设计完成之后，要画出液压系统的安装草图(管件及元件布置图)，然后对它的技术性能进行验算，以判断设计质量或从几个方案中选出最优方案。液压系统的性能验算是一个比较复杂的问题，一般情况下常根据一些经过简化的经验公式进行近似的、粗略的数据估算，并以此来定性地说明系统性能上的一些主要问题。设计过程中如果有成熟的同类型产品可供参考，也可不进行系统的性能验算。

一、系统压力损失验算

在系统管路安装草图确定后，可进行管路的沿程压力损失 Δp_{λ}、局部压力损失 Δp_{ξ} 和液流流过阀类元件的压力损失 Δp_{v} 的计算，并计算出管路中总的压力损失，计算公式详见第二章。

当计算出的压力损失值与确定系统工作压力时设定的压力损失值相差较大时，就应重新调整有关阀类元件规格和管道尺寸，以降低系统的压力损失，减少发热量。

计算系统压力损失的另一个目的是正确确定液压泵的出口压力，为确定液压系统中溢流阀的压力调定值提供依据。

二、系统发热功率计算

液压系统产生的损失主要包括液压泵和马达的功率损失、溢流阀的溢流损失、管路中压力损失等。所有这些能量损失将转变为热量，使油温升高、系统泄漏增大、油液氧化变质加快、影响系统正常工作。在液压系统连续工作一定时间后，当系统的发热量和散热量达到热平衡时，系统油液温度不继续升高，此时油温不应超过规定值；如果油温过高，则应增设散热装置或修改系统设计，如增加油箱容量等。

液压系统的发热功率可用下面的公式计算：

$$\Delta P = P_p - P_0 = P_p(1-\eta) \tag{9-8}$$

式中，ΔP 为系统的发热功率；P_p 为各液压泵输入总功率；P_0 为各执行元件输出的总功率；η 为整个液压系统的总效率。

如果系统工作循环中有 n 个阶段，要根据各阶段的发热量求出系统的平均发热量。若第 j 个工作阶段时间为 t_j ，则

$$\Delta P = \frac{\sum_{j=1}^{n}(P_{pj} - P_{0j})t_j}{\sum_{j=1}^{n} t_j} \tag{9-9}$$

三、系统散热功率计算

液压系统中产生的热量由各个散热面散发至空气中去，如管路、元件本体等，但绝大部分热量是通过油箱散发的。当只考虑油箱散热时，则其散热功率 P_c 可按式(9-10)计算：

$$P_c = KA\Delta t \tag{9-10}$$

式中，A 为油箱散热面积，m^2；Δt 为油箱温度与环境温度之差，℃；K 为散热系数，$W/m^2 \cdot ℃$，其取值参照表 9-6。

表 9-6　散热系数参考值

散热条件	通风较差	通风良好	风扇冷却	循环水冷却
散热系数	8～9	15～17.5	20～25	110～175

四、系统温升计算

当液压系统的发热功率和散热功率相等时，系统达到热平衡，此时系统的温升为

$$\Delta t = \frac{\Delta P}{KA} \tag{9-11}$$

按式(9-11)计算出的温升不应超过允许值。一般机械设备正常工作温度应在 30～65℃，最高允许油液温度不超过 90℃，机床类设备不许超过 70℃。工程机械油液及油箱允许的温升一般为 35～40℃，数控机床油液温升应小于 25℃。

五、根据散热要求计算油箱容量

在液压系统设计过程中可以根据经验公式确定油箱的容量，然后验算其散热面积是否满足要求。当系统的发热量计算求得后，可以根据散热的要求确定油箱的容量。

如果只考虑液压系统由油箱散热，根据式(9-10)可算出油箱的散热面积 A 。如果油箱为六面体机构，其长、宽、高分别为 a 、b 、h ，一般油面的高度为油箱高 h 的 80%，与油直接接触的表面算全散热面，与油不直接接触的表面算半散热面，则油箱的有效容积和散热面积的表达式分别为

$$V = 0.8abh \tag{9-12}$$

$$A = 1.8h(a+b) + 1.5ab \tag{9-13}$$

根据结构要求确定 a 、b 、h 的比例关系，即可确定油箱的主要结构尺寸，计算出油箱的容量。

第五节 绘制正式工作图和编制技术文件

正式工作图主要包括液压系统工作原理图，液压系统管路装配图，电气线路图以及液压集成块、液压泵支架、油箱等非标准件的装配图和零件图。

一、液压系统工作原理图

液压系统工作原理图主要要求如下。

(1)液压元件的图形符号要符合国家标准，图纸以系统非工作状态绘制，系统工作原理应表达正确，图面清晰美观。

(2)图纸标题栏中应标明液压元件的名称、规格型号、数量、调整值、可供参考的生产厂家以及简要说明等。

(3)在液压执行元件的上方应绘制动作循环示意图。

(4)对于多个执行元件的系统，应按各执行元件的动作程序绘制电磁铁、压力继电器等动作顺序表和工作电压。

(5)技术要求中应标出液压系统所用液压油的牌号和用量；另外还要列出图纸上未曾表达而需要说明的其他问题。

二、液压系统管路装配图

系统管路装配图即正式安装施工图，要标示出各液压元件或小的液压总成安装位置和固定方式，各种管件(管道、接头体、密封垫圈等)的规格、型号、数量等。

1. 液压系统的总体布局

液压系统的总体布局方式有两种：集中式布局与分散式布局。

集中式布局是将液压泵、电机、控制阀组、附件等集成在油箱上组成液压站，液压站设置于主机之外。这种形式的液压站应用较广，具有外形整齐美观、安装维护方便、外接管路少，液压系统的振动、发热对主机精度的影响小等优点，但占地面积较大，常用于非移动式设备的液压系统中。

分散式布局是将液压动力源和控制阀根据需要安装在主机适当的位置上，各元件之间通过管路连接起来。其特点是占地面积小，能节省安装空间，但元件布局零乱，维修不便等。

2. 液压控制阀的配置形式

1)板式配置

这种配置方式是把板式连接的控制阀用螺钉固定在安装底板上，利用安装底板上的螺纹孔通过过渡接头体、油管将各个液压元件按照液压原理图连接起来。其特点是连接方便、容易改变元件之间的连接关系，但管路较多，系统显得凌乱复杂。

2)集成式配置

集成式配置常见有三种形式。

第一种形式为集成块式结构。集成块既做油路通道使用，又做安装板使用，集成块通常是六面体结构，常用材料为 45#锻钢或热轧方坯，集成块表面需经发蓝或镀镍处理，下面一般是安装连接面，上平面可以是连接面也可以安装液压元件(板式连接或插装连接的液压元件，简单的液压系统只需一个集成块)，四个侧面安装液压元件或油路接口，元件之间的油路连接通过内部通道实现，一般一个集成块与其上面连接的阀即可组成一个液压典型回路，对于复杂的液压系统往往需要几个集成块叠加通过螺拴连接而成。

第二种形式是叠加阀式，即用叠加阀叠加构成各种需要的典型回路或系统。叠加阀既起到控制阀的作用同时也是元件之间的连接通道，因此不再需要另外的连接块，只要用长螺栓将各叠加阀固定在连接底板上即可组成所需的液压系统。

第三种形式为插装式配置。将插装阀按照液压基本回路或特定功能回路插装在集成块上，集成块再通过螺钉连接起来组成液压系统。

集成式配置的优点是结构紧凑、外观整齐、外接管路少、油路压力损失小、安装方便等，所以在液压设备上应用广泛。这种配置方式把液压元件安装在集成块上。

三、编制技术文件

液压系统的技术文件主要包括：设计任务书、设计计算说明书、调整与试车要求、操作使用说明书、零部件目录表、标准件、通用件和外购件总表等。

第六节　液压系统的安装与调试

对一个新的设计合理的液压系统或液压设备经维修保养后，如果安装调试不正确，就会出现各种故障，不能长期发挥和保持其良好的工作性能。液压设备在安装调试时，必须熟悉设备对液压系统的工作要求，液压系统的工作原理，所用液压元件的结构特点、功能和作用，确保安装调试过程中无责任事故发生。

一、液压装置的安装

在安装液压系统之前，首先应熟悉有关技术资料，如液压系统原理图、电气原理图、管道布置图、液压元附件清单和相关产品样本等。然后按照液压元附件清单准备好有关元器件、辅助材料、专用工具和量具，并应检查核对液压元器件的质量和规格型号。

1. 液压系统的清洗

液压元件及液压系统在制造与装配过程中不可避免地要受到不同程度的污染，污染会给液压设备带来许多危害，如液压元件内阀芯的卡死、加剧磨损、油液老化变质等。为了使液压系统维持较好的工作性能，提高设备的可靠性，达到预期的的使用寿命，在元件和系统安装前和调试运转前，必须对液压元件(含辅助元件)和液压系统进行仔细清洗，清洗掉附着在零部件、液压元件、液压辅件等表面上的切屑、磨粒、纱头、尘埃、油污、焊渣、油漆的剥落片、密封挤切下来的碎片及水分等污染物。

1)零部件等散件的清洗

零部件等散件是指液压元件的各零件、管路、油箱、密封件等。散件上一般有大量油污、防锈保护层、表面氧化物等脏物，进入装配前要经不同种类清洗剂的浸泡和清洗。具体方法如下。

(1)将零部件浸入氢氧化钠或硫酸钠等脱脂性强的溶液中一段时间以后(最长可达48h)，油污和污垢松脱，然后用各种洗刷工具仔细清洗，清洗完毕后用温水冲洗一次。

(2)将各种散件在酸性清洗剂(配比为20%～30%盐酸)中浸渍30～40min，再用各种洗刷工具仔细清洗，最后用温水冲洗一次。

(3)将散件在碱性清洗剂(配比为10%氢氧化钠)中浸渍15min(清洗剂温度为0～40℃)，再用洗刷工具洗刷，然后用温水冲洗。

(4)将散件干燥后涂上防锈剂或清洁的液压油(与系统用油相同)等待装配。短期内不装配，应使用塑料薄膜包好。

(5)管道是较难清洗干净的元件，所有钢管和软管都须仔细检查并用经过高效过滤后的压缩空气吹扫，以去除在钢管切割和软管接头安装时产生的较大颗粒。然后还应接入冲洗系统进行高速液流喷洗，在洁净的空气中干燥。

2)液压系统的清洗

散件和液压元件清洗完成后，在装入液压系统的过程中要进行液压系统的清洗，或者叫回路清洗。清洗的目的在于去除回路安装时进入系统的污物以及散件上未清洗掉的污物。生产厂家在系统装配前和出厂试车后，以及用户在设备试车使用前和检修后，均应进行清洗。液压系统的清洗步骤如下。

(1)选定合适的清洗油。当系统管路、油箱较干净时，可采用与工作油液同黏度或同种油清洗；如发现系统内不太干净，可采用稍低黏度的清洗油进行清洗。

(2)清洗时可适当加热清洗油。热油容易使系统内附着物游离脱落，一般加热至50～70℃，清洗压力为0.1～0.2MPa，清洗油流速应尽可能大些，使液流处于紊流状态，以便带走物污。

(3)在清洗回路中安装滤油器。进油口安装50～100μm的粗滤油器，回油口安装10～50μm的精滤油器。开始时粗滤，冲洗一段时间后逐步改用滤油精度高的滤油器，进行分次过滤。清洗时间一般8～24h，开始时每过半小时拆开滤油器进行清扫，以后逐步改用滤油精度高的滤油器并延长清洗时间间隔。污染严重的设备先用洗涤作用好的低黏度油液清洗，再使用与系统用油相近黏度的清洗油进行清洗。

(4)可一边清洗一边用木锤敲击，以加快污物的脱落速度。管路弯曲处和焊接部位要多敲击，但不可用力过猛，以免管子变形和破裂。

(5)清洗完成后，尽可能将清洗油排除干净，包括泵、阀、管路以及冷却器内积存的清洗油。可松开管路排油，用清洁的压缩空气吹扫或加入工作油液冲走清洗油。

(6)清洗油排除后，应尽快注入新的液压油，并且马上进行短时试运转，以免管道内锈蚀和产生其他不良影响。

2. 液压元件和管件的质量检查

液压元件的性能和管件的质量直接关系到系统的可靠性和稳定性，故在安装前应对其质量进行检查。

1)液压元件

液压元件的规格型号应与元件清单一致；查明液压元件的生产日期，若元件保存期限过长要注意其内部密封件的老化程度；各元件上的调节螺钉、手轮及其他配件应完好无损；液压元件所附带的密封件质量是否符合要求；元件及安装底板、集成块的安装面应平整、无锈蚀，其沟槽和连接油口不应有飞边、毛刺、磕碰凹痕等缺陷，油口内部应清洁；电磁阀的电磁铁应工作正常；油箱内部不能有锈蚀、附件应齐全，安装前应对油箱彻底清洗。

2)油管与接头

不同的液压系统所选用管子、接头形式、密封形式也不尽相同，应根据技术文件要求认真核对。

(1) 钢管的钢号、通径、壁厚以及接头的型号、规格和加工质量都要符合国家有关规定，不得有下列情况：内外壁面已腐蚀或显著变色、有伤口裂痕、表面凹入、弯曲处明显变扁、表面有离层或结疤等。

(2) 软管的长度、通径、钢丝层数、接头的形式(各种扣压式、卡套式等)应符合设计要求，胶管的色泽及柔韧性要好，管内无杂质，两端包装完好等。

(3) 接头体的螺纹和O形密封圈的沟槽棱角不应有伤痕、毛刺或断丝扣等现象；接头体和螺母的配合不应过松或卡涩。

3. 液压元件的安装

1) 液压泵和液压马达的安装

(1) 液压泵或液压马达的驱动方式不当是造成磨损、破坏、噪声、振动、冲击、发热和动力损失的根源，因而要安装同心，同轴度应在0.1mm以内，二者轴线倾角不大于1°。一般应采用挠性联轴器，避免用皮带或齿轮直接带动泵轴转动(单边受力)；另外液压泵和马达轴承部位的强度一般较弱，在连轴器装配时比较理想的是轻轻地敲打即可推入、拔出，强烈打击会给泵和马达的轴承部位及本体造成变形或损伤。

(2) 液压泵的旋向要正确。泵和马达的进出油口不得接反，以免造成故障与事故。

(3) 液压泵与马达的安装支架或底板应有足够的刚度和强度，以防产生振动。

(4) 液压泵的吸油高度不应超过使用说明书中的规定(一般为500mm)，安装时应尽量靠近油箱液面，甚至在泵吸油时形成倒灌。

(5) 液压泵的吸油管不得漏气，以免空气进入液压系统而产生振动和噪声。

2) 液压缸的安装

(1) 充分分析负荷的大小、方向、侧向负荷、偏心负荷对液压缸工作的影响，并采取相应的措施。

(2) 液压缸安装时，要检查活塞杆是否有划伤、拉痕、弯曲(尤其对长行程油缸)等，这些会对缸盖密封造成损坏，导致泄漏、爬行和动作失灵，并加剧活塞杆的磨损。

(3) 液压缸的轴心线应与导轨平行，特别应注意活塞杆全部伸出时的情况。若二者不平行，会产生较大的侧向力，造成油缸别劲、换向不良、爬行和密封破损等故障。

(4) 活塞杆轴心线对两端支座安装基面的平行度误差不得大于0.05mm。

(5) 液压缸进回油管的拆卸、相对运动部位的润滑等应方便。

3) 阀类元件的安装

(1) 安装前，先用洁净的煤油或柴油清洗元件表面的防锈剂及其他污物，此时注意不可将各油口的塑料堵头拆掉，以免杂物进入阀内。

(2) 对板式连接阀安装时，要检查各油口的O形密封圈是否漏装或脱落，是否突出安装平面而有一定的压缩余量，各种规格同一平面上的密封圈突出量是否一致，安装O型圈各油口的安装面、沟槽是否有拉伤等，装配O形圈时可涂少许润滑脂以防密封圈脱落。

(3) 板式连接阀的安装螺钉要对角逐次均匀拧紧。个别螺钉拧紧力矩过大，会造成阀体变形及底板上的密封圈压缩量不一致，从而产生漏油、密封圈冲出等故障。

(4) 板式连接流量阀的进出油口对称，容易将进出油口装反，请认真分辨。

(5) 对管式连接阀，为了安装和使用方便，往往有两个进油口或两个回油口，安装时应将不用的油口用螺塞堵死，以免运转时喷油或产生故障。

(6) 电磁换向阀一般宜水平安装，垂直安装时电磁铁一般朝上(两位阀)，设计安装底板时就应考虑好。

(7) 先导式溢流阀有一遥控口，当不采用远程控制时，应用螺塞堵住(管式连接)或安装底板封住(板式连接)不加工孔。

4) 液压系统的管道安装

液压系统安装的主要组成部分是液压管路的安装，管路的安装质量影响到漏油、漏气、振动和噪声、压力损失的大小，并由此会产生多种故障。

橡胶软管及接头的安装应注意以下几点。

(1) 目前，软管及接头一般向专业生产厂家成套购买，买后先要试验一下接头处的质量，无质量问题才能往主机上装配。软管的安装布置可参照图 9-1 所示。

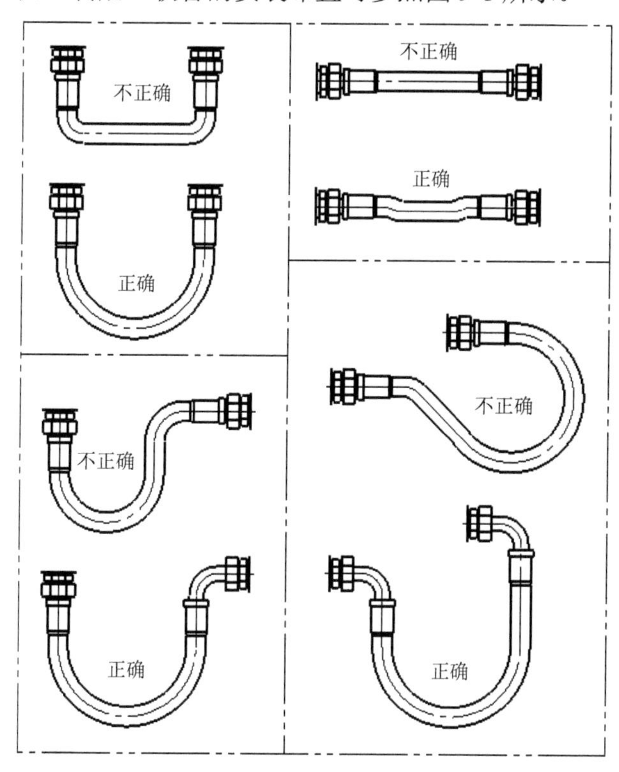

图 9-1　软管的正确安装

(2) 安装软管拧紧螺纹时，注意不要拧扭软管。安装时可在软管上划一彩线以便观察。拧扭的软管容易从接头处漏油，也容易造成软管破裂。

(3) 软管在长度方向要有伸缩余地，不可拉得太紧，因为软管在压力、温度的作用下，长度会发生变化，一般收缩量为管长的 3%左右。

(4) 在软管弯曲处，弯曲半径要满足有关规定，一般软管弯曲最小曲率半径应为 9～10 倍管子外径。弯曲起始点距管接头处应有一段呈直管部分，长度应为管子外径的 2 倍以上。

(5) 如系统软管数量较多，应分别安装管夹加以固定，或者用橡胶板隔开；要避免软管外壁相互碰撞摩擦或与机器尖角棱边相互接触摩擦，以免软管受损。为了保护软管不受外界物体作用损坏及在接头处受到过度弯曲，可在软管外面套上螺旋钢丝，并在靠近接头处密绕，以增大抗弯折能力。

(6) 水平安装的软管，其自重会引起靠近接头部分过多变形，必须有适当的支撑托架或使软管接头部分下垂，呈“U”字形安装。

在安装钢管时应注意以下几个问题。

(1) 管道安装一般在所连接的设备及元件安装完毕，管道经酸洗、循环冲洗、干燥等处理，确认管道清洁后方可进行。钢管的安装布置如图 9-2 所示。

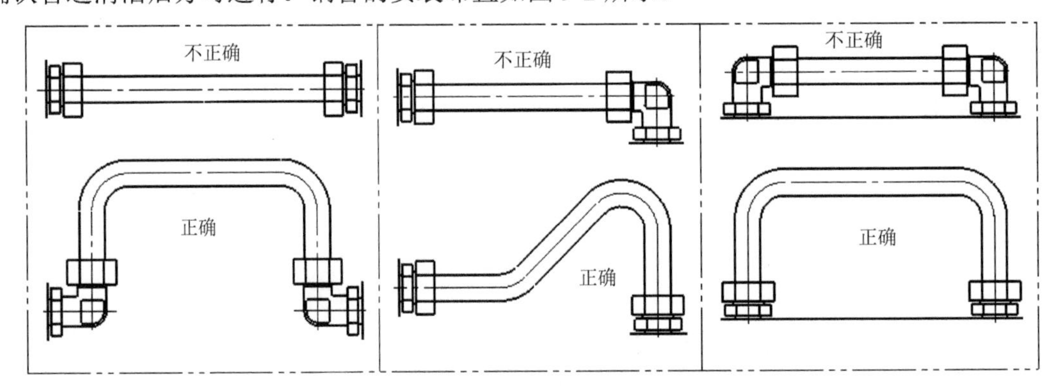

图 9-2　钢管的正确安装

(2) 管道的敷设位置应便于装拆、检修，且不妨碍设备其他总成的检修。

(3) 管道长度要适宜，要少转弯，尽量避免急转弯，以减少压力损失。施工中可先用钢丝放样弯成所需形状，再展直决定出油管的长度。

(4) 平行及交叉的管道间距至少在 10mm 以上，防止相互干扰及振动引起管道的相互敲击与摩擦。

(5) 硬管的主要失效形式为机械振动引起的疲劳失效，当管路较长时，须加管夹支撑，以缓冲振动，还可减少噪声。在弯管的两端直管段处要加支撑管夹固定。硬管须与软管连接时，应在硬管端加管夹支撑。

(6) 管道连接时，不得用强力对正、加热管子、加偏心垫或多层垫等方法来消除接口端面的空隙、偏差、错口或不同心等缺陷。

(7) 柱塞式液压泵和马达的泄漏油管应直接回油箱，并应与泵或马达壳体上方的泄漏油口接通，不允许几个泄漏油管合并成一个相同通径的管路回油箱，也不准把泄漏油管接到总回油管上。有特殊要求或说明的情况除外。

(8) 溢流阀的回油为热油，应远离吸油管，这样可避免热油未经冷却又被泵吸入系统，造成温升。

5) 其他液压辅件的安装

液压系统中的辅助元件包括滤油器、冷却器、密封、蓄能器及各种仪表等，它们的安装好坏也会严重影响到液压系统的正常工作，不容许有丝毫的疏忽。

安装时应严格按设计要求的位置安装，并应注意整齐、美观。在符合设计要求的情况下，尽量考虑使用、维护和调整的方便。例如，压力表应装在振动较小、易观测处；过滤器应尽量安装在易于拆卸、检查的位置；蓄能器应安装在易用气瓶充气的地方；冷却器应注意水质、水量、水温及冷却水结冰等问题，等等。

二、液压系统的调试

新组装的液压设备、经过修理的液压设备、新购置的但不了解其液压系统工作状况的二手设备，均应对其液压系统进行调试，以确保其工作安全可靠。

液压系统的调整与试车一般不能分开，往往是穿插交替进行。调试的内容有单项调整、空载试车和负载试车等。

1. 调试前的准备工作

1)技术准备

先仔细阅读设备使用说明书，全面了解液压设备的用途、技术性能、主要结构、设备精度标准、使用要求、操作使用方法、试车注意事项、驾驶技能等。

消化理解液压系统，弄清液压系统的工作原理和性能要求，明确液压、机械与电气三者的彼此功能和彼此联系、动作顺序和连锁关系；熟悉液压系统中各元件在设备上的实际位置，各元件的作用、性能、结构原理及调整方法。分析液压系统整个动作循环的步骤，弄清在液压系统图上画出的图示位置和未画出的非图示位置时的油路循环情况、压力流量情况。

在熟悉设备及其液压系统的基础上，确定并列出须调试的内容、拟采取的步骤、调试方法等，对在调试过程可能会出现的故障、可能会发生的安全事故等不利情况要做好有效的预防并准备好可靠的应对措施。

2)试车前的检查

(1)试车前要对裸露在外的液压元件、管路等再进行一次擦拭，保证液压系统外表清洁、无悬浮油滴，便于试车时检查泄漏情况。擦拭时可用海绵，禁用棉纱。

(2)注意有相互运动的部件的润滑。在试车前应将各黄油加注口及其他滑动副加足润滑油，并应保证各运动副活动自如，无卡、碰现象发生。

(3)检查液压泵的旋向。为避免泵在无油状态下运转而发生磨损、烧坏等，应在其进油口加入同种液压油，如条件允许，再进行手动盘车直到出油口有油液排出为止。对柱塞泵还应通过泄漏口向泵壳体内加满液压油。检查液压缸、液压马达及泵的进出油管是否接错。

(4)检查其他液压元件、管路等连接是否正确与安全可靠。

(5)检查各液压元件操作手柄的位置，确认中立、卸荷等位置。

(6)旋松溢流阀调压手轮，使溢流阀处于最低溢流状态。流量阀的节流口调至最小开度。

2. 空载试车

空载试车是在不带负载运转的条件下，全面检查液压系统的各液压元件、各辅助装置和系统中各回路工作是否正常。工作循环或各种动作是否符合要求。空载试车具体方法步骤如下。

(1)开始运转时，要检查液压泵的实际转向是否与规定转向一致，液压油的吸入侧、输出侧是否正确。

(2)将液压泵起动、停止数次，在确认润滑完全形成之后才能连续运转。在运转过程中，液压泵应处于卸荷状态，检查泵的卸荷压力是否在允许范围内；检查配管、元件的泄漏情况；检查油箱内是否有过多泡沫，液面高度是否在规定范围内；检查是否有气蚀、噪声等异常现象。

(3)缓慢调整压力阀、流量阀，使系统压力适当升高，通过流量阀的流量适当增大，操纵换向阀，检查液压缸或液压马达在空载下的运动情况。

(4) 排除液压系统内的气体。有排气阀的系统应先打开排气阀，使执行元件以最大行程多次往复运动，将空气排出；无排气阀的系统往复运动时间延长，从油箱内将系统中积存的气体排出。

(5) 将执行元件所驱动的工作机构固定，操作换向阀使其处于作业位置；调整溢流阀，检查在压力调整过程中溢流阀有无异常现象。

(6) 无负荷运转时间不少于 30min。检查液压油温升情况(油温应为 35～60℃)，停机后进行空气分离，清除杂质。

3. 负载试车

在负载试车前应间断地施加短时间负荷。负载试车是使液压系统按要求在预定的负载下工作。通过负载试车检查系统能否实现预定的工作要求，工作机构的力、力矩或运动特性等；检查噪声和振动是否在正常范围内；检查执行机构的低速稳定性，活塞杆有无爬行现象；检查系统的压力冲击现象；检查系统的外泄漏及连续工作一段时间后的温升情况。

4. 液压系统主要参数的调整

1) 系统压力的调整

压力的调整应从液压系统压力调定值要求最高的主溢流阀开始，逐次调整每个回路的各种压力阀。对于“O”“Y”型等中位机能的换向阀，由于压力油口关闭可直接调压；对于中位卸荷的换向阀需将换向阀切换到使液压缸处于缩回位置的一侧，也可将执行机构机械固定后操纵换向阀后进行调压。调压时应边调节压力阀调压手轮(或螺钉)边观察压力表示值的变化，调节过程可分级次进行(比如每次旋转调压手轮 1/4 圈或更少)。随着系统压力接近设定值，调压手轮的调节应不断减慢，使压力逐级平稳增高。

压力调定后，试运转、反复操纵各阀，观察各动作是否正常，无异常后应将调整螺钉锁紧。

2) 执行元件速度调试

执行元件速度的调整应在正常工作压力和温度下逐个回路进行。在调试一个回路时，其余回路应处于关闭状态，如果个别系统中的两个或两个以上的动作回路不能用本系统的阀分开，则应采取临时措施分别调整各个回路。单个回路开始调试时，电磁换向阀宜用手动操纵，推力不宜过猛。

(1) 液压马达转速调试时首先应尽可能将马达与工作机构脱开，在空载下点动，从低速到高速逐渐调整，并注意空载排气，然后再反方向运转，同时检查马达壳体的温升和声音是否正常。空载运转正常后，再将马达与工作机构连接，并从低速到高速带负载运转。低速时若出现爬行现象，可检查工作机构是否机械卡紧或干扰、润滑是否充分、系统排气是否彻底等。

(2) 液压缸的速度调试方法与液压马达类似。

对带有可调节缓冲装置的液压缸，在调速的同时还应调整缓冲装置，直到满足平稳性要求。如果液压缸是内部缓冲且为不可调型，则需在试验台上调试合格后再装机调试。

对多缸同步回路，应先将各个缸调整到相同起步位置，再进行速度调整。

对伺服和比例控制系统，在系统压力调整完毕后宜先用模拟信号操纵伺服阀或比例阀，细心操纵控制阀，先点动再联动，然后在控制系统的技术要求下调整到规定值。

系统速度调试过程中，应检查各执行元件的工作情况，要求在起动、换向和停止时平稳无冲击，不得有低速爬行现象，运行速度应满足设计要求。所有元件和管道不得有漏油及异常振动和噪声，所有联锁装置应准确、灵敏、可靠。

5. 制作运转检查纪录

(1)应纪录所调试设备的型号、使用时间、设备状况；调试时的地点、温度、环境情况等；参加调试的工作人员。

(2)记录空载状况下液压泵的转速、卸荷压力，执行元件的进出油口的压力、速度，各元件的动作情况、外泄漏、振动和噪声、温升、气泡等。运转过程出现的异常现象及解决方法。

(3)记录负载试车液压泵的转速、出口油压、吸油口压力、流量；执行元件输出的力、力矩、速度，以及它们与规定值的误差，检查是否采取了某些补救措施；外泄漏、振动、噪声、温升等是否异常；调试过程中对异常情况的处理措施。

(4)记录各单项调整的内容、过程。

(5)参加人员签字，存档。

参考文献

贾铭新，2001. 液压传动与控制[M]. 北京: 国防工业出版社.

姜继海，宋锦春，高常识，2002. 液压与气压传动[M]. 北京: 高等教育出版社.

孔祥臻，2010. 基于 Stribeck 模型的摩擦颤振补偿研究[J]. 机械工程学报，46(5)：68-73.

孔祥臻，2011. 液压阀控马达速度系统模糊神经元控制与仿真[J]. 机床与液压，39(17)：111-112.

雷天觉，1999. 新编液压工程手册[M]. 北京: 北京理工大学出版社.

李寿刚，1994. 液压传动 [M]. 北京: 北京理工大学出版社.

林建亚，何存兴，1988. 液压元件[M]. 北京: 机械工业出版社.

刘延俊，2007. 液压元件使用指南[M]. 北京: 化学工业出版社.

刘延俊，2010. 液压与气压传动[M]. 北京: 清华大学出版社.

刘延俊，关浩，周德繁，2007. 液压与气压传动[M]. 北京: 高等教育出版社.

路甬祥，2002. 液压气动技术手册[M]. 北京: 机械工业出版社.

王积伟，章宏甲，黄谊，2006. 液压传动 [M]. 北京: 机械工业出版社.

王占林，2005. 近代电气液压伺服控制[M]. 北京: 北京航空航天大学出版社.

许益民，2005. 电液比例控制系统分析与设计[M]. 北京: 机械工业出版社.

阴正锡，许鲜亮，王家序，1990. 液压传动习题集[M]. 北京: 机械工业出版社.

张利平，2005. 液压传动系统及设计[M]. 北京: 化学工业出版社.

张群生，2002. 液压与气压传动[M]. 北京: 机械工业出版社.

章宏甲，黄谊，1999. 液压传动 [M]. 北京: 机械工业出版社.

赵应越，1999. 液压控制阀及其修理[M]. 上海: 上海交通大学出版社.

周士昌，2004. 液压系统设计[M]. 北京: 机械工业出版社.

左建民，1996. 液压与气压传动[M]. 北京: 机械工业出版社.

Airey D R, 1990. Developments in Valve and Actuators for Fluid Control[M]. London: Scientific and Technical Information.

Durfee W, Sun Z X, 2015. Fluid Power System Dynamics[M]. Minneapolis: A National Science Foundation Engineering Research Center.

Kong X Z, 2009. Study on the intelligent hybrid control for secondary regulation transmission system[J]. Proceedings of the 2009 IEEE International Conference on Automation and Logistics, Shenyang, 726-729.

Rabie M G, 2009. Fluid Power Engineering[M]. New York: The McGraw-Hill Companies.

REXROTH，1993. 液压传动教程：第二册(RC 00303). 香港：力士乐(中国)有限公司.

REXROTH，1993. 液压传动教程：第一册(RC 00301). 香港：力士乐(中国)有限公司.

附录　常用液压元件图形符号

（摘自 GB/T 786.1—2009）

附表 1　液压泵、液压马达及液压缸

名称	符号	名称	符号
单向定量泵		单作用单活塞杆缸	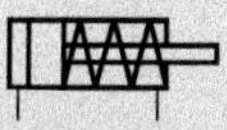
双向定量泵		双作用单活塞杆缸	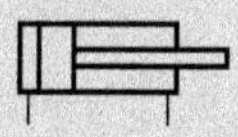
单向变量泵		双作用双活塞杆缸	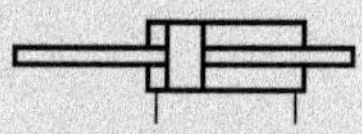
双向变量泵		单作用柱塞缸	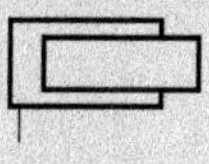
单向定量马达	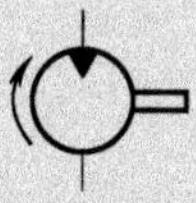	单作用伸缩缸	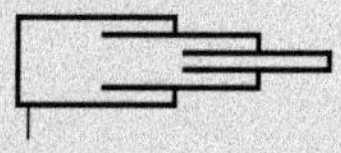
双向定量马达	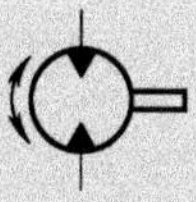	双作用伸缩缸	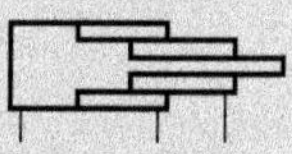
单向变量马达		单作用增压器	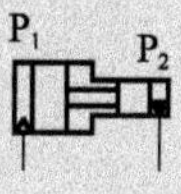 P_1 P_2
双向变量马达		带缓冲的单作用膜片缸	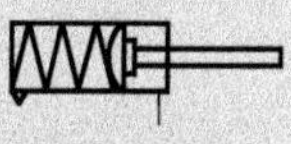
摆动马达		液压源	

附表 2　液压阀的控制机构

名称	符号	名称	符号
带分离把手和控制销的控制机构		具有可调行程现在装置的顶杆	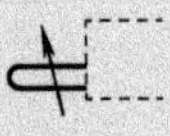
单作用电磁铁，动作指向阀芯	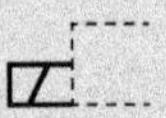	单作用电磁铁，动作背离阀芯	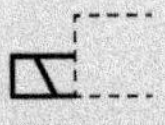
单作用电磁铁，动作指向阀芯，连续控制	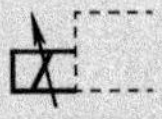	单作用电磁铁，动作背离阀芯，连续控制	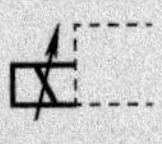
电气操纵的液压先导控制机构		手动控制	
弹簧控制		滚轮式机械控制	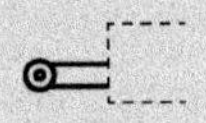
内部压力控制	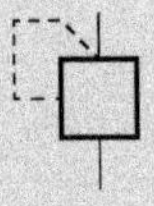	外部压力控制	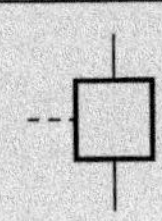

附表 3　液压阀

名称	符号	名称	符号
单向阀		带弹簧复位的单向阀	
先导式液控单向阀		双液控单向阀（液压锁）	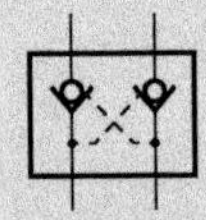
梭阀	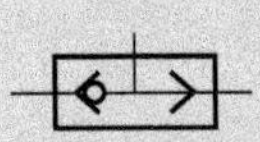	常开式	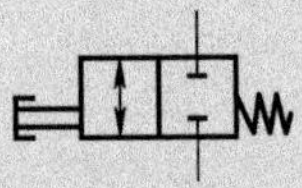
常开式两位两通换向阀	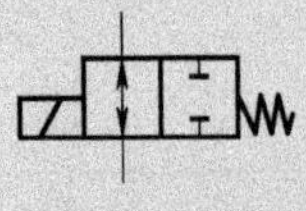	常开式两位两通换向阀	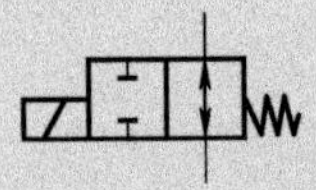
直动型溢流阀	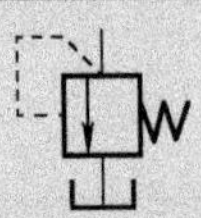	先导型溢流阀	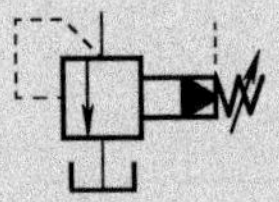
先导比例溢流阀	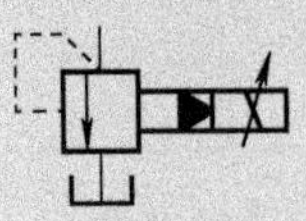	不可调节流阀	
调速阀	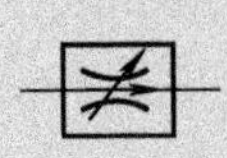	可调节流阀	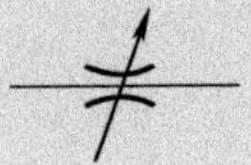

续表

名称	符号	名称	符号
单向调速阀	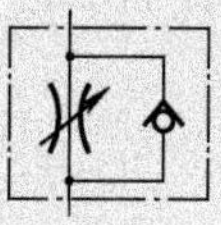	直动顺序阀	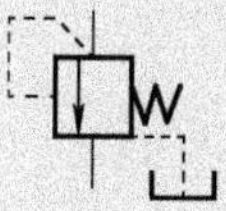
单向顺序阀	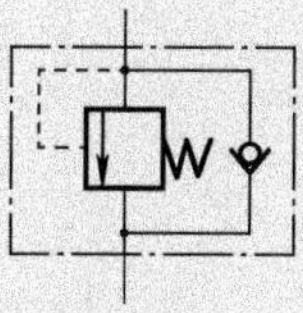	先导顺序阀	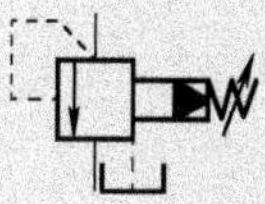
直动减压阀	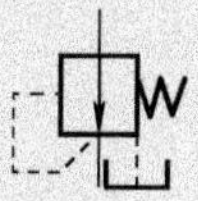	先导式减压阀	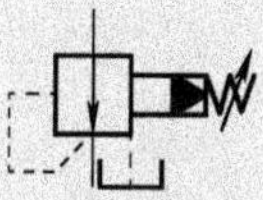

附表 4　辅助元件

名称	符号	名称	符号
过滤器	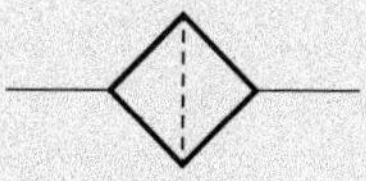	压力指示器	
冷却器	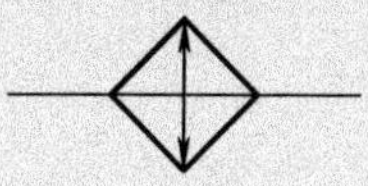	加热器	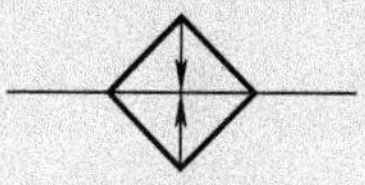
流量计	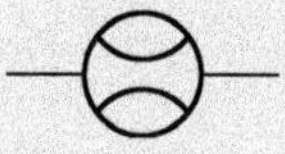	蓄能器